Statistics Series with R

基于R应用的统计学丛书

应用回归及分类

基于R与Python的实现 第3版

APPLIED REGRESSION AND CLASSIFICATION—WITH R AND PYTHON

吴喜之 张 敏——编著

中国人民大学出版社
·北京·

前 言

回归和分类的问题本质上是相同的, 都属于**有监督学习**或**有指导学习** (supervised learning), 区别仅在于因变量的形式. 本书冠以“**分类**”二字, 是为了纠正只有“回归”而鲜有“分类”的教材所造成的人们以为回归比分类更重要的偏见. 实际上, **“分类”一词很少出现在传统教材的书名中的主要原因恐怕是长期以来数学主导的统计学界缺乏比较优秀的数学式分类方法**[①]**, 而计算机时代发展的优秀机器学习方法似乎不那么符合数学公式推导式的模型驱动教学.** 不像很多教材只讲 80 年前就基本套路化的以数学假定和推导为主的内容, 本书着重介绍最新发展的和计算机密切结合的最有效的统计方法.

在统计应用中, 最常见的是根据数据建立以自变量来预测因变量的模型, 记自变量数据为 $\boldsymbol{X}$, 因变量数据为 $\boldsymbol{y}$, 需要根据这些手中的数据来训练一个可以用来预测的模型 (记为 $f(\cdot)$), 得到一个可以泛化的近似:

$$\hat{\boldsymbol{y}} = f(\boldsymbol{X}) \approx \boldsymbol{y}.$$

本书将会讨论如何训练不同的模型 $f(\cdot)$, 也将讨论什么才是一个好模型的标准. 所谓因变量, 就是我们要预测的目标变量. 当因变量为数量变量时, 这种建模称为**回归**; 而当因变量为分类变量 (定性变量) 时, 则建模称为**分类**. **实际上, 诸如定量、定序、定性等变量的不同定义源于人们对不同变量的视角及因此强加于它们的数学约束的多少, 而不是自然界固有的.** 利用数据训练模型是一个学习过程, 因此, 统计建模过程也称为**机器学习** (machine learning) 或**统计学习** (statistical learning). [②]

目前有很多关于回归的教材和课程, 但大多不包括分类. 而在回归中又以通常称为线性模型的线性最小二乘回归为主, 其原因是在前计算机时代, 线性模型是数学上最方便也最容易研究的模型, 关于线性模型的大量数学结果使其成为硕果累累的一大领域. 从线性模型又引申出非线性模型、广义线性模型、随机效应混合模型等新的建模方向, 使得回归领域不断扩大. 而对分类问题的探讨在计算机出现前的很长一段时间里远远不如回归那么普遍.

然而在实际工作中, 分类的需求并不比回归少, 但是, 由数学家发明的经典方法无力解决如此多种多样的分类问题, 而又没有多少人愿意在文献中介绍他们不能解决的问题. 除此之外, 传统的回归方法也由于其对数据所限定的种种无法验证的假定而受到极大的限制和挑战. 计算机时代的到来彻底改变了这种局面. 各种机器学习方法的出现全面更新了传统回归领域的面貌和格局. 机器学习方法充分显示出在回归预测上的优越性能. 在分类领域, 机器学习方法在应用范围及预测精度上都普遍超过传统的诸如判别分析和二分类情况下使用的 logistic 回归等方法.

[①]可做多分类的判别分析和基于二分类的 logistic 回归是比较常用的数学分类模型.

[②]“统计学习”显然是模仿人们更加熟知的意义相似的“机器学习”术语, 有把所有的数据科学都包含进“统计领域”的企图.

本书的宗旨就是既要介绍传统的回归和分类方法, 又要引入大量更加有效的机器学习方法, 并且通过实际例子, 运用 R 和 Python 两种软件来让读者理解各种方法的意义和实践, 能够自主做数据分析并得到结论.

传统的回归分析教材, 通常只讲所述方法能够做什么, 不讲其缺点和局限性, 并且很少涉及其他可用的方法, 而本书以数据为导向, 对应不同的数据介绍尽可能多的方法, 并且说明各种方法的优点、缺点及适用范围. 对于不同模型的比较, 本书将主要采用客观的交叉验证方法. 对于每一个数据以及通过数据所要达到的目的, 都有许多不同的方法可用, 但具体哪种方法或模型最适合, 则依数据及目标而定, 绝不事先决定.

本书所有的分析都通过免费的开源 R[①] 及 Python 来实现. 读者可以毫不困难地重复本书所有的计算. R 网站[②]拥有世界各地统计学家贡献的大量最新程序包 (package), 这些程序包以飞快的速度增加和更新, 已从 2009 年底的不到一千个增加到 2024 年初的两万两千多个. 它们代表了统计学家创造的针对各个统计方向及不同应用领域的崭新统计方法. 这些程序包的代码大多是公开的. 与此相对比, 所有商业软件远没有如此多的资源, 也不会更新得如此之快, 而且商业软件的代码都是保密的昂贵 “ 黑匣子 ”. 作为通用软件的 Python 拥有各种方法的大量资源, 但由于其用途非常广泛, 而不仅仅限于数据分析, 因此看上去数据分析部分的比例不如 R 大.

在发达国家, 不能想象一个统计研究生不会使用 R 或 Python 软件. 那里很多学校都开设了 R 或 Python 软件的课程. 今天, 任何一个统计学家想要介绍和推广其创造的统计方法, 都必须提供相应的计算程序, 而发布该程序的最佳地点就是 R 或 Python 网站. 由于方法和代码是公开的, 这些方法很容易引起有关学者的关注, 这些关注对研究相应方法形成群体效应, 推动了其发展. 不会编程的统计学家在今天是很难生存的. 此外, Python 已经逐渐代替 C++ 成为发达国家大学本科的首选公共编程课程.

在学校中讲授任何一种商业软件都是为该公司做免费广告, 如果没有相关软件公司的资助, 就没有学校愿意花钱讲授商业软件. 在教学中使用盗版软件是违法行为, 绝对不应该或明或暗地鼓励师生使用盗版商业软件, 以免师生对盗版软件产生依赖性, 并被其抑制自由编程能力的发展, 同时也严重抑制各种自主软件的发展.

对 R 和 Python 编程的熟悉还有助于学习其他快速计算的语言, 比如 C++、FORTRAN、Java、Hadoop、Spark、SQL、Julia 等, 这是因为编程理念的相似性, 这对于应对因快速处理庞大的数据集而面临的巨大的计算量有所裨益. 而熟悉一些傻瓜式商业软件对学习这些语言没有任何好处.

本书试图让读者理解世界是复杂的, 数据形式是多种多样的, 必须有超越书本、超越所谓权威的智慧和勇气, 才能充满自信地面对世界上出现的各种挑战.

由于统计学正以前所未有的速度发展, R 网站及其各个程序包也在不断更新, 因此, 笔者希望读者通过对本书的学习, 学会如何通过 R 不断学习新的知识和方法. “ 授人以鱼, 不如授人以渔 ”, 成功的教师不是像百科全书那样告诉学生一些现成的知识, 而是让学生产生疑问和兴趣, 以促使其做进一步的探索.

[①]R Core Team. (2014). R: a language and environment for statistical computing. R Foundation for Statistical Computing, Vienna, Austria. http://www.r-project.org/.

[②]网址: http://www.r-project.org/.

本书提供的所有例子中使用的大部分数据都是网上提供的, 用户可以直接下载原始数据. 这些例子背后都有一些理论和应用的故事, 笔者并没有刻意挑选例子所在的领域, 统计方法对于各个实际领域是相通的. 我们想要得到的是在任何领域都能施展的能力, 而不是有限的行业培训. 如果你能够处理具有挑战性的数据, 那么无论该数据来自何领域, 你的感觉都会很好.

本书的内容包括: 经典线性回归、广义线性模型、混合效应模型 (分层模型)、机器学习回归和分类方法 (决策树、bagging、随机森林、各种 boosting 方法、人工神经网络、支持向量机、k 最近邻方法、朴素贝叶斯)、生存分析及 Cox 模型、经典判别分析与 logistic 回归分类. 其中, 判别分析、混合效应模型、生存分析及 Cox 模型的内容可根据需要选用, 所有其他的内容都应该在教学中涉及. 学习本书的内容完全可以不按照先后次序, 而是根据需要选择. 可以简化甚至忽略的内容包括一些数学推导和某些不那么优秀的模型, 不可以忽略的是各种方法的直观意义及理念.

本书的适用范围很广, 其内容曾经在中国人民大学、四川大学、中山大学、东北师范大学、西南交通大学、首都经济贸易大学、中央财经大学、西南财经大学、云南财经大学、哈尔滨理工大学、新疆财经大学、内蒙古科技大学、云南师范大学、广西财经大学、贵州师范大学、大理大学、重庆工商大学、成都信息工程大学、重庆师范大学、重庆文理学院、昆明学院、衡阳师范学院等许多院校讲授过, 读者对象包括数学、应用数学、金融数学、统计、精算、经济、管理、计算机、旅游、环境等专业的本科生, 以及数学、应用数学、统计、计量经济学、生物医学、应用统计、经济学等专业的硕士和博士研究生. 而考核完全基于学生处理实际数据的能力, 没有标准答案.

笔者认为, 本书可以作为本科生的回归分析及分类课程的教材, 应用统计硕士应该掌握本书的绝大部分内容. 希望本书对于各个领域的教师以及实际工作者都有参考价值.

本书的排版是笔者通过 LaTeX 软件实现的, 一切错误由笔者负责. 本书提供全部例题和习题中的数据文件, 可扫描书后的二维码来获取.

科学是在任何环境下都能够生存和发展的知识和能力, 是人们在生命的历程中应该获得的.

吴喜之　中国人民大学
张　敏　重庆工商大学

目录

第 1 章　引　言

1.1　作为科学的统计

1.1.1 统计是科学

统计是**科学** (science), 而科学的基本特征是其方法论: **对世界的认识源于观测或实验所得的信息 (或者数据), 总结信息时会形成模型 (亦称假说或理论), 模型会指导进一步的探索, 直到遇到这些模型无法解释的现象, 这就导致对这些模型的更新和替代.** 这就是科学的方法. 只有用科学的方法进行的探索才能称为科学.

科学的理论完全依赖于实际, 统计方法则完全依赖于来自实际的数据. 按照不列颠百科全书, 统计可以定义为"收集、分析、展示和解释数据的科学"[①], 或者称为**数据科学 (data science).** 统计几乎应用于所有领域. 人们现在已经逐渐认识到, 作为数据科学的统计, 必须与实际应用领域和计算机科学相结合才会有前途.

作为数据科学的统计的思维方式应该是**归纳** (induction), 也就是从数据所反映的现实得到比较一般的模型, 希望以此解释数据所代表的那部分世界. 这和以**演绎** (deduction) 为主的数学思维方式相反, 演绎是在一系列人为的**假定** (assumption) 或者在某公理系统之下推导出各种结论.

1.1.2 模型驱动及数据驱动

在统计科学发展的前期, 由于没有计算机, 不可能应付庞大的数据量及复杂的计算方法, 只能在对少量数据的背景分布做出诸如独立同正态分布之类的数学假定后, 建立一些假定的数学模型, 进行手工计算, 并推导出一些由这些模型所得结果的性质, 诸如置信区间、假设检验的 p 值、无偏性及相合性等. 在数据与数学假定相差较大的情况下, 人们又利用诸如中心极限定理或大样本定理得到当样本量趋于无穷时的一些类似的性质. 统计的这种发展方式给统计打上了很深的数学烙印.

统计发展的历史痕迹体现在很多方面, 特别是流行的"模型驱动"研究及教学模式. 各统计院系的课程有不少都以数学模型作为课程的名称和主要内容, 一些数理统计杂志主编也喜欢接收没有数据背景的关于数学模型的文章. 很多学生毕业后只会推导一些课本上的公式, 却不会处理真实数据. 一些人对于有穷样本也假装认为是大样本, 并且堂而皇之地用大样本性质来描述从有穷样本中得到的结论, 至于数据是否满足大样本定理的条件, 数据样本是不是"大样本"等关键问题尽量不谈或少谈. 按照模型驱动的研究方式, 一些学者不从数据出发, 而是想象出一些他们感觉很好的数学模型, 由于苦于世界上不存在"适合"他们

[①]根据不列颠百科全书的网页`https://www.britannica.com/science/statistics`: "**Statistics**, the science of collecting, analyzing, presenting, and interpreting data".

模型的数据, 他们可能会按照自己的需要模拟一些满足自己模型的数据来 “证明” 自己的模型 “有价值”. 这种自欺欺人的做法绝对是反科学的.

以模型而不是数据为主导的研究方式导致统计在某种程度上成为自我封闭、自我欣赏及自我评价的系统. 故步自封的后果是, 多年来统计丢掉了许多属于数据科学的领域, 也失去了许多人才. 在现有数学模型无法处理大量复杂数据的情况下, 数学、物理、计算机及少数 “非主流” 统计领域的研究人员开发了许多计算方法, 处理了传统统计无法解决的大量问题. 诸如人工神经网络、决策树、boosting、随机森林、支持向量机等大量算法模型的相继出现宣告了传统数学模型主导的 (如果不是垄断的话) 数据分析时代的终结. 这些研究最初根本无法刊登在传统统计学杂志上, 因此大都出现在计算机及各应用领域的杂志上.

模型驱动的研究方法在前计算机时代有一定的合理性, 但是在计算机快速发展的今天, 仍然固守这种研究模式就不会有前途了. 人们在处理数据时, 首先寻求现有的方法, 当现有方法不能满足他们的需求时, 往往会根据数据的特征创造出新的可以计算的方法来满足实际需要. 这就是数据科学近年来飞速发展的历程. 创造模型的目的是适应现实数据. 统计研究应该是由问题或者数据驱动的, 而不是由模型驱动的.

随着时代的进步, 各个统计院系现在开始设置诸如数据挖掘、机器学习等数据科学课程, 部分统计学杂志也开始逐渐重视这些研究. 这些算法模型大都不是用封闭的数学公式来描述的, 而是体现在计算机算法或程序上. 对于结果的风险也不是用假定的分布 (或渐近分布) 所得到的 p 值来描述, 而是用没有参加建模训练的测试集的交叉验证的误差来描述. 这些方法发展得很快, 不仅因为它们能够更加精确地解决问题, 还因为那些不懂统计或概率论的人也能够完全理解结果 (这也是某些有 “领域垄断欲” 的传统统计学家不易接受的现实). 现在, 无论承认与否, 多数统计学家都明白, 如果不会计算机编程或者不与编程人员合作, 就不会产生任何有意义的成果.

按照 Yu and Kumbier (2020), 数据科学模型应该满足**三个原则** (principles)[①]:

1. **可预测性** (predictability);
2. **可计算性** (computability);
3. **稳定性** (stability).

这里完全没有作为传统统计学核心的**显著性** (significance) 的地位, 事实上, 2019 年 3 月 20 日的《自然》杂志报道: “**科学家们起来反对统计显著性**. Amrhein, Greenland, McShane 以及 800 多名签名者呼吁**终止骗人的结论并消除可能的至关重要的影响**”.[②] 同一天, 《美国统计学家》也以 “抛弃统计显著性” 为名发表文章.[③] 请学过数理统计课程的读者回忆一下, **如果没有作为统计量的样本矩 (以和号 “$\sum$” 表示) 的函数、没有 p 值、没有统计显著性, 作为统计学入门的《数理统计》教材还剩下什么呢?**

> 实际上, 《自然》杂志的文章仅仅从科学家的角度说依赖显著性的结论并没有解释真实世界, 但该文章并没有说明其原因. **说明显著性不合适的原因不是科学家的职责, 而是统计学家的责任, 但批评自己所在的领域并不容易, 特别是当显著性曾经是一些人生活、工作甚至信仰的一部分时. 但是, 科**

[①] https://arxiv.org/pdf/1901.08152.pdf.

[②] https://www.nature.com/articles/d41586-019-00857-9.

[③] https://doi.org/10.1080/00031305.2018.1527253.

学的良心要求我们正视这个问题.

1.2 数据及模型

1.2.1 数据中的信息

为了使他们创造的数学模型简单漂亮及具有可操作性, 传统的统计研究人员经常把大量精力投入到减少自变量数目的降维研究上, 而很多机器学习方法不但不降维, 反而希望有更多的相关变量的参与. 事实上, 所有人都明白, 除了样本量之外, 相关变量越多, 信息量也就越大. 例如, 金融机构想要了解客户的信用问题, 就需要很多客户信息, 比如年龄、职业、收入、过去的信用记录等, 这些其实远远不够, 如果还能加上客户的行为、心理特征、朋友圈、理财效率和财产使用模式等则会更好, 在计算资源允许的情况下, 谁能够说应该删除一些变量呢?

现代计算机及算法对于信息量大的数据根本不惧怕, 它们欢迎巨大的样本量和变量的维数, 因为维数是宝贵的资源, 从中可以得到低维状况无法得到的大量信息, 提高了统计预测的准确性. 而充足的观测值数目 (样本量) 能够保证训练模型的质量.

1.2.2 有监督学习模型

理论上的有监督学习抽象模型

在作为有监督学习的回归和分类中, 模型都可以表示成下面抽象的形式:

$$\boldsymbol{y} = f(\boldsymbol{x}, \boldsymbol{\theta}, \varepsilon). \tag{1.2.1}$$

式中, $\boldsymbol{y}$ 为因变量, 分类时 $\boldsymbol{y}$ 是分类变量 (亦称定性变量, 属性变量等), 回归时 $\boldsymbol{y}$ 是数量变量 (亦称定量变量等); $\boldsymbol{x}$ 为自变量, 可以是分类变量或数量变量; 而 $f()$ 则是描述因变量和自变量之间关系的模型; $\boldsymbol{\theta}$ 在参数模型中可以代表参数, 在算法模型中可以代表算法或程序的种类或具体形式; 模型和数据之间不吻合的地方都归到误差 ε 中.

实际应用中的有监督学习模型

式 (1.2.1) 中的模型 $f()$ 的具体形式是不可能明确知道的, 我们所能够做的是在给定数据 $(\boldsymbol{X}, \boldsymbol{y})$ 之后, 寻求一个 (现成的或创造出来的) 模型 $f()$, 使得根据自变量数据 $\boldsymbol{x}$ 得到的预测值 $\hat{\boldsymbol{y}}$ 尽可能地近似真实的因变量数据 $\boldsymbol{y}$:

$$\hat{\boldsymbol{y}} = f(\boldsymbol{X}) \approx \boldsymbol{y}. \tag{1.2.2}$$

预测值近似的好坏取决于模型的优劣. 式 (1.2.2) 中的模型 $f()$ 可以是数学公式或算法.

由于历史原因, 有监督学习模型实际上可分为两种, 一种是传统统计的数学模型, 另一种是机器学习模型. 它们的主要区别在于:

1. 传统统计模型在对数据的一些严格数学假定下, 把模型 (1.2.1) 的形式认定为已知的某些较简单的封闭数学形式, 比如线性模型

$$\boldsymbol{y} = f(\boldsymbol{x}, \boldsymbol{\theta}, \varepsilon) = \boldsymbol{x}^\top \boldsymbol{\beta} + \varepsilon. \tag{1.2.3}$$

在给出的数学假定下, **无论这些假定是否符合实际,** 人们总是可以做出各种关于模型和变量关系的“精确结论”.

2. 机器学习模型则没有对现实世界做任何假定, 模型的形式往往是一些算法或程序, 以对真实世界的数据的预测精度为标准来判断模型的价值. 式 (1.2.2) 就是任何真实模型的描述. Box (1976) 说: " 所有模型都是错误的, 但有些模型是有用的." 这句话意味着, 人们应该更多地关注某些东西是否能以有用的方式应用于日常生活, 而不是无休止地争论答案是否在所有情况下都是正确的. 历史学家 Yuval Noah Harari 说: " 科学家们普遍认为, 没有任何理论是 100% 正确的. 因此, 检验知识的真正标准不是真理, 而是实用性. 科学赋予我们力量. 这种力量越有用, 科学就越好 " (Harari, 2014).

著名统计学家 John Tukey 说: " 正确问题的近似答案, 比错误问题的精确答案要好得多." (Tukey, 1962) 上面的模型 (1.2.2) 描述的是依赖于从问题产生的数据的一般近似模型, 而式 (1.2.3) 就是一个典型的基于诸多数学假定的精确模型.

杰出的统计学家 Leo Breiman 指出, 统计学家经常将数据建模视为统计分析的模板. 当遇到问题时, 统计学家可以设计一个模仿复杂机制的模型. 于是, 剩下的就是估计参数并得出结论. Breiman 教授指出, 当评估这个模型时, 结论是关于模型的机制, 而不是它要模拟的自然机制. 他表示: " 对数据模型绝对正确的信念几乎是宗教性的. 这是一个奇怪的现象, 即一旦建立了模型, 它就成为真理, 并且从中得出的结论是绝对正确的 " (Breiman, 2001).

1.2.3 使用交叉验证来评价和比较模型

很多传统回归分析教材对于模型的评价是基于对数据及模型形式的主观数学假定, 并通常只在拟合训练集时通过显著性来判断模型的优劣. 这种评价方法**极有可能比较的是确定不同模型假定的个人大脑的区别, 根本无关于真实世界.**

普遍的交叉验证方法是在计算机时代才发展起来的, 它用训练集来训练模型, 然后用未参与建模的测试集来评价模型预测功能的优劣. 交叉验证不用对模型做任何假定, 在任何模型之间做预测比较都适用, 因此能够被各个领域的人理解和接受. 本书中对于有监督学习的回归和分类预测精度使用下面的度量, 其中, y_i 是**测试集**的因变量观测值, $\hat{y}_i$ 是**利用训练集得到的模型拟合测试集得到的因变量拟合值**, $\bar{y}$ 是**测试集**的因变量观测值的均值.

1. 对于回归, 可以用基于误差平方和 $\sum_{i=1}^{n}(y_i-\hat{y}_i)$ 的各种度量.[①] 如使用测试集中的**标准化均方误差** (normalized mean squared error, NMSE) 以及等价的精确度 R^2, 定义为:

$$\text{NMSE}=\frac{\sum_i(y_i-\hat{y}_i)^2}{\sum_i(y_i-\bar{y})^2};\quad R^2=1-\text{NMSE}=1-\frac{\sum_i(y_i-\hat{y}_i)^2}{\sum_i(y_i-\bar{y})^2}. \tag{1.2.4}$$

式 (1.2.4) 中, 分式的分母是不用任何模型, 而仅仅用因变量观测值的均值来作为拟合值的均方误差 (MSE); 分子为运用模型预测的拟合 MSE. 如果 NMSE 小于 1, 说明用模型比不用模型要好, NMSE 越小越好; 如果 NMSE 大于 1 (或等价地, $R^2<0$), 则说明模型根本没有意义. **注意, 这里的 R^2 和传统最小二乘线性回归的可决系数 (coefficient of determination) 公式类似, 但那里的 $\{y_i\}$ 是训练集而不是测试集.**

2. 对于分类, 就会得到在测试集中的误判率[②]

$$\frac{1}{n}\sum_{i=1}^{n}I(\hat{y}_i\neq y_i). \tag{1.2.5}$$

[①]对不同模型的预测能力进行排序时, 误差平方和与均方误差、均方误差平方根等度量的效果是一样的.

[②]这里 $I()$ 表示示性函数: 如果 $A=\text{True}$, 则 $I(A)=1$, 否则 $I(A)=0$.

交叉验证方法要把数据分成训练集和测试集，除了随机选择的单个训练集和测试集之外，常用的有下面两种：

1. N **折交叉验证** (N-fold cross validation)：其要点为，把数据随机分成 N 份，轮流把其中 1 份作为测试集，其余的 $N-1$ 份合起来作为训练集. 然后用训练集拟合数据得到模型，并用这样训练出来的模型来拟合未参加训练的测试集数据. 这种交叉验证需要做 N 次才能使每个观测值作为测试集被预测一次.
2. **OOB 交叉验证** (OOB cross validation)：这是在使用自助法的**集成算法 (组合算法)** (ensemble algorithm) 中常用的. 在集成算法中，通常用**自助法抽样** (bootstrap sampling) (即有放回抽样) 从原始数据中抽取多个样本量相同的样本，然后用这些样本建立多个模型，并利用这些模型的不同结果来得到一种平均的集成答案. 由于是有放回抽样，每个样本都有约百分之三四十的原始数据观测值未被抽入训练集[①]，这些就称为 **OOB** (out of bag) **数据** (亦称袋外数据)，它们是天然的测试集，可做交叉验证，这样得出的误差称为 **OOB 误差** (OOB error).

关于模型的两个问题

1. **模型拟合.** 当你选定要采用的模型种类之后，就可以用你的模型来拟合数据，或者说用数据来训练模型. 拟合之后会得到模型中参数的估计，或者算法模型的结构或参数. 这一步可以不需要什么假定. 即使你任意画一条线，也是一种拟合，只不过不易说清楚你所画的线的优劣，也不易和其他模型做比较. 人们对数据与模型的假定有以下几种：
   (a) **不需要任何假定的拟合.** 诸如决策树、boosting、随机森林等机器学习方法不需要对数据做出任何模型和分布的假定.
   (b) **不需要分布假定但需要模型假定的拟合.** 例如，最小二乘线性回归不需要分布假定 (除非试图研究"显著性")，但需要模型形式的假定.
   (c) **需要分布及模型假定的拟合.** 例如，最大似然法需要对数据的分布和模型形式做出假定.
2. **模型评价.** 人们需要对各种模型或者一种模型的不同形式做出比较，以判断模型的优劣.
   (a) **交叉验证可以在任何模型之间做客观的比较.** 这种方法必须用称为训练集的一部分数据来训练模型，再用称为测试集的另一部分数据通过训练集得到的模型来检查误差. 这种方法可以用于一类模型各个成员之间的比较，也可以用于不同类模型之间的比较，不需要对数据做任何数学假定.
   (b) **对于参数模型，在各种对模型和数据的数学假定下做评估.** 这包括经典的教材在各种假定下做出的各种检验及置信区间等推断. 要清醒地认识到这些评估有极大的局限性和不确定性. 当然，这些都是历史文物了.

1.2.4 有监督学习过程汇总

总结上面有监督学习的过程：

1. 确定数据的自变量 $\boldsymbol{X}$ 和因变量 $\boldsymbol{y}$，并判断课题属于回归问题还是分类问题.
2. 根据数据分析目的选择一批模型来训练.
3. 根据交叉验证误差 ($\boldsymbol{y}^{\text{test}}$ 和 $\hat{\boldsymbol{y}}^{\text{test}}$ 之间的误差) 的大小选择最合适的模型. 不能用传统统计假设检验等统计推断方法来判断模型的优劣.
4. 使用选中的模型处理具体问题.

[①]对样本量为 n 的数据集做等量自助法抽样，观测值不被抽中的概率为 $\left(1-\frac{1}{n}\right)^n$.

有监督学习可用图 1.2.1 来描述.

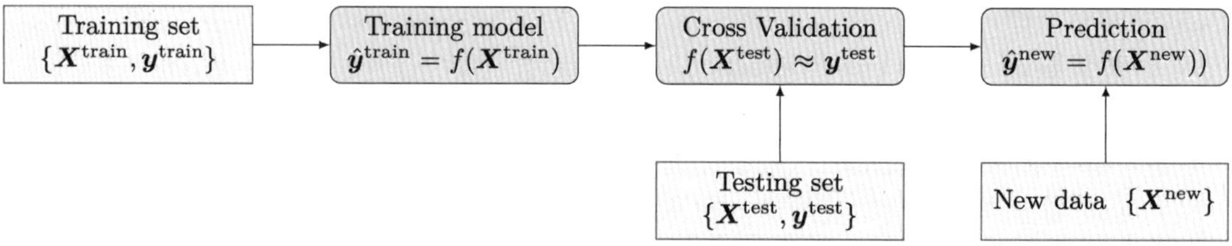

图 1.2.1 有监督学习过程图

1.2.5 传统统计模型和机器学习模型简介

阅读一本书, 如果能事先预期会看到什么内容, 则可有目的地选择阅读, 更好地理解书中各个部分的关联和异同. 本节以尽可能简单的方式来介绍我们将要展示的模型及方法的要点.

本书所介绍的模型基本上可分为两类: 一类是**传统统计** (traditional statistics, TS) 的以线性模型为基础、基于对数据做出的数学假定并以显著性检验为主要目的的工作; 另一类是以预测精度为主要目的的没有任何数学假定的**机器学习** (machine learning, ML) 模型. 表 1.2.1 提供了这两种模型/方法的粗略对比.

表 1.2.1 机器学习和传统统计的比较

	机器学习 (ML)	传统统计 (TS)
目标	从各种数据中“学习”出可预测模型, 尝试回答现实世界的**各种复杂问题**	在对数据的假定下分析和总结, 专注**基于显著性的传统数据分析**
驱动及数学假定	问题/数据驱动: 对问题和数据分布一般**不做严格假定**, 根据问题来寻找“好的解决方案”——**对正确问题寻求近似答案**	模型驱动: 对问题和数据分布**加以严格假定**, 并在这些假定下通过解决数学问题来寻找最优解决方案——**对假定问题寻求精确答案**
泛化	通过训练集、验证集和测试集, 使用交叉验证进行泛化	在假定模型下通过对训练集进行假设检验来表明泛化的实现
变量数目及“多重共线性”	允许众多变量 (无论是否冗余) 以增加信息量, **不存在维度灾难**. 可使用旨在处理众多变量的算法来处理. **不存在“多重共线性”问题**	由于往往采用线性模型并假定变量独立, 技术上不能有太多变量, **对多重共线性敏感**, 试图以牺牲“可解释性”通过种种方法限制输入变量的数目 (降维)
样本量	不提倡在学习之前减少数据. 数据“多多益善”	在建模之前尽可能 (通过抽样等方式) 减少数据

对于表 1.2.1 的说明

1. **目标**: 实际上, 在 Fisher 时代, 统计就是为实际应用服务的, 没有多少例行套路, 完全可以和目前的机器学习有类似的目标. 只是从 20 世纪 40 年代开始, 经典统计的大部分领域发展成为局限于以统计推断 (显著性检验) 为中心的狭隘框架. *注意: 这里的术语“经典统计”(或传统统计) 是指频率派统计, 不涉及贝叶斯统计.*
2. **驱动和假定**: 在模型驱动的传统统计中, 数学假定是构造数学框架来得到精确解的前提, 设定的假定是为了推导出精确解而对问题的简化, 往往和实际世界没有多少关联, 永远不可能知道得到的结论有多少出于假定, 有多少和真实问题有关. 作为问题驱动的机器学习不做任何假定, 目标是尽可能近似真实世界.

3. **泛化**: **泛化** (generalization) 是任何模型试图达到的最终目的. 机器学习根据交叉验证来使模型不依赖于训练集. 经典统计完全依赖于假定及训练集数据, 这使泛化的结果不可靠.
4. **变量数目和 " 多重共线性 "**: 由于传统统计多采用线性模型, 接近满秩 (造成 " 多重共线性 ") 的数据矩阵会带来灾难, 因此必须降维. 而机器学习都是非线性的, 不存在 " 多重共线性 " 问题, 而且各种算法可轻松处理 " 维数灾难 " 问题.
5. **样本量**: 机器学习能够处理大数据是公认的. 而经典统计原本就不是为大数据发展的.

实际上, 有监督学习和无监督学习只是机器学习的一部分, 机器学习包括更广泛的内容: **深度学习** (deep learning, DL) 和**强化学习** (reinforcement learning, RL). GPT-4 或 ChatGPT 就是基于神经网络的深度学习产物, 而强化学习的典型例子是 AlphaGo、AlphaZero 和 AlphaFold3 等. 机器学习是人工智能 (AI) 的核心.

1.2.6 历史: 本来是数据驱动的统计变成模型驱动

经典统计发展源于应用, 原本是数据驱动的. 贡献最大的应该是 R. A. Fisher (1890 — 1962) 基于实际应用对统计的发展. Efron (1998) 说: "Fisher 是 20 世纪统计学领域最重要的人物." Fisher 的统计是基于实际问题的, 是数据驱动的. 在其后的岁月里, 在大学中闭门造车的数学家把统计发展成模型驱动的学科. 在对 Wllis (1980) 的评论中, 著名统计学家 F. J. Anscombe 说, 造成这个问题的原因之一是从校门到校门的闭循环: 获得博士学位的人会立即进入教学. 他们在那里被期望成为优秀的教师并在研究方面高产, 但学术界并不要求研究应该与任何实际问题相关. Anscombe 说: " 我相信, 如果我们能够回到以前的传统, 如果能够实现下面的做法, 即让兴奋的新博士在重新进入学术界之前, 去一个有明确使命的研究团队中度过几年, 我们的学科将会处于更好的状态. Fisher 是在 Rothamsted 而不是大学里发展的统计科学." 在计算机时代, 经典统计又站在了十字路口.[①]

著名哲学家黑格尔 (Hegel, 1821) 说过: "Was vernünftig ist, das ist wirklich: und was wirklich ist, das ist vernünftig".[②] 这可以理解为任何存在的事物都有其存在的理由, 反之亦然. 我们应该使年轻一代的统计人更好地适应新的时代, 真正意义上回到 Fisher 在 100 年之前创建统计学的出发点. 希望有天赋的经典统计学家投身于数据科学, 并且把经典统计中的一些创造性成果融入数据科学的发展之中.

1.2.7 今后: 借用 Donoho (2024)

对于今后数据科学发展的展望, 最好借用 Donoho (2024) [③]的最新看法:

> 在过去的十年中, 基于计算的研究的一些基础性因素确实发生了变化. 在某些领域, 进展比以前快得多. 受影响领域的研究人员正在经历一个深刻的转变时期, 因为这些领域正在经历向无摩擦再现性 (frictionless reproducibility, FR) 的转变. 这一转变显著改变了思想和实践的传播速度, 影响了科学思维方式和科学目标, 并消除了许多以前的记忆.
>
> FR 的出现源于数据科学的三个原理, 这些原理经过许多技术人员和众多研究社区数十年的工作而逐

[①] 见 NSF 赞助的报告: He et al. (2019). Statistics at a crossroads: who is for the challenge?. the National Science Foundation. https://www.nsf.gov/mps/dms/documents/Statistics_at_a_Crossroads_Workshop_Report_2019.pdf.

[②] 有人翻译成: " 合理的就是真实的, 真实的就是合理的." 英文可翻译成: "What is reasonable is real, and what is real is reasonable." 或 "All that is real is reasonable, and all that is reasonable is real."

[③] https://www.researchgate.net/publication/377792868_Data_Science_at_the_Singularity.

渐成熟. 成熟的原则涉及数据共享、代码共享和竞争挑战, 但以特别强大的无摩擦开放服务形式实施.

经验机器学习 (empirical machine learning, EML) 是当今最受关注的领域, 其隐藏的超能力是 FR 实践, 这些实践造就了我们随处可见的人工智能领域惊人的进步, 任何研究领域的研究人员都可以学习和坚持它们, 从而自动提高每个相关领域的进展速度.

计算领域的新世界秩序具体化为三个成熟的长期持续的社会技术举措 (sociotechnical initiatives), 遍布整个科学领域. 这三个举措是许多数据科学家几十年来的愿望, 经过许多技术人员的辛勤工作, 现在所需的一切都已就位并可立即访问, 终于实现了.

这些举措相互关联但又相互独立, 这三者必须以特别强有力的方式结合在一起, 为新时代提供条件. 它们是:

FR-1 **数据** (Data): 一切数据化, 形成研究数据共享的文化. 现在, 人们可以在网上找到各种令人眼花缭乱的主题的公开数据集, 从胸部 X 射线到宇宙微波背景测量, 再到 Uber 路线和地理空间作物识别.

FR-2 **重新执行** (Re-execution): 研究代码共享, 包括不同研究人员精确地重新执行相同完整工作流程的能力.

FR-3 **挑战** (Challenges): 采用挑战问题作为推动方法论研究的新范式. 该范式包括: 共享的公共数据集、规定和量化的任务绩效指标、一组寻求在任务上超越彼此的注册竞争对手以及公共排行榜. 该范式还可以包括缺乏正式排行榜的虚拟挑战, 其中作者仍然试图发布新的最先进的结果, 超越之前在给定数据集或性能指标上记录过 (或发布过) 的性能水平. 现在已经发生了数以千计的此类挑战和虚拟挑战, 涉及数百万个参赛项目及多个领域.

数据科学占据主导地位的事实

(a) 过去十年中发生了显著的发展融合, 创建了基于全球计算、存储和通信资源的强大信息技术设施.

(b) 由于这些新设施, 全球经济正在经历长达数十年的全面数字化转型, 这将逐渐改变一切: 商业、政府、教育、科学.

(c) 特别是, 有许多令人兴奋的新职业和机会使这些技术适应人类的需求; 在这些职业中, 我们部署这些新设施来开发新模型和流程.

(d) 数据科学原则 [FR-1]+[FR-2]+[FR-3] 日益成为基于研究的模型构建的首选范式. 让我们学习这个范式, 了解它的一些历史和成功, 并在我们自己的职业生涯中遵循它.

一种由数据科学驱动、跨越某种奇点的相变正在发生

不是"人工智能奇点", 即实现通用人工智能的那一刻, 这还没有发生. 相反, 计算驱动研究的某些领域正在接近再现性奇点, 此时计算研究的 FR 的所有要素都被组装在一个包中, 这使得它本质上可以在开放的全球舞台上立即基于其他研究人员的成果构建. 在这一机制下工作的研究社区, 可以遵循科学出版和认识论的新模式创建和交换数字产品; 这是能够取得惊人的快速进展的一种具有研究超级能力的机制.

这种新机制在 EML 领域得到了最好的体现, 在过去十年中, EML 在计算机视觉和自然语言处理领域确实取得了非常迅速的进展.

FR 机制最好不要被视为 EML 的"财产", 而是被视为数十年来专注于许多研究学科 (包括那些经验机器学习和人工智能在历史上发挥很少作用的学科) 的数据科学家的更普遍的成就.

下一代数据科学家可以利用这种理解来规划自己的职业生涯, 以确定需要解决的有趣问题, 并使他们的研究的影响更具有传播力.

1.3 关于软件的说明

1.3.1 本书使用 R 和 Python 语言

本书在正文中一般用 R 代码做说明, 在每章的最后, 附上正文未显示的一些 R 代码及和正文 R 计算代码 (非说明性代码) 相近的 Python 代码. 两种语言的代码并不是完全匹配的. 此外, 对于某些任务可能只提供一种语言的代码. 关于 R 语言, 我们尽量提供程序包的名称, 比如 library(ipred), 使用者如果没有该程序包, 运行时会告知找不到该程序包, 必须下载. 关于 Python 语言, 我们也提供类似的程序包信息, 如果没有, 也必须下载. 但由于一些 Python 的基本程序包几乎在每段程序中都使用, 因此我们默认读者已经执行了下面的 Python 代码, 不会每次都在正文中重复.

```
import pandas as pd
import numpy as np
import matplotlib.pyplot as plt
import seaborn as sns
```

此外, 还希望注意下面几点:

1. 由于 R 和 Python 的编程语言、函数内部结构及选项都不同, 因此所产生的计算结果也不一定类似, 甚至没有可比性.
2. Python 代码并不是完全平行地重复前面 R 代码所做的, 我们没有刻意斟酌 (R 或 Python 函数的) 选项选择, 也没有对不同的结果做比较, 这些都留给读者去尝试.
3. 不同的模型对于不同数据所表现出的差异. 一个模型表现优劣和数据及模型选项有关, 也和采用的函数有关; 即使是类似模型, 不同软件的函数也有不同的表现. 由于本书的目的是介绍方法, 并没有优化所有模型的各种选项, 对某些方法感兴趣的读者可以变换选项, 以得到预期的结果.

1.3.2 本书中的自编函数

为了使程序简洁和避免重复, 本书使用了一些自编的 R 和 Python 函数, 这些函数首次会出现在不同的章节, 而且也只是为本书的任务服务. 表 1.3.1 对这些函数的功能和所在章节位置进行了汇总.

表 1.3.1 本书中 R 和 Python 自定义函数的说明

函数名称	任务	位置
Rfold	回归分折的 Python 函数	1.6.1 节
SRCVSTD	SVM 回归交叉验证的 Python 函数	1.6.1 节
BarPlot	绘制条形图的 Python 函数	1.6.1 节
RegCV	多模型回归交叉验证的 R 函数	1.6.1 节
Xgboost	包装xgboost 的 R 函数	1.6.1 节
Gbarplot	绘制条形图的 R 函数	1.6.1 节
Fold	分类分折的 R/Python 函数	1.6.2 节
ClaCV	多模型分类交叉验证的 Python 函数	1.6.2 节
Adaboost	包装 adaboost 的 R 函数	1.6.2 节
ClaCV	多模型分类交叉验证的 R 函数	1.6.2 节
ClaMCV	多模型分类交叉验证的 R 函数 (2)	1.6.3 节
MC	模拟线性模型的 R 函数	2.9.2 节
mc	绘制模拟线性模型的的 R 函数	2.9.2 节
LMCV	线性模型例子的 Python 函数	2.9.4 节
BI	使误判率最小的 logistic 回归的 R 函数	3.5.2 节
BIM	logistic 回归的 R 函数 (2)	3.5.2 节
Split	决策树选择拆分属性的 R 函数	4.16.1 节

`Gini`	计算 Gini 不纯度的 R 函数	4.16.1 节
`DG`	计算 Gini 不纯度减少的 R 函数	4.16.1 节
`sse`	计算 SSE 的 R 函数	4.16.1 节

1.4 有监督学习传统统计方法与各机器学习方法的交叉验证比较

在对回归和分类的各种方法做具体介绍之前, 先通过数据例子对各种方法的预测精度做一些比较, 特别是传统统计与机器学习诸方法的比较. 这些比较将会让读者进一步思考, 明明白白地学习.

1.4.1 传统统计及机器学习回归方法交叉验证精度比较

例 1.1 混凝土强度数据 (concrete.csv). 数据包含了混凝土 7 种成分、时间、抗压强度等 9 个变量. 共有 1030 个观测值. 这些变量为 Cement (水泥)、Blast.Furnace.Slag (高炉矿渣)、Fly.Ash (粉煤灰)、Water (水)、Superplasticizer (超塑化剂)、Coarse.Aggregate (粗骨料)、Fine.Aggregate (细骨料)、Age (时间)、Compressive.strength (抗压强度), 其中除了 Age (时间) 的单位是天, Compressive.strength (抗压强度) 的单位为 MPa (兆帕) 之外, 其余全部是在 m3 号混合[①] 中的 kg (千克) 数. 数据来自 Yeh(1998).[②] 这个数据的 Compressive.strength (抗压强度) 是因变量, 其他变量为自变量. 这是一个典型的回归问题.

下面用最小二乘线性回归与基于决策树的各种集成方法及增强方法外加支持向量机 (SVM) 做例 1.1 混凝土强度数据回归的交叉验证预测精度的比较, 衡量标准为标准化均方误差 NMSE (见式 (1.2.4)).

通过计算 (所有 R 及 Python 代码见 1.6.1 节, Python 没有 mboost 的现成函数), 得到最小二乘线性回归、决策树、支持向量机、xgboost、bagging、随机森林、mboost (代码中的名称分别为 `lm`、`tree`、`svm`、`xgboost`、`bagging`、`randomForest`、`mboost`) 等 7 种方法的 NMSE, 见图 1.4.1.

从图 1.4.1 中可以看出, 属于传统统计的最小二乘线性回归的预测精度最差 (预测误差是 xgboost 误差的 6 倍). 而机器学习中作为基础学习器的决策树的精度不如基于决策树的机器学习算法 (随机森林、bagging、xgboost、mboost), 和决策树无关的 SVM 方法的精度仅次于 xgboost 和随机森林.

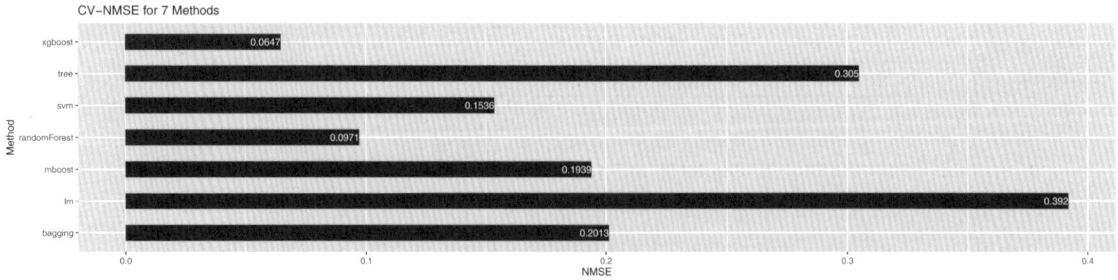

图 1.4.1 线性回归与各种机器学习方法对例 1.1 混凝土强度数据回归的交叉验证 NMSE

① 所谓混凝土的 m3 混合的公式为 1m^3 混凝土 =150 l 水 + 250 kg 混凝土 + 700 kg 砂 + 1200 kg 聚合体.

② 可从网址`https://archive.ics.uci.edu/ml/datasets/Concrete+Compressive+Strength`下载.

1.4.2 传统统计及机器学习二分类方法交叉验证精度比较

例 1.2 欺诈竞标数据 (bidding.csv). 这是 eBay 拍卖数据[①], 该数据是关于识别**欺诈竞标者**[②] (shill bidder) 的. 该数据一共有 6321 个观测值和 13 个变量. 这 13 个变量为: Record_ID (记录标识), Auction_ID (拍卖标识), Bidder_ID (出价者标识), Bidder_Tendency (竞标者倾向, 如果竞标者有只参加少数卖方竞标的倾向, 则有可能勾结和串通), Bidding_Ratio (提价频率, 欺诈者频繁提价以吸引合法竞标者出更高价), Successive_Outbidding (连续竞标, 欺诈者即使自己是当前的最高标者, 也连续小幅提高价格竞标自己), Last_Bidding (最终竞标, 欺诈者在拍卖的最后阶段 (超过拍卖持续时间的 90%) 不作为, 以避免赢得拍卖), Auction_Bids (竞标, 欺诈者出标数目往往比平均高得多), Starting_Price_Average (起拍价, 欺诈者通常提供一个小的起拍价以吸引合法竞标者参与拍卖), Early_Bidding (早期竞标, 欺诈者往往会在拍卖会的早期阶段就竞标 (不到拍卖持续时间的 25%), 以引起拍卖用户的注意), Winning_Ratio (获胜率, 欺诈者参加了很多拍卖, 但几乎不想赢得任何拍卖), Auction_Duration (拍卖持续时间), Class (取值哑元 0 和 1, 其中 0 代表正常竞标行为, 1 代表欺诈竞标行为).

显然前面 3 个标识变量不应该参与建模, 在后面不会涉及这 3 个变量. 这里关注的问题是如何通过数据建立一个模型来预测变量 Class, 也就是预测某个人是不是"托儿". 该数据网页对于自变量的度量的确定和标准的描述不那么具体, 但这不妨碍我们的分析过程. 我们可以通过数据本身来查看各个变量的关系.

下面用 logistic 回归与基于决策树的各种集成方法及增强方法外加支持向量机 (SVM) 做例 1.2 欺诈竞标数据二分类问题的交叉验证预测精度的比较, 衡量标准为误判率 (见式 (1.2.5)).

通过计算 (所有 R 及 Python 代码见 1.6.2 节), 得到 logistic 回归、决策树、支持向量机、xgboost、bagging、随机森林、Adaboost (代码中的名称分别为 `logit`、`tree`、`svm`、`xgboost`、`bagging`、`randomForest`、`Adaboost`) 等 7 种方法的误判率 (见图 1.4.2).

从图 1.4.2 (或打印输出) 中可以看出, 属于传统统计的 logistic 回归的预测精度最差, 其误判率是 bagging 和 xgboost 的 17 倍多, 是 Adaboost 的 14 倍多, 是决策树的 5 倍多, 是随机森林的 6 倍半, 甚至是机器学习中最差的 SVM 方法的 2 倍.

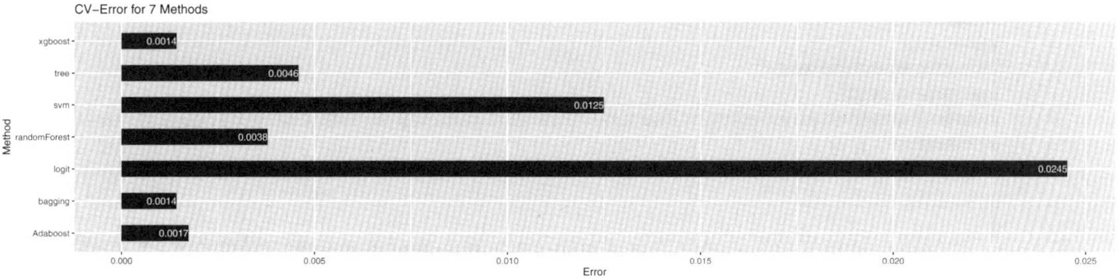

图 1.4.2 logistic 回归与各种机器学习方法对例 1.2 欺诈竞标数据二分类问题的交叉验证误判率

---

① Alzahrani, A. and Sadaoui, S. (2018). Scraping and preprocessing commercial auction data for fraud classification. arXiv preprint [Web Link]. 2018 Jun 2. Alzahrani, A. and Sadaoui, S. (2020). Clustering and labeling auction fraud data. *InData Management, Analytics and Innovation*, pp. 269-283. Springer, Singapore. https://archive.ics.uci.edu/ml/datasets/Shill+Bidding+Dataset.

② 俗称"托儿"或"拍托儿".

1.4.3 传统统计及机器学习多分类方法交叉验证精度比较

例 1.3 卫星图像数据 (sat.csv). 该数据[①] 包括陆地资源卫星中一个卫星图像的 3×3 像素邻域的多频谱值, 考虑与每个邻域的中心像素相关联的分类问题. 原先的图像为 82×100 像素, 这个数据仅仅是一个子区域. 数据每一行相应于 3×3 的像素邻域. 每一行包含该 3×3 邻域的 9 个像素中每一个的 4 个光谱带 (转换成 ASCII 码), 这就构成了 36 个变量的观测值, 此外, 作为第 37 个变量, 还有一个用数值表示的中心像素点处的实际土地类型 (用哑元 1、2、3、4、5、7 分别代表红壤 (red soil)、棉花作物 (cotton crop)、灰壤 (grey soil)、潮湿灰壤 (damp grey soil)、有植物茬的土壤 (soil with vegetation stubble)、非常潮湿的灰壤 (very damp grey soil), 数据中缺乏的哑元 6 代表各种类的混合 (mixture class)). 因此一共有 37 个变量, 前面 36 个是光谱带, 最后一个是哑元表示的土地类型.

原始数据分成了两个数据集. 这里数据中的前 2000 行属于测试集, 后 4435 行属于训练集. 数据提供者警示不要自行做交叉验证, 用提供的一个训练集和一个测试集就行了. 这可能和数据的整体性有关.

由于该数据的自变量全部是数值变量, 因此可以使用经典的判别分析方法, 并和其他方法进行比较.

下面用最经典的线性判别分析与基于决策树的各种集成方法及增强方法、基于贝叶斯统计的混合判别分析、朴素贝叶斯外加支持向量机 (SVM) 做例 1.3 卫星图像数据多分类问题的交叉验证预测精度的比较, 衡量标准为误判率 (见式 (1.2.5)).

通过计算 (所有 R 及 Python 代码见 1.6.3 节 [②]), 得到线性判别分析、决策树、支持向量机、xgboost、bagging、随机森林、Adaboost、混合判别分析、朴素贝叶斯 (代码中的名称分别为 `lda`、`tree`、`svm`、`xgboost`、`bagging`、`randomForest`、`Adaboost`、`mda`、`naiveBayes`) 等 9 种方法的误判率, 见图 1.4.3.

从图 1.4.3 (或打印输出) 中可以看出, 属于传统统计的线性判别分析的预测精度最差, 其误判率是其他方法误判率的 4～10 倍.

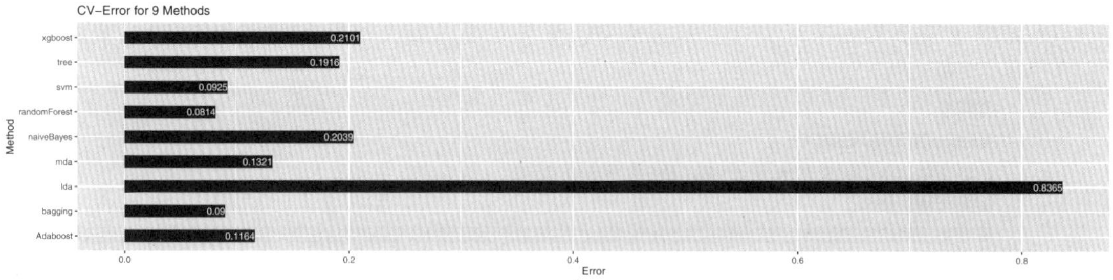

图 1.4.3 线性判别分析与各种机器学习方法对例 1.3 卫星图像数据多分类问题的交叉验证误判率

[①] Dua, D. and Graff, C. (2019). UCI Machine Learning Repository [`http://archive.ics.uci.edu/ml`]. Irvine, CA: University of California, School of Information and Computer Science. 下载网址为 `http://archive.ics.uci.edu/ml/datasets/Statlog+(Landsat+Satellite)`.

[②] Python 中也有名为 “线性判别分析” 的函数 (`LinearDiscriminantAnalysis`), 但该函数基于贝叶斯统计, 和 R 中的 lda 不同, 类似于这里的 mda.

问题与思考

上面 1.4 节的真实数据例子计算表明, 在对回归或分类任务的传统统计和机器学习模型的预测精度比较上, 传统统计毫无优势可言. 但本书仍然既要介绍传统统计方法也要介绍机器学习方法, 让读者全面了解各个方面的做法和思维方式, 并且自主选择未来的发展方向.

1.5 习 题

1. Box (1976) 说: “ 所有模型都是错误的, 但有些模型是有用的.” Tukey (1962) 说: “ 正确问题的近似答案, 比错误问题的精确答案要好得多.” 因为模型的本质是某种事物的简化和理想化表示, 所以所有模型在某种意义上都是错误的. 如果真理意味着完全代表现实, 那么模型永远不会是 “ 真理 ”. 考虑生成模型时所做的假定非常重要, 因为模型只有在假定成立时才真正有用.
   (1) 请解释这两句话在统计领域中的含义.
   (2) 模型是以其形式是否漂亮或是否容易解释来论优劣, 还是看其是否有用来评价?
   (3) 在你学过的统计模型中, 有很多都必须满足某些数学假定, 在应用 (或例子、习题) 中, 验证这些假定了吗? 有办法核对这些假定是否满足吗?
   (4) 在你学过的统计模型中, 有哪些模型是以 “ 有用 ” 为标准的?
2. 在 1.4 节中, 对于一些回归和分类问题比较了传统统计模型和其他模型的预测精度.
   (1) 如果你要做预测, 是选择预测精度好的模型, 还是容易用公式表达的模型?
   (2) 研究剖析某些预测精度不好的数学模型可能会产生一些数学杂志感兴趣的论文, 而研究一些预测精度好的机器学习模型可能会使应用单位感兴趣. 请给出评论. 显然, 如黑格尔 (Hegel, 1821) 所言, 这里没有标准答案.
3. 在传统数理统计的 t 检验中, 对数据观测值 (记为 $x_1, x_2, \ldots, x_n$) 做出独立同正态分布 $N(\mu, \sigma^2)$ 的假定, 然后, 又给出了**零假设** (null hypothesis), 比如 $H_0 : \mu = 0$ (也有 $H_a : \mu \neq 0$), 请思考:
   (1) 所做的假定能否证明是合理的 (你可以翻遍数理统计课本)?
   (2) 只有根据假定才有 t 检验统计量, 并且根据数据才能算出 p 值, 但你为什么觉得 p 值小了就应该怀疑零假设 (H_0)? 为什么不怀疑假定? 是不是认为假定是不可怀疑的真理?
   (3) 很多书中把 p 值小于 5%作为小概率事件, 这有没有根据? 如果 100 个人出门, 有 5 个人出车祸死亡, 这也是 5%, 这是不是小概率事件?
4. 做下面两个 t 检验:
   (1) 对数据 $\boldsymbol{x} = (-3, -7, -1, -6)$ ($\overline{x} = -4.25$) 做 t 检验: $H_0 : \mu = 0 \Leftrightarrow H_a : \mu < 0$ (可用 R 代码: `x = c(-3, -7, -1, -6); t.test(x, alt="less")`).
   (2) 对数据 $\boldsymbol{z} = (-4, -10, -3, -75)$ ($\overline{z} = -23$) 做 t 检验: $H_0 : \mu = 0 \Leftrightarrow H_a : \mu < 0$ (可用 R 代码: `z=c(-4, -10, -3, -75); t.test(z, alt="less")`).
   (3) 分析上面的结果, 你觉得数理统计书中关于 t 检验少说了什么? 或者回避了什么?
5. 有人认为, 如果不能拒绝零假设, 就接受零假设. 考虑下面的问题:
   (1) 对于盗窃案件, 我们有零假设 H_0: “ 嫌疑人不是小偷 ” 和备选假设: H_a: “ 嫌疑人是小

偷 ". 如果抓到小偷之前, 其把赃物丢掉了, 我们不能拒绝上述零假设, 是不是要接受零假设: " 嫌疑人不是小偷 "?

(2) 自然数显然不服从正态分布, 但执行下面的 R 代码: `shapiro.test(1:40)` 来检验自然数的正态性, 得到 p 值等于 0.1241. 你是不是觉得这证明了自然数服从正态分布? 为什么?

1.6 本章的 R 和 Python 代码

1.6.1 1.4.1 节的 R 和 Python 代码

1.4.1节各种方法对例 1.1 混凝土强度数据回归的交叉验证的 R 代码

执行机器学习任务, 这里使用了下列若干 R 程序包: `ipred`[①]`rpart`[②]、`randomForest`[③]、`xgboost`[④]、`kernlab`[⑤]、`mboost`[⑥]、`ggplot2`[⑦]、`tidyr`[⑧].

首先定义了多个模型回归交叉验证的函数 `RegCV`, 其变元 `w` 代表原始数据, `Vid` 代表因变量的位置 (列号), `fun` 代表各个模型的可执行函数的列表, `Z` 为交叉验证的折数 (默认 10 折), `seed` 为随机种子 (默认 1010).

```
RegCV=function(w,Vid,fun=list(lm=lm),Z=10,seed=1010){
  library(tidyr)
  m=length(fun)
  y=w[,Vid]
  n=nrow(w);set.seed(seed)
  Zid=rep(1:Z,ceiling(n/Z))[1:n]
  Zid=sample(Zid,length(Zid),replace = TRUE)
  f=formula(paste(names(w)[Vid],'~.'))
  yhat=matrix(999,n,m)
  colnames(yhat)=names(fun)
  for (j in 1:m) {
    if (names(fun)[j]=='mboost'){
      nm=NULL
      for(i in names(w)[-Vid])nm=c(nm,paste0('btree(',i,')'))
      f=formula(paste(names(w)[Vid],"~",paste0(nm,collapse = '+')))
```

①Peters, A., Hothorn, T. (2022). ipred: Improved Predictors. R package version 0.9-13. https://CRAN.R-project.org/package=ipred.

②Therneau, T., Atkinson, B. (2022). rpart: Recursive Partitioning and Regression Trees. R package version 4.1.19. https://CRAN.R-project.org/package=rpart.

③Liaw, A. and Wiener, M. (2002). Classification and Regression by randomForest. *R News*, 2(3): 18–22.

④Chen, T., He, T., Benesty, M., Khotilovich, V., Tang, Y., Cho, H., Chen, K., Mitchell, R., Cano, I., Zhou, T., Li, M., Xie, J., Lin, M., Geng, Y., Li, Y., Yuan, J. (2023). xgboost: Extreme Gradient Boosting. R package version 1.7.3.1. https://CRAN.R-project.org/package=xgboost.

⑤Karatzoglou, A., Smola, A., Hornik, K. (2022). kernlab: Kernel-Based Machine Learning Lab. R package version 0.9-31. 网址: https://CRAN.R-project.org/package=kernlab.

⑥Buehlmann, P. and Hothorn, T. (2007). Boosting algorithms: regularization, prediction and model fitting (with Discussion). *Statistical Science*, 22(4): 477-505.

⑦Wickham, H. (2016). *ggplot2: Elegant Graphics for Data Analysis*. Springer-Verlag, New York.

⑧Wickham, H., Vaughan, D., Girlich, M. (2022). tidyr: Tidy Messy Data. R package version 1.2.1. https://CRAN.R-project.org/package=tidyr.

```
    } else {f=f}
    for (i in 1:Z) {
      if (names(fun)[j]=='xgboost'){
        yhat[Zid==i,j]=fun[[j]](w[Zid!=i,],w[Zid==i,],Vid)
      } else{
        yhat[Zid==i,j]=fun[[j]](f,w[Zid!=i,]) %>% predict(w[Zid==i,])}
    }
  }
  yhat=data.frame(yhat)
  NMSE=sapply(yhat,function(x) sum((y-x)^2)/sum((y-mean(y))^2))
  return(NMSE)
}
```

在 RegCV 函数中, 为了统一函数格式而定义了运行 xgboost 所需要的自编包装函数 Xgboost, 其变元 w1 代表训练集, w2 代表测试集, vid 代表因变量位置 (列号).

```
Xgboost=function(w1,w2,vid){
  xgb1=xgb.DMatrix(data =  data.matrix(model.matrix(~.,w1[,-vid])),
              label = w1[,vid])
  xgb2=xgb.DMatrix(data =  data.matrix(model.matrix(~.,w2[,-vid])),
              label = w2[,vid])
  pp=xgboost(data = xgb1, max.depth = 5,
        nrounds = 60, verbose = 0) %>% predict(xgb2)
  if (is.numeric(w1[,vid])){
    return(pp)
  } else{
    pp[(pp<1)] = 1
    pp[(pp>length(levels(w2[,vid])))] = length(levels(w2[,vid]))
    yhat = levels(w2[,vid])[round(pp)]
   return(yhat)}
}
```

下面的 Gbarplot 函数是为方便而编制的打印程序, 其变元 df 为数据框, ang 为轴上数字的倾斜角度 (默认等于 0, 即水平).

```
Gbarplot=function(df,title=NA,ang=0){
  Tit=ifelse(is.na(title),paste0("CV-",names(df)[2]," for ", nrow(df)," ",
                              names(df)[1],"s"),title)
  ggplot(df, aes(x=df[,1], y=df[,2])) +
    xlab(names(df)[1]) + ylab(names(df)[2])+
    geom_bar(stat="identity", width=.5, fill="navyblue") +
    labs(title=Tit) +
    geom_text(aes(label=round(df[,2],4)), hjust=rep(1,nrow(df)),
            color=rep("white",nrow(df)), size=3.5)+
```

```
    theme(axis.text.x = element_text(angle=ang, vjust=0.6))+
    coord_flip()
}
```

下面是通过函数 RegCV 得到例 1.1 混凝土强度数据 7 种方法回归的交叉验证 NMSE 及生成图 1.4.1 的 R 代码:

```
w=read.csv('concrete.csv')
library(ipred);library(rpart);library(randomForest)
library(xgboost);library(kernlab);library(mboost)
model=list(lm=lm,randomForest=randomForest,bagging=bagging,
           tree=rpart,xgboost=Xgboost,svm=ksvm,mboost=mboost)
(CVRes=RegCV(w,9,model))
NMSE=data.frame(Method=names(model),NMSE=(CVRes))
Gbarplot(NMSE)
```

1.4.1 节各种方法对例 1.1 混凝土强度数据回归的交叉验证的 Python 代码

载入程序包和主函数 RegCV, 其变元 X 为自变量数组, y 为因变量, regress 是各种回归模型的 dict 列表, Z 为折数 (默认 10 折), seed 为随机种子 (默认 8888), trace 为是否打印运行各阶段的时间 (默认打印), u 为某分类变量 (分折时需要平衡该分类变量各个水平) 的数据 (默认是没有).

```
from sklearn.linear_model import LinearRegression
from sklearn.ensemble import RandomForestRegressor,BaggingRegressor
from sklearn.svm import SVR
from xgboost import XGBRegressor
from sklearn.tree import DecisionTreeRegressor
def RegCV(X,y,regress, Z=10, seed=8888, trace=True, u=[1]):
    from datetime import datetime
    n=len(y)
    if len(u)>1: zid=Fold(u,Z,seed)
    else: zid=Rfold(n,Z,seed)
    YPred=dict();
    M=np.sum((y-np.mean(y))**2)
    A=dict()
    for i in regress:
        if trace: print(i,'\n',datetime.now())
        Y_pred=np.zeros(n)
        for j in range(Z):
            reg=regress[i]
            reg.fit(X[zid!=j],y[zid!=j])
            Y_pred[zid==j]=reg.predict(X[zid==j])
        YPred[i]=Y_pred
        A[i]=np.sum((y-YPred[i])**2)/M
```

```
    if trace: print(datetime.now())
    R=pd.DataFrame(YPred)
    return R,A
```

下面是分折函数 Rfold, 其变元 n 为样本量, Z 为折数, seed 为随机种子.

```
def Rfold(n, Z, seed):
    zid = (list(range(Z))*int(n/Z+1))[:n]
    np.random.seed(seed)
    np.random.shuffle(zid)
    return(np.array(zid))
```

下面是对数据做标准化变换的 SVM 函数 SRCVSTD, 其变元 X 为自变量数组, y 为因变量, REG 为回归函数, Z 为折数, seed 为随机种子.

```
def SRCVSTD(X,y,REG,Z=10,seed=1010):
    from sklearn.preprocessing import StandardScaler
    n=len(y)
    zid=Rfold(n,Z,seed)
    X_std=StandardScaler().fit_transform(X)
    stdy=StandardScaler()
    y_std=stdy.fit_transform(y.values.reshape(-1, 1))
    pred=np.zeros(n)
    for j in range(Z):
        REG.fit(X_std[zid!=j],y_std.ravel()[zid!=j])
        pred[zid==j]=stdy.inverse_transform(REG.predict(X_std[zid==j]).
                                            reshape(-1,1)).reshape(-1)
    NMSE=((y-pred)**2).sum()/np.sum((y-y.mean())**2)
    return NMSE, pred
```

下面是绘制条形图的函数 BarPlot, 其变元 A 是要打印的数据 (dict 形式), xlab 为横轴标签, ylab 为纵轴标签, title 为图的标题, size 为一些文字的大小, File 为输出文件的名称 (默认不输出).

```
def BarPlot(A,xlab='',ylab='',title='',size=[20,20,30,20,15],File=None):
    import matplotlib.pyplot as plt
    plt.figure(figsize = (28,7))
    plt.barh(range(len(A)), A.values(), color = 'navy')#, height = 0.6)
    plt.xlabel(xlab,size=size[0])
    plt.ylabel(ylab,size=size[1])
    plt.title(title,size=size[2])
    plt.yticks(np.arange(len(A)),A.keys(),size=size[3])
    for v,u in enumerate(A.values()):
        plt.text(u, v, str(round(u,4)), va = 'center',color='navy',
```

```
        size=size[4])
    if type(File)==str:
        plt.savefig(File,bbox_inches='tight',pad_inches=0)
    plt.show()
```

通过函数 RegCV 得到例 1.1 混凝土强度数据的 6 种方法回归的交叉验证 NMSE 以及图 1.6.1.

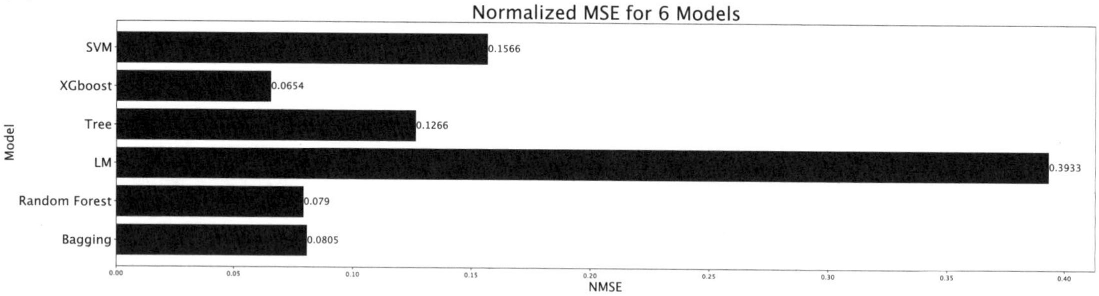

图 1.6.1 线性回归与各种机器学习方法对例 1.1 混凝土强度数据回归的交叉验证 NMSE

进行交叉验证计算并生成图 1.6.1 的 Python 代码为:

```
names = ["Bagging","Random Forest","LM",'Tree','XGboost']
regressors = [BaggingRegressor(n_estimators=100),
              RandomForestRegressor(n_estimators=500,random_state=1010),
              LinearRegression(),DecisionTreeRegressor(),XGBRegressor()]
REG=dict(zip(names,regressors))
w=pd.read_csv("concrete.csv")
y=w['Compressive.strength']
X=w.iloc[:,:-1]
R,A = RegCV(X,y,REG,seed=1010)

NMSE, pred=SRCVSTD(X,y,SVR(gamma='auto'),seed=1010)
A['SVM']=NMSE
BarPlot(A,'NMSE','Model','Normalized MSE for 6 Models')
plt.savefig("CV6py.pdf",bbox_inches='tight',pad_inches=0)
print(A)
```

1.6.2 1.4.2 节的 R 和 Python 代码

1.4.2 节各种方法对例 1.2 欺诈竞标数据二分类问题的交叉验证 R 代码

为编程简洁, 构造了平衡分类问题因变量水平的分折函数 Fold, 其变元 w 是数据, Z 是折数, D 代表定性变量在数据的第几列, seed 为随机种子.

```
Fold=function(w,Z,D,seed){
  n=nrow(w);d=1:n;dd=list()
  e=levels(factor(w[,D]));T=length(e)#因变量有T类
```

```
  set.seed(seed)
  for(i in 1:T){
    d0=d[w[,D]==e[i]];j=length(d0)
    ZT=rep(1:Z,ceiling(j/Z))[1:j]
    id=cbind(sample(ZT,length(ZT)),d0);dd[[i]]=id
  }
  #上面每个dd[[i]]是随机1:Z及i类的下标集组成的矩阵
  mm=list()
  for(i in 1:Z){
    u=NULL;
    for(j in 1:T)u=c(u,dd[[j]][dd[[j]][,1]==i,2])
    mm[[i]]=u #mm[[i]]为第i(i=1,2,...,Z)个下标集
  }
  return(mm) #输出Z个下标集
}
```

下面是为了方便所做的 Adaboost 的包装函数 (这里使用了程序包 adabag[①]). 函数 Adaboost 的变元 w1 为训练集, w2 为测试集, Vid 为因变量的位置.

```
Adaboost=function(w1,w2,Vid){
  f=formula(paste(names(w1)[Vid],'~.'))
  pred=adabag::boosting(f,w1) %>%
    adabag::predict.boosting(.,w2) %>% .$class
  return(pred)
}
```

下面是构造的多模型分类交叉验证 R 函数 ClaCV, 其变元 w 是原始数据, Vid 是因变量的位置, fun 是模型函数列表, Z 是折数, seed 是随机种子.

```
ClaCV=function(w,Vid,fun,Z=10,seed=1010){
  library(tidyr)
  set.seed(seed)
  m=length(fun)
  y=w[,Vid]
  n=nrow(w);set.seed(seed)
  Zid=Fold(w,Z,D=Vid,seed = seed)
  f=formula(paste(names(w)[Vid],'~.'))
  yhat=data.frame(matrix(sample(levels(y),n*m,replace = T),n,m))
  names(yhat)=names(fun)
  for (k in 1:ncol(yhat)) {
    yhat[,k]=factor(yhat[,k])
  }
```

[①] Alfaro, E., Gamez, M., Garcia, N.(2013). adabag: an R package for classification with boosting and bagging. *Journal of Statistical Software*, 54(2): 1-35. http://www.jstatsoft.org/v54/i02/.

```
  for (j in 1:m) {
    for (i in 1:Z) {
      zid=Zid[[i]]
      if (names(fun)[j]=='logit'){
        yhat[zid,j]=fun[[j]](f,w[-zid,],family='binomial') %>%
          predict(w[zid,],type="response") %>%
        ">"(.,.5) %>% ifelse(.,levels(y)[2],levels(y)[1])
      } else if (names(fun)[j]=='tree'){
        yhat[zid,j]=fun[[j]](f,w[-zid,]) %>%
          predict(.,w[zid,],type='class')
      } else if (names(fun)[j]=='xgboost'|names(fun)[j]=='Adaboost'){
        yhat[zid,j]=fun[[j]](w[-zid,],w[zid,],Vid)
      } else {
        yhat[zid,j]=fun[[j]](f,w[-zid,]) %>% predict(w[zid,])}
    }
  }
  yhat=data.frame(yhat)
  Error=sapply(yhat,function(x) mean(x!=y))
  return(Error)
}
```

利用上面的函数对例 1.2 欺诈竞标数据做二分类交叉验证, 这里使用了 logistic 回归、决策树、支持向量机、xgboost、bagging、随机森林、Adaboost (代码中的名称分别为 `logit`、`tree`、`svm`、`xgboost`、`bagging`、`randomForest`、`Adaboost`) 等 7 种方法的交叉验证误判率, R 代码如下 (生成图 1.4.2).

```
w=read.csv('bidding.csv')[,-(1:3)];w$Class=factor(w$Class)
library(tidyr);library(ipred);library(xgboost)
library(kernlab);library(rpart.plot);library(randomForest)
L=list(logit=glm,tree=rpart,bagging=ipred::bagging,xgboost=Xgboost,
      randomForest=randomForest,Adaboost=Adaboost,svm=ksvm)
(Res=ClaCV(w,10,L))
Error=data.frame(Method=names(L),Error=(Res))
Gbarplot(Error)
```

1.4.2 节各种方法对例 1.2 欺诈竞标数据二分类问题的交叉验证 Python 代码

```
from sklearn.tree import DecisionTreeClassifier
from sklearn.ensemble import AdaBoostClassifier,\
    RandomForestClassifier,BaggingClassifier
from xgboost import XGBClassifier
from sklearn.pipeline import make_pipeline
from sklearn.svm import SVC
```

定义平衡因变量各水平的分折函数 Fold, 其变元 u 为因变量数据, Z 为折数, seed 为随机种子.

```
def Fold(u,Z=5,seed=1010):
    u = np.array(u).reshape(-1)
    id = np.arange(len(u))
    zid = []; ID = []; np.random.seed(seed)
    for i in np.unique(u):
        n = sum(u==i)
        ID.extend(id[u==i])
        k = (list(range(Z))*int(n/Z+1))[:n]
        np.random.shuffle(k)
        zid.extend(k)
    zid = np.array(zid);ID = np.array(ID)
    zid = zid[np.argsort(ID)]
    return zid
```

下面是多模型分类交叉验证函数 ClaCV, 其变元 X 为自变量数组, y 为因变量数据, CLS 为各个模型的列表 (dict 形式), Z 为折数, seed 为随机种子, trace 为是否打印运行时间 (默认打印).

```
def ClaCV(X,y,CLS, Z=10,seed=8888, trace=True):
    from datetime import datetime
    n=len(y)
    Zid=Fold(y,Z,seed=seed)
    YCPred=dict();
    A=dict()
    for i in CLS:
        if trace: print(i,'\n',datetime.now())
        Y_pred=np.zeros(n)
        for j in range(Z):
            clf=CLS[i]
            clf.fit(X[Zid!=j],y[Zid!=j])
            Y_pred[Zid==j]=clf.predict(X[Zid==j])
        YCPred[i]=Y_pred
        A[i]=np.mean(y!=YCPred[i])
    if trace: print(datetime.now())
    R=pd.DataFrame(YCPred)
    return R, A
```

下面对例 1.2 欺诈竞标数据的交叉验证计算并生成类似图 1.4.2 的图 1.6.2.

```
w=pd.read_csv("bidding.csv").iloc[:,3:];
X=w.iloc[:,:-1];y=w["Class"].astype('category')
```

```
CLS=dict(zip(("TreeCL","Logit", "Randomforest","Adaboost","Bagging",
              "Xgboost","SVM"),
             (DecisionTreeClassifier(max_depth=5),
              LogisticRegression(random_state=0),
              RandomForestClassifier(),
              AdaBoostClassifier(DecisionTreeClassifier(max_depth=5)),
              BaggingClassifier(), XGBClassifier(),
              make_pipeline(StandardScaler(), SVC(gamma='auto'))
             )))

R, A=ClaCV(X,y,CLS, Z=10,seed=1010, trace=False)
BarPlot(A,'Error Rate','Model',
        'Error for 7 models in 10-fold cross validation')
```

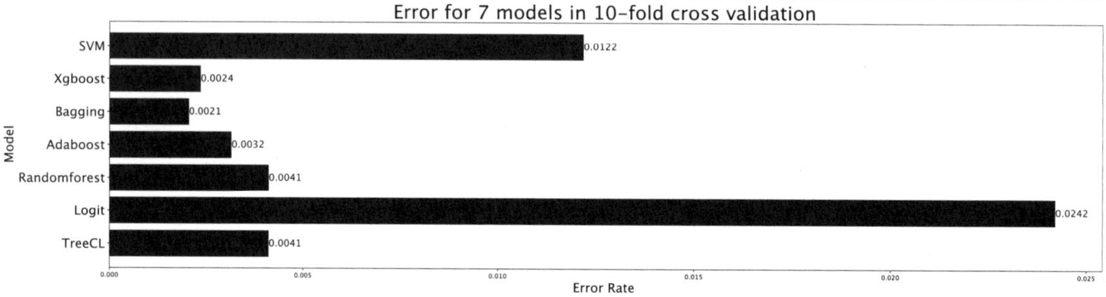

图 1.6.2　例 1.2 欺诈竞标数据二分类问题的 7 种方法的交叉验证误判率比较

1.6.3 1.4.3 节的 R 和 Python 代码

1.4.3 节各种方法对例 1.3 卫星图像数据多分类问题的交叉验证 R 代码

下面是主要的交叉验证分类程序 ClaMCV (这里利用了前面定义的一些函数), 其变元 w 为数据, Vid 为因变量的位置, fun 为各模型的列表, Z 为折数, seed 为随机种子.

```
ClaMCV=function(w,Vid,fun,Z=10,seed=1010){
  library(tidyr)
  set.seed(seed)
  m=length(fun)
  y=w[,Vid]
  nl=length(levels(y))
  n=nrow(w);set.seed(seed)
  Zid=Fold(w,Z,D=Vid,seed = seed)
  f=formula(paste(names(w)[Vid],'~.'))
  yhat=data.frame(matrix(sample(levels(y),n*m,replace = T),n,m))
  names(yhat)=names(fun)
  for (k in 1:ncol(yhat)) {
    yhat[,k]=factor(yhat[,k])
  }
```

```
  for (j in 1:m) {
    for (i in 1:Z) {
      zid=Zid[[i]]
      if (names(fun)[j]=='tree'){
        yhat[zid,j]=fun[[j]](f,w[-zid,]) %>%
          predict(.,w[zid,],type='class')
      } else if (names(fun)[j]=='lda'){
        lda(f,w[-zid,],prior=rep(1,nl)/nl) %>% predict(w[zid,]) %>% .$class
      } else if (names(fun)[j]=='xgboost'|names(fun)[j]=='Adaboost'){
        yhat[zid,j]=fun[[j]](w[-zid,],w[zid,],Vid)
      } else {
        yhat[zid,j]=fun[[j]](f,w[-zid,]) %>% predict(w[zid,])}
    }
  }
  yhat=data.frame(yhat)
  Error=sapply(yhat,function(x) mean(x!=y))
  return(Error)
}
```

下面是具体交叉验证及画图 (见图 1.4.3) 的 R 代码. 除了前面提到的函数之外, 还使用下面 R 程序包的函数: MASS[①], mda[②], e1071[③].

```
library(tidyr);library(ipred);library(xgboost)
library(MASS);library(adabag);library(randomForest)
library(kernlab);library(mda);library(e1071);library(rpart)
u=read.csv("sat.csv");u[,37]=factor(u[,37])
L=list(tree=rpart,bagging=ipred::bagging,xgboost=Xgboost,
       randomForest=randomForest,Adaboost=Adaboost,
       mda=mda,lda=lda,svm=ksvm,naiveBayes=naiveBayes)
(Res=ClaMCV(u,37,L))
Error=data.frame(Method=names(L),Error=(Res))
Gbarplot(Error)
```

打印输出为:

```
      tree     bagging     xgboost randomForest    Adaboost
0.19160839  0.08997669  0.21010101   0.08142968  0.11639472
       mda         lda         svm   naiveBayes
0.13209013  0.83651904  0.09246309   0.20388500
```

① Venables, W. N. & Ripley, B. D. (2002). *Modern Applied Statistics with S*. Fourth Edition. Springer, New York. ISBN 0-387-95457-0.

② S original by Trevor Hastie & Robert Tibshirani. Original R port by Friedrich Leisch and Kurt Hornik and Brian D. Ripley. Balasubramanian Narasimhan has contributed to the upgrading of the code. (2022). mda: Mixture and Flexible Discriminant Analysis. R package version 0.5-3. https://CRAN.R-project.org/package=mda.

③ Meyer, D., Dimitriadou, E., Hornik, K., Weingessel, A., Leisch, F. (2022). e1071: Misc Functions of the Department of Statistics, Probability Theory Group (Formerly: E1071), TU Wien. R package version 1.7-12. https://CRAN.R-project.org/package=e1071.

1.4.3 节各种方法对例 1.3 卫星图像数据多分类问题的交叉验证 Python 代码

输入数据及必要的模块并选择分类模型:

```
u=pd.read_csv("sat.csv")
y=pd.get_dummies(u['V37']).dot(np.arange(len(np.unique(u['V37']))))
X=pd.get_dummies(u.iloc[:,:-1],drop_first=True)

from sklearn.tree import DecisionTreeClassifier
from sklearn.ensemble import RandomForestClassifier, AdaBoostClassifier,\
BaggingClassifier
from sklearn.discriminant_analysis import LinearDiscriminantAnalysis
from sklearn.svm import SVC
from xgboost import XGBClassifier
from sklearn.pipeline import make_pipeline
from sklearn.naive_bayes import GaussianNB
names = ["Bagging", "SVM", "Decision Tree",
    "Random Forest", "AdaBoost", "Naive Bayes",'Bayes Lda','Xgboost']
classifiers = [
    BaggingClassifier(n_estimators=100,random_state=1010),
    make_pipeline(StandardScaler(), SVC(gamma='auto')),
    DecisionTreeClassifier(max_depth=5,random_state=0),
    RandomForestClassifier(n_estimators=500,random_state=0),
    AdaBoostClassifier(n_estimators=100,random_state=0),
    GaussianNB(),
    LinearDiscriminantAnalysis(),
    XGBClassifier(n_estimators=100, max_depth=5, learning_rate=0.1,
                  objective='multi:softprob')]
CLS=dict(zip(names,classifiers))
```

利用前面的分类函数做例 1.3 卫星图像数据的多分类并画图 (见图1.6.3).

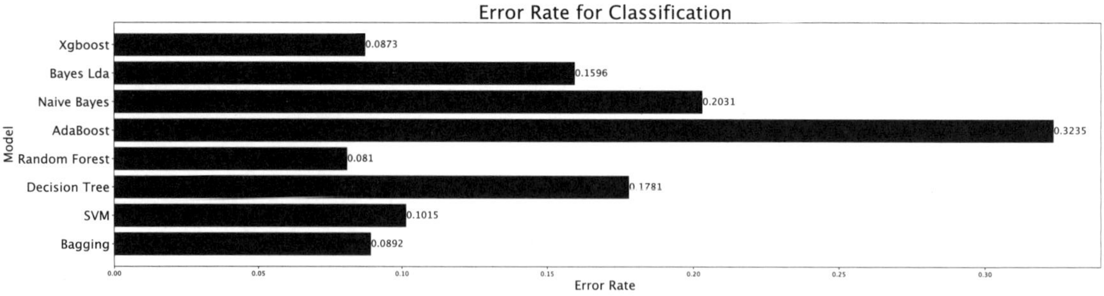

图 1.6.3 贝叶斯线性判别分析与各种机器学习方法对例 1.3 卫星图像数据多分类问题的交叉验证误判率

```
R,A=ClaCV(X,y,CLS)
BarPlot(A,'Error Rate','Model','Error Rate for Classification')
print(A)
```

第 2 章　经典线性回归

以最小二乘法为主的经典线性回归是最经典的回归模型, 最早在 220 年前由 Legendre (1805) 提出, 经无数数学家充分研究, 发展到目前的水平. 经典的线性回归已经发展出很多分支, 本章将介绍其中的一些内容.

1. **经典的线性最小二乘回归仅仅是上百种回归方法中的一种, 其预测精度并不高, 由于它是前计算机时代最重要的回归方法, 我们首先对其进行介绍, 但是否为此耗费太多时间和精力, 请读者自己判断.**
2. 本章中诸如最小二乘法拟合等各种公式都比较简单, 可以用计算机轻松地做数值计算, 没有必要过多地深究某些细节甚至手算. 老师自己都不愿意动手的事情, 为什么让学生去做呢? 但是, **有必要让学生了解最小二乘拟合的直观几何意义以及那些基于各种假定的检验所产生的结论的局限性和不可靠性.**
3. **这里使用的 1.2.3 节介绍的交叉验证方法的原理和实施是必须学会的. 虽然其并非源于传统统计, 但交叉验证可以用于评价各种有监督学习模型.**

2.1　模型形式

2.1.1 回顾高中课程: 自变量为一个数量变量的情况

顾名思义, **线性模型** (linear model) 意味着假定因变量 y 和自变量 x 之间的关系可以用线性关系来近似. 先考虑 x 为一个数量变量的情况, 这时一般的线性模型形式为:

$$y = \beta_0 + \beta_1 x + \varepsilon.$$

这里假定 x 是一个非随机的数, ε 是模型所无法描述的随机误差项, 假定其均值 $E(\varepsilon) = 0$. 因此 y 是一个随机变量, 其均值

$$\mu = E(y) = \beta_0 + \beta_1 x + E(\varepsilon) = \beta_0 + \beta_1 x.$$

这显然是平面上的一条截距为 β_0、斜率为 β_1 的直线. 如果数据的**样本量** (sample size) 为 n, 即包含 n 个**观测值** (observation), 记这些观测值为 $(y_1, x_1), (y_2, x_2), \dots, (y_n, x_n)$[①], 那么对应于这个数据的线性模型为:

$$y_i = \beta_0 + \beta_1 x_i + \varepsilon_i,\ \ i = 1, 2, \dots, n. \tag{2.1.1}$$

如果记 $\boldsymbol{y} = (y_1, y_2, \dots, y_n)^\top$, $\boldsymbol{x} = (x_1, x_2, \dots, x_n)^\top$, $\boldsymbol{\varepsilon} = (\varepsilon_1, \varepsilon_2, \dots, \varepsilon_n)^\top$, 则有向量形式

$$\boldsymbol{y} = \beta_0 + \boldsymbol{x}\beta_1 + \boldsymbol{\varepsilon}. \tag{2.1.2}$$

在高中课程中, 还给出了根据数据计算系数的最小二乘估计值 (参见 2.2 节) 的公式, 即

[①]注意, 这里所说的 n 个观测值不是 n 个单独的数, 而是包含因变量和自变量的 n 组数. 就这个模型来说, 每个观测值包含两个数. 一般来说, 如果模型有 p 个自变量及一个因变量, 则每个观测值包含 $p+1$ 个数.

后面的式 (2.2.1). 我们不主张死记硬背这类公式, 也不希望人们去手算这些数值结果. 只希望读者理解方法本身的直观意义, 并且能够和其他方法做比较, 在做数据分析时, 希望能够通过程序代码来拟合, 并能实施交叉验证.

2.1.2 自变量为多个数量变量的情况

如果有 p 个数量自变量 $x_1, x_2, \ldots, x_p$, 则线性模型的一般形式可以写成

$$y = \beta_0 + \beta_1 x_1 + \beta_2 x_2 + \cdots + \beta_p x_p + \varepsilon.$$

如果数据有 n 个观测值, 为 $(y_1, x_{11}, \ldots, x_{1p}), (y_2, x_{21}, \ldots, x_{2p}), \ldots, (y_n, x_{n1}, \ldots, x_{np})$, 那么对应于这个数据的线性模型为:

$$y_i = \beta_0 + \beta_1 x_{i1} + \beta_2 x_{i2} + \cdots + \beta_p x_{ip} + \varepsilon_i, \quad i = 1, 2, \ldots, n. \tag{2.1.3}$$

如果用 $\boldsymbol{X}$ 表示矩阵

$$\boldsymbol{X} = \begin{bmatrix} 1 & x_{11} & x_{12} & \cdots & x_{1p} \\ 1 & x_{21} & x_{22} & \cdots & x_{2p} \\ \vdots & \vdots & \vdots & & \vdots \\ 1 & x_{n1} & x_{n2} & \cdots & x_{np} \end{bmatrix}, \tag{2.1.4}$$

记 $\boldsymbol{\beta} = (\beta_0, \beta_1, \ldots, \beta_p)^\top$, $\boldsymbol{y}$ 的均值向量为 $\boldsymbol{\mu} = (\mu_1, \mu_2, \ldots, \mu_n)^\top$, 则相应的线性模型为:

$$\boldsymbol{y} = \boldsymbol{\mu} + \boldsymbol{\varepsilon} = \boldsymbol{X}\boldsymbol{\beta} + \varepsilon. \tag{2.1.5}$$

均值向量

$$\boldsymbol{\mu} = E(\boldsymbol{y}) = \boldsymbol{X}\boldsymbol{\beta}.$$

这也可以写成 $\mu_i = \boldsymbol{x}_i^\top \boldsymbol{\beta}$, $i = 1, 2, \ldots, n$, 这里的 $\boldsymbol{x}_i = (1, x_{i1}, \ldots, x_{ip})^\top$.

2.1.3 "线性"是对系数而言的

注意, 线性模型的"线性"是对参数或系数而言的, 例如, 下面的模型也是线性模型:

$$y_i = \beta_0 + \beta_1 \frac{x_{i1}}{x_{i2}} + \beta_2 \log(x_{i2}) + \varepsilon_i, \quad i = 1, 2, \ldots, n.$$

只要定义新自变量 $x_{i1}^* = x_{i1}/x_{i2}$, $x_{i2}^* = \log(x_{i2})$, 模型就可以写成前面的线性模型形式:

$$y_i = \beta_0 + \beta_1 x_{i1}^* + \beta_2 x_{i2}^* + \varepsilon_i, \quad i = 1, 2, \ldots, n.$$

下面的模型也是线性模型 (因变量是 y, 自变量是 x_1, x_2, ε 是误差):

$$y = \alpha x_1^{\beta_1} x_2^{\beta_2} \mathrm{e}^{\varepsilon}.$$

两边取对数, 得到

$$\log(y) = \log(\alpha) + \beta_1 \log(x_1) + \beta_2 \log(x_2) + \varepsilon.$$

显然, 这也是线性模型.

线性模型对数据及数据之间的关系给出了非常强的约束和假定. 我们在对实际数据假定任何模型时, 必须考虑这些假定的合理性. 如果模型假定错了, 表面再漂亮的结果也是没有意义的.

2.2 用最小二乘法估计线性模型

有了假定的线性模型形式, 如何估计出模型的参数呢? 不同的准则或要求会得到不同的结论. 本节介绍的最小二乘法就是众多估计方法之一, 也是最古老和最经典的方法.

2.2.1 一个数量自变量的情况

对于一个数量自变量的模型:

$$y_i = \beta_0 + \beta_1 x_i + \varepsilon_i,\ \ i = 1, 2, \ldots, n.$$

如果要用具有 n 个观测值 $(y_1, x_1), (y_2, x_2), \ldots, (y_n, x_n)$ 的数据来估计未知系数的值, 也就是要试图寻找一条直线 $y = \beta_0 + \beta_1 x$ (等价于寻找截距 β_0 和斜率 β_1), 使得因变量 $\boldsymbol{y} = (y_1, y_2, \ldots, y_n)$ 和该直线之间的称为误差[①]的竖直距离 $y_i - (\beta_0 + \beta_1 x_i)$ $(i = 1, 2, \ldots, n)$[②]的某种综合度量最小.

要衡量这些 y_i 到直线的综合距离, 不能简单地对上面的误差求和, 因为误差有正有负, 可以抵消. 一般选用一个称为**损失函数** (loss function) 的凸函数[③]$\rho()$, 并且估计使得下式最小的参数 β_0 和 β_1:

$$S = \sum_{i=1}^{n} \rho(y_i - (\beta_0 + \beta_1 x_i)).$$

损失函数的选择有很多, 但最经典的 $\rho()$ 为二次函数, 这时上式为:

$$S = \sum_{i=1}^{n} (y_i - (\beta_0 + \beta_1 x_i))^2.$$

使得此式最小的 β_0 和 β_1 称为系数的**最小二乘估计** (least squares estimate)[④], 估计量一般记为 $\hat{\beta}_0$ 和 $\hat{\beta}_1$. 这里的 S 称为**误差平方和** (sum of squares of errors, SSE) 或者**残差平方和** (residual sum of squares, RSS) . 这种估计方法叫作**最小二乘法** (least squares method).

实际上, 损失函数也可以取绝对值或者其他不对称的函数形式, 这里取二次函数是因为在计算机不发达的过去, 二次函数因有简单及导数连续等数学上容易处理的特点而被长期采用. 选取何种损失函数应该根据所面对的问题的本质来确定. 在实践中, 损失往往不对称.

> **选取最小二乘法本身就假定了损失的对称形式, 而在多种对称损失函数下选择二次函数完全是主观的决定. 在实际的数据分析中, 必须考虑这种选择是否合理.**

为了估计 β_0 和 β_1, 需要对 S 关于 β_0 和 β_1 求偏导数, 并使其为 0, 得到所谓**正规方程组** (normal equations):

$$\frac{\partial S}{\partial \beta_0} = -2\sum_{i=1}^{n}(y_i - \beta_0 - \beta_1 x_i) = 0,\ \ \frac{\partial S}{\partial \beta_1} = -2\sum_{i=1}^{n}(y_i - \beta_0 - \beta_1 x_i)x_i = 0.$$

解之得到

$$\hat{\beta}_1 = \frac{\sum_{i=1}^{n}(x_i - \bar{x})(y_i - \bar{y})}{\sum_{i=1}^{n}(x_i - \bar{x})^2},\ \ \hat{\beta}_0 = \bar{y} - \hat{\beta}_1 \bar{x}. \tag{2.2.1}$$

[①]也称为残差.

[②]这里使用竖直距离而不是几何上的距离, 是因为我们关心的是因变量方向的变化.

[③]这里所说的凸函数是指下凸 (convex), 而不是上凸 (concave).

[④]在我国古代, 平方称为“二乘”, 故得此名.

式中, $\bar{x}=\sum_{i=1}^{n}x_i/n$ 和 $\bar{y}=\sum_{i=1}^{n}y_i/n$ 分别是变量 x 和变量 y 的样本均值.

通常称 $\hat{y}_i=\hat{\beta}_0+\hat{\beta}_1x_i$ 为 y 在回归直线上 $x=x_i$ 处的**拟合值** (fitted value), 这时 y 到直线的竖直距离 $e_i=y_i-\hat{y}_i$ 称为**残差** (residual)[①], 因而前面的误差平方和也称为**残差平方和**.

在 R 软件中, 运行最小二乘回归得到的结果包括参数估计值、n 个残差、n 个拟合值以及其他许多输出, 完全用不着套用式 (2.2.1) 来计算.

下面用一个简单例子来说明刚刚介绍的一些概念.

例 2.1 汽车数据 (cars.csv). *该数据是 20 世纪 20 年代的 50 辆汽车的车速 (speed) 和刹车距离 (dist) 的记录, 该数据包含在 R 的基本程序包* `datasets`[②]*中, 数据名为* `cars`. *数据来自 Ezekiel (1930), 参见 McNeil (1977).*

由于只有两个变量, 我们用下面的 R 代码求出了式 (2.2.1) 的参数估计值, 并生成了包括原数据散点图和拟合直线的图 2.2.1.

```
plot(dist~speed, cars)
a=lm(dist~speed,cars); print(a$coef)
abline(a)
```

输出截距 β_0 和斜率 β_1:

```
(Intercept)       speed
 -17.579095    3.932409
```

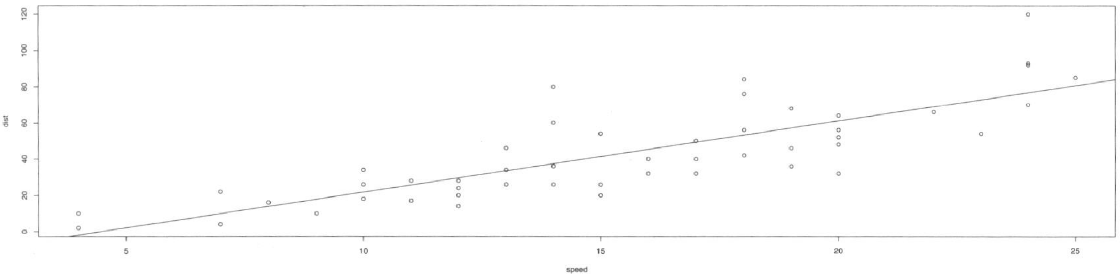

图 2.2.1 例 2.1 汽车数据的散点图和拟合直线

用 y 表示 dist, 用 x 表示 speed, 则希望建立的线性回归模型为:

$$y_i=\beta_0+\beta_1x_i+\varepsilon_i,\quad i=1,2,\ldots,50.$$

根据上面的输出, $\hat{\beta}_0=-17.579$, $\hat{\beta}_1=3.932$. 也就是说, 估计的最小二乘回归直线为:

$$y=-17.579+3.932x\quad\text{或者}\quad \text{dist}=-17.579+3.932\,\text{speed}.$$

上面 R 代码中使用的回归函数 `lm` (`lm` 是 linear model 的缩写) 是应用最广泛的 R 函数之一. 在函数 `lm` 中, 符号“~”的左边是数据中的因变量, 右边是自变量, 第三项是数据的名称 (这里是 `cars`). 如果数据名称没有写在第三项, 则要写全, 比如 `data=cars`. 本书所介绍的

[①] 严格来说, 这里是最小二乘回归的残差. 任何拟合都会产生相应的残差. 术语“残差”(residual) 不是最小二乘回归专有的.

[②] R Core Team. (2015). R: a language and environment for statistical computing. R Foundation for Statistical Computing, Vienna, Austria. `http://www.r-project.org/`.

回归和分类的绝大部分 R 代码都采用类似的格式. 虽然我们在函数 `lm` 中只写了包括因变量和自变量的公式及数据名称两项, 但实际上还有很多选项, 它们都有自己的默认值, 只是在这里我们没有试图去改变这些值而已.

由于我们在代码 `a=lm(dist~speed, cars)` 中把输出放在对象 `a` 中, 因此在对象 `a` 中包括很多结果, 可以用代码 `names(a)` 来看有哪些结果, 得到:

```
[1] "coefficients"  "residuals"  "effects"    "rank"
[5] "fitted.values" "assign"     "qr"         "df.residual"
[9] "xlevels"       "call"       "terms"      "model"
```

显然上面输出的第一个是系数, 可以用 `a$coefficients` 或者 `a$co` 来得到 (不能用 `a$c`, 因为还有一个 `a$call` 也是以字母 `c` 开头的). 此外, 还可以利用代码 `a$fit` 得到 50 个拟合值 $\hat{y}_i$, 利用代码 `a$res` 得到 50 个残差 e_i, 等等.

如果用代码 `summary(a)` 及 `anova(a)`, 还可以输出更多的结果, 大多和后面讨论的对系数的推断有关, 但 `summary(a)` 有一个输出为:

```
Multiple R-squared:  0.6511, Adjusted R-squared:  0.6438
```

上面输出的第一个数称为可决系数[①], 记为 $R^2(=0.6511)$; 第二个数称为调整的可决系数, 记为 $\bar{R}^2(=0.6438)$. 它们分别定义为:

$$R^2=1-\frac{\sum_{i=1}^{n}(y_i-\hat{y})^2}{\sum_{i=1}^{n}(y_i-\bar{y})^2} \quad 和 \quad \bar{R}^2=1-(1-R^2)\frac{n-1}{n-p-1},$$

式中, p 是自变量的个数. 可决系数接近 1 意味着残差平方和很小. 因此可决系数是衡量拟合的一个度量. 调整的可决系数是为了避免因自变量增加导致 R^2 过大而设置的. 容易验证, $\bar{R}^2<R^2$; 当 n 较大时, $\bar{R}^2$ 和 R^2 差不多. 另外, $\bar{R}^2$ 可能会是负数.

问题与思考

有些人荒谬地把由训练集得到的 R^2 是否接近 1 看作判断模型好坏的标准, 这是极其片面的. 如果用铅笔信手把图上的样本点用任意曲线 (或线段) 连接起来, 得到的曲线也是回归曲线, 而且由于 $y_i=\hat{y}_i$, 导致 $R^2=1$. 但没有人会认为你用铅笔画的模型有多大用处. 此外, 在回归模型中, 如果没有常数项 (截距), 则 R^2 及 $\bar{R}^2$ 也没有多大意义, 甚至完全没有意义. 1.2.3 节的式 (1.2.4) 也有类似的 R^2, 但那里是通过交叉验证得到的, 和这里只用训练集得到的可决系数的意义完全不同. 那里的交叉验证 R^2 是越接近 1 越好, 但是如果模型很糟糕, R^2 会小于 0, 这时用模型还不如使用样本均值 $\bar{y}$ 来预测.

2.2.2 多个自变量的情况

在有多个自变量的情况下, 模型为:

$$\boldsymbol{y}=\boldsymbol{\mu}+\boldsymbol{\varepsilon}=\boldsymbol{X\beta}+\boldsymbol{\varepsilon}.$$

这时最小二乘法需要最小化 $(\boldsymbol{y}-\boldsymbol{X\beta})^\top(\boldsymbol{y}-\boldsymbol{X\beta})$, 即

$$\min_{\boldsymbol{\beta}}\{(\boldsymbol{y}-\boldsymbol{X\beta})^\top(\boldsymbol{y}-\boldsymbol{X\beta})\}=\min_{\boldsymbol{\beta}}\{\boldsymbol{y}^\top\boldsymbol{y}-2\boldsymbol{y}^\top\boldsymbol{X\beta}+\boldsymbol{\beta}^\top\boldsymbol{X}^\top\boldsymbol{X\beta}\},$$

---

① 也称为测定系数、决定系数等.

这得到正规方程[①]

$$\frac{\partial(\boldsymbol{y}^\top\boldsymbol{y}-2\boldsymbol{y}^\top\boldsymbol{X}\boldsymbol{\beta}+\boldsymbol{\beta}^\top\boldsymbol{X}^\top\boldsymbol{X}\boldsymbol{\beta})}{\partial\boldsymbol{\beta}}=-2\boldsymbol{X}^\top\boldsymbol{y}+2\boldsymbol{X}^\top\boldsymbol{X}\boldsymbol{\beta}=\boldsymbol{0}, \tag{2.2.2}$$

解方程 (2.2.2) 得到

$$\hat{\boldsymbol{\beta}}=(\boldsymbol{X}^\top\boldsymbol{X})^{-1}\boldsymbol{X}^\top\boldsymbol{y}, \tag{2.2.3}$$

则有

$$\hat{\boldsymbol{y}}=\boldsymbol{X}\hat{\boldsymbol{\beta}}=\boldsymbol{X}(\boldsymbol{X}^\top\boldsymbol{X})^{-1}\boldsymbol{X}^\top\boldsymbol{y}. \tag{2.2.4}$$

前面关于一个自变量的式 (2.2.1) 是式 (2.2.3) 的特例. 由于矩阵 $\boldsymbol{H}=\boldsymbol{X}(\boldsymbol{X}^\top\boldsymbol{X})^{-1}\boldsymbol{X}^\top$ 作用于 $\boldsymbol{y}$ 产生 $\hat{\boldsymbol{y}}$ ($\boldsymbol{H}\boldsymbol{y}=\hat{\boldsymbol{y}}$), 也就是说 $\boldsymbol{H}$ 给 $\boldsymbol{y}$ 戴 " 帽子 ", 因此 $\boldsymbol{H}$ 也称为帽子矩阵 (hat matrix).[②] 帽子矩阵把 $\boldsymbol{y}$ 投影到 $\boldsymbol{X}$ (所张成的) 空间上, 而 $\boldsymbol{I}-\boldsymbol{H}$ 把 $\boldsymbol{y}$ 投影到和 $\boldsymbol{X}$ (所张成的) 空间正交的空间上, 得到残差 $\boldsymbol{e}$:

$$\boldsymbol{e}=(\boldsymbol{I}-\boldsymbol{H})\boldsymbol{y}=\boldsymbol{y}-\boldsymbol{X}(\boldsymbol{X}^\top\boldsymbol{X})^{-1}\boldsymbol{X}^\top\boldsymbol{y}=\boldsymbol{y}-\hat{\boldsymbol{y}}. \tag{2.2.5}$$

显然, 残差 $\boldsymbol{e}$ 和 $\boldsymbol{X}$ 空间正交, 当然也和 $\boldsymbol{X}$ 空间中的 $\hat{\boldsymbol{y}}$ 正交. 残差平方和为 $\boldsymbol{e}^\top\boldsymbol{e}$.

图 2.2.2 为最小二乘法的投影示意图. 图 2.2.2 中的因变量向量 $\boldsymbol{y}$ 到 $\boldsymbol{X}$ 所张成的空间的投影为向量 $\hat{\boldsymbol{y}}$, 而这两个向量的差为 $\boldsymbol{e}=\boldsymbol{y}-\hat{\boldsymbol{y}}$.

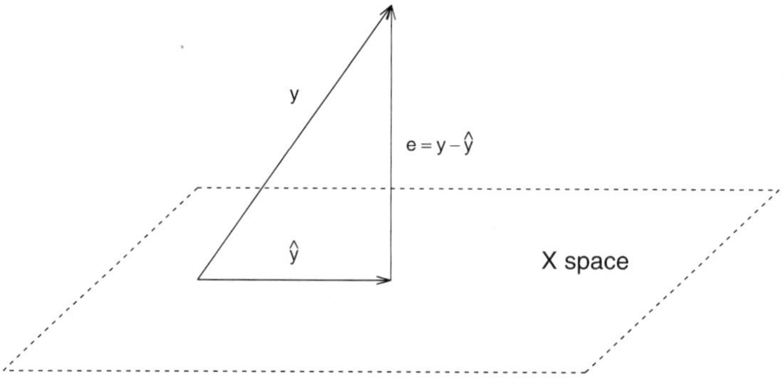

图 2.2.2 $\boldsymbol{y}$ 到 $\boldsymbol{X}$ 所张成的空间的投影示意图

估计参数的式 (2.2.3) 很容易记, 但不易手算, 当然用 R 软件中的 `lm` 函数可以直接得到, 即使完全按照式 (2.2.3) 通过计算机代码得到这些估计值、拟合值或残差等, 也非常方便. 下面利用一个例子来说明.

例 2.2 岩芯数据 (rock.csv). 在储油层的 12 个岩芯样品中, 每个取 4 个横截面采样, 得到 perm (透气性)、area (孔隙总面积)、peri (孔隙总周长) 和 shape (形状) 4 个变量的 48 个样本. 该数据包含在 R 的基本程序包 `datasets` 中[③], 数据名为 `rock`. 用代码 `plot(rock)` 生成的图 2.2.3 显示的是各个变量间的两两散点图, 从该图中看不到因变量 perm 和其他变量之

[①] 二次型 $\boldsymbol{\beta}^\top\boldsymbol{A}\boldsymbol{\beta}$ 关于向量 $\boldsymbol{\beta}$ 的导数为:

$$\frac{\partial\boldsymbol{A}\boldsymbol{\beta}}{\partial\boldsymbol{\beta}}=2\boldsymbol{\beta}^\top\boldsymbol{A}\text{ 或 }2\boldsymbol{A}\boldsymbol{\beta}.$$

[②] 帽子矩阵也称为预测矩阵 (prediction matrix).

[③] R Core Team. (2015). R: a language and environment for statistical computing. R Foundation for Statistical Computing, Vienna, Austria. `http://www.r-project.org/`.

间明显的线性模式，倒是在 area 和 peri 之间有些线性关系的特征. 无论如何，我们先尝试用线性模型来近似这个现象.

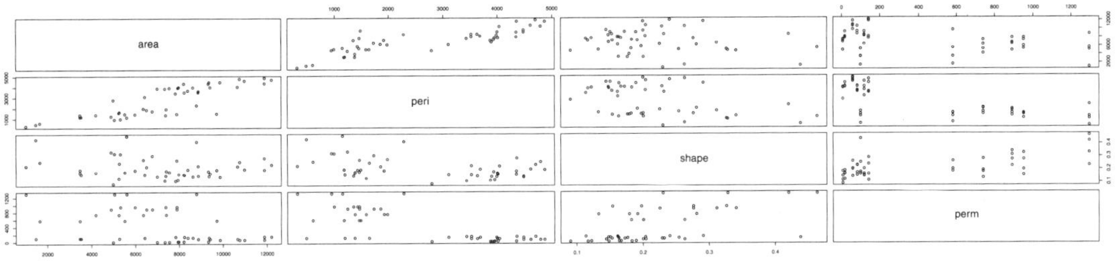

图 2.2.3 例 2.2 岩芯数据各个变量间的两两散点图

我们打算以 perm (透气性) 作为因变量，其余 3 个变量作为自变量做回归. 为此，按照 2.1.2 节的记号，用 $\boldsymbol{y} = (y_1, y_2, \ldots, y_n)^\top$ 表示因变量 perm 的观测值，$\boldsymbol{x}_k = (x_{1k}, x_{2p}, \ldots, x_{np})^\top$ (对于 $p = 3$) 分别表示自变量 area、peri、shape 的观测值 ($\boldsymbol{X}$ 为式 (2.1.4) 定义的自变量矩阵)，这里的样本量 $n = 48$，则希望建立的线性回归模型为：

$$\boldsymbol{y} = \beta_0 + \beta_1 \boldsymbol{x}_1 + \beta_2 \boldsymbol{x}_2 + \beta_3 \boldsymbol{x}_3 + \boldsymbol{\varepsilon} = \boldsymbol{X}\boldsymbol{\beta} + \boldsymbol{\varepsilon},$$

或者，等价地，

$$y_i = \beta_0 + \beta_1 x_{i1} + \beta_2 x_{i2} + \beta_3 x_{i3} + \varepsilon_i,\ i = 1, 2, \ldots, n.$$

利用代码 `(a=lm(perm~.,rock))` 可以得到由式 (2.2.3) 表示的系数估计：

```
Coefficients:
(Intercept)         area         peri        shape
  485.61797      0.09133     -0.34402    899.06926
```

也就是说，拟合的最小二乘回归直线为[①]：

$$y = 485.62 + 0.09x_1 - 0.34x_2 + 899.07x_3.$$

还可以利用代码 `a$fit` 得到 48 个拟合值 $\hat{y}_i$，利用代码 `a$res` 得到 48 个残差 e_i，等等. 如果直接用式 (2.2.3) 来计算，可以得到同样的结果，代码如下 (第一行代码为在自变量矩阵 (`rock[,-4]`) 中加上相应于截距的一列 1 而形成式 (2.1.4) 中的 $\boldsymbol{X}$)：

```
X=as.matrix(cbind(1,rock[,-4]))
Y=rock[,4]
t(solve(t(X)%*%X)%*%t(X)%*%Y)
```

得到各个参数：

```
           1       area       peri    shape
[1,] 485.618 0.09133379 -0.3440246 899.0693
```

用式 (2.2.4) 得到拟合值及用式 (2.2.5) 计算残差的代码如下：

[①] 注意，这里的 y, x_1, x_2, x_3 只是代表因变量和自变量的 4 个坐标，和观测值无关，

```
H=X%*%solve(t(X)%*%X)%*%t(X)#帽子矩阵
H%*%Y  #拟合值
(diag(48)-H)%*%Y #(I-H)Y: 残差
```

执行代码 `summary(a)` 和 `anova(a)` 可输出更多的结果, 包括可决系数及下一节要介绍的对于系数的推断等内容.

2.2.3 自变量有分类变量的情况 *

线性模型式 (2.1.5) 中的自变量都是数量变量, 但很多时候, 自变量中包含分类变量 (定性变量), 在这种情况下, 式 (2.1.5) 中的自变量矩阵 $\boldsymbol{X}$ 应该如何表示才能通过式 (2.2.3) 来运行最小二乘线性回归? 我们通过一个人造例子来阐述.

例 2.3 人造数据 (art6.csv). 这个数据中有一个数量因变量 y, 一个数量自变量 x, 还有分类变量 a (有 2 个水平) 和 b (有 3 个水平).

对于例 2.3 人造数据, 下面的 R 代码生成该数据的头几行:

```
w=read.csv('art6.csv',stringsAsFactors=TRUE)
head(w)
```

输出为:

```
      x  a  b      y
1  0.13 a1 b1   3.25
2 -0.90 a2 b2   3.38
3  1.35 a1 b3 -22.25
4  0.42 a1 b3 -21.24
```

对于这个有 3 个自变量、1 个因变量的数据, 如果 3 个自变量都必须包含, 图 2.2.4 (R 代码见 2.9.1 节) 显示了可以用来拟合的部分模型 (其中左 1 图只包含数量自变量 x).

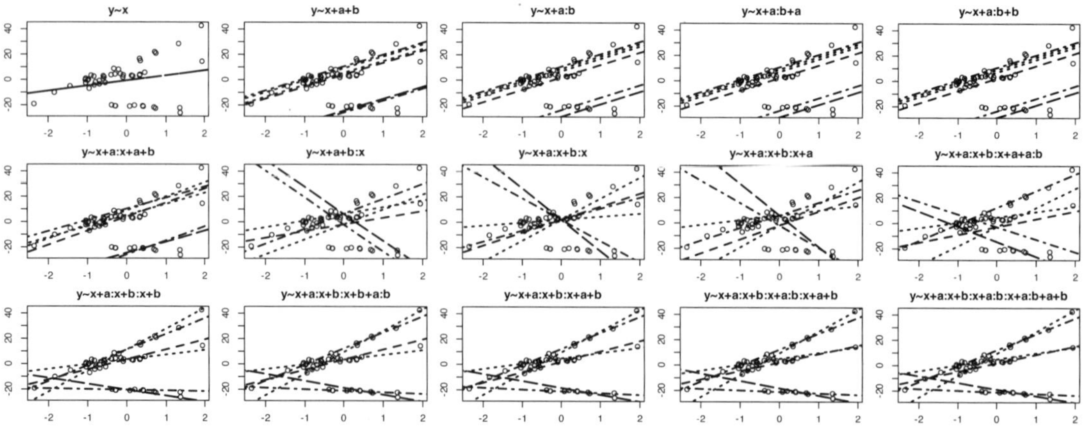

图 2.2.4 例 2.3 人造数据可以拟合的部分模型

显然, 上面这些模型并不都很合适, 或者有欠缺, 或者有冗余, 只有一个模型是我们构造

数据时所使用的. 例 2.3 的真实模型形式为[①]:

$$y = \beta_0 + \beta x + \beta_{1i}x + \beta_{2j}x + a_i + b_j + \varepsilon, \quad i = 1, 2,\ j = 1, 2, 3,\ \ \varepsilon \sim N(0, 1). \qquad (2.2.6)$$

这是图 2.2.4 中最下面右起第 3 幅图的模型. 模型 (2.2.6) 的 R 代码为 `y~x+x:a+x:b+a+b` (或等价的 `y~x*a+x*b`).[②]

显然模型 (2.2.6) 实际上代表了 6 条斜率和截距均不同的直线. 那么, 这个模型的自变量矩阵 $\boldsymbol{X}$ 是什么? 结果是什么形式? 如何解释估计的参数?

首先, 分类变量必须哑元化, 具体形式看下面的输出 (只显示前 4 行):

```
   a  b  aa1  aa2  bb1  bb2  bb3
1  a1 b1    1    0    1    0    0
2  a2 b2    0    1    0    1    0
3  a1 b3    1    0    0    0    1
4  a1 b3    1    0    0    0    1
```

左边 2 列是原始分类变量数据, 右边 5 列是左边两列作为替代的哑元化向量, 有 2 个水平的变量 a 形成由 0 和 1 组成的 2 列, 有 3 个水平的变量 b 形成由 0 和 1 组成的 3 列. 如果哑元化部分加上一列代表截距的全为 1 的向量 **1**, 则这部分数据 (前 4 行) 为:

```
   1  aa1  aa2  bb1  bb2  bb3
1  1    1    0    1    0    0
2  1    0    1    0    1    0
3  1    1    0    0    0    1
4  1    1    0    0    0    1
```

显然, 这个矩阵是不满秩的, 因为 `aa1` 和 `aa2` 两个向量之和以及 `bb1`、`bb2` 和 `bb3` 三个向量之和都等于全是 1 的第一列向量. 必须删除两列. 实际上, 删除哪两列都行, 结果是一样的. 那么, 诸如模型 (2.2.6) 中的 β_{1i} 或 β_{2j} 之类的分类变量与数量变量的交互项如何处理呢? 其实和前面类似, 分类变量哑元和数量变量相乘, 并删除一些列以免不满秩. 下面仅给出模型 (2.2.6) 的两种 $\boldsymbol{X}$ 矩阵 (前 4 行).

1. 保留截距 (删除了`aa1`):

```
> model.matrix(~x+a:x+b:x+a+b,w)[1:4,]
  (Intercept)     x aa2 bb2 bb3 x:aa2 x:bb2 x:bb3
1           1  0.13   0   0   0   0.0   0.0  0.00
2           1 -0.90   1   1   0  -0.9  -0.9  0.00
3           1  1.35   0   0   1   0.0   0.0  1.35
4           1  0.42   0   0   1   0.0   0.0  0.42
```

2. 不保留截距 (保留 `aa1`):

[①]这个数据是我们模拟出来的, 因此我们知道真实模型应该是什么样子. 这有些像作弊. 实际上, 任何用模拟数据来“证明”自己方法优秀的做法都是某种作弊.

[②]R 函数 `lm` 中的代码 `x*a` 等价于 `x+a+x:a`, 而 `x*a*b` 等价于 `x+a+b+x:a+x:b+x:a:b`, 依此类推.

```
> model.matrix(~x+a:x+b:x+a+b-1,w)[1:4,]
      x aa1 aa2 bb2 bb3 x:aa2 x:bb2 x:bb3
1  0.13   1   0   0   0   0.0   0.0  0.00
2 -0.90   0   1   1   0  -0.9  -0.9  0.00
3  1.35   1   0   0   1   0.0   0.0  1.35
4  0.42   1   0   0   1   0.0   0.0  0.42
```

相信读者可以看懂这两个等价的 $\boldsymbol{X}$ 矩阵是如何形成的. 这里的等价是作为预测的模型等价, 系数看上去不一样, 但本质相同. 下面通过拟合这两种 (有截距和没有截距的) 模型所得的系数来说明.

```
> lm(y~x+a:x+b:x+a+b,w)$coef
(Intercept)           x         aa2         bb2         bb3
   2.112666    8.250878    2.721343    7.381986  -23.210608
      x:aa2       x:bb2       x:bb3
  -4.026259    8.516474   -9.614088
> lm(y~x+a:x+b:x+a+b-1,w)$coef
         x        aa1        aa2        bb2        bb3
  8.250878   2.112666   4.834010   7.381986 -23.210608
     x:aa2      x:bb2      x:bb3
 -4.026259   8.516474  -9.614088
```

上面输出的两组参数估计看上去不同, 但如果把头一个输出的截距加到 " 消失的 " aa1 (这里的 " 消失 " 实际上意味着该系数默认等于 0) 和 aa2 上, 这样就等于第二组估计的 aa1 和 aa2. 这说明分类变量生成的截距项和单独的截距项互相混杂, 而与分类变量交互的斜率项也和原始的斜率项混杂, 不变的是它们的某种**对比** (contrast), 比如

$$a_2 - a_1, b_2 - b_1, b_3 - b_1, \beta_{12} - \beta_{11}, \beta_{22} - \beta_{21}, \beta_{23} - \beta_{21}$$

是不变的. 这些变量在统计中称为不可估计的, 但它们的对比是可估计的. 在这一类问题中, 通常统计软件输出的对不可估计系数的 t 检验毫无意义 (无论在何种假定下).

问题与思考

在标准的线性回归模型 $y = X\beta + \varepsilon$ 中, 自变量均被假定为数量变量, 因此并没有留给分类自变量多少理论空间. 如例 2.3 所表明的, 分类变量进入模产生了各种不可估计的参数, 而标准模型中的同归直线也会有很多条, 这使得显著性的回归分析教材不大愿意深入探讨分类变量造成的理论问题.

此外, 在实际数据的计算中, 分类变量太多会因数据矩阵不满秩而影响最小二乘线性回归的正常计算. 即使在可以计算的情况下, 与分类变量有关的参数的显著性结果的输出也会造成误导.

这里所讨论的问题在后面要介绍的也属于线性模型的 logistic 回归中同样会出现, 也有类似的理论和计算上的困难.

2.3 回归系数的大小没有可解释性

很多人认为机器学习方法没有可解释性, 而线性回归有很好的可解释性, 这说明他们既不了解机器学习的很多重要方法, 也不清楚线性回归的本质. 我们将用下面的例子说明.

例 2.4 波士顿住房数据 (BostonHousing2.csv). 这个数据是 R 程序包 `mlbench`[①] 自带的数据, 是 1970 年人口普查时波士顿的 506 个普查区域的住房数据. 名为 `BostonHousing2`[②] 的数据是修订版本, 包含 Harrison and Rubinfeld (1979) 的原始数据, 并带有额外的空间信息.

原始数据有 14 个变量的 506 个观测值, 其中, medv (住房房价中位数, 单位: 1000 美元) 是原始的目标变量, 其他变量包括: crim (按城镇划分的人均犯罪率), zn (占地面积超过 25000 平方英尺的住宅用地的比例), indus (每个城镇的非零售业务比例, 单位: 英亩), chas (有关查尔斯河的虚拟变量, 如果挨着河则为 1, 否则为 0), nox (一氧化氮浓度, 单位: ppm), rm (平均每套住房的房间数量), age (1940 年以前建成的住房的年龄比例), dis (五个波士顿就业中心的加权距离), rad (高速公路的可达性指数), tax (每万美元全价物业值的财产税率), ptratio (城镇学生与教师的比例), b (按照公式 $1000\,(B-0.63)^2$ 计算的量, 其中 B 是城镇黑人的比例), lstat (低收入人口比例); 修订版本的数据集有以下附加变量: cmedv (修正的住房房价中位数, 单位: 1000 美元), town (城镇的名称), tract (人口普查区), lon (人口普查区的经度), lat (人口普查区的纬度).

我们将用 cmedv (修正的住房房价中位数) 作为因变量, 舍弃原来的 medv, 而 town (城镇的名称), tract (人口普查区), lon (人口普查区的经度), lat (人口普查区的纬度) 等变量与建模无关, 因此原始数据将会在建模时删去前 5 列.

2.3.1 “皇帝的新衣”

有很多回归教材声称:

线性回归某系数值是在其他变量不变时相应变量增加一个单位对因变量的贡献. (2.3.1)

这只能在各个变量相互独立时才成立, 但独立是概率论的概念而不是统计概念, 永远无法通过数据证明两个变量独立, 事实上, 实行多自变量回归本身就意味着这些自变量并不独立, 说法 (2.3.1) 是完全站不住脚的. 下面用计算机独立生成的自变量组成的数据及例 2.4 波士顿住房数据的多重回归及单自变量回归的系数比较来表明“线性回归系数有可解释性”的说法的荒谬.

随机生成的独立观测值的多重回归及单自变量回归的系数比较

我们无法证明自变量矩阵中的自变量是否独立, 但是可以用伪随机数来独立生成自变量数据阵中的每一列 (所有数据都产生于独立同标准正态分布), 并且构造出残差服从标准正态分布、系数全部大于零的回归模型. 下面的代码随机模拟了 12 个各有 10 个自变量且具有相同系数的数据, 并且对 12 个数据的每个自变量都做没有截距的单自变量回归, 同时也对 12 个数据做所有自变量的没有截距的多重回归, 生成了 12 个系数比较图 (见图 2.3.1). 图中的每一对并排条代表一个变量的系数估计, 上面一条是多重回归系数, 下面一条是单自变量回归系数. 显然, 每一对系数都不相同, 很多符号都相反. 一些人会说, 这是因为数据有多重共线性 (参见 2.6.1 节), 但按照统计中常用的衡量多重共线性的 κ 值和 VIF 值 (参见 2.6.1 节), 本数据相应计算的值与通常最保守的 κ 和 VIF 阈值相比微不足道. 这一切都表明“线性回归系数有可解释性”的说法完全是误导. 生成图 2.3.1 的代码见 2.9.2 节.

[①] Leisch, F., Dimitriadou, E. (2024). mlbench: Machine Learning Benchmark Problems. R package version 2.1-5, `https://CRAN.R-project.org/package=mlbench`.

[②] 可用代码 `data("BostonHousing2", package = "mlbench")` 载入.

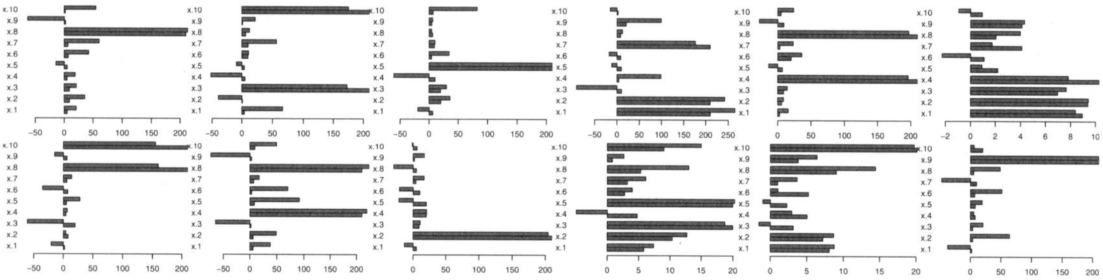

图 2.3.1　12 个模拟的独立自变量线性回归系数在多自变量及单自变量回归时的对比

真实数据的多重回归及单自变量回归的系数比较

下面就例 2.4 波士顿住房数据的线性回归系数在多自变量回归及单自变量回归下的值做对比, 以说明在多个自变量的情况下**单独系数的估计值 $\{\hat{\beta}_i\}$ 的大小完全没有可解释的意义**. 这里去掉了唯一的分类变量 chas, 因为它仅仅和截距有关. 这里对每个自变量都做没有截距项 (β_0) 的单自变量回归, 同时也对所有自变量做没有截距的多重回归, 然后比较相同变量在这两种回归中的系数. 结果展示在图 2.3.2 中. 生成图 2.3.2 的代码见 2.9.2 节.

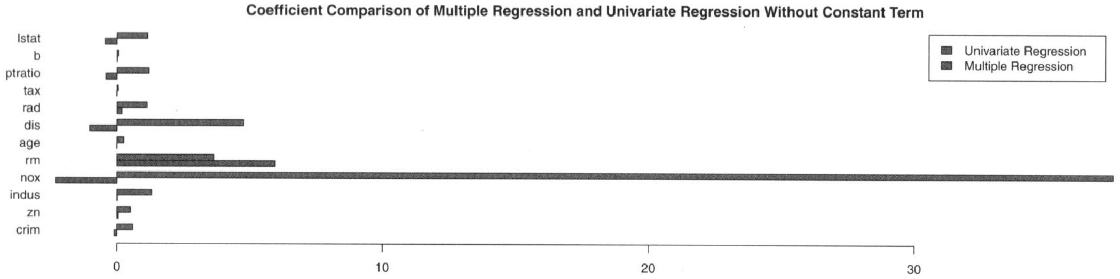

图 2.3.2　例2.4数据的线性回归系数在多自变量及单自变量回归时的对比

图 2.3.2 显示, 这两种回归的系数无论是大小还是符号都差别甚远, 比如, 在多重回归中系数最小的 nox (= −2.26659) 在单自变量回归中系数最大 (= 37.4999). 前面引用的说法 (2.3.1) 实际上是 " 皇帝的新衣 ".

> **由于多重共线性回归中单独系数的大小没有任何可解释性, 通常回归教材花费大量篇幅对这些系数做诸如 t 检验等各种推断没有任何意义.** 实际上, 当各个自变量观测值组成的系数矩阵为正交矩阵时, 这两种没有截距的系数才会相等, 但在现实世界中, 几乎不可能有系数矩阵是正交矩阵.

2.3.2 最小二乘线性回归仅仅是众多回归方法之一, 过多的延伸是浪费

最小二乘线性回归方法在得到式 (2.2.3) 或式 (2.2.4) 之后就完全可以用作预测模型了. 但是, 模型驱动的思维方式促使一群数学家在各种脱离实际但利于发表论文的主观假定下, 令最小二乘线性回归朝着看上去很漂亮但缺乏实际意义的方向发展. 有些回归分析教材的相关内容就是基于此介绍的. 引用 George Box 的 1976 年 Fisher 演讲 (Box, 1976):

> 一群人可以保持相当的快乐, 玩一个可能曾经有意义的问题, 并提出永远不会暴露在危险中的实用性测试的解决方案. 他们喜欢在会议上互相阅读论文, 而且他们通常不会冒犯对方. 但我们必定感到遗憾的是, 宝贵的人才在历史上可以被善加利用的时期就被浪费了.

下面总结一下最小二乘线性回归对数据关系的各种主观假定及选择:

- **模型的线性结构假定.** 世界上有多少关系是线性的? 对于数学来说, 线性假定使得所有演绎和计算变得很容易, 也使得模型简单和看上去 “易于解释”.
- **线性模型误差项的可加性假定.** 如果没有误差项的可加性 (或做了诸如对数变换后的可加性) 假定, 很多数学结论都无法导出.
- **二次损失函数的选择.** 二次损失函数使得计算和推导很方便, 在计算机时代, 人们基于同样是对称的绝对值损失函数构建了所谓的 “最小一乘回归”, 但基本思路和最小二乘回归相差不大.
- **数据的正态性假定或者数据是大样本的假定. 这是为了基于样本均值的正态性做各种显著性检验的最根本假定.** 没有这些假定, 数理统计就会失去绝大部分领地.
- **其他数学假定. 为了论文中的演绎顺利进行并得到结论, 各种文章对数据附加了各种各样的无法验证的假定, 无法穷举. 但没有多少人去讨论这些假定不满足时对结论所造成的后果.**

基于线性模型及有关的各种主观假定, 几十年里发展出了一个线性统计推断领域, 产生了成千上万篇论文. 其中相当大一部分都是涉及渐近正态性的所谓 “大样本定理”, **著名统计学家吴建福在报告《统计学者的工作及风范: 灵感、抱负、雄心》中提及 J. Friedman 把这一类 “大样本定理” 的研究内容取名为 “大样本乌托邦” (Asymptopia). 吴建福指出, 这些研究所使用的方法已经形成一些套路, 即通过做泰勒级数展开, 把尾项丢掉, 就可以得到人们想要的结果. 吴建福把套路中使用最多的数学称为 “高级泰勒展开” 或者 “自鸣得意泰勒展开”** (Gloried Taylor Series Expansions). 参见吴建福 (2011).

对实际数据强加的沉重数学假定把数据科学简单化, 也遏制了与数据科学相关的数学方法的发展. 这些都是历史, 本书会做介绍, 但不宜让这些内容耽误年轻一代.

2.4 传统统计关于线性回归系数的性质和推断 *

前面指出, 线性回归系数没有可解释性, **基于显著性的推断也没有什么意义, 因此本节关于系数的推断 (假设检验和置信区间) 显得多余. 之所以介绍是尊重前计算机时代的统计学历史.** 本节可作为参考内容, 不列入教学计划, 和其他选读章节类似, 在标题上做了星号标记.

2.4.1 基本假定

首先, 做与模型 (2.1.3) (包括模型 (2.1.1)) 有关的数学或概率假定, 只有在这些数学假定下, 本节的各种结论才能够成立.

1. 误差 ε_i $(i = 1, 2, \ldots, n)$ 为同样分布的互不相关的随机变量, 均值为 $E(\varepsilon_i) = 0$, 方差为 $\mathrm{Var}(\varepsilon_i) = \sigma^2$. 这个假定导出不同的 y_i 不相关, 以及 $\boldsymbol{\mu} = E(\boldsymbol{Y}) = \boldsymbol{X}^\top\boldsymbol{\beta}$ 及 $\mathrm{Var}(\boldsymbol{Y}) = \sigma^2\boldsymbol{I}$ 等推论.
2. 误差 $\varepsilon_i \sim N(0, \sigma^2)$, 由于它们不相关, 正态性导致 $\boldsymbol{\varepsilon} \sim N(\boldsymbol{0}, \sigma^2\boldsymbol{I})$. 因此有变量 $y_i \sim N(\boldsymbol{x}_i^\top\boldsymbol{\beta}, \sigma^2)$.

> **误差项独立同正态分布的假定非常强, 而且永远无法证实. 这些假定意味着: "所用的线性模型是完全正确的, 仅仅存在一些由 ε_i 代表的随机误差, 这些随机误差不包括模型未描述的现实世界." 所有基于这些无法验证的 "基本假定" 得到的结论在实际应用中是完全不可靠的.**

基本假定下, β 的最小二乘估计也是最大似然估计

在基本假定下, 前面回归系数的最小二乘估计也是最大似然估计. 由于对数似然方程为:

$$\log L(\beta,\sigma^2) = -\frac{n}{2}\log(2\pi\sigma^2) - \frac{1}{2}\sum_{i=1}^{n}\frac{(y_i-\mu_i)^2}{\sigma^2}, \tag{2.4.1}$$

式中, $\mu_i = \boldsymbol{x}_i^\top\boldsymbol{\beta}$, 于是 $\boldsymbol{\beta}$ 在 σ^2 固定时的最大似然估计等于使得残差平方和 (RSS)

$$\mathrm{RSS}(\boldsymbol{\beta}) = \sum_{i=1}^{n}(y_i-\mu_i)^2 = (\boldsymbol{y}-\boldsymbol{X\beta})^\top(\boldsymbol{y}-\boldsymbol{X\beta})$$

最小的 $\boldsymbol{\beta}$, 即最小二乘估计 $\hat{\boldsymbol{\beta}}$.

$\hat{\beta}$ 的性质

对式 (2.2.3), 即

$$\hat{\boldsymbol{\beta}} = (\boldsymbol{X}^\top\boldsymbol{X})^{-1}\boldsymbol{X}^\top\boldsymbol{y}$$

取期望, 基于基本假定, 可得

$$E(\hat{\boldsymbol{\beta}}) = \boldsymbol{\beta}.$$

这意味着 $\hat{\boldsymbol{\beta}}$ 是 $\boldsymbol{\beta}$ 的无偏估计量. 类似地, 可得

$$\mathrm{Var}(\hat{\boldsymbol{\beta}}) = \sigma^2(\boldsymbol{X}^\top\boldsymbol{X})^{-1}.$$

基于基本假定, 有

$$\hat{\boldsymbol{\beta}} \sim N(\boldsymbol{\beta}, \sigma^2(\boldsymbol{X}^\top\boldsymbol{X})^{-1}).$$

如无第 (2) 条基本假定, 在大样本时, 基于中心极限定理, 该正态分布是近似的.

> **由于基本假定完全无法证实, 而样本量为多大时中心极限定理才近似成立, 也没有任何人能够说得清楚.** 但是, 这个 $\hat{\beta}$ 呈正态分布的 "结论" 是对回归系数做所有假设检验及区间估计等推断的基础.

σ^2 的最大似然估计

把 $\boldsymbol{\beta}$ 的最小二乘估计 $\hat{\boldsymbol{\beta}}$ 代入似然函数式 (2.4.1), 得到 σ^2 的轮廓似然 (profile likelihood)

$$\log L(\sigma^2) = -\frac{n}{2}\log(2\pi\sigma^2) - \frac{1}{2}\frac{\mathrm{RSS}(\hat{\boldsymbol{\beta}})}{\sigma^2}.$$

关于 σ^2 求导 (不是关于 σ), 得到 σ^2 的一个估计

$$\hat{\sigma}^{*2} = \frac{\mathrm{RSS}(\hat{\boldsymbol{\beta}})}{n}.$$

这是有偏的, 为使其无偏, 把 n 换成 $n-(p+1)$, 得到其无偏估计量

$$\hat{\sigma}^2 = \frac{\mathrm{RSS}}{n-(p+1)},$$

也就是说

$$E(\hat{\sigma}^2) = E\left(\frac{\text{RSS}}{n-(p+1)}\right) = \sigma^2,$$

式中

$$\text{RSS} = \text{RSS}(\hat{\boldsymbol{\beta}}) = (\boldsymbol{y} - \boldsymbol{X}\hat{\boldsymbol{\beta}})^\top(\boldsymbol{y} - \boldsymbol{X}\hat{\boldsymbol{\beta}}) = \boldsymbol{y}^\top\boldsymbol{y} - \hat{\boldsymbol{\beta}}\boldsymbol{X}^\top\boldsymbol{Y}.$$

$\hat{\boldsymbol{\beta}}$ 的方差和标准误差的估计

方差 $\text{Var}(\hat{\boldsymbol{\beta}})$ 的一个估计为:

$$\widehat{\text{Var}}(\hat{\boldsymbol{\beta}}) = \hat{\sigma}^2(\boldsymbol{X}^\top\boldsymbol{X})^{-1}.$$

$\widehat{\text{Var}}(\hat{\boldsymbol{\beta}})$ 的第 i 个对角线元素的平方根为 $\hat{\beta}_i$ 的标准误差, 记为 $\text{se}(\hat{\beta}_i)$. 作为特例, 在只有一个自变量的回归 (如模型 (2.1.1)) 中, 斜率 β_1 的拟合值的方差估计为:

$$\widehat{\text{Var}}(\hat{\beta}_1) = \frac{\hat{\sigma}^2}{\sum_{i=1}^n (x_i - \bar{x})^2},$$

标准误差为:

$$\text{se}(\hat{\beta}_1) = \frac{\hat{\sigma}}{\sqrt{\sum_{i=1}^n (x_i - \bar{x})^2}}.$$

根据 $\hat{\boldsymbol{\beta}}$ 及其标准误差的估计, 可以很容易得到其置信区间的表达式. 当然, 对于具体数值的例子, 还是使用 R 函数更方便. 比如对例 2.2, 使用代码 `a=lm(perm~.,rock)`, `confint(a,level=0.95)` 就可以得到各个系数的 95%置信区间 (**当然没有多大意义**).

2.4.2 关于 H_0: $\beta_i = 0 \Leftrightarrow H_1$: $\beta_i \neq 0$ 的 t 检验

在基本假定下, 检验

$$H_0: \beta_i = \beta_i^* \Leftrightarrow H_1: \beta_i \neq \beta_i^*$$

的检验统计量

$$t = \frac{\hat{\beta}_i - \beta_i^*}{\text{se}(\hat{\beta}_i)}$$

在 H_0 下具有自由度为 $n-p-1$ 的 t 分布, 因此可以得到 p 值. 一般人们主要关心的是 $\beta_i^* = 0$ 的情况, 即检验

$$H_0: \beta_i = 0 \Leftrightarrow H_1: \beta_i \neq 0$$

的情况, 软件自动输出的也是这个检验的 p 值. 这时的检验统计量为:

$$t = \frac{\hat{\beta}_i}{\text{se}(\hat{\beta}_i)}.$$

利用 R 代码可以很容易地得到这个检验的 p 值, 比如对例 2.1 汽车数据, 用语句

```
summary(lm(dist~speed,cars))
```

得到

```
Coefficients:
            Estimate Std. Error t value Pr(>|t|)
(Intercept) -17.5791     6.7584  -2.601   0.0123
speed         3.9324     0.4155   9.464 1.49e-12
---
Residual standard error: 15.38 on 48 degrees of freedom
Multiple R-squared:  0.6511, Adjusted R-squared:  0.6438
F-statistic: 89.57 on 1 and 48 DF,  p-value: 1.49e-12
```

其中的 Estimate 一列给出了参数 β_i 的估计 $\hat{\beta}_i$, 而 Std. Error 一列给出了 $\hat{\beta}_i$ 的标准误差的估计 $\mathrm{se}(\hat{\beta}_i)$, 第三列 t value 给出了 t 统计量的实现值, 最后一列 Pr(>|t|) 为 p 值. 在输出中除了 R^2 和 $\bar{R}^2$ 之外, 还有一个 F 检验, 其 p 值和上面对斜率 (speed 的系数) 的 t 检验的 p 值相同, 这两个 p 值相同仅仅出现在只有一个自变量的情况下 (见 2.4.3 节).

对于例 2.2 岩芯数据, 用语句 summary(lm(perm~.,rock)) 得到

```
Coefficients:
             Estimate Std. Error t value Pr(>|t|)
(Intercept) 485.61797  158.40826   3.066 0.003705
area          0.09133    0.02499   3.654 0.000684
peri         -0.34402    0.05111  -6.731 2.84e-08
shape       899.06926  506.95098   1.773 0.083070
---
Residual standard error: 246 on 44 degrees of freedom
Multiple R-squared:  0.7044,    Adjusted R-squared:  0.6843
F-statistic: 34.95 on 3 and 44 DF,  p-value: 1.033e-11
```

这里输出的内容的意义和前面例 2.1 汽车数据的基本一样, 只是后面的 F 检验的 p 值与前面的 t 检验的 p 值不同. 这就涉及下面 2.4.3 节的检验.

> **关于个别系数的 t 检验基于下面的假定: (1) 基本假定; (2) 各个变量不相关. 但这些全不可验证, 因此这些检验结果没有可信性, 特别是当存在多重共线性的情况时 (见 2.6 节)**, 这种 t 检验的 p 值必然会产生误导. 此外, 所有与分类变量及与其交互的数量变量有关的参数的 t 检验没有意义 (见 2.2.3 节), 最多只能通过方差分析表来看有关对比 (如各水平之间) 的差异 (见 2.4.4 节).

2.4.3 关于多自变量系数复合假设 F 检验及方差分析表

这时的检验为:

$$H_0: \beta_1 = \beta_2 = \cdots = \beta_p = 0 \Leftrightarrow H_1: \beta_i\ (i = 1, 2, \ldots, p)\text{不全为 } 0. \tag{2.4.2}$$

注意, 这个检验**不等于**一连串 p 个下列检验 $(i = 1, 2, \ldots, p)$:

$$H_0^{(i)}: \beta_i = 0 \Leftrightarrow H_1^{(i)}: \beta_i \neq 0.$$

假定对于单独一个检验 $H_0^{(i)}$, 犯第一类错误的概率为 $\alpha = P\,(\text{拒绝}H_0^{(i)}|H_0^{(i)}\text{为真})$, 那么当所有 $H_0^{(i)}$ 都为真时, 至少拒绝 p 个这样的检验中的一个的概率为 $1 - (1 - \alpha)^p$. 这就是上

面复合检验 (2.4.2) 犯第一类错误的概率, 它随着 p 的增加而增加. 因此不能用个别系数的检验代替检验 (2.4.2).

为了进行检验 (2.4.2), 考虑下面平方和的分解:

$$\begin{aligned}\sum_{i=1}^{n}(y_i-\bar{y})^2&=\sum_{i=1}^{n}(y_i-\bar{y}+\hat{y}_i-\hat{y}_i)^2\\&=\sum_{i=1}^{n}(\hat{y}_i-\bar{y})^2+\sum_{i=1}^{n}(y_i-\hat{y}_i)^2+2\sum_{i=1}^{n}(y_i-\hat{y}_i)(\hat{y}_i-\bar{y}),\end{aligned}$$

式中 (注意, $\boldsymbol{e}$ 和 $\hat{\boldsymbol{y}}$ 正交及 $\sum_{i=1}^{n}e_i=0$[①])

$$\sum_{i=1}^{n}(y_i-\hat{y}_i)(\hat{y}_i-\bar{y})=\sum_{i=1}^{n}e_i(\hat{y}_i-\bar{y})=\sum_{i=1}^{n}e_i\hat{y}_i-\bar{y}\sum_{i=1}^{n}e_i=0.$$

因此

$$\sum_{i=1}^{n}(y_i-\bar{y})^2=\sum_{i=1}^{n}(\hat{y}_i-\bar{y})^2+\sum_{i=1}^{n}(y_i-\hat{y}_i)^2. \tag{2.4.3}$$

我们把式 (2.4.3) 左边称为**总变差平方和** (sum of squares total, SST), 右边第一项称为源于**回归的平方和** (sum of squares regression, SSR), 右边第二项称为源于无法被模型解释的**误差的平方和** (sum of squares error, SSE), 即

$$\text{SST}=\text{SSR}+\text{SSE}.$$

于是可决系数还可以表示成

$$R^2=\frac{\text{SSR}}{\text{SST}}=1-\frac{\text{SSE}}{\text{SST}}.$$

我们知道

$$E(\hat{\sigma}^2)=E\left(\frac{\text{RSS}}{n-(p+1)}\right)=\sigma^2,$$

而且

$$E\left(\frac{\text{SSR}}{p}\right)=\begin{cases}\sigma^2, & \beta_1=\beta_2=\cdots=\beta_p=0,\\ \sigma^2+\frac{1}{p-1}(\boldsymbol{X\beta})^\top(\boldsymbol{X}(\boldsymbol{X}^\top\boldsymbol{X})^{-1}\boldsymbol{X}^\top)\boldsymbol{X\beta}, & \text{其他情况}.\end{cases}$$

由于在基本假定之下, 可以表明

$$\frac{\sum_{i=1}^{n}(y_i-\hat{y}_i)^2}{\sigma^2}=\frac{\text{SSE}}{\sigma^2}\sim\chi^2_{(n-p-1)},$$

而且在基本假定和复合假设 (2.4.2) 的 H_0 之下,

$$\frac{\sum_{i=1}^{n}(\hat{y}_i-\bar{y})^2}{\sigma^2}=\frac{\text{SSR}}{\sigma^2}\sim\chi^2_p,$$

加上 SST 和 SSE 的独立性, 在基本假定和复合假设 (2.4.2) 的 H_0 之下, 有

$$F=\frac{\text{SSR}/p}{\text{SSE}/(n-p-1)}\sim F_{p,n-p-1}. \tag{2.4.4}$$

因此, 可以用这个 F 统计量来对假设 (2.4.2) 的 H_0 做检验. 当 F 统计量很大时, (在基本假定成立时) 则可以 (在理论上) 拒绝零假设.

这些平方和的关系能够用**方差分析** (analysis of variance, ANOVA) 表 2.4.1 汇总.

[①] 在包含截距的任何回归模型中, 残差和皆为零.

表 2.4.1 方差分析表

变差来源	自由度 (df)	平方和	均方	F 值	p 值
回归	p	SSR	MSR $=$ SSR$/p$	$F=$ MSR/MSE	$P(F>f)$
误差	$n-p-1$	SSE	MSE $=$ SSE$/(n-p-1)$		
总变差	$n-1$	SST			

最后一行的头两列是前面两行的总和, 在 R 的 ANOVA 输出中省略了. 当有多个变量时, R 的 ANOVA 输出中把 SSR 进一步按照自变量分解, 显示出这些自变量的平方和对 SSR 的贡献, 其数学细节这里就不介绍了.

例 2.1 汽车数据的方差分析表可以用 R 代码 `anova(lm(dist~.,cars))` 得到:

```
Response: dist
          Df Sum Sq Mean Sq F value    Pr(>F)
speed      1  21186 21185.5  89.567 1.49e-12
Residuals 48  11354   236.5
```

例 2.2 岩芯数据的方差分析表可以用 R 代码 `anova(lm(perm~.,rock))` 得到:

```
Response: perm
          Df  Sum Sq Mean Sq F value    Pr(>F)
area       1 1417333 1417333 23.4180 1.637e-05
peri       1 4738469 4738469 78.2917 2.527e-11
shape      1  190360  190360  3.1452   0.08307
Residuals 44 2663023   60523
```

2.4.4 分类变量的显著性必须从方差分析表看出

2.2.3 节提到, 分类变量及与其交互的数量变量有关的效应是不可估计的, 因此, 在约束条件下 (比如某水平为零) 估计的 t 检验的 p 值并不反映变量是否显著. 你永远不能说诸如 "这个水平显著, 那个水平不显著" 之类的话. 定性变量的显著性意味着各个水平之间对因变量影响的**差异**, 往往通过方差分析表来考察. 为此, 我们看下面的例子.

例 2.5 植物生长数据 (PlantGrowth.csv). 这是一个比较三组植物产量的实验, 有 30 个观测值, 变量只有两个: 因变量为 weight (植物的干重), 自变量为 group (组), 有 3 个水平: 两个实验组 (trt1, trt2) 及一个控制组 (对照组) (ctrl). 参见 Dobson (1983). 该数据是 R 程序包 `datasets` 自带的数据, 在 R 中的名字为 `PlantGrowth`, 可以直接使用.

对例 2.5 植物生长数据做回归, 用 R 代码 `(lm(weight~group,PlantGrowth))` 得方差分析表:

```
Response: weight
          Df  Sum Sq Mean Sq F value  Pr(>F)
group      2  3.7663  1.8832  4.8461 0.01591
Residuals 27 10.4921  0.3886
```

从方差分析表中可以很明显地看出变量 group 的作用 (F 检验的 p 值为 0.01591). 但是如果

看关于参数的 t 检验 (通过 R 代码 summary(lm(weight~group,PlantGrowth))), 则有:

```
Coefficients:
            Estimate Std. Error t value Pr(>|t|)
(Intercept)   5.0320     0.1971  25.527   <2e-16
grouptrt1    -0.3710     0.2788  -1.331   0.1944
grouptrt2     0.4940     0.2788   1.772   0.0877 .
```

从该输出无法得出任何 (即使是理论上的) 结论.

评论: 关于多于两个水平的分类自变量的显著性, 不能从其各个水平的 t 检验中得到, 往往基于方差分析表来得到结论. 当然, 结论也基于不可验证的数学假定.

2.4.5 关于残差的检验及点图

就例 2.1 汽车数据的回归, 我们可以对残差做正态性检验. R 代码为:

```
a=lm(dist~speed, cars)
shapiro.test(a$res)
```

得到的输出为:

```
Shapiro-Wilk normality test

data:  a$res
W = 0.94509, p-value = 0.02152
```

p 值为 0.02152, 似乎有些小. 再看残差的点图和残差的正态 Q-Q 图. Q-Q 图是**分位数-分位数图** (quantile-quantile plot) 的缩写, 通常用于数据分布和理论分布或两个数据分布之间的比较. 正态 Q-Q 图则是数据的分位数点和理论正态分布的分位数点产生的散点图, 如果数据分布和正态分布很接近, 则这些点呈现出一条直线形状. 对例 2.1 汽车数据的残差绘制正态 Q-Q 图和残差对拟合值图 (见图 2.4.1). 图 2.4.1 的左图并不像直线, 而右图有些扇形模式, 即随着拟合值的增加, 残差的方差变大 (所谓 " 异方差性 ").

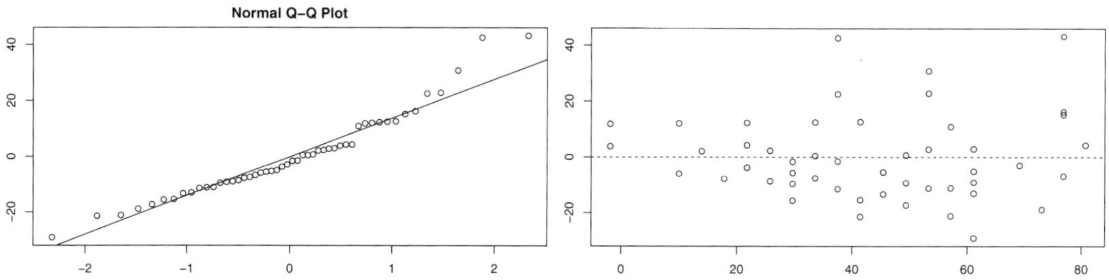

图 2.4.1 对例 2.1 汽车数据拟合残差的正态 Q-Q 图 (左) 和残差对拟合值图 (右)

生成图 2.4.1 的 R 代码为:

```
par(mfrow=c(1,2))
qqnorm(a$res);qqline(a$res)
plot(a$res~a$fit, xlab="fitted value",ylab="residual")
abline(h=0,lty=2)#画y=0线
```

图 2.4.1 中右边的残差图看不出来有什么模式, 但观测值 23 似乎残差大了一点. 关于残差分析可以写一本书 (实际上已经出版了若干本), 残差分析对于假定的线性模型是必要的, 但我们既不把线性模型作为重点, 也不把残差分析作为重点.

2.5 通过一个 "教材数据" 来理解简单最小二乘回归

我们通过一个简单数据的例子来理解如何对模型进行比较及对结果做出判断. 这是一个仅有 2 个自变量和 23 个观测值的数据, 通过分析这种样本量少及变量少的比较规范的数据, 不但容易理解线性回归的一些概念, 回归效果一般也比较好. 这个数据虽然原来是被当作非线性回归的例子, 但在对自变量做变换之后, 线性回归效果很好, 这也是我们称这类数据为 "教材数据" 的理由. 读者需要注意, 这种简单的数据在真实世界并不多见, 大多数观测值多、变量较多的真实数据都不会得到这里的 "漂亮" 结果. **注意, 本节是要通过显著性检验 (及相应的 p 值) 来得出矛盾, 因此, 要先假装 (或不假装) 认为 p 值有道理.**

例 2.6 嘌呤霉素数据 (Puromycin.csv). 该数据是 R 程序包 datasets 自带的数据[①], 描述了处理过及未处理过的细胞在不同物质浓度下的酶反应速度, 一共有 23 个观测值及 3 个变量, 这些变量包括 rate (酶反应速度, 单位: count/min)、conc (物质浓度, 单位: ppm) 及 state (细胞是否被嘌呤霉素处理过). 其中 rate 和 conc 为数量变量; 而 state 为定性变量, 有两个水平 (treated 和 untreated). 数据名为 Puromycin, 数据来自 Treloar (1974) 和 Bates and Watts (1988). 用下面的 R 代码生成的图 2.5.1 为该数据的点图, 看上去线性关系较弱.

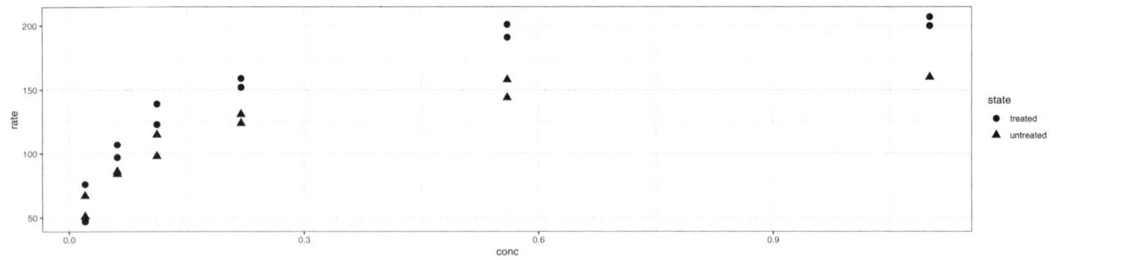

图 2.5.1 例 2.6 嘌呤霉素数据 rate 对 conc 的点图, 不同的符号代表变量 state 的状况, 图中圆点代表水平 treated, 三角点代表 untreated

图 2.5.1 是用下面的 R 代码生成的:

```
library(ggplot2)
theme_set(theme_bw())
ggplot(Puromycin, aes(x=conc, y=rate, shape=state)) +
  geom_point(size=3)
```

[①]Bates, D.M. and Watts, D.G. (1988). *Nonlinear Regression Analysis and Its Applications*. Wiley, Appendix A1.3.

实际上, 很多人把该数据作为非线性回归的标准数据, 用的是该领域作为假说的酶反应动力学的 Michaelis-Menten 模型, 该模型认为反应速度通过下面的函数

$$f(x,\boldsymbol{\theta})=\frac{\theta_1 x}{\theta_2+x}$$

依赖于浓度. 但我们通过交叉验证 (这里不显示) 发现这个非线性模型不如做过某些变换后的线性模型好. 下面将表明, 实际上有多种线性模型可以采用, 而且似乎都很合理. 最终, 我们还是用交叉验证来选择相对较好的线性回归模型.

2.5.1 几种竞争的线性模型

最简单的是线性模型

这里用 y 代表变量 rate, 用 x 代表 conc.

$$y=\beta_0+\beta_1 x+\varepsilon. \tag{2.5.1}$$

通过 R 代码:

```
a1=lm(rate ~ conc,Puromycin); summary(a1); shapiro.test(a1$res)
```

得到输出:

```
Coefficients:
            Estimate Std. Error t value Pr(>|t|)
(Intercept)    93.92       8.00   11.74 1.09e-10 ***
conc          105.40      16.92    6.23 3.53e-06 ***
```

F 检验的 p 值输出当然也是 3.53×10^{-6}, 对残差的 Shapiro 正态性检验的 p 值为 0.522, $R^2=0.6489$ (输出结果这里没有显示).

前面的简单模型再加上定性变量 state

$$y=\beta_0+\beta_1 x+\alpha_i+\varepsilon,\ i=1,2\ (\text{state 的两个水平}), \tag{2.5.2}$$

式中, α_i $(i=1,2)$ 代表 state 的两个水平 (treated 和 untreated) 的效应. 由 R 代码:

```
a2=lm(rate ~ .,Puromycin); summary(a2);shapiro.test(a2$res)
```

得到输出:

```
Coefficients:
               Estimate Std. Error t value Pr(>|t|)
(Intercept)     106.338      9.413  11.296 3.92e-10 ***
conc            102.160     15.721   6.498 2.46e-06 ***
stateuntreated  -23.844     11.177  -2.133   0.0455 *
```

F 检验的 p 值输出是 3.667×10^{-6}, 对残差的 Shapiro 正态性检验的 p 值为 0.2876, $R^2=0.714$ (输出结果这里没有显示). 通过 `anova(a2)` 得到的方差分析表为:

```
Response: rate
          Df Sum Sq Mean Sq F value    Pr(>F)
conc       1  32226   32226 45.3687 1.491e-06 ***
state      1   3233    3233  4.5508   0.04548 *
Residuals 20  14206     710
```

可知通过 F 检验得到的 state 的 p 值为 0.04548.

再加入交叉效应

$$y = \beta_0 + (\beta_1 + \gamma_i)x + \alpha_i + \varepsilon,\ i = 1, 2\ (\text{state 的两个水平}), \tag{2.5.3}$$

式中, γ_i $(i = 1, 2)$ 代表 state 的两个水平 (treated 和 untreated) 对 x 斜率的增量. 由 R 代码:

```
a3=lm(rate ~ conc * state,Puromycin)
summary(a3);shapiro.test(a3$res)
```

得到输出:

```
Coefficients:
                     Estimate Std. Error t value Pr(>|t|)
(Intercept)            103.49      10.53   9.832 6.91e-09 ***
conc                   110.42      20.46   5.397 3.30e-05 ***
stateuntreated         -17.45      15.06  -1.158    0.261
conc:stateuntreated    -21.08      32.69  -0.645    0.527
```

F 检验的 p 值输出是 1.742×10^{-5}, 对残差的 Shapiro 正态性检验的 p 值为 0.2521, $R^2 = 0.7201$ (输出结果这里没有显示). 通过 `anova(a3)` 得到的方差分析表为:

```
Response: rate
           Df Sum Sq Mean Sq F value    Pr(>F)
conc        1  32226   32226 44.0441 2.386e-06 ***
state       1   3233    3233  4.4179   0.04913 *
conc:state  1    304     304  0.4161   0.52662
Residuals  19  13902     732
```

可知通过 F 检验得到的 state 的 p 值为 0.04913, 而交叉效应的 p 值为 0.52662.

考虑到图 2.5.1 显示的非线性性, 对 conc 采用对数变换

$$y = \beta_0 + \beta_1 \log(x) + \varepsilon. \tag{2.5.4}$$

通过 R 代码:

```
a4=lm(rate ~ log(conc),Puromycin)
summary(a4);shapiro.test(a4$res)
```

得到输出:

```
Coefficients:
            Estimate Std. Error t value Pr(>|t|)
(Intercept)  190.085      6.332   30.02  < 2e-16 ***
log(conc)     33.203      2.739   12.12 6.04e-11 ***
```

F 检验的 p 值输出是 6.04×10^{-11}, 对残差的 Shapiro 正态性检验的 p 值为 0.7351, $R^2 = 0.875$ (输出结果这里没有显示).

再对上面模型加上定性变量 state

$$y = \beta_0 + \beta_1 \log(x) + \alpha_i + \varepsilon,\ i = 1, 2\ (\text{state 的两个水平}), \tag{2.5.5}$$

通过 R 代码:

```
a5=lm(rate ~ log(conc) + state,Puromycin)
summary(a5);shapiro.test(a5$res)
```

得到输出:

```
Coefficients:
               Estimate Std. Error t value Pr(>|t|)
(Intercept)     200.911      4.661  43.108  < 2e-16 ***
log(conc)        32.564      1.816  17.936 8.55e-14 ***
stateuntreated  -25.181      4.758  -5.292 3.53e-05 ***
```

F 检验的 p 值输出是 `1.471e-13`, 对残差的 Shapiro 正态性检验的 p 值为 0.5951, $R^2 = 0.9479$ (输出结果这里没有显示). 通过 `anova(a5)` 得到的方差分析表为:

```
Response: rate
          Df Sum Sq Mean Sq F value    Pr(>F)
log(conc)  1  43455   43455 335.927 5.676e-14 ***
state      1   3623    3623  28.006 3.525e-05 ***
Residuals 20   2587     129
```

可知通过 F 检验得到的 state 的 p 值为 `3.525e-05`.

再加入交叉效应

$$y = \beta_0 + (\beta_1 + \gamma_i)\log(x) + \alpha_i + \varepsilon,\ i = 1, 2\ (\text{state 的两个水平}), \tag{2.5.6}$$

式中, γ_i $(i = 1, 2)$ 代表 state 的两个水平 (treated 和 untreated) 对 $\log(x)$ 斜率的增量. 通过 R 代码:

```
a6=lm(rate ~ log(conc) * state,Puromycin)
summary(a6);shapiro.test(a6$res)
```

得到输出:

```
Coefficients:
                         Estimate Std. Error t value Pr(>|t|)
(Intercept)               209.194      4.453  46.974  < 2e-16
log(conc)                  37.110      1.968  18.858 9.25e-14
stateuntreated            -44.606      6.811  -6.549 2.85e-06
log(conc):stateuntreated  -10.128      2.937  -3.448  0.00269
```

F 检验的 p 值输出是 2.27×10^{-14}, 对残差的 Shapiro 正态性检验的 p 值为 0.38, $R^2 = 0.968$ (输出结果这里没有显示). 通过 `anova(a6)` 得到的方差分析表为:

```
Response: rate
                Df Sum Sq Mean Sq F value    Pr(>F)
log(conc)        1  43455   43455 518.870 2.955e-15 ***
state            1   3623    3623  43.258 2.695e-06 ***
log(conc):state  1    996     996  11.892  0.002692 **
Residuals       19   1591      84
```

可知通过 F 检验得到的 state 的 p 值为 `2.695e-06`, 而交叉效应的 p 值为 0.002692.

2.5.2 孤立看模型可能会产生多个模型都 " 正确 " 的结论

先孤立看每一个模型. 所有模型的综合系数的 F 检验的 p 值最大是 0.00035, 最小是 2.27×10^{-14}. 从这点来看, (如果主观的基本假定成立的话) 模型似乎都有意义. 对残差的 Shapiro 检验的 p 值最小也是 0.252, 似乎也无法拒绝正态性假设. 拿具体变量的显著性来说, 以 ANOVA 的 F 检验的 p 值为例, 除了模型 (2.5.3) 的交叉项的 p 值较大之外, 其余的都小于 " 传统的 0.05". 总之, 单独地看各个模型, 除了模型 (2.5.3) 不那么完美之外, 其他的似乎都 " 正确 ". 这就产生了一个例子有多个 " 正确 " 模型的悖论. 这种**多个模型都 " 合适 " 的结论是基于显著性检验的经典回归分析无法摆脱的固有问题.**

2.5.3 多个模型相比较以得到相对较好的模型

孤立地看每个模型, 从各种显著性检验来看, 似乎都是合格的模型. 我们努力设计了 6 个不同的模型, 希望可以比较并挑选相对最好的模型. 除了上面提到的 p 值之外, 我们还计算了 AIC 值, AIC 为**赤池信息准则** (Akaike Information Criterion), 其定义为:

$$\mathrm{AIC} = 2k - 2\log(\mathcal{L}(\hat{\boldsymbol{\theta}})),$$

式中, k 是参数个数, $\mathcal{L}(\hat{\boldsymbol{\theta}})$ 是似然函数的最大值.[①] 人们希望 AIC 越小越好, 正态分布条件下最小二乘回归使得 AIC 的第二项最小, 但 AIC 的第一项为模型复杂度的惩罚项, 一般来说, 增加参数可使得 AIC 的第二项减少, 但会使惩罚项 $2k$ 增加. 显然, 这是在模型简单性和模型拟合性上做平衡. AIC 的结果和各种检验的 p 值大小没有关系, 很多人用它来选择模型. **使用 AIC 的一个重要条件是必须知道或假定数据的分布, 否则无法计算. 此外, 对于不同类型模型的比较, AIC 基本无能为力, 必须使用交叉验证.** 对于 R 来说, 可以用函数 `AIC` 作用于

[①] 一般的最小二乘法在正态假设下等价于选择参数使得似然函数 $\mathcal{L}$ 最大 (或 $-\log(\mathcal{L})$ 最小). 如果各种参数的向量用 $\boldsymbol{\theta}$ 表示, 而其最大似然估计用 $\hat{\boldsymbol{\theta}}$ 表示, 则 $\mathcal{L}(\hat{\boldsymbol{\theta}})$ 为似然函数的最大值.

回归结果, 比如对于上面第 6 个模型的结果 `a6`, 用代码 `AIC(a6)` 可得到第 6 个模型的 AIC 值. 表 2.5.1 将前面计算机输出的各项指标进行了汇总.

表 2.5.1 例 2.6 嘌呤霉素数据的 6 个模型的输出汇总

模型	综合 F 检验 p 值	ANOVA 表 F 检验的各个变量的 p 值					R^2	正态检验 p 值	AIC
		conc	log(conc)	state	交叉项 1	交叉项 2			
(2.5.1)	3.53×10^{-6}	3.53×10^{-6}					0.649	0.522	223.8
(2.5.2)	3.67×10^{-6}	1.49×10^{-6}		0.045			0.714	0.288	221.1
(2.5.3)	1.74×10^{-5}	2.39×10^{-6}		0.049	0.527		0.720	0.252	222.6
(2.5.4)	6.04×10^{-11}		6.04×10^{-11}				0.875	0.735	200.0
(2.5.5)	1.47×10^{-13}		5.68×10^{-14}	3.53×10^{-5}			0.948	0.595	181.9
(2.5.6)	2.27×10^{-14}		2.96×10^{-15}	2.70×10^{-6}		0.003	0.968	0.38	172.7

注: 交叉项 1 为 conc:state; 交叉项 2 为 log(conc):state; 正态检验为 Shapiro 检验.

利用表 2.5.1, 可以用不同指标将各个模型的优劣排序, 但由于我们完全不清楚上面结果的可靠性所依赖的假定是否成立, 因此我们在2.5.4节使用最客观的交叉验证按照预测精度对上面 6 个模型进行排序.

2.5.4 对例 2.6 嘌呤霉素数据的 6 个模型做预测精度的交叉验证

我们把数据随机分成 5 份, 可进行 5 折交叉验证. 也就是说, 每次用一份作为测试集, 其余 4 份作为训练集来训练模型 (估计参数), 然后用测试集做预测, 得到标准化均方误差式 (1.2.4). 对每个模型都进行 5 折交叉验证, 交叉验证后的标准化均方误差 NMSE 最小的就是相对最好的模型. 由于交叉验证的数据划分有随机性, 我们对例 2.6 嘌呤霉素数据做 1000 次 5 折交叉验证, 得到表 2.5.2 并显示在图 2.5.2 中 (注意, 由于随机性, 每次的运行结果会有出入). 具体 R 及 Python 代码见 2.9.4 节.

表 2.5.2 例 2.6 嘌呤霉素数据的 6 个模型的 1000 次 5 折交叉验证的平均 NMSE

模型	形式	NMSE
(2.5.1)	$y=\beta_0+\beta_1x+\varepsilon$	0.4554
(2.5.2)	$y=\beta_0+\beta_1x+\alpha_i+\varepsilon,\ i=1,2$	0.4134
(2.5.3)	$y=\beta_0+(\beta_1+\gamma_i)x+\alpha_i+\varepsilon,\ i=1,2$	0.5747
(2.5.4)	$y=\beta_0+\beta_1\log(x)+\varepsilon$	0.1467
(2.5.5)	$y=\beta_0+\beta_1\log(x)+\alpha_i+\varepsilon,\ i=1,2$	0.0741
(2.5.6)	$y=\beta_0+(\beta_1+\gamma_i)\log(x)+\alpha_i+\varepsilon,\ i=1,2$	0.0542

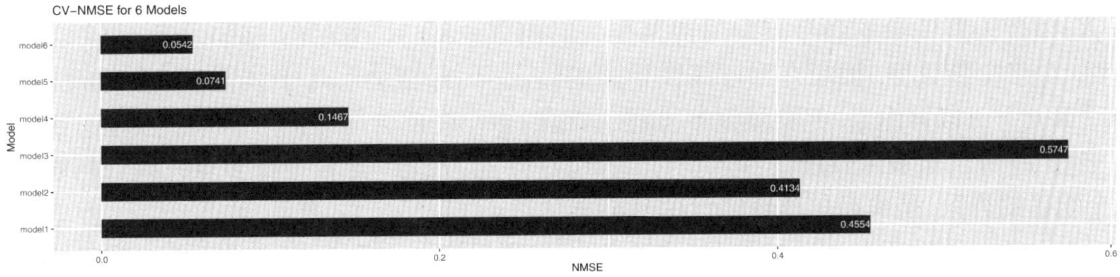

图 2.5.2 例 2.6 嘌呤霉素数据的 6 个模型的 1000 次 5 折交叉验证的平均 NMSE

交叉验证 (见图 2.5.2) 显示, 按照交叉验证的标准化均方误差, 在我们构造的 6 个线性模型中, 模型 (2.5.6) 要大大优于其他模型. **这种交叉验证的结果不会引起多少歧义或悖论, 它不需要对数据或模型做任何假定, 适用于对任何回归模型的比较.**

表 2.5.3 显示, 在用前面小节的某些指标对各个模型的优劣名次排序中, AIC 排序最接近用交叉验证所得到的预测精度排序.

表 2.5.3 各个模型的优劣名次排序

模型	(2.5.1)	(2.5.2)	(2.5.3)	(2.5.4)	(2.5.5)	(2.5.6)
按照 F 检验 p 值的名次	3	4	5	2	6	1
按照 AIC 值的名次	6	4	5	3	2	1
按照交叉验证的名次	5	4	6	3	2	1

问题与思考

从例 2.6 嘌呤霉素数据的分析可以看出, 根据传统统计的显著性来选择模型的方法是模糊而又不易实施的. 而这些方法又严重依赖于线性回归的基本假设, 如果基本假设不满足, 最小二乘线性回归的各种推断 (假设检验和置信区间) 根本没有意义. 即使对于例 2.6 嘌呤霉素数据这种经典统计的 " 教材数据 ", 经典统计的显著性方法也无能为力, 只有交叉验证才能在没有任何假定时做出明确的判断.

对于任何模型, 交叉验证是最可靠的判断模型好坏的标准. 在前面 1.4.1 节, 关于例 1.1 混凝土强度数据对各种模型的预测精度的比较说明了交叉验证的强大功能, 也说明了误差巨大的最小二乘线性回归模型根本无法和其他模型相提并论.

一些经典统计学家总是觉得可以通过修修补补某些数学模型来适应各种数据, 而不是真正以实际问题需要的预测精度来选择模型. 他们的 " 数学 " 被 Box (1976) 称为 " **伪数学** " (mathematistry), 他还说: " *伪数学的特点是为了理论而发展理论, 由于很少接触实践, 因此倾向于重新定义问题而不是解决问题.* "

2.6 处理线性回归多重共线性的经典方法 *

多重共线性的问题仅仅存在于传统的线性模型 (或广义线性模型) 之中. 为了迎合模型的线性结构及各种假定, 人们创造了诸如 " 降维 " 等各种方法来避开多重共线性所造成的计算上的困难. 它们对参数的大小或者数量做出惩罚, 但这些方法并不能保证提高预测精度, 也不能回避传统线性回归的各种固有弊病.

对于绝大多数机器学习方法, 变量越多越好. 共线性根本不会造成任何麻烦, 根本不需要降维.

2.6.1 多重共线性

我们知道, 做最小二乘回归时, 估计系数的公式为 $\hat{\boldsymbol{\beta}} = (\boldsymbol{X}^\top\boldsymbol{X})^{-1}\boldsymbol{X}^\top\boldsymbol{Y}$. 但是当矩阵 $\boldsymbol{X}$ 中代表自变量的各个列向量线性相关时, $(\boldsymbol{X}^\top\boldsymbol{X})^{-1}$ 不存在, 如同用零做除数一样. 当然, 对于实际数据, 很难有刚好线性相关的情况, 但经常会有几乎线性相关的情况, 那时 $(\boldsymbol{X}^\top\boldsymbol{X})^{-1}$ 可以算出来, 但结果很不可靠, 数据的微小变化会导致训练出来的模型有很大改变. 这就是所谓的**多重共线性** (multicollinearity) 问题. **注意: 是否存在多重共线性问题没有一个明确的界限, 是典型的传统统计的模糊概念之一.**

有一些关于多重共线性的度量, 其中之一是**容忍度** (tolerance) 或 (等价的) **方差膨胀因子** (variance inflation factor, VIF), 而另一个是条件数 (condition number), 常用 κ 表示. 容忍度与 VIF 的定义分别为:

$$\text{tolerance} = 1 - R_j^2, \quad \text{VIF}_j = \frac{1}{1 - R_j^2},$$

式中, R_j^2 是第 j 个变量对所有其他变量回归时的可决系数. 容忍度太小 (按照一些文献,比如小于 0.2 或 0.1) 或 VIF 太大 (比如大于 5 或 10) 则被认为有多重共线性问题. 而条件数的定义为:

$$\kappa = \sqrt{\frac{\lambda_{\max}}{\lambda_{\min}}},$$

式中, λ 为 $\boldsymbol{X}^\top \boldsymbol{X}$ 的特征值 ($\boldsymbol{X}$ 代表自变量矩阵). 显然, 当自变量矩阵正交时, 条件数 κ 为 1. 一些研究者认为, 当 $\kappa > 15$ 时, 则有共线性问题; 当 $\kappa > 30$ 时, 说明共线性问题严重. 当然, 这些判断准则可能互相矛盾, 或者不太准确, 但可作为参考.

本节介绍几种常用的处理多重共线性的经典方法, 包括逐步回归、**岭回归** (ridge regression)、lasso 回归、适应性 lasso 回归等. 下面通过一个例子来介绍这几种方法.

例 2.7 击球手数据 (Hitters.csv). 这是 1986 和 1987 赛季的美国职业棒球大联盟 (Major League Baseball) 数据 (R 程序包 `ISLR` 包含了这个数据, 可以用代码 `Hitters` 提取), 包括 322 个大联盟球员对以下 20 个变量的观测结果: AtBat (1986 年击球次数), Hits (1986 年点击次数), HmRun (1986 年全垒打数), Runs (1986 年跑垒次数), RBI (1986 年击球数), Walks (1986 年保送次数), Years (在大联盟的年数), CAtBat (职业生涯中的击球次数), CHits (职业生涯中的安打次数), CHmRun (职业生涯中的本垒打次数), CRuns (职业生涯中的跑垒次数), CRBI (职业生涯中的打点次数), CWalks (职业生涯中的保送次数), League (水平 A 和 N 表示 1986 年底球员的协会), Division (水平 E 和 W 表示 1986 年底球员的划分), PutOuts (1986 年完成的出局数量), Assists (1986 年助攻数), Errors (1986 年错误数量), Salary (1987 年开始时的年薪 (千美元)), NewLeague (水平 A 和 N 表示 1986 年初球员的协会). 该数据集取自卡内基梅隆大学维护的 StatLib 库. 这是 1988 年 ASA 图形部分海报会议中使用的数据的一部分. 薪资数据最初来自 1987 年 4 月 20 日的《体育画报》. 1986 年的职业统计数据来自纽约麦克米伦出版公司 Collier Books 出版的《1987 年棒球百科全书更新》.[①]

首先, 我们来看例 2.7 击球手数据的共线性问题, VIF 可以通过 R 程序包 `car`[②]的函数 `vif` 得到, 条件数 κ 则可由 R 固有的函数 `kappa` 得到. 下面在计算 VIF 时使用去掉缺失值的数据, 以 Salary 为因变量. 计算结果表明, 数据的条件数 $\kappa = 20857.42$, 而自变量最大的 5 个 VIF 依次为 502.95429、251.56116、162.52081、131.96586、46.48846. 根据前面介绍的一些判别准则来判断, 可能会有多重共线性问题. 这里运用程序包 `ISLR` 自带的数据 `Hitters` 计算 κ 和 VIF 值的 R 代码如下:

```
library(tidyr)
Hitters = ISLR::Hitters %>% na.omit()
kappa(model.matrix(~.,Hitters[,-19]),exact = TRUE)
sort(car::vif(lm(Salary~.,Hitters)),de=T)[1:5]
```

[①] James, G., Witten, D., Hastie, T. and Tibshirani, R. (2013). *An Introduction to Statistical Learning with applications in R.* 网址为: `https://www.statlearning.com`, Springer-Verlag, New York.

[②] Fox, J., Weisberg, S. (2019). *An R Companion to Applied Regression.* Third edition. Sage, Thousand Oaks CA.

2.6.2 自变量子集选择

多元线性回归的子集选择问题也称为变量选择或模型选择, 是选择解释变量的子集来构建有效的线性回归模型. 具体来说, 给定一个数据集 (假定样本量为 n, 自变量数为 m), 子集选择的目标是在保证模型误差损失相对较小时尽可能多地减少模型中自变量的数量.

常用的方法有两种:

1. **逐步回归** (stepwise regression): 通过逐个放入和移走变量来选取一个自变量子集, 使得最终的模型既简单又对训练集有较好的拟合. 具体分 " 向前 " " 向后 " " 双向 " 逐步回归的选项. 向前逐步回归是从只有截距开始, 逐个增加变量; 向后逐步回归是从包含全部自变量的模型开始, 逐个减少变量; 双向逐步回归是不断增减变量. 各个软件逐步回归的默认方法不同, 准则也不一样. 有的软件根据自变量的 t 检验的 p 值来决定取舍, 有的软件则使用 AIC 来决定. R 软件的 `step` 函数的默认值为 " 双向 ", 利用 AIC 准则来选择模型. 对于经典统计来说, 逐步回归方法的问题在于它们可能会产生有偏差的回归系数、相互冲突的模型和不准确的置信区间.
2. **最佳子集回归** (best subset regression): 最佳子集回归通过创建所有可能的模型, 然后评估最终模型中应包含哪些变量, 从而绕过逐步回归模型的这些弱点. 最佳子集回归的一个缺点是大量的变量意味着大量的潜在模型, 这使得在多个选择中做出决定变得困难.

逐步回归

下面代码的目的是对整个数据做逐步回归, 输出逐步回归汇总结果并生成残差对拟合值点图 (见图 2.6.1). 图 2.6.1 显示了某种异方差性.

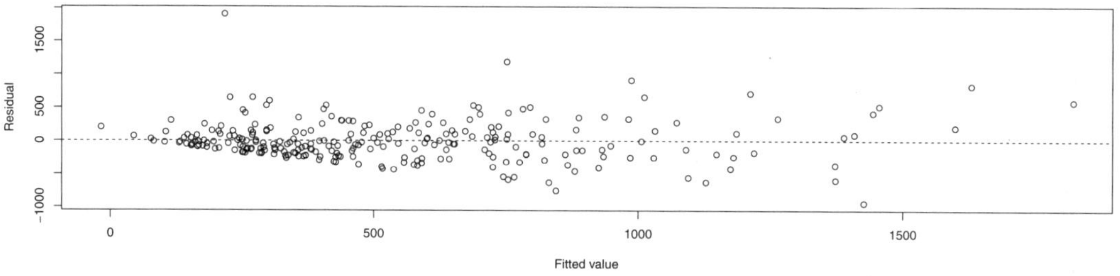

图 2.6.1　例 2.7 击球手数据逐步回归的残差对拟合值点图

生成图 2.6.1 的 R 代码为:

```
a=step(lm(Salary~.,Hitters))#逐步回归
summary(a)
plot(a$fit,a$res,xlab="Fitted value",ylab="Residual")
abline(h=0,lty=2)
```

最终得到的模型为:

```
lm(formula = Salary ~ AtBat + Hits + Walks + CAtBat + CRuns +
   CRBI + CWalks + Division + PutOuts + Assists, data = Hitters)
```

这里选取了 10 个自变量 (原先 19 个) 外加截距. 由利用 `summary(a)` 得到的输出 (这里不显示) 可以看出, $R^2 = 0.5405$, $\bar{R}^2 = 0.5223$, 似乎拟合得不理想.

最佳子集回归

我们使用 R 程序包 `leaps`[①] 的函数 `regsubsets` 来实现最佳子集选择, 可以选用的度量包括 RSS、R^2、$\bar{R}^2$、Mallows's C_p 统计量[②]和 BIC (Bayesian information criterion)[③]. 计算及生成图 2.6.2 的 R 代码如下:

```
library(leaps)
a = regsubsets(Salary~., data = Hitters)
a_sum=summary(a)
par(mfrow = c(1,4))
meas=c('RSS', "Adjusted RSq", "Cp","BIC")
for(i in 3:6){
  plot(a_sum[[i]],xlab="Number of Variables", ylab=meas[i-2], type="l")
  mm=ifelse(i==4,which.max(a_sum[[i]]),which.min(a_sum[[i]]))
  points(mm, a_sum[[i]][mm], col =2, cex = 2, pch = 20)
}
```

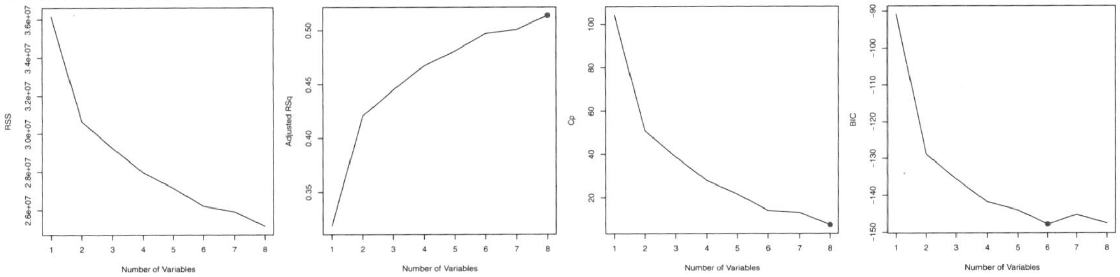

图 2.6.2 例 2.7 击球手数据最佳子集的 4 个度量

从图 2.6.2 可以看出, 不同的度量选择的子集数目有两种 (除截距之外): 3 个度量选 8, 一个度量选 6. 下面看这两种选择的变量及相应的系数估计:

```
> coef(a,6)
 (Intercept)        AtBat         Hits        Walks         CRBI
  91.5117981   -1.8685892    7.6043976    3.6976468    0.6430169
   DivisionW      PutOuts
-122.9515338    0.2643076
> coef(a,8)
 (Intercept)        AtBat         Hits        Walks       CHmRun
 130.9691577   -2.1731903    7.3582935    6.0037597    1.2339718
       CRuns       CWalks    DivisionW      PutOuts
   0.9651349   -0.8323788 -117.9657795    0.2908431
```

[①]Miller A. (2024). leaps: regression subset selection. R package version 3.2. https://CRAN.R-project.org/package=leaps.

[②]公式为:

$$C_p = \frac{\sum_{i=1}^{n}(y_i - y_{pi})^2}{\sum_{i=1}^{n}(y_i - \hat{y}_i)^2/(n-m)} - n + 2(p+1),$$

式中, y_{pi} 是用 p 个自变量回归的第 i 个预测值.

[③]公式为 $\mathrm{BIC} = (p+2)\ln(n) - 2\ln(\hat{L})$, $\hat{L}$ 是模型的最大似然函数值.

2.6.3 岭回归

假定自变量数据矩阵 $\boldsymbol{X} = \{x_{ij}\}$ 为 $n \times p$ 阶的, 通常最小二乘回归寻求那些使得残差平方和最小的系数 β, 即

$$(\hat{\alpha}^{(\text{ols})}, \hat{\beta}^{(\text{ols})}) = \arg\min_{(\alpha,\beta)} \sum_{i=1}^{n} \left(y_i - \alpha - \sum_{j=1}^{p} x_{ij}\beta_j \right)^2 .$$

岭回归则需要约束系数的大小, 也就是在上面的公式中增加一项 $\lambda \sum_{j=1}^{p} \beta_j^2$ 作为惩罚项, 这意味着岭回归的系数既要使得残差平方和小, 又不能使得系数太膨胀:

$$(\hat{\alpha}^{(\text{ridge})}, \hat{\beta}^{(\text{ridge})}) = \arg\min_{(\alpha,\beta)} \sum_{i=1}^{n} \left[\left(y_i - \alpha - \sum_{j=1}^{p} x_{ij}\beta_j \right)^2 + \lambda \sum_{j=1}^{p} \beta_j^2 \right],$$

这等价于在约束条件 $\sum_{j=1}^{p} \beta_j^2 \leqslant s$ 下, 满足

$$(\hat{\alpha}^{(\text{ridge})}, \hat{\beta}^{(\text{ridge})}) = \arg\min_{(\alpha,\beta)} \sum_{i=1}^{n} \left(y_i - \alpha - \sum_{j=1}^{p} x_{ij}\beta_j \right)^2 .$$

显然这里有确定 λ 或者 s 的问题, 一般都用交叉验证或 Mallows's C_p 等准则通过计算来确定. 可以用 R 程序包 `MASS` 中的函数 `lm.ridge` 来实现. 这里采用更方便的可以自动选择岭回归参数的程序包 `ridge`[①] 中的函数 `linearRidge`, R 代码如下:

```
library(ridge)
a=linearRidge(Salary ~ ., data = Hitters)
summary(a); plot(a)
```

计算结果包括估计的岭回归参数以及各个自变量的系数. 由于输出很长, 这里就不显示了, 但输出说明选择了 $\lambda = 0.1366489$ (`a$lambda` 的第 7 个). 自动选择参数用的是 Cule et al. (2012) 建议的主成分方法, 这里最多尝试了 7 个主成分 (`a$max.nPCs`), 最终选了一个, 这从用代码 `plot(a)` 所画出的各个系数对主成分个数的点图 (见图 2.6.3) 可以看出.

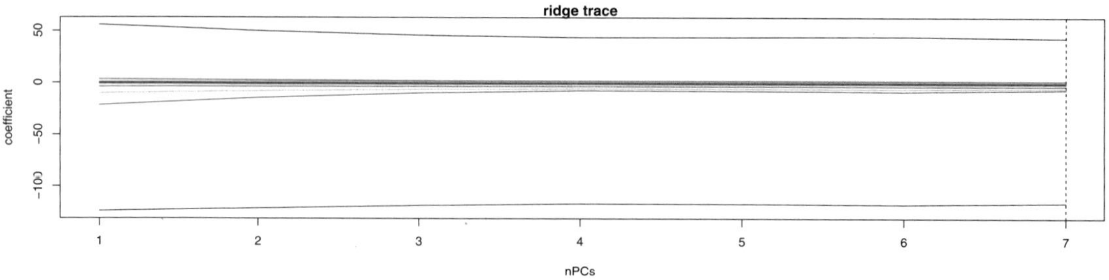

图 2.6.3 例 2.7 击球手数据岭回归的系数对主成分个数的点图

[①] Cule, E. (2012). ridge: Ridge Regression with automatic selection of the penalty parameter. R package version 2.1-1. 网址为 `http://CRAN.R-project.org/package=ridge`.

2.6.4 lasso 回归

lasso 回归在原理上和岭回归有些类似, 但惩罚项中不是系数的平方而是其绝对值, 即在约束条件 $\sum_{j=1}^{p}|\beta_j| \leqslant s$ 下, 系数需要满足下面的条件:

$$(\hat{\alpha}^{(\text{lasso})}, \hat{\beta}^{(\text{lasso})}) = \arg\min_{(\alpha,\beta)} \sum_{i=1}^{n}\left(y_i - \alpha - \sum_{j=1}^{p} x_{ij}\beta_j\right)^2.$$

基于绝对值的特点, lasso 回归不像岭回归那样把系数缩小, 而是筛选掉一些系数. 这里的计算主要使用 R 程序包 `lars` 中的函数 `lars`, 该程序包除了 lasso 方法之外, 还有最小角度回归, 也有针对共线性的功能, 请读者自己学习. 这个软件对于系数的选择有 k 折交叉验证 (k-fold CV) 及 C_p 两种方法, 据此, 选取 C_p 最小的模型. 对于例 2.7 击球手数据, 计算并生成说明性图 2.6.4.

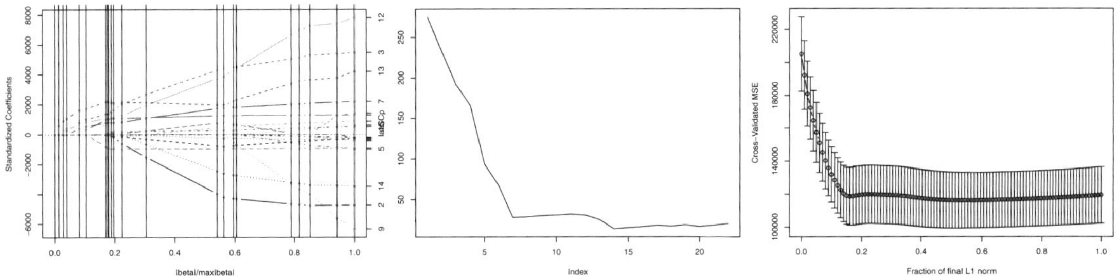

图 2.6.4 例 2.7 击球手数据在 lasso 回归中系数的变化 (左)、C_p 的变化 (中) 以及 CV-MSE 的变化 (右)

图 2.6.4 的左图给出了在不同的步数下系数增减的情况, 最左边是只有截距, 最右边是包含所有变量. 图 2.6.4 的中图给出了 C_p 随步数的变化. 图 2.6.4 的右图给出了 CV-MSE 的变化, 可以看出在什么比率下达到极小值 (这里是在比率为 0.515 (`best`) 时达到最小). 计算并生成图 2.6.4 的 R 代码如下:

```
library(lars)
#lars函数只用于矩阵型数据:
y=as.matrix(Hitters[,19])
x=model.matrix(~.,Hitters[,-19])
laa=lars(x,y)
layout(t(1:3))
plot(laa) #绘出系数随步数的变化图
summary(laa)#给出Cp值和步骤等结果
plot(laa$Cp,type='l') # Cp~步 图
cva=cv.lars(x,y,K=10) #10折交叉验证并画出MSE对比率图
best=cva$index[which.min(cva$cv)]#选择适合的比率(结果有随机性)
coef=coef.lars(laa,mode="fraction",s=best)#使得CV-MSE 最小时的系数
m_s=min(laa$Cp)#哪个Cp最小,结果是第13步=13.857
coef1=coef.lars(laa,mode="step",s=m_s)#使laa$Cp最小的step的系数
```

表 2.6.1 是图 2.6.4 中的部分细节, 给出了第 12～15 步的 C_p 统计量的值, 使其值最小的为第 13 步 ($C_p = 13.857$).

表 2.6.1 例 2.7 击球手数据在 lasso 回归中 C_p 值的变化

step	Df	Rss	Cp
12	13	26126781	25.340
13	14	24784048	13.857
14	15	24717927	15.194
15	16	24634718	16.358

由于交叉验证的随机性等原因, 用 CV 和 C_p 所选择的结果可能会有所不同, 但数值非常接近. 本例用 CV 选择了 13 个变量 (用 `coef[coef!=0]` 查看), 而用 C_p 选择了 13 个同样的变量 (用 `coef1[coef1!=0]` 查看). 这 13 个变量的系数为 (其他系数为 0):

```
> coef[coef!=0]
      AtBat        Hits       Walks       Years      CHmRun
 -1.5485757   5.6721948   4.7201561  -9.3122979   0.5355236
      CRuns        CRBI      CWalks     LeagueN   DivisionW
  0.6618708   0.3800114  -0.5281325  32.2107290 -119.0878045
    PutOuts     Assists      Errors
  0.2725809   0.1719213  -2.0156559
```

2.6.5 适应性 lasso 回归

适应性 lasso (adaptive lasso, alasso) 回归是 lasso 回归的改进. 与 lasso 回归和岭回归类似, 其系数 β 要满足下面的条件:

$$(\hat{\alpha}^{(\text{alasso})}, \hat{\beta}^{(\text{alasso})}) = \underset{(\alpha,\beta)}{\text{arg min}} \sum_{i=1}^{n} \left(y_i - \alpha - \sum_{j=1}^{p} x_{ij}\beta_j \right)^2.$$

但惩罚项是系数绝对值的加权平均, 即约束条件为 $\sum_{j=1}^{p} w_i|\beta_j| \leqslant s$, 式中, $w_i = 1/(\hat{\beta}_i)^{\gamma}$. 而 $\gamma > 0$ 为一个调整参数. 这实际上是 Friedman (2008) 的方法的特例, 适用于很宽范围的损失函数及惩罚条件. 因此, 前面提到的岭回归和 lasso 回归仅仅是其方法的特例. 这里使用的是 R 程序包 `msgps`[①], 其中不仅包括适应性 lasso (alasso), 还包括**弹性网络** (elastic net) 及**广义弹性网络** (generalized elastic net) 等方法. 该程序包寻求最优参数是基于**广义路径搜索方法** (generalized path seeking algorithm), 而确定最优所依据的准则包括 Mallows's C_p、**偏差纠正的 AIC** (AICC)、**广义交叉验证** (generalized cross validation, GCV) 及 BIC. 这里仅介绍 alasso, 读者可继续学习 Friedman (2008) 的其他方法.

对于例 2.7 击球手数据, 下面的计算代码输出了各个参数, 由于参数很多, 这里仅以图 2.6.5 表示在不同情况下系数随参数的变化.

```
library(msgps) #adaptive lasso
y=Hitters[,19];x=model.matrix(~.,Hitters[,-19])
al=msgps(x,y,penalty="alasso",gamma=1,lambda=0)
summary(al);plot(al)
```

[①] Hirose, K. (2011). msgps: degrees of freedom of elastic net, adaptive lasso and generalized elastic net. R package version 1.1. `http://CRAN.R-project.org/package=msgps`.

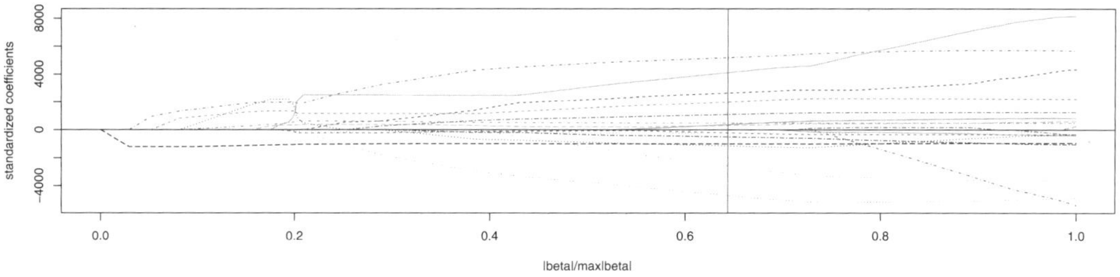

图 2.6.5 例2.7 击球手数据在适应性 lasso 回归中系数随参数的变化

输出结果显示调整参数选的是 $\gamma = 18.77$[①], 这时各个准则的值及自由度为:

```
ms.tuning:
       Cp  AICC   GCV   BIC
[1,] 15.15 14.83 15.15 10.25
ms.df:
      Cp  AICC  GCV   BIC
[1,] 13.5 13.34 13.5 10.63
```

2.6.6 通过例 2.7 击球手数据比较几种方法的预测精度

我们对例 2.7 击球手数据采用各种方法做预测的 10 折交叉验证. 相应的结果在表 2.6.2 和图 2.6.6 中.

表 2.6.2 例 2.7 击球手数据的 7 种方法的 10 折交叉验证的 NMSE

Method	LM	step	ridge	lasso	alasso	random forest	best subset
NMSE	0.5874562	0.5770899	0.5879173	0.5799721	0.5877024	0.3977704	0.5933757

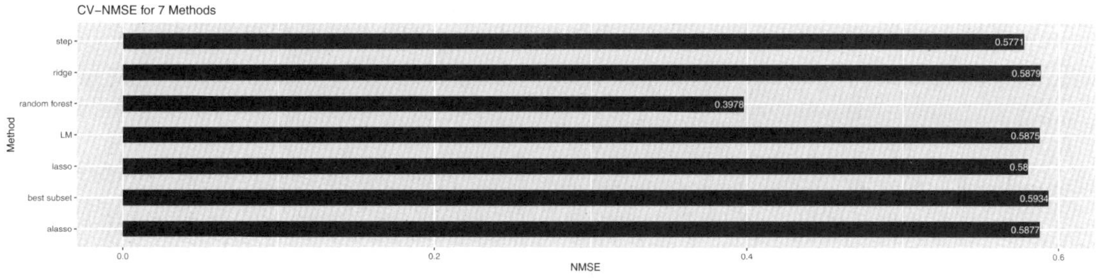

图 2.6.6 例 2.7 击球手数据的 7 种方法的 10 折交叉验证的 NMSE

这些做比较的方法包括原始的线性回归 (LM) 及专门应对多重共线性的方法: 逐步线性回归 (step)、岭回归 (ridge)、lasso 回归 (lasso)、适应性 lasso 回归 (alasso)、最佳子集回归 (best subset). 此外, 用属于机器学习方法的随机森林 (random forest) 与其他方法做对比. 根据标准化均方误差, 随机森林优于所有传统线性模型方法. 而这几种方法大体上属于相同的水准, 这里使用的 10 折交叉验证 (包括生成图 2.6.6) 的 R 代码见 2.9.5 节.

[①] 代码中的选项 lambda 大于 0 时, 相应的 $\hat{\beta}_i$ 为岭回归参数估计.

问题与思考

图 2.6.6 显示, 数学上为解决线性模型所特有的 “多重共线性” 而进行的各种修修补补不可能改变线性模型预测精度差的根本问题, 只有彻底摆脱基于线性模型假定 (式 (2.1.3)) 及相关基本假定 (2.4.1 节) 的束缚, 采用不包含任何主观假定的数据驱动的模型才有可能发现优秀的模型.

2.7 损失函数及分位数回归简介 *

2.7.1 损失函数

前面多次提及, 最小二乘回归使用了对称的二次损失函数. 一般来说, 带有可加误差项的回归模型可以写成下面的形式:

$$y_i = \mu(\boldsymbol{x}_i, \boldsymbol{\beta}) + \varepsilon_i,$$

式中, μ 是一个一般的函数, 如果 $\mu(\boldsymbol{x}_i, \boldsymbol{\beta}) = \boldsymbol{x}_i'\boldsymbol{\beta}$, 就是线性模型. 在拟合时, 总是希望找到使得残差 $y_i - \mu(\boldsymbol{x}_i, \boldsymbol{\beta})$ 的某个凸函数的和尽可能小的参数 (向量) $\hat{\boldsymbol{\beta}}$, 即

$$\hat{\boldsymbol{\beta}} = \arg\min_{\boldsymbol{\beta}} \sum_{i=1}^{n} \rho\left(y_i - \mu(\boldsymbol{x}_i, \boldsymbol{\beta})\right).$$

对于线性回归模型 $y_i = \boldsymbol{x}_i'\boldsymbol{\beta} + \boldsymbol{\varepsilon}_i$, 这就意味着寻找 $\hat{\boldsymbol{\beta}}$ 使得

$$\hat{\boldsymbol{\beta}} = \arg\min_{\boldsymbol{\beta}} \sum_{i=1}^{n} \rho\left(y_i - \boldsymbol{x}_i^{\top}\boldsymbol{\beta}\right).$$

如果选择损失函数为二次函数, 则 $\rho(u) = u^2$. 这时, 对于线性模型来说, 就是要求使得残差平方和最小的 $\hat{\boldsymbol{\beta}}$:

$$\hat{\boldsymbol{\beta}} = \arg\min_{\boldsymbol{\beta}} \sum_{i=1}^{n} (y_i - \boldsymbol{x}_i^{\top}\boldsymbol{\beta})^2.$$

这也就是最小二乘回归.

如果损失函数为 $\rho(u) = |u|$, 则称为最小一乘回归, 它使得残差绝对值的和最小. 最小一乘回归是**分位数回归** (quantile regression) 的特例. 一般的 τ 分位数回归的损失函数为:

$$\rho_\tau(u) = u(\tau - I(u < 0)).$$

当 $\tau = 0.5$ 时, 就是最小一乘回归.

最小二乘回归和最小一乘回归的损失函数是对称的, 而一般的 τ 分位数回归的损失函数不是对称的, 而是由两条从原点出发的分别位于第一和第二象限的射线组成, 它们的斜率之比为 $\tau : (\tau - 1)$. 图 2.7.1 给出了最小二乘回归的损失函数 u^2 (左) 及分位数回归的两个 ($\tau = 0.2$ 和 $\tau = 0.6$) 损失函数 (右).

在实际应用中, 选择不对称的分位数损失函数往往可以反映因变量的分位数分布. 不同分位数的分布可能由于各种原因而有相当大的差异. 以只有一个自变量的简单回归问题为例, 该自变量很可能无力解释因变量的分布的变化, 原因可能是缺乏许多其他变量来完整描述因变量. 这时, 就希望采取分位数回归来描述因变量不同分位数的分布, 以显示因为自变量不足而没有揭示出来的信息.

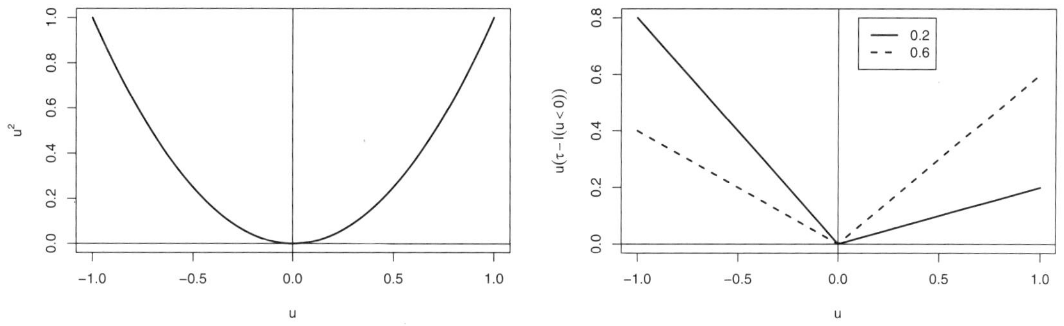

图 2.7.1 两类损失函数: $\rho(u) = u^2$(左) 及 $\rho_\tau(u) = u(\tau - I(u < 0))$(右)

2.7.2 恩格尔数据例子的分位数回归

例 2.8 恩格尔数据 (engel.csv). 该数据在 R 程序包 `quantreg`[①]中. 这是一个关于比利时工薪阶层的收入和食品支出的例子, 数据名称为 `engel`, 来自 Koenker and Bassett (1982). 这里有两个变量 foodexp (食品支出) 和 income (收入) 的 235 个观测值.

对例 2.8 恩格尔数据的分位数回归

对于例 2.8 恩格尔数据, 以 foodexp 为因变量, 以 income 为自变量做 τ 分位数回归. 使用不同的 τ 来做分位数回归会产生不同的截距和斜率. 这里使用的 R 程序包 `quantreg` 中的分位数回归函数 `rq` 可以生成对于不同的分位数所计算的截距和斜率 (见图 2.7.2 的上下图). 这里的横坐标为 τ.

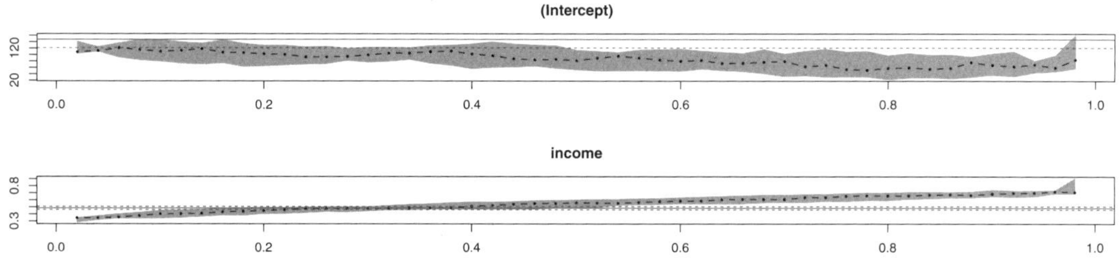

图 2.7.2 例 2.8 恩格尔数据对于不同的分位数所计算的截距和斜率

图 2.7.2 中持续变化的截距和斜率显示了用简单的只有一个截距和一个斜率的线性回归完全不能反映数据变量之间的真实关系. 从图中可以看出, 随着 τ 的增加, 截距总体上有下降趋势, 而斜率则基本上是上升的. 生成图 2.7.2 的 R 代码为:

```
library(quantreg);data(engel)
plot(summary(rq(foodexp~income,tau = 1:49/50,data=engel)))
```

下面计算 τ 分别为 0.15、0.25、0.50、0.75、0.95、0.99 的分位数回归, 同时画出原始数据点图 (见图 2.7.3 左)、做了 (以 10 为底的) 对数变换之后的数据点图 (见图 2.7.3 右) 及两组 6 条分位数回归拟合直线 (见图 2.7.3 左右). 所有计算代码均来自 R 程序包 `quantreg`.

[①]Koenker, R. (2011). quantreg: quantile regression. R package version 4.76. `http://CRAN.R-project.org/package=quantreg`.

```
library(quantreg);data(engel)
par(mfrow=c(1,2))
plot(foodexp ~ income, data = engel, main = "engel data")#产生散点图
taus <- c(.15, .25, .50, .75, .95, .99)#选择6个tau参数
rqs <- as.list(taus)#构造和taus一样多元素的list来存储回归结果
for(i in seq(along = taus)) { #对每个tau做分位数回归并画图
  rqs[[i]]=rq(foodexp~income, tau=taus[i],data=engel)
  lines(engel$income, fitted(rqs[[i]]), col = i+1,lty=i)
}
legend("bottomright", paste("tau = ", taus), inset = .04,
       col = 2:(length(taus)+1), lty=1:6)
#重复上面(把foodexp换成log10(foodexp)):
plot(log10(foodexp) ~ log10(income), data = engel,
     main = "engel data  (log10 - transformed)")
for(i in seq(along = taus)) {
  rqs[[i]]=rq(log10(foodexp)~log10(income), tau=taus[i],data=engel)
  lines(log10(engel$income), fitted(rqs[[i]]), col = i+1,lty=i)
}
legend("bottomright", paste("tau = ", taus), inset = .04,
       col = 2:(length(taus)+1), lty=1:6)
```

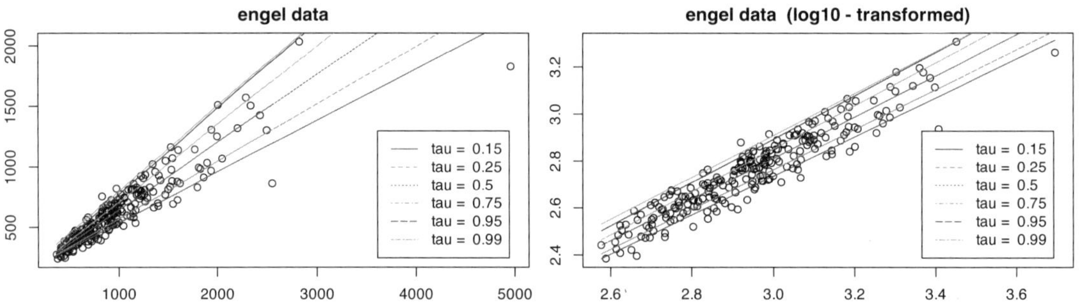

图 2.7.3 例 2.8 原始的恩格尔数据点图 (左) 及对数变换之后的点图 (右) 和各自 6 条分位数回归拟合直线

分位数函数和对例 2.8 恩格尔数据的应用

第 τ 个**条件分位数函数** (conditional quantile function) 定义为 $Q_{\boldsymbol{y}|\boldsymbol{x}}(\tau)=\boldsymbol{X}\boldsymbol{\beta}_\tau$, 这里

$$\boldsymbol{\beta}_\tau=\arg\min_{\boldsymbol{\beta}} E[\rho_\tau(y_i-\boldsymbol{x}_i^\top\boldsymbol{\beta})].$$

由于精确的期望值无法计算, 只能对分位数函数做出估计. 我们把 $\hat{Q}_{\boldsymbol{y}|\boldsymbol{x}}(\tau)=\boldsymbol{X}\hat{\boldsymbol{\beta}}_\tau$ 作为第 τ 个条件分位数函数的估计, 这里

$$\hat{\boldsymbol{\beta}}_\tau=\arg\min_{\boldsymbol{\beta}}\sum_{i=1}^n\rho_\tau(y_i-\boldsymbol{x}_i^\top\boldsymbol{\beta}).$$

下面我们分别用收入的 0.05 分位点 (贫) 的 income 值及收入的 0.95 分位点 (富) 的 income 值来预测不同分位数 (对各种 τ) 回归的拟合值. 换句话说, 用收入为 452.4 比利时法郎 (收入的 0.05 分位点) 的相对贫困的家庭以及收入为 1939.5 比利时法郎 (收入的 0.95 分

位点) 的相对富裕的家庭来估计条件分位数函数, 这就生成了图 2.7.4 中的左图, 从中可以看出估计的条件分位数函数 $Q_{\boldsymbol{y}|\boldsymbol{x}}(\tau)$ 对 τ 的点图对于两种人群 (x 只有两个值) 的差距. 而图 2.7.4 中的右图则为相应于这两个分位点收入者的对不同 τ 的拟合值 (食品支出) 的密度曲线 (即 $Q_{\boldsymbol{y}|\boldsymbol{x}}(\tau)$ 关于两个 x 值的密度曲线). 从图 2.7.4 中的右图可以看出低收入家庭食品支出集中在狭窄的低水平区域, 而高收入家庭则分布在较高、较广的区域.

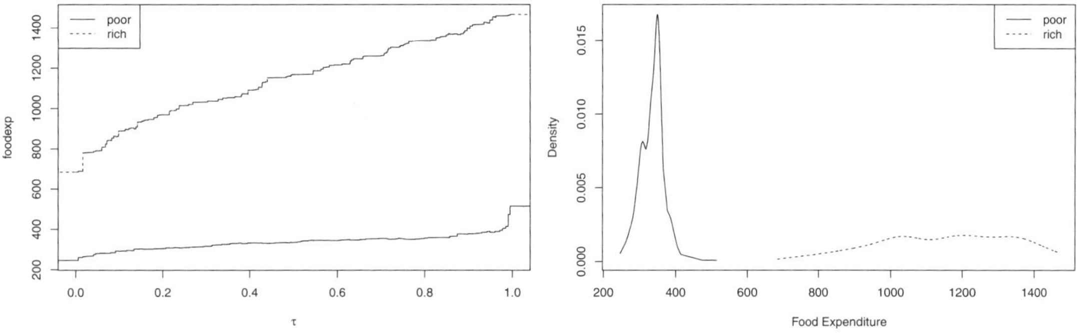

图 2.7.4 例2.8 恩格尔数据对两种人群估计的条件分位数 (左) 和用于食品支出的密度函数 (右)

生成图 2.7.4 的变量计算及画图代码如下:

```
library(quantreg);data(engel);attach(engel)
#tau=-1:取(0,1)中的密集的tau(这里有271个回归, 结果在z中):
z <- rq(foodexp~income,tau=-1,engel)

#下面取贫富两个income值(x值):
x.poor=quantile(income,.05);x.rich=quantile(income,.95)

#下面算出贫富的income对所有tau斜率和截距的拟合值(各271个):
qs.poor <- c(c(1,x.poor)%*%z$sol[4:5,])#计算拟合值
qs.rich <- c(c(1,x.rich)%*%z$sol[4:5,])
#上面z$sol[4:5,]为z中相应于不同分位数的斜率和截距

ps <- z$sol[1,]#tau值
ps.wts <- (c(0,diff(ps)) + c(diff(ps),0)) / 2
ap <- akj(qs.poor, z=qs.poor, p = ps.wts)#akj: 自适应核密度估计
ar <- akj(qs.rich, z=qs.rich, p = ps.wts)
#ap$dens与ar$dens为两个密度估计

#下面是画图程序
par(mfrow = c(1,2))
plot(c(ps,ps),c(qs.poor,qs.rich), type="n",
    xlab = expression(tau), ylab = "foodexp")
plot(stepfun(ps,c(qs.poor[1],qs.poor)),do.points=F,add=T)
plot(stepfun(ps,c(qs.rich[1],qs.rich)),do.points=F,add=T,lty=2)
legend("topleft", c("poor","rich"), lty = c(1,2))
```

```
plot(c(qs.poor,qs.rich),c(ap$dens,ar$dens),type="n",
     xlab= "Food Expenditure", ylab= "Density")
lines(qs.poor, ap$dens)
lines(qs.rich, ar$dens,lty=2)
legend("topright", c("poor","rich"), lty = c(1,2))
```

2.8 习 题

1. 为什么度量误差选择竖直距离 (因变量方向的距离), 而不是几何距离?
2. 为什么往往在凸函数中选择损失函数?
3. 损失函数一定是对称的吗? 考虑下面的问题:
   (1) 你购物时, 商家多收你 100 块钱和少收你 100 块钱的损失对哪一方来说对称呢?
   (2) 制造业偏离标准尺寸多或者少的损失一样吗? 俗语: " 长木匠, 短铁匠 ", 就说明木匠和铁匠的损失函数都不对称, 而且相反.
4. 能不能用严格的数学来 " 证明 " 说法 (2.3.1) 的合理性?
5. 图 2.3.1 和图 2.3.2 说明了什么? 我们永远不能证明任何理论是正确的, 但可以对任何理论提出反例来否定它的合理性. 请讨论.
6. 试着对例 2.1 汽车数据的因变量做指数变换 $y=\text{dist}^{0.4}$, 看看拟合的 R^2 有什么不同. 这种指数变换为原始的 Box-Cox 变换 (Box and Cox, 1964) 的特殊情况. 该变换的公式为:

$$y^{(\lambda)}=\begin{cases}\dfrac{y^{\lambda}-1}{\lambda}, & \lambda\neq 0;\\ \ln(y), & \lambda=0.\end{cases}$$

   这个公式是为了统一指数变换和对数变换而设计的. 在实际应用中, 如果确定了 λ, 可以直接用指数或对数变换, 不必套用这个公式, 回归效果是一样的. 可用下面的 R 代码估计 λ:

```
library(MASS)
b=boxcox(dist~speed, data=cars)
b$x[which(b$y==max(b$y))]
```

   注意, Box-Cox 变换不是万能的, 只有在某些情况下才起作用.
7. 证明有截距的回归模型的残差和为零: $\sum_{i=1}^n e_i=0$.
8. 证明在回归中, 因变量观测值的和等于拟合值的和: $\sum_{i=1}^n y_i=\sum_{i=1}^n \hat{y}_i$.
9. 证明在最小二乘回归中, 回归直线总是经过点 $(\bar{x},\bar{y})$.
10. 证明在最小二乘回归中, 任何自变量和残差的内积为零: $\sum_{i=1}^n x_ie_i=0$.
11. 证明在最小二乘回归中, 拟合值和残差的内积为零: $\sum_{i=1}^n \hat{y}_ie_i=0$.
12. 2.5 节例 2.6 嘌呤霉素数据的 6 种模型都有其合理性. 如果没有尝试其他模型, 而单独使用其中一种, 你是否认为就可以说明问题了?
13. 2.5 节例 2.6 嘌呤霉素数据的定性变量 state 在模型 (2.5.6) 的拟合中除了产生不同的截距之外, 还有什么其他效果?
14. 对例 1.1 试做各种指数或对数变换, 然后讨论回归结果.

15. 对例 1.1 试做加权最小二乘回归 (利用函数 `lm` 中的选项 `weights` 来尝试各种权重), 看看结果如何.
16. 利用 R 代码:

```
w=read.csv("concrete.csv")
a=lm(Compressive.strength~Cement*Blast.Furnace.Slag*Fly.Ash*
    Water*Superplasticizer*Coarse.Aggregate*Fine.Aggregate,w)
b=step(a)
summary(b)
```

试对例 1.1 构造具有所有可能交叉项的模型, 再用逐步回归、最佳子集回归或 lasso 来选择变量. 你如何评论结果?
17. 在数理统计及回归分析的教材中, 读者会见到大量的 "假定". 能否找出证明任何一个假定正确的方法? 如果这些假定不满足, 会有什么样的后果?
18. 从 2.6 节关于多重共线性的论述可以看出, 使用不同的线性模型方法会得到完全不同的系数, 因此根据系数来判断自变量对因变量的效应完全没有意义. 一个模型, 无论形式如何, 只要预测精度高就是好模型. 请参照图 2.6.6 显示的结果讨论此观点.
19. 分别举出损失函数对称和不对称的实际应用例子.
20. 对例 2.8 恩格尔数据做通常的简单最小二乘回归. 讨论你的结论和感受.

2.9 本章的 R 和 Python 代码

2.9.1 2.2 节的代码

2.2.1 节例 2.1 汽车数据的 Python 代码

由于例 2.1 汽车数据 (cars.csv) 须生成散点图, 要同时引入 numpy、pandas、matplotlib 三个基本模块. 查看改变工作目录、引入模块和读取数据及生成例 2.1 汽车数据的散点图 (见图 2.9.1) 的代码为:

```
import os
os.getcwd() #查看工作目录
os.chdir('D:/Python work') #改变工作目录

import numpy as np
import pandas as pd
import matplotlib
%matplotlib inline
import matplotlib.pyplot as plt

w = pd.read_csv("cars.csv")
from sklearn.linear_model import LinearRegression
regr = LinearRegression()
X = np.array(w.speed).reshape(-1,1)
```

```
y = w.dist
regr.fit(X,y)
plt.figure(figsize = (20,5))
plt.scatter(X,y, facecolors = 'none', edgecolors = 'k' )
plt.xlabel('speed')
plt.ylabel('dist')
plt.plot(X, regr.predict(X), color = 'k', linewidth = 1)
```

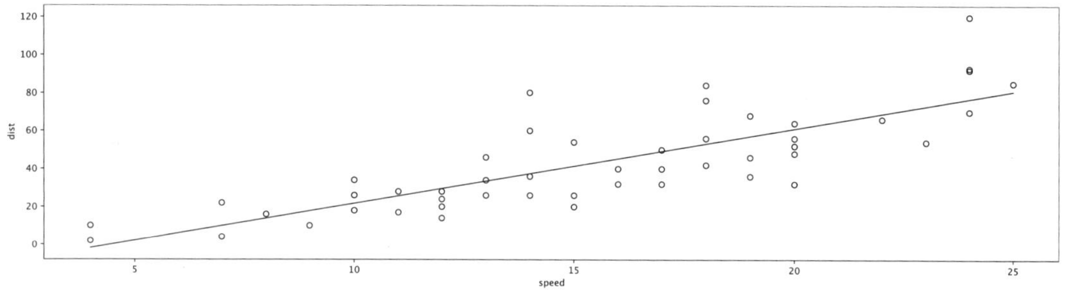

图 2.9.1　例 2.1 汽车数据的 dist 对 speed 的散点图及拟合直线

2.2.2 节例 2.2 岩芯数据的 Python 代码

考虑例 2.2 岩芯数据, 绘制其各个变量间的两两散点图的代码为:

```
import seaborn as sns
sns.pairplot(w,diag_kind="kde",aspect=4,height=2)
```

各个变量间的两两散点图如图 2.9.2 所示.

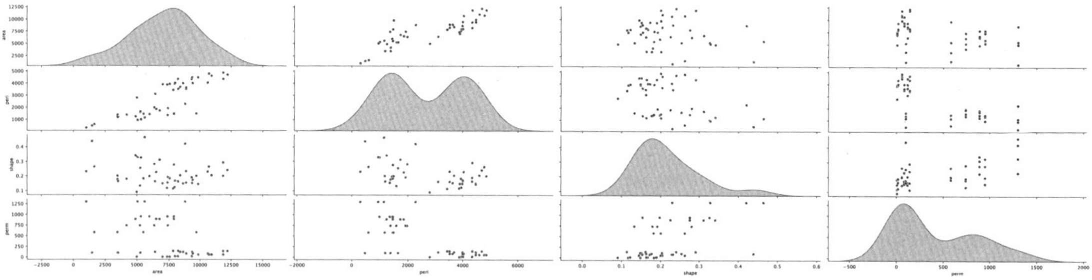

图 2.9.2　例 2.2 岩芯数据各个变量间的两两散点图

构建的线性回归模型的系数估计的代码为:

```
X = w.iloc[:,:3] #或者 X = w[['area','shape','peri']]
y = w.iloc[:,3] #或者 y = w['perm']
model = LinearRegression().fit(X,y)
print('intercept:', model.intercept_)
print('slope:', model.coef_)
```

回归系数估计的结果为:

```
intercept: [485.61797447]
slope: [[ 9.13337891e-02 -3.44024603e-01  8.99069260e+02]]
```

直接利用式 (2.2.3) 计算各个回归系数参数估计的代码为:

```
w['const'] = np.ones(len(w))
X = np.array(w[['const','area','peri','shape']])
y = np.array(w[['perm']])
beta=np.linalg.inv(X.T@X)@X.T@y # 参数估计
beta.T
```

得到各个参数估计:

```
array([[ 4.85617974e+02,  9.13337891e-02, -3.44024603e-01,
         8.99069260e+02]])
```

利用式 (2.2.4) 得到拟合值及用式 (2.2.5) 得到残差拟合值的代码为 (不显示输出):

```
H = X@np.linalg.inv(X.T@X)@X.T
(np.eye(len(w)) - H)@y
```

2.2.3 **节关于分类变量的 R 代码**

生成图 2.2.4 的代码为:

```
w=read.csv('art6.csv',stringsAsFactors=TRUE)
LM=list(
  'y~x'=lm(y~x,w),'y~x+a+b'=lm(y~x+a+b,w),
  'y~x+a:b'=lm(y~x+a:b,w),'y~x+a:b+a'=lm(y~x+a:b+a,w),
  'y~x+a:b+b'=lm(y~x+a:b+b,w),
  'y~x+a:x+a+b'=lm(y~x+a:x+a+b,w),'y~x+a+b:x'=lm(y~x+a+b:x,w),
  'y~x+a:x+b:x'=lm(y~x+a:x+b:x,w),'y~x+a:x+b:x+a'=lm(y~x+a:x+b:x+a,w),
  'y~x+a:x+b:x+a+a:b'=lm(y~x+a:x+b:x+a+a:b,w),
  'y~x+a:x+b:x+b'=lm(y~x+a:x+b:x+b,w),
  'y~x+a:x+b:x+b+a:b'=lm(y~x+a:x+b:x+b+a:b,w),
  'y~x+a:x+b:x+a+b'=lm(y~x+a:x+b:x+a+b,w),
  'y~x+a:x+b:x+a:b:x+a+b'=lm(y~x+a:x+b:x+a:b:x+a+b,w),
  'y~x+a:x+b:x+a:b:x+a:b+a+b'=lm(y~x+a:x+b:x+a:b:x+a:b+a+b,w))


X=seq(min(w$x)-.5,max(w$x)+.5,.1)
par(mfrow=c(3,5),mar=c(2,2,2,1))
for (k in 1:length(LM)) {
plot(y~x,w,main=names(LM)[k])
for (i in 1:length(levels(w$a))) {
  for (j in 1:length(levels(w$b))) {
    df=data.frame(x=X,a=levels(w$a)[i],b=levels(w$b)[j])
```

```
    lines(df$x,predict(LM[[k]],df),lty=i+j,lwd=2)}
}}
```

2.9.2 2.3 节的代码

2.3.1 节线性回归系数的 R 代码

模拟、拟合数据及生成图 2.3.1 的 R 代码如下:

```
MC=function(m=10,n=50,k=8){
  par(mfrow=c(2,k/2))
  for (k in 1:k) {
    set.seed(k+8888)
    x=matrix(rnorm(m*n),n,m)
    y=x%*%sample(c(1:m,10:10+m,200:200+m),m,replace=TRUE)+rnorm(n)
    df=data.frame(y=y,x=x)
    mc(df)
  }
}
# 实施模拟及画图
MC(10,50,12)
# 画图程序
mc=function(df=df){
  c1=lm(y~.-1,df)$coef
  c2=sapply(df[,-1],function(x) lm(df$y~x-1)$coef )
  barplot(rbind(c1,c2),beside=T,horiz = TRUE,col=c(2,4),las=1)
}
```

图 2.3.2 是用下面的 R 代码生成的:

```
w=read.csv("BostonHousing2.csv")[,-c(1:5,10)]
c1=lm(cmedv~.-1,w)$coef
c2=sapply(w[,2:13],function(x) lm(w$cmedv~x-1)$coef )
barplot(rbind(c1,c2),beside=T,horiz = TRUE,
        col=c(2,4),cex.names=1,las=1,
        legend.text = c('Multiple Regression','Univariate Regression'),
        main=paste('Coefficient Comparison of Multiple Regression',
        'and Univariate Regression Without Constant Term'))
```

2.3.1 节线性回归系数的 Python 代码

生成图 2.9.3 (类似于图 2.3.2) 的 Python 代码为:

```
w=pd.read_csv("BostonHousing2.csv")#[,-c(1:5,10)]
y,X=w['cmedv'],w.drop(w.columns[[0,1,2,3,4,5,9]],axis=1)
b=[sum(X[i]*y)/sum(X[i]**2) for i in X.columns]
```

```
B=np.linalg.inv(X.T@X)@X.T@y
bb=pd.DataFrame(np.stack((B,b),axis=1),columns=['Mult-b','Single-b'],
    index=X.columns)
bb.plot(kind='barh',figsize=(20,5))
```

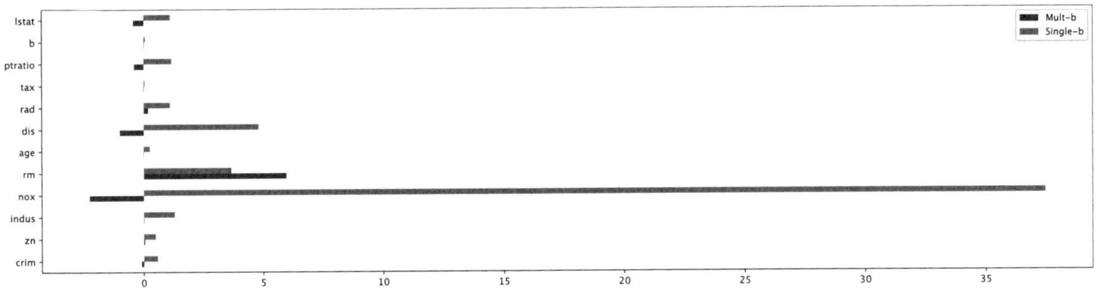

图 2.9.3 例 2.4 数据的线性回归系数在多自变量及单自变量回归时的对比

2.9.3 2.4 节的代码

2.4.4 节例 2.5 植物生长数据的 Python 代码

例 2.5 植物生长数据中自变量有定性变量, 导入数据后若直接用公式或模块 sklearn 做回归, 需要对定性变量进行哑元化处理, 其中用字符表示的定性变量哑元化较为容易, 若是用哑元表示定性变量, 首先要定义为分类变量, 再进行哑元化. 对于我们的数据, 哑元化代码为:

```
w = pd.read_csv('PlantGrowth.csv')
#字符串分类变量哑元转换, 且保持变量个数, 去掉代表第一个水平的哑元列
w1 = pd.get_dummies(w,drop_first = True)
w1['const'] = np.ones(w1.shape[0])#增加全是1的截距项(对于用公式算是必要的)
print(w1.head())
```

部分结果如下:

```
   weight  group_trt1  group_trt2  const
0    4.17           0           0    1.0
1    5.58           0           0    1.0
2    5.18           0           0    1.0
3    6.11           0           0    1.0
4    4.50           0           0    1.0
```

Python 统计建模需要引入模块, 这里使用模块 statsmodels.formula.api 中的 ols 函数, 这样可以不像用公式那样使用数据 w1, 而是如 R 的函数 lm 那样, 可以不需要转换成哑元, 直接用数据 w 做回归分析和方差分析.

```
from statsmodels.formula.api import ols
from statsmodels.stats.anova import anova_lm
model = ols('weight ~ group',w).fit()
print(model.summary())
anovat = anova_lm(model)
print(anovat)
```

得到方差分析表:

```
              df      sum_sq    mean_sq         F    PR(>F)
group        2.0     3.76634   1.883170  4.846088  0.01591
Residual    27.0    10.49209   0.388596       NaN      NaN
```

回归分析结果为:

```
                    coef    std err          t      P>|t|     [0.025    0.975]
-----------------------------------------------------------------------------------
Intercept         5.0320      0.197     25.527      0.000      4.628     5.436
group[T.trt1]    -0.3710      0.279     -1.331      0.194     -0.943     0.201
group[T.trt2]     0.4940      0.279      1.772      0.088     -0.078     1.066
```

2.4.5 节例 2.1 汽车数据的 Python 代码

针对例 2.1 汽车数据回归的残差做正态性检验, 引入模块及做检验的代码为:

```
from sklearn.linear_model import LinearRegression
from scipy import stats
w = pd.read_csv("cars.csv")
regr = LinearRegression()
X = w[["speed"]]
y = w["dist"]
regr.fit(X,y)
res=y - regr.predict(X)
print('Shapiro test p-value =',stats.shapiro(res)[1])
```

输出的 Shapiro 检验的 p 值为 0.0215. 对例 2.1 汽车数据拟合残差的正态 Q-Q 图 (见图 2.9.4 (左)) 和残差对拟合值图 (见图 2.9.4 (右)). 这里生成 Q-Q 图的代码是按照定义编写的.

```
rr=np.sort(res)
np.random.seed(1010);nm=np.sort(np.random.normal(size=len(res)))
from matplotlib import pyplot as plt
plt.figure(figsize=(20,6))
ax=plt.subplot(121)
ax.scatter(nm,rr)
ax.set_ylabel('Residual Quantile')
ax.set_xlabel('Normal Quantile')
```

```
ax2=plt.subplot(122)
ax2.scatter(regr.predict(X),res, color = 'b')
ax2.set_xlabel('Fitted value')
ax2.set_ylabel('Residual')
ax2.plot(regr.predict(X),np.zeros(len(X)),'r-')
```

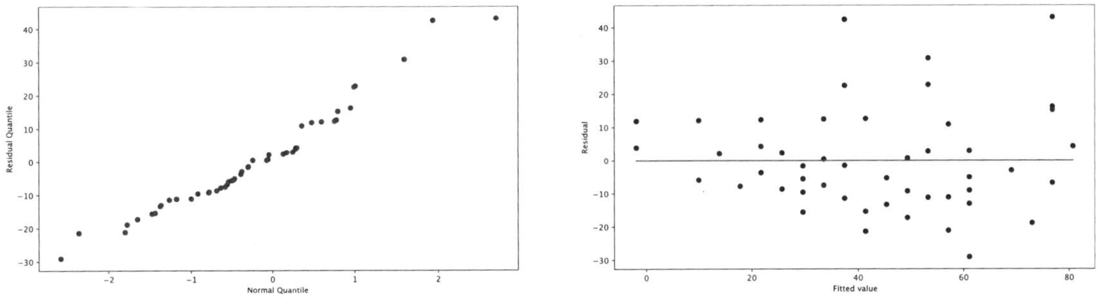

图 2.9.4 对例 2.1 汽车数据拟合残差的正态 Q-Q 图 (左) 和残差对拟合值图 (右)

2.9.4 2.5 节的 Python 代码

例 2.6 嘌呤霉素数据的 Python 代码

例 2.6 嘌呤霉素数据 rate 对 conc 的点图见图 2.9.5.

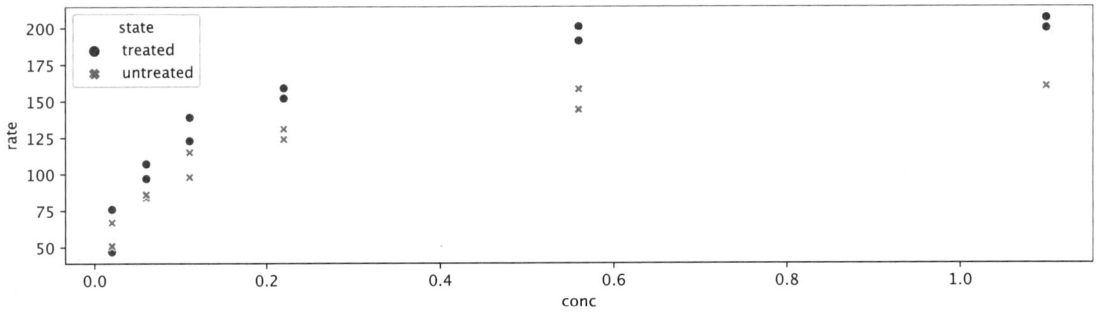

图 2.9.5 例2.6 嘌呤霉素数据 rate 对 conc 的点图

生成图 2.9.5 的代码为:

```
w = pd.read_csv("Puromycin.csv")
plt.figure(figsize=(12,3))
sns.scatterplot(data=w, x="conc", y="rate", hue="state",style="state")
```

6 种竞争的线性模型的 Python 代码

(1) 方程 $y = \beta_0 + \beta_1 x + \varepsilon$ (即模型 1) 的回归分析的代码为:

```
from statsmodels.formula.api import ols
model = ols(formula = 'rate ~ conc', data = w).fit()
print(model.summary())
```

```
print('Shapiro normality test p-value =',stats.shapiro(model.resid)[1])
```

得到的部分回归分析结果如下:

```
                 coef    std err       t      P>|t|     [0.025     0.975]
--------------------------------------------------------------------------
Intercept      93.9236    8.000      11.740   0.000      77.286   110.561
conc          105.3980    16.919     6.230    0.000      70.213   140.583
========================================
Shapiro normality test p-value = 0.5219758749008179
```

输出的 F 检验的 p 值为 3.53e-06, R^2 为0.649 (这里输出结果未显示), 对残差的 Shapiro 正态性检验的 p 值为 0.522.

(2) 方程 $y = \beta_0 + \beta_1 x + \alpha_i + \varepsilon$ ($i = 1, 2$, state 的两个水平) (即模型 2) 的回归分析和方差分析的代码为:

```
from statsmodels.stats.anova import anova_lm
model = ols('rate ~ conc + state',w).fit()
print(model.summary())
anovat = anova_lm(model,typ = 2)
print(anovat)
```

得到的部分回归分析结果如下:

```
                          coef     std err    t        P>|t|    [0.025    0.975]
--------------------------------------------------------------------------
Intercept               106.3380   9.413    11.296    0.000    86.702    125.974
state[T.untreated]      -23.8441   11.177   -2.133    0.045    -47.160   -0.529
conc                    102.1603   15.721   6.498     0.000    69.366    134.954
```

输出的 F 检验的 p 值为 3.67e-06, R^2 为0.714 (这里输出结果未显示). 得到的方差分析结果为:

```
                sum_sq    df          F     PR(>F)
state      3232.534681   1.0   4.550810   0.045479
conc      29994.685314   1.0  42.226965   0.000002
Residual  14206.413171  20.0        NaN        NaN
```

通过 F 检验得到的 state 的 p 值为 0.045479.

(3) 方程 $y = \beta_0 + (\beta_1 + \gamma_i)x + \alpha_i + \varepsilon$ ($i = 1, 2$, state 的两个水平) (即模型 3) 的回归分析和方差分析的代码为:

```
model = ols('rate ~ conc *state',w).fit()
anovat = anova_lm(model,typ = 2)
print(model.summary())
```

```
print(anovat)
```

得到的部分回归分析结果如下:

```
                              coef    std err          t      P>|t|
---------------------------------------------------------------------
Intercept                 103.4881     10.526      9.832      0.000
state[T.untreated]        -17.4505     15.065     -1.158      0.261
conc                      110.4211     20.460      5.397      0.000
conc:state[T.untreated]   -21.0834     32.686     -0.645      0.527
```

输出的 F 检验的 p 值为 `1.74e-05`, R^2 为`0.720` (这里输出结果未显示). 得到的方差分析表如下:

```
                 sum_sq    df          F    PR(>F)
state       3232.534681   1.0   4.417940  0.049130
conc       29994.685314   1.0  40.994060  0.000004
conc:state   304.423120   1.0   0.416058  0.526623
Residual   13901.990050  19.0        NaN       NaN
```

可知通过 F 检验得到的 state 的 p 值为 `0.049130`, 而交互效应的 p 值为 `0.526623`.

(4) 方程 $y = \beta_0 + \beta_1 \log(x) + \varepsilon$ (即模型 4) 的回归分析的代码为:

```
model = ols('rate ~ np.log(conc)',w).fit()
print(model.summary())
```

得到的部分回归分析结果如下:

```
                  coef    std err          t      P>|t|      [0.025    0.975]
--------------------------------------------------------------------------------
Intercept     190.0854      6.332     30.022      0.000     176.918   203.253
np.log(conc)   33.2027      2.739     12.122      0.000      27.507    38.899
```

输出的 F 检验的 p 值为 `6.04e-11`, R^2 为`0.875` (这里输出结果未显示). 同时变量 log(conc) 的 t 检验的 p 值为 0.000.

(5) 方程 $y = \beta_0 + \beta_1 \log(x) + \alpha_i + \varepsilon$ ($i = 1, 2$, state 的两个水平) (即模型 5) 的回归分析和方差分析的代码为:

```
model = ols('rate ~ np.log(conc) + state',w).fit()
anovat = anova_lm(model,typ = 2)
print(model.summary())
print(anovat)
```

得到的部分回归分析结果如下:

```
                          coef    std err          t      P>|t|
---------------------------------------------------------------
Intercept             200.9108      4.661     43.108      0.000
state[T.untreated]    -25.1805      4.758     -5.292      0.000
np.log(conc)           32.5637      1.816     17.936      0.000
```

输出的 F 检验的 p 值为 `1.47e-13`, R^2 为`0.948` (这里输出结果未显示). 得到的方差分析表如下:

```
                    sum_sq    df           F        PR(>F)
state          3622.845289   1.0   28.006099  3.525104e-05
np.log(conc)  41613.915371   1.0  321.692849  8.547072e-14
Residual       2587.183114  20.0         NaN           NaN
```

可知通过 F 检验得到的 state 的 p 值为 `3.525104e-05`.

(6) 方程 $y = \beta_0 + (\beta_1 + \gamma_i)\log(x) + \alpha_i + \varepsilon$ ($i = 1, 2$, state 的两个水平) (即模型 6) 的回归分析和方差分析的代码为:

```
model = ols('rate ~ np.log(conc) * state',w).fit()
anovat = anova_lm(model,typ = 2)
print(model.summary())
print(anovat)
```

得到的部分回归分析结果如下:

```
                                     coef    std err          t      P>|t|
--------------------------------------------------------------------------
Intercept                        209.1945      4.453     46.974      0.000
state[T.untreated]               -44.6061      6.811     -6.549      0.000
np.log(conc)                      37.1104      1.968     18.858      0.000
np.log(conc):state[T.untreated]  -10.1284      2.937     -3.448      0.003
```

输出的 F 检验的 p 值为 `2.27e-14`, R^2 为`0.968` (这里输出结果未显示). 得到的方差分析表如下:

```
                          sum_sq    df           F        PR(>F)
state                3622.845289   1.0   43.257979  2.694833e-06
np.log(conc)        41613.915371   1.0  496.884003  4.396702e-15
np.log(conc):state    995.937697   1.0   11.891828  2.692345e-03
Residual             1591.245417  19.0         NaN           NaN
```

可知通过 F 检验得到的 state 的 p 值为 `2.6948e-06`, 而交互效应的 p 值为 `2.6923e-03`.

对例 2.6 嘌呤霉素数据的 6 个模型做预测精度的交叉验证的 R 代码

下面是对例 2.6 嘌呤霉素数据做 1000 次 5 折交叉验证, 得到表 2.5.2 及图 2.5.2 的代码. 交叉验证中 5 个数据子集的选择需要在定性变量 state 的两个水平中平衡, 为此, 我们使用

1.6.2 节的函数 Fold 来划分数据集. 下面的语句为建立 6 个模型的回归公式:

```
w=Puromycin; DY=2; FML=list();J=1
FML[[J]]=as.formula(paste(names(w)[DY],"~",names(w)[1]))
J=J+1; FML[[J]]=as.formula(paste(names(w)[DY],"~."))
J=J+1;FML[[J]]=as.formula(paste(names(w)[DY],"~",names(w)[1],
  "*",names(w)[3]))
J=J+1;
FML[[J]]=as.formula(paste(names(w)[DY],"~log(",names(w)[1],")"))
J=J+1;FML[[J]]=as.formula(paste(names(w)[DY],
  "~log(",names(w)[1],")+",names(w)[3]))
J=J+1; FML[[J]]=as.formula(paste(names(w)[DY],
  "~log(",names(w)[1],")*",names(w)[3]))
```

下面就是具体的 1000 次 5 折交叉验证及生成图 2.5.2 的代码, 每次的随机种子完全随机产生 (不重复). 这里使用了 1.6.1 节的函数 Gbarplot.

```
library(tidyverse)
JJ=6;DY=2;Z=5;WW=NULL;N=1000;n=nrow(w)
set.seed(1010);Seed=sample(1:100000,N)
pred=rep(-99,n)
E=c(-99,JJ)
M=sum((w[,DY]-mean(w[,DY]))^2)
for(k in 1:N){
  mm=Fold(w,Z=5,D=3,Seed[k])
  for(J in 1:JJ){
    for(i in 1:Z){
      m=mm[[i]]
      pred[m]=lm(FML[[J]],data=w[-m,])%>%predict(w[m,])
    }
    E[J]=sum((w[,DY]-pred)^2)/M
  }
 WW=rbind(WW,E)
}
(ZZ=apply(WW,2,mean))#最后输出的6个平均NMSE
nmse=data.frame(Model=paste0('model',1:6),NMSE=ZZ)
Gbarplot(nmse)
```

对例 2.6 嘌呤霉素数据的 6 个模型做预测精度的交叉验证的 Python 代码

首先引入模块和读取数据. 由于我们使用的 statsmodels.formula.api 中的回归函数 ols 和 R 的 lm 类似, 不需要进行哑元化处理.

```
import numpy as np
import pandas as pd
from statsmodels.formula.api import ols
```

```
w = pd.read_csv("Puromycin.csv")
```

我们将使用 1.6.2 节的 5 折交叉验证数据集划分函数 `Fold` (该函数可以同时将自变量中的定性变量 state 的各水平也同比例地划分为 5 份). 下面的函数 `LMCV` 是用来做 1000 次 5 折交叉验证的, 这意味着在每个模型的每次 5 折交叉验证中, 随机种子完全随机产生 (不重复), 但对于 6 个模型的 5 个子集是完全一样的, 以确保比较是在相同测试集及训练集的数据基础上进行的. `LMCV` 函数的变元中, `reg` 代表模型, `w` 为数据, `DY` 为因变量的位置 (下标), `D` 为可能需要分折的定性变量, `Z` 是折数, `N` 为 Z 折交叉验证要重复的次数, `seed` 为随机种子.

```
def LMCV(reg, w, DY=1, D=2,Z = 5, N = 1000,seed=1010):
    u = pd.get_dummies(w.iloc[:,D])@np.arange(2); n = len(u)
    np.random.seed(seed); Seed = np.random.choice(range(100000),N)
    y = w.iloc[:,DY]
    nmse = [];
    for k in range(N):
        mm = Fold(u, Z = 5, seed = Seed[k])
        Y_pred = np.zeros(n);
        for j in range(Z):
            model = ols(reg, w[mm!=j]).fit()
            Y_pred[mm==j] = model.predict(w[mm==j])
        M = np.sum(( y - np.mean(y))**2)
        nmse.append(np.sum((y - Y_pred)**2)/M)
    NMSE=np.mean(nmse)
    return NMSE
```

例 2.6 嘌呤霉素数据中, 对 6 个模型 1000 次 5 折交叉验证计算平均标准化均方误差 (NMSE) 进而生成直观的图形 (见图 2.9.6).

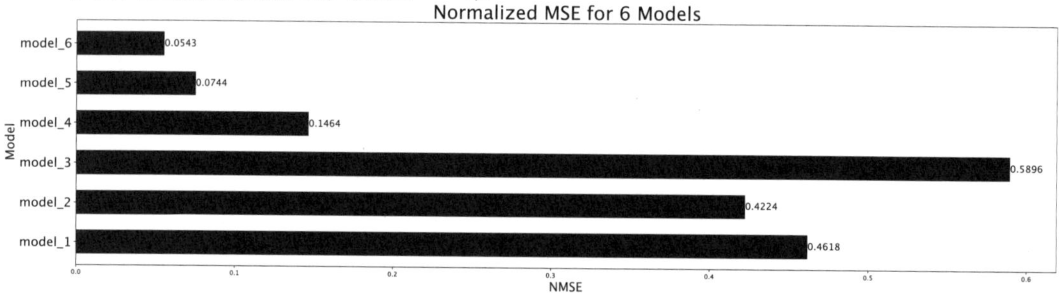

图 2.9.6 例 2.6 嘌呤霉素数据的 6 个模型的 1000 次 5 折交叉验证的平均 NMSE

```
names = ['model_'+str(x) for x in range(1,7)]
FML = ['rate ~ '+x for x in ['conc' ,'conc + state','conc *state',
                             'np.log(conc)', 'np.log(conc) + state',
                             'np.log(conc) * state']]
REG=dict(zip(names,FML))
```

```
from datetime import datetime
A = dict()
for reg in REG:
    print(reg,datetime.now())
    A[reg]=LMCV(REG[reg],w,DY=1,D=2,N=1000,seed=1010)
print(A)
```

输出的 5 种模型的标准化均方误差为:

```
{'model_1': 0.46175434830962575,
 'model_2': 0.42238976416036345,
 'model_3': 0.589578319220172,
 'model_4': 0.14639783204126644,
 'model_5': 0.07440202620037503,
 'model_6': 0.05429826762737211}
```

生成图 2.9.6 的代码为:

```
import matplotlib.pyplot as plt
plt.figure(figsize = (28,7))
plt.barh(range(len(A)), A.values(), color = 'navy', height = 0.6)
plt.xlabel('NMSE',size=20)
plt.ylabel('Model',size=20)
plt.title('Normalized MSE for 6 Models',size=30)
plt.yticks(np.arange(len(A)),A.keys(),size=20)
for v,u in enumerate(A.values()):
    plt.text(u, v, str(round(u,4)), va = 'center',size=15)
plt.show()
```

可以发现, Python 和 R 交叉验证结果的 NMSE 的大小顺序保持高度一致. `model_6` 的 NMSE 最小, 而 `model_3` 的 NMSE 最大. 上面的画图代码和 1.6.1 的 `BarPlot` 函数是基本一致的.

看上去做 1000 次交叉验证似乎太多, 没有必要, 但之所以做 1000 次是因为样本量太少, 交叉验证的结果不那么稳定. 当然, 这可能有些强迫症. 我们也可以做 6 个回归模型的 50 次 5 折交叉验证 (利用前面 1.6.2 节定义的 `Fold` 函数和 2.9.4 节定义的 `LMCV` 函数). 之后使用前面 1.6.1 节定义的画图函数 `BarPlot`, 得到图 2.9.7. 有关代码为:

```
from datetime import datetime
A = dict()
for reg in REG:
    print(reg,datetime.now())
    A[reg]=LMCV(REG[reg],w,DY=1,D=2,N=50,seed=1010)
print(A)
```

```
BarPlot(A,'NMSE','Model','Normalized MSE for 6 Models')
```

打印输出为:

```
{'model_1': 0.4547612141616186,
 'model_2': 0.4222141510531317,
 'model_3': 0.5721677249935762,
 'model_4': 0.14600712290121,
 'model_5': 0.07537769536667209,
 'model_6': 0.055811552761862566}
```

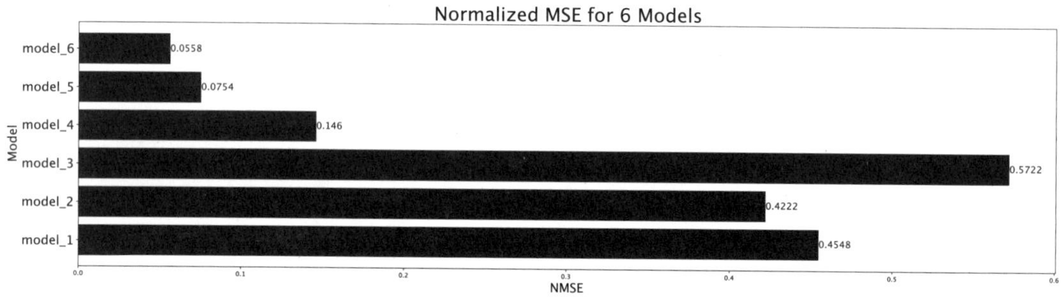

图 2.9.7　例 2.6 嘌呤霉素数据的 6 个模型的 50 次 5 折交叉验证的平均 NMSE

从图 2.9.7可以看出, 50 次交叉验证的结果和 1000 次很接近, 看来不需要做那么多次. 如果变换随机种子只做一次或重复少数几次, 结果变动较大, 但这些模型的精确度的次序不会有什么区别.

2.9.5 2.6 节的代码

2.6.6 节例 2.7 击球手数据多模型 10 折交叉验证的 R 代码

2.6.6 节使用的 10 折交叉验证 (包括画图 2.6.6) 的 R 代码为:

```
library(lars);library(ridge);library(msgps)
library(tidyverse);library(randomForest);library(leaps)

w=read.csv("Hitters.csv",stringsAsFactors = TRUE)
w=w %>% na.omit()
n=nrow(w);Z=10;D=19;JJ=7 #折数, 因变量位置及6种方法
y=as.matrix(w[,D]);x=model.matrix(~.,w[,-D])
set.seed(1010);I=sample(rep(1:Z,ceiling(n/Z))[1:n])

pred=matrix(999,n,JJ)
M=sum((w[,D]-mean(w[,D]))^2)
for(i in 1:Z){
  m=(I==i)
```

```
  pred[m,1]=lm(Salary ~ ., data = w[!m,]) %>% predict(w[m,])
  pred[m,2]=step(lm(Salary ~ .,data=w[!m,]), trace=0) %>% predict(w[m,])
  pred[m,3]=linearRidge(Salary ~ ., data=w[!m,],lambda= 0.1366) %>%
           predict(w[m,])
  pred[m,4]=lars(x[!m,],y[!m]) %>%
      predict(.,x[m,],s=0.515,mode="fraction") %>%  .$fit
  pred[m,5]=msgps(x[!m,],y[!m],penalty="alasso",gamma=1,lambda=0) %>%
     predict(.,x[m,]) %>% .[,1]
  pred[m,6]=randomForest(Salary ~ .,data=w[!m,]) %>% predict(w[m,])
  pred[m,7]= regsubsets(Salary~., data = w[!m,],nvmax = 12) %>%
   predict.regsubsets(newdata = w[m,], id = 8)
}

nmse=apply((sweep(pred,1,w[,D],'-'))^2,2,sum)/M
NMSE=data.frame(Method=c('LM','step','ridge','lasso','alasso',
                       'random forest','best subset'),
             NMSE=nmse)
Gbarplot(NMSE)
# 上面需要的函数:
predict.regsubsets <- function(object, newdata, id, ...) {
  form <- as.formula(object[["call"]][[2]])
  mat <- model.matrix(form, newdata)
  coefi <- coef(object, id = id)
  xvars <- names(coefi)
  # Matrix
  pred_mat <- mat[, xvars] %*% coefi
  # Vector
  pred <- as.numeric(pred_mat)
  names(pred) <- rownames(mat)
  pred
}
```

2.6.6 节例 2.7 击球手数据多模型 10 折交叉验证的 Python 代码

下面是 2.6.6 节使用的 10 折交叉验证 (包括绘制图) 的 Python 代码. 这里没有运行逐步线性回归和最佳子集回归. 读入例 2.7 击球手数据, 调用 1.6.1 节引入的函数 `Rfold`、`RegCV` 和 `BarPlot`, 得到各个模型的 NMSE 和直观图形 (见图 2.9.8). 各种经典方法预测精度类似, 但都远不如机器学习方法随机森林.

```
w = pd.read_csv("Hitters.csv").dropna()
y=w['Salary']
X=pd.get_dummies(w.drop(['Salary'],axis=1),drop_first=True)
from sklearn.linear_model import LinearRegression, Lasso, Ridge
from sklearn.ensemble import RandomForestRegressor
```

```
names = ['LinearRegression', 'Lasso', 'Ridge',
        'randomForest']
regressors = [LinearRegression(), Lasso(), Ridge(alpha=0.01),
            RandomForestRegressor()]
REG = dict(zip(names, regressors))

R,A = RegCV (X, y, REG)
BarPlot(A,'NMSE','Model','Normalized MSE for 4 Models')
```

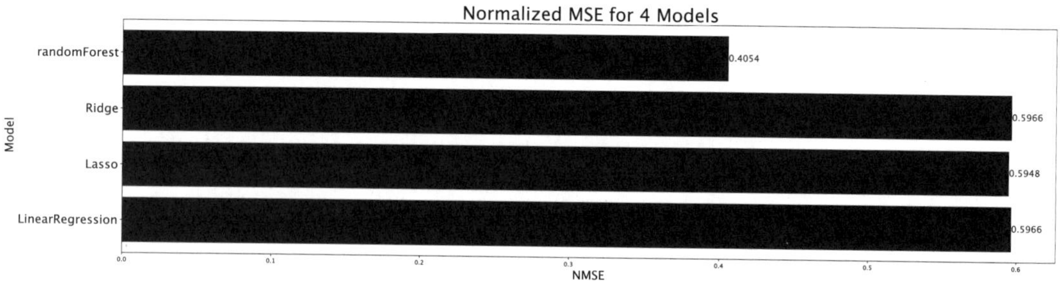

图 2.9.8　例 2.7 击球手数据的 10 折交叉验证的 NMSE

2.9.6 2.7 节的代码

2.7.2 节例 2.8 恩格尔数据的 Python 代码

考虑例 2.8 恩格尔数据. Python 中自带 engel 数据, 但需要调用, 读取该数据并试着做基础的分位数回归的代码为:

```
import statsmodels.api as sm
import statsmodels.formula.api as smf

w = sm.datasets.engel.load_pandas().data

mod = smf.quantreg('foodexp ~ income', w)
res = mod.fit(q=.5)
print(res.summary())
```

得到的输出中最后有关于可能的共线性或其他问题的警告.

```
                    QuantReg Regression Results
========================================
Dep. Variable:              foodexp   Pseudo R-squared:         0.6206
Model:                     QuantReg   Bandwidth:                 64.51
Method:               Least Squares   Sparsity:                  209.3
Date:              Wed, 18 Dec 2019   No. Observations:            235
Time:                      15:47:26   Df Residuals:                233
```

```
                                    Df Model:                                  1
========================================
                  coef    std err          t      P>|t|      [0.025    0.975]
---------------------------------------------------------------------------
Intercept      81.4823     14.634      5.568      0.000      52.649   110.315
income          0.5602      0.013     42.516      0.000       0.534     0.586
========================================

The condition number is large, 2.38e+03. This might indicate that there are
strong multicollinearity or other numerical problems.
```

然后计算对数变换前后的预测值, 再画出相应的两张图 (见图 2.9.9).

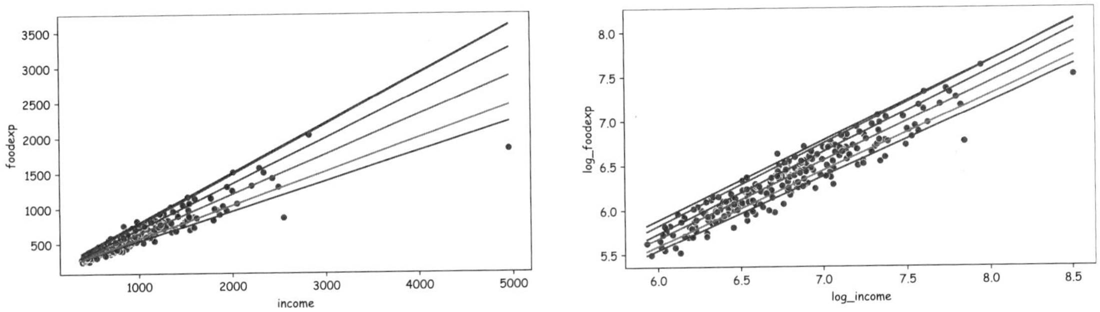

图 2.9.9 例 2.8 原始恩格尔数据 (左) 及对数变换后的数据 (右) 各自 6 条分位数回归拟合直线

```
w['log_income']=np.log(w.income)
w['log_foodexp']=np.log(w.foodexp)
quantiles = (0.15, 0.25, 0.50, 0.75, 0.95, 0.99)
pred0=[]; pred1=[]
for j in range(len(quantiles)):
    mod0 = smf.quantreg('foodexp ~ income', w)
    pred0.append(mod0.fit(q = quantiles[j]).predict())
    mod1 = smf.quantreg('log_foodexp ~ log_income', w)
    pred1.append(mod1.fit(q = quantiles[j]).predict())

fig, ax = plt.subplots(1,2,figsize=(16, 4))
sns.scatterplot(x=w.income, y=w.foodexp,  ax=ax[0])
for j in range(len(pred0)):
    sns.lineplot(x=w.income, y=pred0[j], ax=ax[0])
sns.scatterplot(x=w['log_income'], y=w['log_foodexp'],  ax=ax[1])
for j in range(len(pred0)):
    sns.lineplot(x=w['log_income'], y=pred1[j], ax=ax[1])
```

第 3 章　广义线性模型

本章主要介绍广义线性模型的各种概念, 并通过实际例子着重介绍属于广义线性模型的 logistic 回归的分类和 Poisson 对数线性模型.

3.1　模　型

顾名思义, **广义线性模型** (generalized linear model, GLM) 是线性模型的推广, 它在诞生时 (Nelder and Wedderburn, 1972) 就带有不容置疑的线性模型的基因. 它在数学上既严谨又方便灵活, 但严重地依赖于对数据的各种假定, 难免会脱离数据的实际规律. 为了弥补假定的不足, 人们发展了许多后续补救办法, 但都基于增加或改变各种假定, 并没有从根本上改变其整体上模型驱动的本质. 下面先介绍广义线性模型的基本概念, 然后通过例子介绍 logistic 回归 (附带提及 probit 回归) 及 Poisson 对数线性模型. 关于广义线性模型的基本内容, 参见 McCullagh and Nelder (1989).

记自变量的线性表示为 $\eta = \beta_1 x_1 + \cdots + \beta_p x_p = \boldsymbol{x}^\top \boldsymbol{\beta}$, 这里 x_j 假定为固定的 (并非随机的) 数, x_1 可以代表常数项的 1.

首先回顾线性模型

$$Y = \boldsymbol{x}^\top \boldsymbol{\beta} + \varepsilon, \tag{3.1.1}$$

式中, ε 假定是由独立同正态分布 ($N(0, \sigma^2)$) 元素组成的零均值向量, 即 $\boldsymbol{\varepsilon} \sim N(\boldsymbol{0}, \Sigma)$, $\Sigma = \sigma^2 \boldsymbol{I}$. 因此有

$$Y \sim N(\boldsymbol{x}^\top \boldsymbol{\beta}, \Sigma).$$

于是可以通过最大似然法得到参数 $\boldsymbol{\beta}$ 及 Σ 的估计, 而且这个估计在 Y 的正态假定下等价于最小二乘估计. 对 Y 取期望, 得到

$$\mu = E(Y) = \boldsymbol{x}^\top \boldsymbol{\beta} = \eta, \text{ 或者 } \mu = \eta. \tag{3.1.2}$$

注意方程 (3.1.2) 的左边是一个参数, 而不是变量, 而方程右边是一个数学表达式, 没有诸如 ε 那样的随机变量, 不要把它和模型表达式 (3.1.1) 混淆.

模型 (3.1.2) 对正态分布的 Y 适用, 但如果 Y 有其他限制, 比如 Y 为频数或者二元响应变量, 若方差依赖于均值, 则模型 (3.1.2) 就可能不合适了. 为了适应更加广泛的不同分布的变量, 需要推广模型 (3.1.2) (注意, 不是推广表达式 (3.1.1)). 广义线性模型把 μ 和 η 用一个函数 $g()$ 连接起来, 即

$$g(\mu) = \boldsymbol{x}^\top \boldsymbol{\beta} = \eta, \text{ 或者 } g(\mu) = \eta. \tag{3.1.3}$$

这就是广义线性模型, 式中, 作用在均值 μ 上的变换函数 $g(\cdot)$ 称为**连接函数** (link function), 而其逆函数 $m(\cdot)$ 称为均值函数. 广义线性模型要求 Y 服从包括正态分布的指数分布族中

的已知分布, 因此, 类似于正态情况, 完全可以通过最大似然法得到参数 $\boldsymbol{\beta}$ 及相关分布参数的估计. 当然, 对于一般的广义线性模型, 最大似然估计必须通过计算机的迭代算法得到, 不像正态情况时有封闭的数学表达式.

现在, 除了均值 $E(Y)=\mu$ 及 $g(\mu)=\eta$ 之外, 这里还把方差看作均值 μ 的函数:

$$\text{Var}(Y)=\phi V(\mu),$$

式中, ϕ 称为**散布参数** (dispersion parameter). 对于不同的观测值 Y_i, 散布参数 ϕ 可能变化, 因此常常记为 ϕ_i、$a_i(\phi)$、ϕ/p_i, 等等.

总之, 广义线性模型有三个组成部分: (1) 随机部分, 即变量所属的指数分布族 (见3.2节) 成员, 诸如正态分布、二项分布、Poisson 分布, 等等; (2) 线性部分, 即 $\eta=\boldsymbol{x}^\top\boldsymbol{\beta}$; (3) 连接函数 $g(\mu)=\eta$.

3.2 指数分布族及典则连接函数

如果因变量 $Y=(Y_1,Y_2,\ldots,Y_n)^\top$ 来自指数族分布, 那么其观测值 $(y_1,y_2,\ldots,y_n)$ 的密度函数总是可以写成下面的形式:

$$f(y_i;\boldsymbol{\theta},\phi)=\exp\left\{\frac{b(\theta_i)T(y_i)-\kappa(\theta_i)}{a_i(\phi)}+c(y_i,\phi)\right\}, \tag{3.2.1}$$

式中, θ_i 和 ϕ 是参数; 函数 $T(y_i),b(\theta_i),\kappa(\theta_i),a_i(\phi)$ 在因变量的具体分布确定后都是可以导出的 (已知的). 其中 $a_i(\phi)$ 往往取如下形式:

$$a_i(\phi)=\phi/p_i,$$

式中, p_i 称为先验权重, 往往取 1. 在式 (3.2.1) 中, 如果 $b(\theta)=\theta$, 则称为典则形式 (所有分布都可通过某种变换成为典则形式), 再者, 如果 $T(y_i)=y_i$, 则 θ 称为**典则参数** (canonical parameter). 这时式 (3.2.1) 成为:

$$f(y_i;\boldsymbol{\theta},\phi)=\exp\left\{\frac{\theta_i y_i-\kappa(\theta_i)}{a_i(\phi)}+c(y_i,\phi)\right\}. \tag{3.2.2}$$

这时, 均值等于分布中 $\kappa(\theta)$ 的一阶导数, 而方差又和其二阶导数有关, 这些关系列在下面:

$$\begin{aligned} E(Y_i)&=\mu_i=\kappa'(\theta_i)=g^{-1}(\eta_i)=\mu(\theta_i);\\ \text{Var}(Y_i)&=a_i(\phi)\frac{\mathrm{d}\mu(\theta_i)}{\mathrm{d}\theta_i}=a_i(\phi)\kappa''(\theta_i);\\ \theta_i&=\mu^{-1}(g^{-1}(\eta_i))=\theta_i(\eta_i). \end{aligned} \tag{3.2.3}$$

上面关于导数的关系利用了如下事实:

$$E\left[\frac{\partial\ell}{\partial\boldsymbol{\theta}}\right]=E\left[\frac{\boldsymbol{y}-\kappa'(\boldsymbol{\theta})}{\boldsymbol{a}(\phi)}\right]=0;\ E\left[\frac{\partial^2\ell}{\partial\boldsymbol{\theta}^2}\right]=-\frac{\kappa''(\boldsymbol{\theta})}{\boldsymbol{a}(\phi)}=-E\left[\frac{\partial\ell}{\partial\boldsymbol{\theta}}\right]^2,$$

式中, ℓ 代表对数似然函数

$$\ell(\boldsymbol{\theta},\phi)=\log f(\boldsymbol{y};\boldsymbol{\theta},\phi)=\frac{\boldsymbol{\theta}^\top\boldsymbol{y}-\kappa(\boldsymbol{\theta})}{a_i(\phi)}+c(y,\phi).$$

从关系 (3.2.3) 中可以看出, 方差函数 $V(\mu_i)=\kappa''(\theta_i)$.

作为特例, 下面是几个指数分布族成员的密度和式 (3.2.2) 参数之间的关系:

- **正态分布:** $Y \sim N(\mu, \sigma^2)$. 其密度函数为:
$$\frac{1}{\sqrt{2\pi}\sigma}\exp\{-\frac{(y-\mu)^2}{2\sigma^2}\} = \exp\left\{\frac{\mu y - \mu^2/2}{\sigma^2} + \left[-\frac{1}{2}\log(2\pi\sigma^2) - \frac{y^2}{2\sigma^2}\right]\right\}.$$
可导出
$$\theta_i = \mu_i,\ \kappa(\theta_i) = \theta_i^2/2,\ \phi = \sigma^2, a_i(\phi) = \phi,\ c(y_i,\ \phi) = -(1/2)\log(2\pi\phi) - y_i^2/(2\phi).$$
- **二项分布:** $Y \sim \mathrm{Bin}(n, p)$. 其密度函数为:
$$\binom{n}{y}p^y(1-p)^{n-y} = \exp\left\{y\log\frac{p}{1-p} + n\log(1-p) + \log\binom{n}{y}\right\}.$$
可导出
$$\theta_i = \log[p_i/(1-p_i)],\ \kappa(\theta_i) = n\log(1+\mathrm{e}^{\theta_i}),\ \phi = 1,\ a_i(\phi) = 1,\ c(y_i, \phi) = \log\binom{n}{y}.$$
- **Poisson 分布:** $Y \sim P(\lambda)$. 其密度函数为:
$$\mathrm{e}^{-\lambda}\frac{\lambda^y}{y!} = \exp\{y\log(\lambda) - \lambda - \log(y!)\}.$$
可导出
$$\theta_i = \log(\lambda_i),\ \kappa(\theta_i) = \mathrm{e}^{\theta_i},\ \phi = 1,\ a_i(\phi) = 1,\ c(y_i, \phi) = -\log(y_i!).$$
- **Gamma 分布:** $Y \sim \Gamma(\alpha, \beta)$. 其密度函数为:
$$\frac{y^{\alpha-1}}{\Gamma(\alpha)\beta^\alpha}\mathrm{e}^{-\beta y} = \exp\{\alpha\log(y) - \alpha\log(\beta) - \log(\Gamma(\alpha)) - \log(y) - \beta^{-1}y\}.$$
当 α 已知时, 可导出
$$\theta_i = -\beta_i^{-1},\ \kappa(\theta_i) = \alpha\log(\beta_i),\ \phi = 1,\ a_i(\phi) = 1,\ c(y_i, \phi) = (\alpha-1)\log(y_i) - \log(\Gamma(\alpha)).$$
- **负二项分布:** $Y \sim \mathrm{NB}(k, p)$. 其密度函数为 (对于 $y = k, k+1, \ldots$):
$$\binom{y-1}{k-1}p^k(1-p)^{y-k} = \exp\left\{y\log(1-p) + k\log\frac{p}{1-p} + \log\binom{y-1}{k-1}\right\}.$$
可导出
$$\theta_i = \log(1-p_i),\ \kappa(\theta_i) = -k\log\left(\frac{1-\mathrm{e}^{\theta_i}}{\mathrm{e}^{\theta_i}}\right),\ \phi = 1,\ a_i(\phi) = 1,\ c(y_i, \phi) = \log\binom{y-1}{k-1}.$$

由于 R 中的广义线性模型函数 `glm` 对指数族中某些分布的默认连接函数是其**典则连接函数** (canonical link function), 表 3.2.1 列出了 R 函数 `glm` 所用的某些指数分布族成员的典则连接函数.

表 3.2.1 R 函数中的某些指数分布族成员的典则连接函数

分布	连接函数在 R 中的名字	连接函数 $g(\mu)$	均值函数 $m(\eta)$
正态 (高斯)	`identity`	$\boldsymbol{x}^\top\boldsymbol{\beta} = \mu$	$\mu = \boldsymbol{x}^\top\boldsymbol{\beta}$
指数	`inverse`	$\boldsymbol{x}^\top\boldsymbol{\beta} = -\mu^{-1}$	$\mu = -(\boldsymbol{x}^\top\boldsymbol{\beta})^{-1}$
Gamma	`inverse`	$\boldsymbol{x}^\top\boldsymbol{\beta} = -\mu^{-1}$	$\mu = -(\boldsymbol{x}^\top\boldsymbol{\beta})^{-1}$
逆高斯	`1/mu^2`	$\boldsymbol{x}^\top\boldsymbol{\beta} = -\mu^{-2}$	$\mu = (-\boldsymbol{x}^\top\boldsymbol{\beta})^{-1/2}$
Poisson	`log`	$\boldsymbol{x}^\top\boldsymbol{\beta} = \log(\mu)$	$\mu = \exp(\boldsymbol{x}^\top\boldsymbol{\beta})$
二项	`logit`	$\boldsymbol{x}^\top\boldsymbol{\beta} = \log\left(\frac{\mu}{1-\mu}\right)$	$\mu = \frac{\exp(\boldsymbol{x}^\top\boldsymbol{\beta})}{1+\exp(\boldsymbol{x}^\top\boldsymbol{\beta})}$

还有一些非典则连接函数, 比如对于二项分布的 probit 连接函数 $g(\mu) = \Phi^{-1}(\mu)$ 和**互补的双对数** (complementary log-log) 连接函数 $g(\mu) = \log(-\log(1-\mu))$.

由于 $\kappa''(\theta) = V(\mu)$, 容易导出各个分布的方差函数 $V(\mu)$. 比如, 对正态分布, $V(\mu) = 1$; 对二项分布, $V(\mu) = \mu(1-\mu)$ (这里 $\mu = p$); 对 Poisson 分布, $V(\mu) = \mu$ (这里 $\mu = \lambda$); 等等.

对于指数族 (3.2.2), 连接函数 $\theta = \eta$ 称为典则连接函数, 典则连接函数使得数学推导简单很多. 虽然在数学上有方便之处, 但没有任何证据表明典则连接函数在拟合实际数据时比其他连接函数要好. 对于典则连接函数, 关系 (3.2.3) 为:

$$\begin{aligned}
\theta_i &= \eta_i;\\
E(Y_i) &= \mu(\theta_i) = \kappa'(\theta_i) = \kappa'(\eta_i);\\
\operatorname{Var}(Y_i) &= a_i(\phi)\kappa''(\theta_i) = a_i(\phi)V(\mu_i) = a_i(\phi)\kappa''(\eta_i) = a_i(\phi)\mu'(\theta_i);\\
g(\mu(\theta_i)) &= g(\kappa'(\theta_i)) = g(\kappa'(\eta_i)) = \eta_i.
\end{aligned} \tag{3.2.4}$$

3.3 似然函数和准似然函数

3.3.1 似然函数和记分函数

似然函数

首先回顾数理统计的似然函数. 假定 $\boldsymbol{y} = (y_1, y_2, \ldots, y_n)^\top$ 为变量的 n 个独立观测值所组成的向量, 其密度函数为:

$$f(\boldsymbol{y};\boldsymbol{\theta}) = \prod_{i=1}^{n} f_i(y_i;\boldsymbol{\theta}).$$

那么在给定 $\boldsymbol{y}$ 之后, 把它看作参数 $\boldsymbol{\theta}$ 的函数, 称为似然函数, 记为:

$$L(\boldsymbol{\theta};\boldsymbol{y}) = \prod_{i=1}^{n} f_i(y_i;\boldsymbol{\theta}),$$

而取了对数之后的

$$\log L(\boldsymbol{\theta};\boldsymbol{y}) = \sum_{i=1}^{n} \log f_i(y_i;\boldsymbol{\theta})$$

则称为对数似然函数 (log-likelihood function).

举例来说, 对于以计数为因变量的情况, 如果选择 Poisson 分布族 ($P(\lambda)$), 这时连接函数是对数, 则有

$$\log(\lambda_i) = \eta = \boldsymbol{x}_i^\top \boldsymbol{\beta} \text{ 或者 } \lambda_i = \exp\left(\sum_{i=1}^{n} \boldsymbol{x}_i^\top \boldsymbol{\beta}\right).$$

对数似然函数为:

$$\begin{aligned}
\sum_{i=1}^{n} \log f_i(y_i;\boldsymbol{\theta}) &= \sum_{i=1}^{n} \frac{y_i\theta_i - \kappa(\theta)}{a_i(\phi)} + c(y_i,\phi)\\
&= \sum_{i=1}^{n} y_i \log\lambda_i - \lambda_i - \log(y_i!).
\end{aligned}$$

这里利用了前面提到的指数分布族中 Poisson 分布的一些关系式: $\theta_i = \log(\lambda_i)$, $\kappa(\theta_i) =$

$e^{\theta_i} = \lambda_i,\ \phi = 1,\ a_i(\phi) = 1,\ c(y_i, \phi) = -\log(y_i!)$.

记分函数

为了求参数 $\boldsymbol{\theta}$ 的最大似然估计, 我们需要对 $\log L(\boldsymbol{\theta}; \boldsymbol{y})$ 求关于参数 $\boldsymbol{\theta}$ 的偏导数. 该偏导数为 $\boldsymbol{\theta}$ 的函数, 称为**记分函数** (score function) 或 Fisher 记分函数:

$$\boldsymbol{u}(\boldsymbol{\theta}) = \frac{\partial \log L(\boldsymbol{\theta}; \boldsymbol{y})}{\partial \boldsymbol{\theta}}. \tag{3.3.1}$$

记分函数是一个随机向量, 对于真正的参数 $\boldsymbol{\theta}$, 有

$$E[\boldsymbol{u}(\boldsymbol{\theta})] = \mathbf{0}. \tag{3.3.2}$$

而且其方差及协方差矩阵为信息阵:

$$\mathrm{Var}[\boldsymbol{u}(\boldsymbol{\theta})] = \boldsymbol{I}(\boldsymbol{\theta}). \tag{3.3.3}$$

此外, 在比较简单的条件下, 可以通过对 $\log L(\boldsymbol{\theta}; \boldsymbol{y})$ 求关于参数 $\boldsymbol{\theta}$ 的二阶导数得到:

$$\boldsymbol{I}(\boldsymbol{\theta}) = -E\left[\frac{\partial^2 \log L(\boldsymbol{\theta}; \boldsymbol{y})}{\partial \boldsymbol{\theta} \partial \boldsymbol{\theta}'}\right] = \mathrm{Var}[\boldsymbol{u}(\boldsymbol{\theta})]. \tag{3.3.4}$$

3.3.2 广义线性模型的记分函数

考虑典则连接函数, 并回忆关系 (3.2.4). 仍记对数似然函数为 $\ell_i(\theta_i, \phi) = \log f(y_i; \theta_i, \phi)$. 令 $\mu'(\theta_i) = V(\mu_i)$, 或 $\partial\mu_i/\partial\theta_i = V(\mu_i)$, 即有 $\mathrm{Var}(Y_i) = a_i(\phi)\mu'(\theta_i) = a_i(\phi)V(\mu_i)$. 注意下面的关系:

$$\frac{\partial \mu_i}{\partial \theta_i} = V(\mu_i) \ \Rightarrow\ \frac{\partial \theta_i}{\partial \mu_i} = \frac{1}{V(\mu_i)};$$
$$\frac{\mathrm{d}\eta_i}{\mathrm{d}\mu_i} = g'(\mu_i) \ \Rightarrow\ \frac{\mathrm{d}\mu_i}{\mathrm{d}\eta_i} = \frac{1}{g'(\mu_i)}.$$

我们得到

$$\begin{aligned}
\frac{\partial \ell_i}{\partial \beta_j} &= \frac{\mathrm{d}\ell_i}{\mathrm{d}\eta_i}\frac{\partial \eta_i}{\partial \beta_j} = \frac{\mathrm{d}\ell_i}{\mathrm{d}\eta_i}\frac{\partial \eta_i}{\partial \theta_i}\frac{\partial \theta_i}{\partial \beta_j} = \frac{\mathrm{d}\ell_i}{\mathrm{d}\theta_i}\frac{\mathrm{d}\theta_i}{\mathrm{d}\mu_i}\frac{\mathrm{d}\mu_i}{\mathrm{d}\eta_i}\frac{\partial \eta_i}{\partial \beta_j} \\
&= \frac{\mathrm{d}\ell_i}{\mathrm{d}\theta_i}\left(\frac{\mathrm{d}\mu_i}{\mathrm{d}\theta_i}\right)^{-1}\left(\frac{\mathrm{d}\eta_i}{\mathrm{d}\mu_i}\right)^{-1}\frac{\partial \eta_i}{\partial \beta_j} \\
&= \frac{Y_i - \kappa'(\theta_i)}{a_i(\phi)}(\kappa''(\theta_i))^{-1}(g'(\mu_i))^{-1}x_{ij} \\
&= \frac{(Y_i - \mu_i)x_{ij}}{a_i(\phi)V(\mu_i)g'(\mu_i)}.
\end{aligned} \tag{3.3.5}$$

由于

$$\frac{x_{ij}}{g'(\mu_i)} = \frac{\partial \mu_i}{\partial \eta_i}\frac{\partial \eta_i}{\partial \beta_j} = \frac{\partial \mu_i}{\partial \beta_j},$$

记分函数式 (3.3.5) 可以写成没有连接函数的一般形式

$$\sum_{i=1}^{n}\frac{\partial \ell_i}{\partial \beta_j} = \sum_{i=1}^{n}\left[\frac{Y_i - \mu_i}{a_i(\phi)V(\mu_i)}\frac{\partial \mu_i}{\partial \beta_j}\right],\quad j = 1, 2, \dots, p \tag{3.3.6}$$

或者矩阵形式

$$\boldsymbol{G}(\boldsymbol{\beta}; \boldsymbol{Y}) = \boldsymbol{D}^{\top}\boldsymbol{V}^{-1}(\boldsymbol{Y} - \boldsymbol{\mu})\boldsymbol{a}^{-1}(\phi), \tag{3.3.7}$$

式中, $\boldsymbol{D}$ 为以 $\{\partial\mu_i/\partial\beta_j\}$ $(i=1,2,\ldots,n,\ j=1,2,\ldots,p)$ 为元素的 $n\times p$ 阶矩阵; $\boldsymbol{V}$ 是以 $V(\mu_1),V(\mu_2),\ldots,V(\mu_n)$ 为对角线元素的对角阵; $\boldsymbol{a}(\phi)$ 是以 $a_1(\phi),a_2(\phi),\ldots,a_n(\phi)$ 为对角线元素的对角阵.

由此, $\boldsymbol{\beta}$ 的最大似然估计为下面的似然方程组的解 (p 为 $\boldsymbol{\beta}$ 的维数):

$$\sum_{i=1}^{n}\frac{(Y_i-\mu_i)x_{ij}}{a_i(\phi)V(\mu_i)g'(\mu_i)}=\sum_{i=1}^{n}\frac{(Y_i-g^{-1}(\boldsymbol{x}_i^\top\boldsymbol{\beta}))x_{ij}}{a_i(\phi)V(\boldsymbol{x}_i^\top\boldsymbol{\beta})g'(\mu_i)}=0,\ \ 1\leqslant j\leqslant p.$$

3.3.3 准记分函数、准对数似然函数及准似然估计

从前面关于记分函数的论述可以看出, 有了记分函数之后, 求最大似然估计就完全依赖于记分函数了. 那么, 是不是可以在数据不完全满足某种特定分布要求的情况下, 构造出满足条件式 (3.3.2)、式 (3.3.3)、式 (3.3.4) 性质的函数来做参数估计呢? 准似然函数就是如此产生的.

考虑独立同分布的观测值 $Y_1,Y_2,\ldots,Y_n$ 有同样的均值 μ 和方差 $\sigma^2V(\mu)$, 考虑函数

$$U(\mu,\boldsymbol{Y})=\sum_{i=1}^{n}\frac{Y_i-\mu}{\sigma^2V(\mu)}. \tag{3.3.8}$$

容易验证, U 满足下面的性质:

$$E[U(\mu,\boldsymbol{Y})]=0; \tag{3.3.9}$$

$$\mathrm{Var}[U(\mu,\boldsymbol{Y})]=\frac{n}{\sigma^2V(\mu)}; \tag{3.3.10}$$

$$-E\left[\frac{\partial U}{\partial\mu}\right]=\mathrm{Var}[U(\mu,\boldsymbol{Y})]. \tag{3.3.11}$$

可以看出性质式 (3.3.9)、式 (3.3.10)、式 (3.3.11) 和前面式 (3.3.2)、式 (3.3.3)、式 (3.3.4) 显示的记分函数的性质对应. 函数 $U(\mu,\boldsymbol{Y})$ 有类似于记分函数的性质, 因此可以得到相应的 (并非真正的, 但功能类似的) “对数似然函数”:

$$Q(\mu,\boldsymbol{Y})=\sum_{i=1}^{n}\int_y^\mu U(t,\boldsymbol{Y})\mathrm{d}t=\sum_{i=1}^{n}\int_y^\mu\frac{Y_i-t}{\sigma^2V(t)}\mathrm{d}t. \tag{3.3.12}$$

函数 $U(\mu,\ \boldsymbol{Y})$ 称为**准记分函数** (quasi-score function), 而函数 $Q(\mu,\boldsymbol{Y})$ 称为**准对数似然函数** (log quasi-likelihood function).

方程 $U(\mu,\boldsymbol{Y})=0$ 称为准似然估计方程. 对于独立同分布情况, 满足该方程的 μ 就是样本均值.

考虑 Y_i 的均值满足 $g(\mu_i)=\boldsymbol{x}_i^\top\boldsymbol{\beta}$ 及 $\mathrm{Var}(Y_i)=a_i(\phi)V(\mu_i)$ 的更一般的情况. 记 $\boldsymbol{\mu}=(\mu_1,\mu_2,\ldots,\mu_n)^\top$, $\boldsymbol{V}=\mathrm{diag}(V(\mu_1),V(\mu_2),\ldots,V(\mu_n))$, 于是准记分函数为:

$$U_j=\sum_{i=1}^{n}\left[\frac{Y_i-\mu_i}{a_i(\phi)V(\mu_i)}\cdot\frac{\partial\mu_i}{\partial\beta_j}\right]. \tag{3.3.13}$$

这和广义线性模型的记分函数式 (3.3.6) 完全相同, 或者和式 (3.3.7) 的矩阵形式完全相同:

$$\boldsymbol{U}(\boldsymbol{\beta};\boldsymbol{Y})=\boldsymbol{D}^\top\boldsymbol{V}^{-1}(\boldsymbol{Y}-\boldsymbol{\mu})\boldsymbol{a}^{-1}(\phi). \tag{3.3.14}$$

这里的符号和式 (3.3.7) 中的符号含义相同.

从准记分函数式 (3.3.13) 可以得到准对数似然函数

$$Q(\boldsymbol{\beta};\boldsymbol{Y})=\sum_{i=1}^{n}\int_{Y_i}^{\mu_i}\frac{Y_i-t}{a_i(\phi)V(\mu_i)}\mathrm{d}t. \tag{3.3.15}$$

显然, 广义线性模型的最大似然估计和准似然估计都需要确定由连接函数定义的协变量的线性表示 $\boldsymbol{\eta}_i=\boldsymbol{x}_i^\top\boldsymbol{\beta}$ 与均值 μ_i 之间的关系, 即

$$\mu_i=g^{-1}(\eta_i)=g^{-1}\left(\boldsymbol{x}_i^\top\boldsymbol{\beta}\right),$$

而这使得我们可以计算式 (3.3.14) 或式 (3.3.7) 中的 $\boldsymbol{D}$.

最大似然估计和准似然估计的主要区别在于: 最大似然估计是根据 Y_i 的假定分布来导出记分函数, 而准似然估计是以构造式 (3.3.8) 或式 (3.3.13) 那样的记分函数以及选择方差函数 $V(\mu)$ 开始而进行的. 准记分函数导致参数 $\boldsymbol{\beta}$ 的估计不是最大似然估计, 但如果准记分函数刚好和某分布的记分函数相同, 那准似然方法的估计和最大似然估计应该相同.

3.4 广义线性模型的一些推断问题

3.4.1 最大似然估计和 Wald 检验

广义线性模型的参数估计原理很简单, 就是最大似然法, 即解出使其记分函数等于零的方程. 准似然估计与之类似, 只要解使准记分函数等于零的方程即可. 但实践中需要使用迭代再加权最小二乘法, 迭代过程的每一步为: 依据临时估计的 $\hat{\boldsymbol{\beta}}$, 得到 $\hat{\eta}_i=\boldsymbol{x}_i^\top\hat{\boldsymbol{\beta}}$, 进而得到 $\hat{\mu}_i=g^{-1}(\hat{\eta}_i)$. 具体计算时, 利用临时的 $\hat{\eta}_i,\hat{\mu}_i$ 计算 " 工作因变量 "[①]:

$$z_i=\hat{\eta}_i+(y_i-\hat{\mu}_i)\frac{\mathrm{d}\hat{\eta}_i}{\mathrm{d}\mu_i}=\hat{\eta}_i+(y_i-\hat{\mu}_i)\left.\frac{\mathrm{d}\ell(\mu)}{\mathrm{d}\mu}\right|_{\mu=\hat{\mu}_i}.$$

然后计算迭代权重

$$w_i=p_i/\left[\kappa''(\theta_i)\left(\frac{\mathrm{d}\eta_i}{\mathrm{d}\mu_i}\right)^2\right],$$

这里假定 $a_i(\phi)=\phi/p_i$. 记以 w_i 为对角线元素的对角阵为 $\boldsymbol{W}$. 于是, 改进的 $\hat{\boldsymbol{\beta}}$ 为:

$$\hat{\boldsymbol{\beta}}=(\boldsymbol{X}^\top\boldsymbol{W}\boldsymbol{X})^{-1}\boldsymbol{X}^\top\boldsymbol{W}\boldsymbol{z},$$

式中, $\boldsymbol{z}=(z_1,z_2,\ldots,z_n)^\top$. 不断重复这个迭代, 直至收敛到满意的精度. McCullagh and Nelder (1989) 证明了这个算法等价于 Fisher 记分并得到最大似然估计.

最大似然估计和 (在某些简单条件下的) 准似然估计都有下面的渐近正态性:

$$\hat{\boldsymbol{\beta}}\sim N(\boldsymbol{\beta},\boldsymbol{I}^{-1}),$$

式中, $\boldsymbol{I}$ 为记分函数的协方差矩阵, 即信息阵.

这样就有了基于正态的对系数的假设检验 (Wald 检验). 对于 $H_0:\boldsymbol{\beta}=\boldsymbol{\beta}_0$ 的双边检验, 其检验统计量为:

$$\frac{\hat{\boldsymbol{\beta}}-\boldsymbol{\beta}_0}{\boldsymbol{I}^{-1/2}(\boldsymbol{\beta})},$$

它有渐近的 χ_ν^2 分布, 自由度 $\nu=2$.

[①] 之所以叫工作因变量, 是因为它表示中间结果.

3.4.2 偏差和基于偏差的似然比检验

考虑广义线性模型的指数族 (3.2.2) 分布, **残余偏差** (residual deviance) 或者**似然比统计量** (likelihood ratio statistic) 定义为:

$$2\log\left[\ell(\boldsymbol{y};\tilde{\boldsymbol{\theta}})-\ell(\boldsymbol{y};\hat{\boldsymbol{\theta}})\right]. \tag{3.4.1}$$

式 (3.4.1) 中的 $\tilde{\boldsymbol{\theta}}$ 是满足 $\partial\ell/\partial\beta=\mathbf{0}$ 的最大似然估计, 即 $\kappa'(\tilde{\theta}_i)=Y_i$. 这个模型称为**饱和模型** (saturated model), 它假定每个点都有一个参数来描述; 式 (3.4.1) 中的 $\hat{\boldsymbol{\theta}}$ 是人们感兴趣的模型的参数估计, 对于广义线性模型, 它一共有 $p+1$ 个参数 (包括截距) 来描述. 式 (3.4.1) 的偏差的自由度为 $n-(p+1)$.

还有一种偏差称为**零偏差** (null deviance), 定义为:

$$2\log\left[\ell(\boldsymbol{y};\tilde{\boldsymbol{\theta}})-\ell(\boldsymbol{y};\hat{\boldsymbol{\theta}}^{\{0\}})\right]. \tag{3.4.2}$$

零偏差和饱和模型的残余偏差正好相反, 这里的表达式 (3.4.2) 右边的对数似然函数是最简单的模型, 称为零模型, 仅由一个参数 $\hat{\boldsymbol{\theta}}^{\{0\}}$ 描述, 其自由度为 $n-1$. 最典型的例子是在线性表示式 $\boldsymbol{x}^\top\boldsymbol{\beta}$ 中只有截距项, 如线性回归中用均值代表所有的 Y 变量那样.

残余偏差及零偏差都是以饱和模型为参照 (标准模型) 的度量, 一般用两个嵌套模型做比较. 式 (3.4.1) 中感兴趣的模型是饱和模型的子模型, 而式 (3.4.2) 中的零模型包含在饱和模型中. 通常可以用**似然比检验** (likelihood ratio test) 来比较感兴趣的模型 Ω_1 和标准模型 Ω, 这两个模型是嵌套的.

令 $\hat{\mu}_i$ 和 $\hat{\theta}_i$ 分别为模型 Ω_1 下的拟合值和相应的典则参数的估计. 令 $\tilde{\mu}_i=y_i$ 和 $\tilde{\theta}_i$ 分别为模型 Ω 下的相应估计. 假定 $a_i(\phi)=\phi/p_i$, 而 p_i 已知. 于是, 对数似然比为:

$$2\sum_{i=1}^n\frac{y_i(\tilde{\theta}_i-\hat{\theta}_i)-\kappa(\tilde{\theta}_i)+\kappa(\hat{\theta}_i)}{a_i(\phi)}=2\sum_{i=1}^n\frac{p_i[y_i(\tilde{\theta}_i-\hat{\theta}_i)-\kappa(\tilde{\theta}_i)+\kappa(\hat{\theta}_i)]}{\phi}=\frac{D(\boldsymbol{y},\hat{\boldsymbol{\mu}})}{\phi},$$

这里由于有除数 ϕ, 所以称为**标准化偏差** (scaled deviance), 而分子部分 (或 $\phi=1$ 的情况)

$$D(\boldsymbol{y},\hat{\boldsymbol{\mu}})=2\sum_{i=1}^n p_i[y_i(\tilde{\theta}_i-\hat{\theta}_i)-\kappa(\tilde{\theta}_i)+\kappa(\hat{\theta}_i)]$$

称为偏差. 前面的残余偏差和零偏差都是标准化偏差. 当模型 Ω_1 为前面所说的饱和模型时, 式 (3.4.2) 表示的就是残余偏差或零偏差.

作为特例, 在正态分布时, 可以得到 $D(\boldsymbol{y},\hat{\boldsymbol{\mu}})=\sum_{i=1}^n(y_i-\hat{\mu}_i)^2$, 即残差平方和.

对于 Poisson 分布,

$$D(\boldsymbol{y},\hat{\lambda})=2\sum_{i=1}^n\left\{y_i\log\left(\frac{y_i}{\hat{\lambda}_i}\right)-(y_i-\hat{\lambda}_i)\right\},$$

这里右边第二项和为 0, 可以去掉.

由于在正态情况下, $D(\boldsymbol{y},\hat{\boldsymbol{\mu}})$ 是残差平方和, 引申到其他分布就不能叫作残差, 而称为**偏差残差平方和** (sum of squared deviance residuals). 比如在 Poisson 情况下, 记**偏差残差** (deviance residuals) 为:

$$r_{D_i}=\operatorname{sign}(y-\hat{\lambda})\left\{2\left(y_i\log\left(\frac{y_i}{\hat{\lambda}_i}\right)-(y_i-\hat{\lambda}_i)\right)\right\}^{1/2},$$

则 $D(\boldsymbol{y},\hat{\lambda})=\sum_{i=1}^n r_{D_i}^2$.

对于两个竞争模型 Ω_1 和 Ω_2, 分别有 p_1 和 p_2 个参数. 假定 $\Omega_1 \subset \Omega_2$, 且 $p_2 > p_1$, 记这两个模型的残余偏差分别为 $D(\Omega_1)/\phi$ 和 $D(\Omega_2)/\phi$, 这时的对数似然比为:

$$\frac{D(\Omega_1) - D(\Omega_2)}{\phi},$$

这里 ϕ 或者给出, 或者在大模型 Ω_2 中估计出来. 在通常的正则条件下, 这个似然比有渐近 χ^2_ν 分布, 自由度 $\nu = p_2 - p_1$. 在 ϕ 未知时, 可以用 3.4.3 节中提到的估计值 $\hat{\phi}$ 代替, 其渐近分布不变.

只要二者的方差函数相同, 基于某指数族分布的似然函数的偏差就可以用来定义**准偏差** (quasi-deviance). 这时, 对于上面定义的两个嵌套模型 Ω_1 和 Ω_2, 统计量 (这时 ϕ 必须用估计量)

$$\frac{D(\Omega_1) - D(\Omega_2)}{\hat{\phi}(p_2 - p_1)}$$

有自由度为 $(p_2 - p_1, n - p_2)$ 的渐近 F 分布.

3.4.3 散布参数的估计

由于 $\text{Var}(Y_i) = a_i(\phi)V(\mu_i)$,

$$a_i(\phi) = \frac{(E(Y_i) - \mu_i)^2}{V(\mu_i)}.$$

如果 $a_i(\phi) = \phi/p_i$, 那么很自然地, 关于 ϕ 的估计为:

$$\hat{\phi} = \frac{1}{n-p}\sum_{i=1}^{n} p_i \frac{(Y_i - \hat{\mu}_i)^2}{V(\hat{\mu}_i)} = \frac{1}{n-p}\sum_{i=1}^{n} p_i \frac{(Y_i - \hat{\mu}_i)^2}{\mu'(\hat{\theta}_i)}.$$

3.5 logistic 回归和二元分类问题

例 3.1 献血数据 (trans.csv). 这个数据[①]来自台湾省新竹市输血服务中心的记录, 变量有 Recency (上次献血后的月份), Frequency (总献血次数), Time (第一次献血是多少个月之前), Donate (是否将在 2007 年 3 月再献血, 1 为会, 0 为不会).

我们将用 logistic 回归来拟合这个数据, 以二分变量 Donate 为因变量, 此外, 我们的数据比原始数据少一个变量 (Monetary: 总献血量, 单位为毫升), 这是因为每次献血的数量是固定的 (250 毫升), 所以它和变量 Frequency 严格共线, 没有必要在数据中保持两个共线变量.

3.5.1 logistic 回归 (probit 回归)

例 3.1 献血数据的变量 Donate 是二分变量, 它有两个哑元值 1 和 0, 分别代表会和不会在某个时间再献血. 这有些类似于二项分布中 Bernoulli 实验的情况, 但概率 p 会随着其他变量的变化而有所不同. 这种思维导致了 logistic 回归或者 probit 回归的方法. 对于这两种方法, 连接函数分别为 logit 函数和累积正态分布函数的逆函数, 公式分别为:

$$g(p) = \log\left(\frac{p}{1-p}\right) \quad 和 \quad g(p) = \Phi^{-1}(p).$$

[①]Yeh, I., Yang, K. and Ting, T. (2009). Knowledge discovery on RFM model using Bernoulli sequence. *Expert Systems with Applications*. `http://archive.ics.uci.edu/ml/datasets/Blood+Transfusion+Service+Center`.

这两个函数都把取值在 $[0,1]$ 区间的 p 的值域变换到线性表示 $\eta=\boldsymbol{x}^\top\boldsymbol{\beta}$ 可能取的任何实数范围. 下面我们考虑 logistic 回归, 如果 $Y_i\sim\text{Bin}(n,p_i)$, 则相应的广义线性模型为:

$$\log\left(\frac{p_i}{1-p_i}\right)=\boldsymbol{x}_i^\top\boldsymbol{\beta},\ i=1,2,\ldots,n. \tag{3.5.1}$$

用 logistic 模型拟合例 3.1 献血数据的代码如下:

```
w=read.csv("trans.csv")
a=glm(Donate~.,w,family=binomial)
summary(a)
```

注意, 由于 logit 函数是二项分布的典则连接函数, 因此不用在 `glm` 函数的选项中注明. 由于这里因变量为 0/1 哑元变量, 可以不用因子化. 如果是非 0/1 哑元变量 (比如 1/2), 则必须改成 0/1 型. 如果变量的水平为文字 (如 Male/Female), 则不用因子化, 也不用改成哑元变量, 系统自然接受文字水平.

上面代码的输出为:

```
Coefficients:
             Estimate Std. Error z value Pr(>|z|)
(Intercept) -0.449540   0.180349  -2.493 0.012681 *
Recency     -0.098584   0.017317  -5.693 1.25e-08 ***
Frequency    0.135390   0.025672   5.274 1.34e-07 ***
Time        -0.023092   0.005964  -3.872 0.000108 ***

(Dispersion parameter for binomial family taken to be 1)

    Null deviance: 820.89  on 747  degrees of freedom
Residual deviance: 707.87  on 744  degrees of freedom
AIC: 715.87

Number of Fisher Scoring iterations: 5
```

为简单起见, 用 x_k $(k=1,2,3)$ 分别代表变量 Recency、Frequency 和 Time; 用 β_k $(k=1,2,3)$ 分别代表这些变量的系数; β_0 代表截距项.

$$\log(\lambda)=\beta_0+\sum_{k=1}^{3}\beta_k x_k.$$

根据输出, 得到各个参数的估计为:

$$\hat\beta_0=-0.449540,\ \hat\beta_1=-0.098584,\ \hat\beta_2=0.135390,\ \hat\beta_3=-0.023092.$$

输出显示, 零偏差为 820.89, 有 747 个自由度; 而残余偏差为 707.87, 有 744 个自由度; AIC 为 715.87. 此外, 输出还显示散布参数的估计为 1, 看来不存在**过散布** (overdispersion) 的现象.

我们还可以找到各个参数的各种水平的置信区间, 比如选两个变量系数的代码和输出如下 (该 R 函数默认置信度为 95% (`level = 0.95`)):

```
> confint(a, parm=c(2:3))#如不写parm,则意味着全部变量
Waiting for profiling to be done...
                2.5 %     97.5 %
Recency   -0.13361876 -0.0655855
Frequency  0.08724469  0.1880517
```

上面输出的置信区间基于轮廓对数似然函数 (profiled log-likelihood function), 适用于广义线性模型.

类似于方差分析, 我们可以用代码 `anova(a,test="Chisq")` 输出基于 χ^2 检验的偏差分析表:

```
Analysis of Deviance Table
Model: binomial, link: logit
Response: Donate
Terms added sequentially (first to last)

          Df Deviance Resid. Df Resid. Dev  Pr(>Chi)
NULL                        747     820.89
Recency    1   77.340       746     743.55 < 2.2e-16 ***
Frequency  1   18.775       745     724.78 1.471e-05 ***
Time       1   16.913       744     707.87 3.913e-05 ***
```

还可以比较模型, 拟合零模型, 并用 χ^2 检验来比较:

```
> b=glm(Donate~1,w,family=binomial)
> anova(b,a,test="Chisq")
Analysis of Deviance Table

Model 1: Donate ~ 1
Model 2: Donate ~ Recency + Frequency + Time
  Resid. Df Resid. Dev Df Deviance  Pr(>Chi)
1       747     820.89
2       744     707.87  3   113.03 < 2.2e-16 ***
```

如果模型假定成立, 这个输出说明我们的模型显著优于零模型.

如果用 probit 模型, 则代码为:

```
pa=glm(Donate~.,w,family=binomial(link=probit))
```

这里必须标明连接函数 (`link=probit`), 因为 probit 不是默认的典则连接函数. 这里不展示 probit 回归输出的结果, 因为和 logistic 回归没有本质上的差别.

还可以用准二项分布 logistic 模型来拟合 (这里只是为了演示, 其实没有必要这样做, 因为没有诸如过散布等问题):

```
c=glm(Donate~.,w,family=quasibinomial)
summary(c)
```

得到下面的输出:

```
Coefficients:
             Estimate Std. Error t value Pr(>|t|)
(Intercept) -0.449540   0.184076  -2.442 0.014832 *
Recency     -0.098584   0.017675  -5.578 3.41e-08 ***
Frequency    0.135390   0.026203   5.167 3.06e-07 ***
Time        -0.023092   0.006088  -3.793 0.000161 ***
---
(Dispersion parameter for quasibinomial family
   taken to be 1.041767)

   Null deviance: 820.89  on 747  degrees of freedom
Residual deviance: 707.87  on 744  degrees of freedom
AIC: NA

Number of Fisher Scoring iterations: 5
```

对于准 logistic 模型, 可以选用下面的代码之一来查看偏差分析表:

```
anova(c,test="Chisq")
anova(c,test="F")
```

也可以用下面的代码之一来和 (前面用 b 表示的) 零模型做比较:

```
anova(b,c,test="Chisq")
anova(b,c,test="F")
```

使用程序包 aod[①]中的函数 wald.test 可以做 Wald 检验, 比如要联合检验 Recency 和 Time 两个变量的系数是否为零, 可用下面的语句:

```
library(aod)
wald.test(b = coef(a), Sigma = vcov(a), Terms = c(2,4))
```

这里的 Terms = c(2,4) 相应于协方差矩阵 vcov(a) 第 2 列和第 4 列的两个变量 (即 Recency 和 Time). 得到下面的输出:

```
Wald test:
----------
Chi-squared test:
```

[①]Lesnoff, M., Lancelot, R. (2012). aod: analysis of overdispersed data. R package version 1.3. http://cran.r-project.org/package=aod.

```
X2 = 62.8, df = 2, P(> X2) = 2.3e-14
```

3.5.2 用 logistic 回归做分类

当因变量为二分变量, 即有两个水平的变量时, 人们往往用 logistic 回归来做分类. 根据模型 (3.5.1), 我们在得到参数 $\boldsymbol{\beta}$ 的估计 $\hat{\boldsymbol{\beta}}$ 之后, 可以根据数据 $\boldsymbol{x}$ 对 p 做预测:

$$\log\left(\frac{\hat{p}_i}{1-\hat{p}_i}\right)=\boldsymbol{x}_i^\top\hat{\boldsymbol{\beta}},\ i=1,2,\ldots,n. \tag{3.5.2}$$

式 (3.5.2) 还可以表示成

$$\hat{p}_i=\frac{\exp(\boldsymbol{x}_i^\top\hat{\boldsymbol{\beta}})}{1+\exp(\boldsymbol{x}_i^\top\hat{\boldsymbol{\beta}})},\ i=1,2,\ldots,n. \tag{3.5.3}$$

很显然, 对于每个观测值 (比如观测值 i), 我们预测的是 p_i, 而不是第 i 个观测值的水平 (比如 “0” 还是 “1”, “yes” 还是 “no”, 等等). 这时就需要有一个阈值 p_t, 使得当 $\hat{p}_i > p_t$ 时判定第 i 个观测值属于某一水平, 否则判为另一个水平.

阈值 $p_t=0.5$ 的情况

最简单的阈值为 $p_t=0.5$. 这时, 对于例 3.1 献血数据, 把原数据既当作训练集又当作测试集来查看预测结果的代码为:

```
w=read.csv("trans.csv")
n=nrow(w); D=4; w[,D]=factor(w[,D]);pt=0.5
a=glm(Donate~.,w,family=binomial)
z=predict(a,w,type="response")
u=ifelse(z>pt,levels(w[,D])[2],levels(w[,D])[1])
table(w[,D],u)
(e=sum(w[,D]!=u)/n)
```

上面的代码中把因变量 (即第 4 个变量 `w[,D]`, 这里 `D=4`) 因子化是为了预测时编程方便, 其中的代码为:

```
u=ifelse(z>pt,levels(w[,D])[2],levels(w[,D])[1])
```

注意到预测的概率 (用 `z` 表示) 是针对按照因变量水平排列的第二个水平. 如果没有人工干预, R 软件会按照字母顺序来排列水平, 比如水平 “yes” 和 “no” 中, 自动把 “yes” 排在第二位. 输出的 `u` 就是各个变量预测的水平.

上面最后两行代码的输出为:

```
> table(w[,D],u)
   u
      0   1
  0 555  15
  1 156  22
> (e=sum(w[,D]!=u)/n)
```

```
[1] 0.229
```

这说明有 156 个本来是水平 "1" 的被判为 "0", 而有 15 个本来是水平 "0" 的被判为 "1", 只有对角线上是正确分类的. 误判率 (即和原先因变量水平不符合的比例) 为 0.229.

选择阈值 p_t 使得误判率最小

显然, 用 $p_t = 0.5$ 作为阈值不一定合适 (应该依问题而定), 下面选择使得训练集误判率最小的阈值. 我们可使用下面的程序:

```
BI=function(D,w,ff,fm="binomial"){
  a=glm(ff,w,family=fm)
  z=predict(a,w,type="response")
  ee=NULL
  for(p in seq(.01,.99,.01)){
    u=ifelse(z>p,levels(w[,D])[2],levels(w[,D])[1])
    e=sum(u!=w[,D])/nrow(w);ee=rbind(ee,c(p,e))
  }
  I=which(ee[,2]==min(ee[,2]))
  return(ee[min(I),])
}
```

该程序自动从 0.01 到 0.99 以间隔 0.01 的步长搜索使得误判率最小的 p_t, 输出为 p_t 和对训练集的误判率. 具体运行代码如下:

```
ff=Donate~. #公式
BI(4,w,ff)  #调用程序(4是因变量的位置, w是数据)
```

得到:

```
> BI(4,w,f)
[1] 0.440 0.207
```

这意味着在阈值为 0.44 时, 对训练集的误判率为 0.207. 这比阈值为 0.5 要好一些.

二水平分类交叉验证

用训练集自己判断自己并不合适, 必须用交叉验证来判断模型的好坏, 对于 logistic 回归, 给出测试集 (用 `m` 表示测试集下标) 之后, 下面的程序即可计算以集合 `m` 的余集作为训练集的交叉验证的测试集的误判率 (`$e`) 和预测值 (`$u`):

```
BIM=function(D,w,ff,m,P=99,fm="binomial"){
  if (P>1) P=BI(D,w,ff)[1] #如果输入的P>1, 则用误判率最小的阈值, 否则用P
  a=glm(ff,w[-m,],family=fm)
  z=predict(a,w[m,],type="response")
  u=ifelse(z>P,levels(w[,D])[2],levels(w[,D])[1])
  e=sum(u!=w[m,D])/nrow(w[m,])
  return(list(e=e,u=u))
```

```
}
```

显然, 这里利用了上面自动选择阈值的函数 BI.

对于例 3.1 献血数据, 我们首先用 1.6.2 节定义的函数 Fold 来把下标随机分成若干份 ($Z = 10$ 份), 然后才可做 Z 折交叉验证. 为了做比较, 我们用了三种方法, 前两种是上面所说的阈值 $p_t = 0.5$ 和阈值使得训练集误判率最小的 p_t, 另一种是作为对照的线性判别分析方法 (使用程序包 MASS[①]中的函数 lda). 线性判别分析将在后面关于经典分类方法的5.1节介绍.

具体用三种方法做 10 折交叉验证的代码如下:

```
w=read.csv("trans.csv");n=nrow(w)
Z=5;D=4;  w[,D]=factor(w[,D]);pt=0.5

ff=paste(names(w)[D],"~.",sep="");ff=as.formula(ff)
mm=Fold(w,Z,D,8888)
library(MASS)
Pred=data.frame(m1=w[,D],m2=w[,D],m3=w[,D])
for(i in 1:Z){
  m=mm[[i]]
  Pred[m,1]=BIM(D,w,ff,m,.5)$u
  Pred[m,2]=BIM(D,w,ff,m)$u
  a=lda(ff,w[-m,])
  Pred[m,3]=predict(a,w[m,])$class
}
apply(sweep(Pred,1,w[,D],'!='),2,mean)
```

得到三个模型的交叉验证平均误差分别为 0.2272 (阈值 0.5 的 logistic 回归)、0.2086 (最小训练集误差阈值) 及 0.2286 (线性判别分析).

有人认为用 logistic 回归做二分类一般比线性判别分析要好, 但实践表明, 如果阈值固定在 0.5, 则不一定. 上面的交叉验证结果表明线性判别分析和阈值为 0.5 的 logistic 回归的预测结果没有太大差别, 同时表明采用使训练集误判率最小的阈值会得到较好的判别结果. **阈值取多少, 应该根据实际应用来确定. 比如在医疗中, 是把病人误说成无病的损失大还是把没病的人误说成有病的损失大? 这导致不同的损失函数选择. 统计学家没有任何资格为实际工作者决定阈值的大小.**

> **用 logistic 回归做拟合或分类的问题是, 当自变量中有较多的定性变量、定性变量的水平较多或者线性假定不满足时, logistic 回归完全无法得到结果 (比如不收敛) 或者预测精度很差. 这时就应该考虑采用机器学习方法 (参见 1.4.2节).**

[①] Venables, W. N. & Ripley, B. D. (2002). *Modern Applied Statistics with S*. Fourth Edition. Springer, New York. ISBN 0-387-95457-0.

3.6 Poisson 对数线性模型及频数数据的预测 *

对于因变量为频数的情况, 历史上一直都是由回归处理的, 做一个对数变换就可以把非负整数的值域转换成散布在实轴上的值域, 于是就成了回归分析的对象. 但后来数学家想出了许多符合频数的方法, 最著名的就是 Poisson 对数线性模型. 它利用 Poisson 分布针对非负整数的特性发展而来, 也刚好是广义线性模型的一个成员. 由于 Poisson 对数线性模型的假定较强, 往往不能满足, 因此又发展出了许多补救办法. 这里将通过一个以计数为因变量的实验数据来介绍 Poisson 对数线性模型的基本概念及应用.

3.6.1 Poisson 对数线性模型

例 3.2 仙客来数据 (cyclamen.csv). 这个数据[①]来自诱导仙客来开花的实验. 总共有 4 个品种的仙客来植株, 得到 6 种温度方案和 4 种施肥水平的组合. 其中温度方案是 5 个白日 (摄氏) 温度 (14, 16, 18, 20, 26) 和 4 个夜间 (摄氏) 温度 (14, 16, 18, 20) 的组合. 不是所有的温度组合都存在. 花的数目是我们关注的目标变量, 其变化范围为 4~26.

变量名称如下: Variety (品种: 哑元 1~4), Regimem (温度方案: 哑元 1~6), Day (白天温度: 摄氏度), Night (夜间温度: 摄氏度), Fertilizer (施肥水平: 哑元 1~4), Flowers (花的数目).

我们使用程序包 nnet[②] 中的 nnet 神经网络方法弥补了变量 Flowers 的两个缺失值 (第 1411 及第 1712 个观测值).

例 3.2 仙客来数据的实验设计是比较严格的, 各种变量搭配都非常平均, 通过下面的代码可以读入数据, 并得到自变量搭配的情况:

```
w=read.csv("cyclamen.csv")
for(i in c(1,2,5))w[,i]=factor(w[,i])
table(w[,c(1,2,5)])
```

由于 Variety、Regimem 和 Fertilizer 都是哑元分类变量, 必须因子化. 上面的代码得到的自变量的搭配情况为:

```
, , Fertilizer = 1
       Regimem
Variety  1  2  3  4  5  6
      1 20 20 20 20 20 20
      2 20 20 20 20 20 20
      3 20 20 20 20 20 20
      4 20 20 20 20 20 20

   , , Fertilizer = 2
       Regimem
Variety  1  2  3  4  5  6
```

[①] The data were supplied by Rodrigo Labouriau of the Biometrics Research Unit, Danish Institute for Agricultural Sciences. 下载网址为 http://www.statsci.org/data/general/cyclamen.html.

[②] Venables, W. N. & Ripley, B. D. (2002). *Modern Applied Statistics with S*. Fourth Edition. Springer, New York. ISBN 0-387-95457-0.

```
      1 20 20 20 20 20 20
      2 20 20 20 20 20 20
      3 20 20 20 20 20 20
      4 20 20 20 20 20 20

, , Fertilizer = 3
       Regimem
Variety  1  2  3  4  5  6
      1 20 20 20 20 20 20
      2 20 20 20 20 20 20
      3 20 20 20 20 20 20
      4 20 20 20 20 20 20

, , Fertilizer = 4
       Regimem
Variety  1  2  3  4  5  6
      1 20 20 20 20 20 20
      2 20 20 20 20 20 20
      3 20 20 20 20 20 20
      4 20 20 20 20 20 20
```

由此可知, 对于变量 Variety、Regimem、Fertilizer 的 $4 \times 6 \times 4 = 96$ 种水平的每种搭配都有 20 个观测值, 因此总共有 $96 \times 20 = 1920$ 个观测值. 图 3.6.1 显示的是 Flowers 对这 3 个变量各个水平的盒形图. 生成图 3.6.1 的代码为:

```
layout(t(1:3))
for (i in c(1,2,5)) {
  plot(formula(paste(names(w)[6],'~',names(w)[i])),w)
}
```

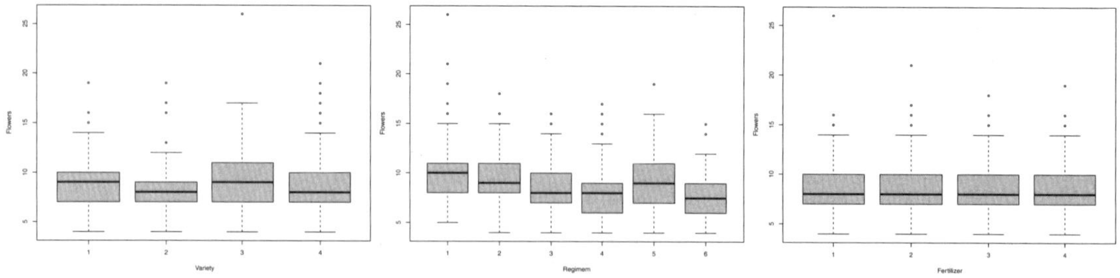

图 3.6.1　例3.2 仙客来数据的 Flowers 对变量 Variety、Regimem、Fertilizer 各个水平的盒形图

由于变量 Regimem 体现了 Day 和 Night 的组合, 因此我们在以后的分析中, 仅使用变量 Regimem, 即在程序中用 `w=w[,-c(3:4)]` 来删除变量 Day 和 Night.

人们把计数 (或频数) 因变量视为服从 Poisson 分布是很自然的, 但由于自变量的变化, Poisson 分布的均值 $\boldsymbol{\lambda}$ 也会随之变化. 作为广义线性模型的特例, Poisson 分布对应的连接函数为对数函数, 它把本来仅仅取正实数的均值 $\boldsymbol{\lambda}$ 变换到整个实轴以便能被多变的线性部分

$\boldsymbol{\eta} = \boldsymbol{x}'\boldsymbol{\beta}$ 表示. Poisson 对数线性模型为:

$$\log \lambda_i = \boldsymbol{x}_i^\top \boldsymbol{\beta},\ i = 1, 2, \dots, n. \tag{3.6.1}$$

对于例 3.2 仙客来数据, 读入数据和使用选项 `family=poisson` (这时自动使用缺省的典则连接函数) 的广义线性模型函数 `glm`, 代码如下:

```
w=read.csv("cyclamen.csv")
for(i in c(1,2,5))w[,i]=factor(w[,i])
w=w[,-(3:4)]
a=glm(Flowers~.,w,family=poisson)
summary(a)
```

这得到一系列参数的估计值和参数显著性检验 (没有什么意义)、散布参数、零偏差、残差偏差及 AIC 的输出, 这里只显示最后几行:

```
(Dispersion parameter for poisson family taken to be 1)

    Null deviance: 1256.3  on 1919  degrees of freedom
Residual deviance: 1106.3  on 1908  degrees of freedom
AIC: 8768.8
```

还可以输出基于 χ^2 检验的偏差分析表, 所用代码和输出为:

```
> anova(a,test="Chisq")
Analysis of Deviance Table
Model: poisson, link: log
Response: Flowers
Terms added sequentially (first to last)

           Df Deviance Resid. Df Resid. Dev  Pr(>Chi)
NULL                        1919     1256.3
Variety     3   26.711      1916     1229.6 6.769e-06 ***
Regimem     5  121.447      1911     1108.2 < 2.2e-16 ***
Fertilizer  3    1.838      1908     1106.3    0.6068
```

根据上面的输出, 变量 Fertilizer 并不 “ 显著 ”. 我们可以尝试使用逐步回归, 代码为 `b=step(a)`, 可以用 `summary(b)` 查看结果, 这里不输出没有意义的显著性检验, 仅显示最后几行:

```
(Dispersion parameter for poisson family taken to be 1)
    Null deviance: 1256.3  on 1919  degrees of freedom
Residual deviance: 1108.2  on 1911  degrees of freedom
AIC: 8764.7
```

逐步回归把变量 Fertilizer 删除了. 根据逐步回归的结果, 我们有了拟合的模型. 为描述方便, 用 β_0 代表截距项; 用 α_{1i} $(i = 1, 2, 3, 4)$ 代表定性变量 Variety 4 个水平的效应, 用

α_{2j} $(j=1,2,\ldots,6)$ 代表 Regimem 6 个水平的效应. 拟合的模型为:

$$\log(\lambda)=\beta_0+\alpha_{1i}+\alpha_{2j},\ i=1,2,3,4;\ j=1,2,\ldots,6. \tag{3.6.2}$$

我们得到了各个参数的估计:

```
b$coefficients
  (Intercept)      Variety2      Variety3      Variety4      Regimem2
 2.3094635917 -0.0989213434 -0.0009306655 -0.0437332047 -0.0440281359
     Regimem3      Regimem4      Regimem5      Regimem6
-0.1634080118 -0.1902604115 -0.0809806809 -0.2445868681
```

该输出的意义为:

$$\hat{\beta}_0=2.3094636,\ \hat{\alpha}_{11}=0\,(\text{默认}),\ \hat{\alpha}_{12}=-0.0989213,\ \hat{\alpha}_{13}=-0.0009307,$$
$$\hat{\alpha}_{14}=-0.0437332,\ \hat{\alpha}_{21}=0\,(\text{默认}),\ \hat{\alpha}_{22}=-0.0440281,\ \hat{\alpha}_{23}=-0.1634080,$$
$$\hat{\alpha}_{24}=-0.1902604,\ \hat{\alpha}_{25}=-0.0809807,\ \hat{\alpha}_{26}=-0.2445869.$$

输出显示零偏差为 1256.3, 有 1919 个自由度; 而残余偏差为 1108.2, 有 1911 个自由度; AIC 为 8764.7. 此外, 输出还显示散布参数的估计为 1, 看来不存在过散布的现象.

对于逐步回归结果, 可以用代码 `anova(b,a,test="Chisq")` 比较逐步回归前后的两个模型的偏差分析表:

```
Analysis of Deviance Table

Model 1: Flowers ~ Variety + Regimem
Model 2: Flowers ~ Variety + Regimem + Fertilizer
  Resid. Df Resid. Dev Df Deviance Pr(>Chi)
1      1911     1108.2
2      1908     1106.3  3   1.8375   0.6068
```

输出表明, 删除一个变量没有什么影响.

还可以用准 Poisson 对数线性模型来拟合 (这里其实没有必要, 因为没有诸如过散布等问题, 也就不显示结果了):

```
d=glm(b, w, family=quasipoisson(link = "log"))
anova(d,test="Chisq")
```

对于准 Poisson 对数线性模型, 也可以选用下面的代码之一来查看偏差分析表:

```
anova(d,test="Chisq")
anova(d,test="F")
```

也可以像 logistic 回归那样, 使用 R 程序包 `aod` 中的函数 `wald.test` 对系数是否为零做 Wald 检验, 但这里没有真正的系数要检验, 只有相对意义上的 α_{1i} 和 α_{2j}, 做它们等于零的检验没有什么意义.

3.6.2 使用 Poisson 对数线性模型的一些问题

由于广义线性模型的假定很强, 因此当实际数据与假定的分布不符时会产生一些问题, Poisson 对数线性模型也不例外. 人们目前主要关注的是散布问题和零膨胀问题, 下面就介绍人们为应对这两个问题而采取的一些方法. 由于例 3.2 仙客来数据不存在这两个问题, 因此没有具体的运算输出.

使用 Poisson 对数线性模型时的散布问题

在 Poisson 对数线性模型中, 假定方差和均值相等, 但当方差大于或小于均值时, 就会出现过散布问题或**欠散布** (underdispersion) 问题.

使用 Poisson 对数线性模型时出现散布问题, 最简单的解决办法是使用前面提到的准 Poisson 对数线性模型, 而且可以说明方差和均值的关系, 比如, 考虑下面的准 Poisson 对数线性模型的拟合代码 (仅仅是示意, 不运行):

```
glm(Flowers~.,data=w,family=quasi(variance="mu^2",link="log"))
```

这里的选项 `variance="mu^2"` 就是把方差看作随着均值的平方变化的函数, 这个选项可以输入 `"constant"` `"mu(1-mu)"` `"mu"` `"mu^2"` `"mu^3"`, 等等.

应对散布问题的另一种解决方法是**双广义线性模型** (double generalized linear model), 该方法体现在 R 的程序包 `dglm`[①]之中. 其基本思想如下.

假定均值和方差有如下关系:

$$\mu_i = E(y_i),\ \text{Var}(y_i) = s_i V(\mu_i).$$

式中, s_i 代表散布程度, 称为散布参数, $s_i = 1$ 为没有散布; $V(\mu_i)$ 为 μ_i 的一个函数 (对于没有散布时的 Poisson 分布, $V(\mu) = \mu$). 建模时对均值和方差分别建立广义线性模型, 连接函数分别是:

$$g(\mu_i) = \boldsymbol{x}_i^\top \boldsymbol{\beta} \ \text{与}\ h(s_i) = \boldsymbol{z}_i^\top \boldsymbol{\alpha},$$

式中, 自变量 $\boldsymbol{x}_i$ 及 $\boldsymbol{z}_i$ 都选自原始的自变量. 对于 Poisson 分布 (或者是下面要用的使用更加广泛的 Tweedie 分布) 的普通广义线性模型, 仅有前面那个连接函数, 而这里对 s_i 建模时考虑的是 Gamma 模型, 即第二个连接函数. 关于双广义线性模型的细节, 参见 Smyth (1989).

下面介绍可代表很多广义线性模型分布的 Tweedie 分布, 它是指数族分布族的一个特例. 前面 3.2 节介绍指数分布族时, 均值 μ 是包含在 θ 之中的. 显性表示 μ 的指数分布族式 (3.2.2) 可以写成下面的形式:

$$f(y;\mu,\phi) = a(y,\phi)\exp\frac{\theta(\mu)y - \kappa(\theta(\mu))}{\phi}.$$

Tweedie 分布则为上面指数分布族中有下面形式的 $\theta(\mu)$ 和 $\kappa(\theta(\mu))$ 的特殊形式:

$$\theta(\mu) = \begin{cases} \frac{\mu^{1-p}-1}{1-p}, & p \neq 1 \\ \ln \mu, & p = 1 \end{cases} \quad \text{以及} \quad \kappa(\theta(\mu)) = \begin{cases} \frac{\mu^{2-p}-1}{2-p}, & p \neq 2 \\ \ln \mu, & p = 2 \end{cases}.$$

其均值为 μ, 方差为 $\phi\mu^p$. 式中, $\phi > 0$, 为散布参数; p 称为**指标参数** (index parameter). 指标参数唯一确定 Tweedie 分布的具体成员, 比如 $p = 0$ 代表正态分布; $p = 1, \phi = 1$ 代表 Poisson

[①] Peter K. D. and Gordon K. S. (2009). dglm: double generalized linear models. R package version 1.6.1.

分布; $p=2$ 代表 Gamma 分布; $p=3$ 代表逆高斯分布. R 程序包 `statmod`[1]中有 `tweedie` 函数.

当然还有其他应对散布问题的方法, 比如, Breslow (1984) 建议用一种迭代方法拟合过散布的 Poisson 对数线性模型. 其模型和上面的双广义线性模型有所区别, 其中

$$E(y_i)=\mu_i \quad 且 \quad \text{Var}(y_i)=\mu_i+\mu_i^2\phi=\mu_i(1+\mu_i\phi),$$

式中, ϕ 为散布参数, 如果 $\phi>0$, 就意味着存在散布现象. 这里不对这个模型予以计算. 请读者自己尝试运行 R 程序包 `dispmod`[2]中的例子.

此外, 为应对散布问题, 在 R 程序包 `MASS` 中还有用负二项分布拟合这类数据的广义线性模型函数 `glm.nb`.

零膨胀时的 Poisson 回归

有时, 计数中有大量的零, 这种不平衡的计数数据称为**零膨胀计数数据** (zero-inflated count data), 这种数据会对 Poisson 对数线性模型的拟合造成很大的影响. 有时会把零膨胀问题看作过散布问题. 这里介绍一种处理零膨胀问题的方法.

零膨胀计数数据模型 (Mullahy, 1986; Lambert, 1992) 由两部分组成: 一部分为集中在零点的点质量 (如 logistic 或 probit 回归模型); 另一部分为某计数分布 (比如 Poisson 或负二项回归模型). 如果用 $f(y)$ 表示分布密度, $\pi(0)$、$1-\pi(0)$ 表示在零点的点密度 (二项分布), $f_c(y)$ 表示在其他点的计数分布, 则零膨胀密度为:

$$f(y)=\pi(0)I_{\{0\}}(y)+[1-\pi(0)]f_c(y),$$

式中, $I_{\{0\}}(y)$ 是在零点的示性函数. 关于零点的点质量可以选与以 $\pi\equiv\pi(0)$(或者 $1-\pi(0)$) 为概率的二项分布相关的 logistic 回归 (也可以选其他的, 比如 probit 回归):

$$\ln\frac{\pi}{1-\pi}=\boldsymbol{x}^\top\boldsymbol{\beta} \ \ 或者 \ \ \pi=\frac{\exp(\boldsymbol{x}^\top\boldsymbol{\beta})}{1+\exp(\boldsymbol{x}^\top\boldsymbol{\beta})}.$$

而在非零的地方则可选用 Poisson 对数线性模型 (或其他模型, 如负二项模型等):

$$\ln(\lambda)=\boldsymbol{x}^\top\boldsymbol{\gamma} \ \ 或者 \ \ \lambda=\exp(\boldsymbol{x}^\top\boldsymbol{\gamma}).$$

整个模型的均值 μ 为:

$$\mu=\pi\cdot 0+(1-\pi)\lambda.$$

用这个模型估计出的参数也应该由两部分组成: logistic 回归部分的 $\hat{\boldsymbol{\beta}}$ 及 Poisson 模型的 $\hat{\boldsymbol{\gamma}}$. 为此, 可以利用 R 程序包 `pscl`[3]中的 `zeroinfl` 函数. 其中对于所述两部分的模型代码需分别标注.

3.6.3 Poisson 对数线性模型的预测及交叉验证

使用 Poisson 对数线性模型对新数据 (这里用 `newdata` 表示) 均值做预测的代码很简单 (`predict(a,newdata,type="response")`). 但其预测的是 λ_i $(i=1,2,\ldots,n)$, 不

[1] Giner, G. and Smyth, G. K. (2016). statmod: probability calculations for the inverse Gaussian distribution. *R Journal*, 8 (1): 339-351. (pinvgauss, qinvgauss, dinvguass and rinvgauss functions).

[2] Scrucca, L. (2009). dispmod: dispersion models. R package version 1.0.1.

[3] Jackman, S. (2024). pscl: classes and methods for R developed in the political science computational laboratory. Sydney, Australia. R package version 1.5.9. `https://github.com/atahk/pscl/`.

是整数. 因此, 关于预测精度完全可以用前面 1.2.3 节介绍的标准化均方误差来判断拟合的好坏.

为了做比较, 对于例 3.2 仙客来数据, 我们首先用在 1.6.2 节引入的函数 `Fold` 来把下标随机分成若干份 (这里是 $Z=10$ 份), 然后才可做 Z 折交叉验证. 这里使用函数 `Fold` 是为了把变量 Variety、Regimem 和 Fertilizer 的 96 种搭配中的每一种的 20 个观测值都均衡地随机分成 10 份.

为此, 首先还是用原始数据构造一个和 3 个变量 96 种搭配相同的有 96 种水平的分类变量 (`L[,1]`):

```
w=read.csv("cyclamen.csv")
for(i in c(1,2,5))w[,i]=factor(w[,i])
L=rep(777,n);J=0
for(i in unique(w[,1])) for(j in unique(w[,2]))
for(k in unique(w[,5])){
  J=J+1
  L[w[,1]==i&w[,2]==j&w[,5]==k]=J
}
L=data.frame(a=factor(L),1)
```

这样构造是为了适应 `Fold` 函数的格式. 这里还是使用最初使用的 3 个自变量 (Variety、Regimem 和 Fertilizer) 数据做 10 折交叉验证. 建立 10 个均衡随机集合的代码为 (`D` 为因变量位置, `Z` 为折数):

```
mm = Fold(L, Z=10, D=1, seed=8888)
```

下面的 10 折交叉验证是对 Poisson 对数线性模型和传统线性模型做比较, 代码为:

```
library(tidyverse)
w=read.csv("cyclamen.csv")
for(i in c(1,2,5))w[,i]=factor(w[,i])
w=w[,-(3:4)];D=4;D=10
pred=matrix(99,n,2)
for(i in 1:Z){
  m=mm[[i]]
  pred[m,1]=glm(Flowers ~ ., family="poisson", data=w[-m,])%>%
    predict(w[m,],type="response")
  pred[m,2]=lm(Flowers ~ .,w[-m,])%>%
    predict(w[m,])
}
M=sum((w[,D]-mean(w[,D]))^2)
nmse=apply((sweep(pred,1,w[,D],'-'))^2,2,sum)/M
```

结果表明, Poisson 对数线性模型和传统线性模型的交叉验证结果几乎相同, 都不理想 (和“拍脑袋”的以均值为预测值差不多), 它们的 NMSE 分别为 0.8966 和 0.8973 (因存在随机误差, 每次结果可能不同). 这也说明了 Poisson 对数线性模型虽然在数学公式上考虑了整数型目标变量, 但在用于实际预测时, 还是回到实数值 (均值), 这使得它相对于任何其他回归模型没有任何优势. Poisson 对数线性模型通常存在的过散布等问题也说明了很难在现实世界找到符合其精确数学机制的现象, 局限于该模型框架下的小修小补根本不能解决问题.

评论

广义线性模型在数学上依赖于非常精密的数学假定, 但这种无法核对的主观假定必然会与实际数据产生矛盾. 显然, 广义线性模型的精致数学公式必须在符合数据所代表的实际世界才有意义, 但是, 在交叉验证之前, 谁也不能确定这一点. 一个模型的好坏不能靠数学假定, 只有数据本身才有发言权.

3.7 习 题

1. 用代码 `w=read.csv("column.2C.csv")` 输入脊柱数据. 这个数据[①]的 6 个自变量 (V1,V2,. . ., V6) 为 6 个生物力学特征, 都是数量变量. 研究目的是把患者分为两类: 正常 (100 人, 代码为 NO: normal), 不正常 (210 人, 代码为 AB: abnormal). 在原始数据中, 变量 V6 的第 116 个观测值是明显的异常值, 会影响拟合运算, 因此, 我们对其进行了修正 (把原来的 418.54 换成了 46.7093), 这里的数据集是修正后的.
   (1) 请用本章所介绍的两种 logistic 回归来对该数据进行拟合, 并做各种检验.
   (2) 请用本章所介绍的两种 logistic 回归来做分类, 得到对训练集的误判率.
   (3) 用交叉验证来比较 logistic 回归和其他方法分类的预测精度.
2. 用代码 `w=read.csv("hemophilia.csv")` 输入血友病数据.[②]这个数据是由美国国家癌症研究所资助的多中心血友病队列研究 (multicenter hemophilia cohort study, MHCS) 获得的. 该项研究从 1978 年 1 月 1 日到 1995 年 12 月 31 日在 16 个治疗中心 (12 个在美国, 4 个在西欧) 跟踪了超过 1600 名血友病患者, 该数据一共有 2144 个观测值及 6 个变量. (注意对数据中用哑元表示的定性变量的因子化.)
   (1) 把最后一个变量 deaths (死亡数目) 作为因变量, 用 Poisson 对数线性模型来拟合.
   (2) 试解决各种可能出现的问题 (比如过散布、零膨胀等). 对结果进行讨论.
   (3) 用交叉验证来和其他方法比较预测精度 NMSE.

3.8 本章的 Python 代码

3.8.1 3.5 节的代码

3.5.1 节例 3.1 献血数据的 logistic 回归

Python 中有两种常见的函数, 分属 `sklearn.linear_model` 及 `statsmodels.api` 模块. 其中前者默认的是分类方法, 预测值自动判别输出分类结果; 后者与 R 软件中 logistic 回归的输出类似, 预测值为概率值. 首先介绍 `statsmodels.api` 模块的 logistic 回归. 对于例 3.1 献血数据:

[①]可从网站`http://archive.ics.uci.edu/ml/datasets/Vertebral+Column`下载.

[②]来自加利福尼亚大学伯克利分校的 STAT LABS 网站: `http://www.stat.berkeley.edu/users/statlabs/labs.html`.

```
w = pd.read_csv('trans.csv')
import statsmodels.api as sm
import statsmodels.formula.api as smf
formula = 'Donate~Recency+Frequency+Time'
mod = smf.glm(formula=formula,data=w,family=sm.families.Binomial()).fit()
print(mod.summary())
```

```
                 Generalized Linear Model Regression Results
==========================================
Dep. Variable:                  Donate   No. Observations:                  748
Model:                             GLM   Df Residuals:                      744
Model Family:                 Binomial   Df Model:                            3
Link Function:                   logit   Scale:                          1.0000
Method:                           IRLS   Log-Likelihood:                -353.93
Date:                 Fri, 20 Dec 2019   Deviance:                       707.87
Time:                         11:18:00   Pearson chi2:                     775.
No. Iterations:                      5
Covariance Type:             nonrobust
==========================================
                 coef    std err          z      P>|z|      [0.025      0.975]
------------------------------------------------------------------------------
Intercept     -0.4495      0.180     -2.493      0.013      -0.803      -0.096
Recency       -0.0986      0.017     -5.693      0.000      -0.133      -0.065
Frequency      0.1354      0.026      5.274      0.000       0.085       0.186
Time          -0.0231      0.006     -3.872      0.000      -0.035      -0.011
==========================================
```

例 3.1 献血数据用 logistic 回归做分类

下面介绍 `sklearn.linear_model` 模块用 logistic 回归做分类, 对于例 3.1 献血数据, 使用下面的代码:

```
w = pd.read_csv('trans.csv')
X = w.iloc[:,:-1]; y = w.iloc[:,-1]
from sklearn.linear_model import LogisticRegression
logreg = LogisticRegression(solver='lbfgs')
logreg.fit(X,y)
print('intercept:', logreg.intercept_)
print('slope:', logreg.coef_)
```

输出的参数估计为:

```
intercept: [-0.44956796]
slope: [[-0.09856745  0.13530511 -0.0230787 ]]
```

二元分类的交叉验证

现在, 针对例 3.1 献血数据的二元分类, 我们使用 `sklearn.linear_model` 模块做 10 折交叉验证. 利用 1.6.2 节的交叉验证分折函数 `Fold` 来得到交叉验证的 10 个子集下标.

输入数据及划分子集的代码为:

```
w = pd.read_csv('trans.csv')
y = w.iloc[:,3]; X = w.iloc[:,:3]; Z=10
Zid = Fold(y, Z=Z, seed = 8888)
```

进行交叉验证:

```
pred = np.zeros(len(y))
clf = LogisticRegression(solver='lbfgs')
for j in range(Z):
    clf.fit(X[Zid!=j],y[Zid!=j])
    pred[Zid==j] = clf.predict(X[Zid==j])
from sklearn.metrics import confusion_matrix
print('confusion_matrix:\n',confusion_matrix(y, pred))
print('error rate =',np.mean(y!=pred))
```

输出混淆矩阵及误判率:

```
confusion_matrix:
 [[554  16]
 [157  21]]
error rate = 0.23128342245989306
```

3.8.2 3.6 节的代码

3.6.1 节例 3.2 仙客来数据的盒形图

载入模块及数据, 并生成 Flowers 对 Variety、Regimem、Fertilizer 三个变量各个水平的盒形图 (见图 3.8.1).

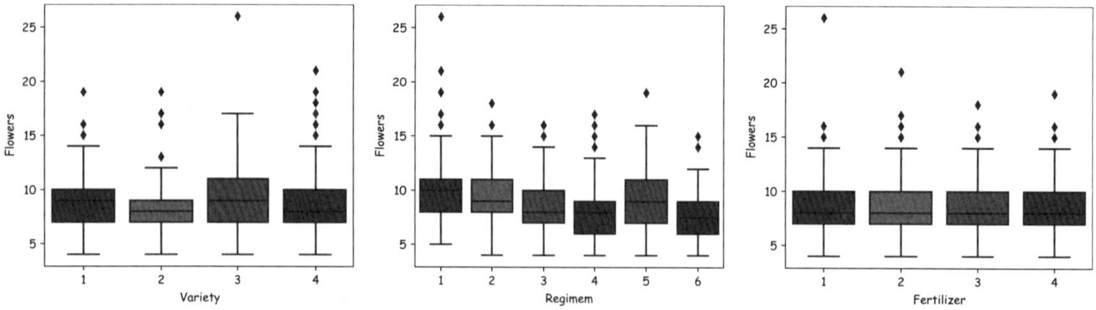

图 3.8.1 例 3.2 仙客来数据的 Flowers 对变量 Variety、Regimem、Fertilizer 各个水平的盒形图

```
import seaborn as sns
w = pd.read_csv("cyclamen.csv")

import matplotlib.pyplot as plt
plt.figure(figsize=(12,4))
```

```
plt.subplot(1,3,1)
sns.boxplot( x=w["Variety"], y=w["Flowers"])
plt.subplot(1,3,2)
sns.boxplot( x=w["Regimem"], y=w["Flowers"])
plt.subplot(1,3,3)
sns.boxplot( x=w["Fertilizer"], y=w["Flowers"])
```

3.6.3 节的 Python 代码

下面对例 3.2 仙客来数据做 Poisson 对数线性模型的预测及交叉验证. 首先, 对原始数据的 3 个分类变量构造一个具有同样搭配的 96 种水平的分类变量 A (其中匹配 R 中 `Fold` 函数的是变量 L):

```
n=len(w); m=len(w.columns)
A=np.ones(n)*777
J=0
for i in set(w.iloc[:,0]):
    for j in set(w.iloc[:,1]):
        for k in set(w.iloc[:,4]):
            J=J+1
            A[(w.iloc[:,0]==i)&(w.iloc[:,1]==j)&(w.iloc[:,4]==k)]=J
x1=np.ones(A.shape[0])
L=np.column_stack((A,x1))
```

使用 1.6.2 节定义的 `Fold` 函数把各个水平均衡分成各个子集:

```
Z=10
Zid = Fold(A, Z=10, seed = 8888)
```

由于变量 Regimem 体现了 Day 和 Night 的组合, 删掉后两者得到新数据集. 此外, Variety、Regimem、Fertilizer 是数值型的分类变量, 首先需要进行哑元处理:

```
w1 = pd.get_dummies(w.iloc[:,[0,1,4]].astype('category'),
                    drop_first = True)
X=w1
w1['Flowers']=w['Flowers']
y=w['Flowers']
M = np.sum((y-np.mean(y))**2)
```

最后, 比较 Poisson 对数线性模型和传统线性模型的预测及交叉验证结果

```
import statsmodels.api as sm
import statsmodels.formula.api as smf
formula ='Flowers~Variety_2+Variety_3+Variety_4+Regimem_2+Regimem_3+\
         Regimem_4+Regimem_5+Regimem_6+Fertilizer_2+Fertilizer_3+\
```

```
          Fertilizer_4'
names = ['glm', 'lm']

A = dict()
YPred = dict()
for i in names:
    Y_pred = np.zeros(len(y))
    for j in range(Z):
        if i=='glm': fam=sm.families.Poisson()
        else: fam=sm.families.Gaussian()
        Y_pred[Zid==j]=smf.glm(formula=formula,
                               data=w1.iloc[Zid!=j,:],family=fam)\
        .fit().predict(X.iloc[Zid==j,:])
    YPred[i] = Y_pred
    A[i] = np.sum((y-YPred[i])**2)/M
print(A)
```

```
{'glm': 0.8944264579531691, 'lm': 0.8951479421857677}
```

第 4 章　机器学习: 有监督学习

4.1　引　言

为降低解决问题过程的难度, 第 2 章和第 3 章的各种模型对数据做了不少主观的数学假定, 因而使结果显得更容易 " 解释 ". 这种在假定下所得出的结论很容易被统计学界之外的人相信, 因为大量的概率和统计学专业术语以及在严格的数学逻辑下的数学推导使得人们往往忘记得出这些结论的大前提——对于实际问题的无法证实的数学假定的可信度.

这些基于数学假定的统计方法在历史上有其合理性. 在只能依靠铅笔和纸进行计算的时代, 数据中的信息量不可能很大, 而那些缺乏的信息必须用主观假定来弥补, 否则将很难得出结论, 或者结论不易解释. 正如在当今的网络通信时代, 人们不能忘记马匹和驿站作为通信工具的历史作用.

不否认马匹和驿站的功绩并不意味着我们必须还用这些工具来通信. 在计算机时代, 基于铅笔和纸的传统统计思维方式必然会被基于计算机的新的思维方式冲击. 大多数传统统计学家并不否认机器学习方法令人信服的预测精度和效率, 但不能期望所有人都接受新鲜事物, 人们必须理解一个娴熟的骑手对现代交通工具进行批判时的心理.

4.2　决策树

4.2.1 决策树的基本构造

决策树 (decision tree) 是一个很接近人类做决策的过程的模型, 但它又是一些预测精度很高的机器学习方法的基本模块, 称为**基础学习器** (base learner) 或**弱学习器** (weak learner). 因此理解决策树对于理解那些集成方法是很重要的. 图 4.2.1 是例 1.3 卫星图像数据的分类决策树 (由 Python 代码生成).

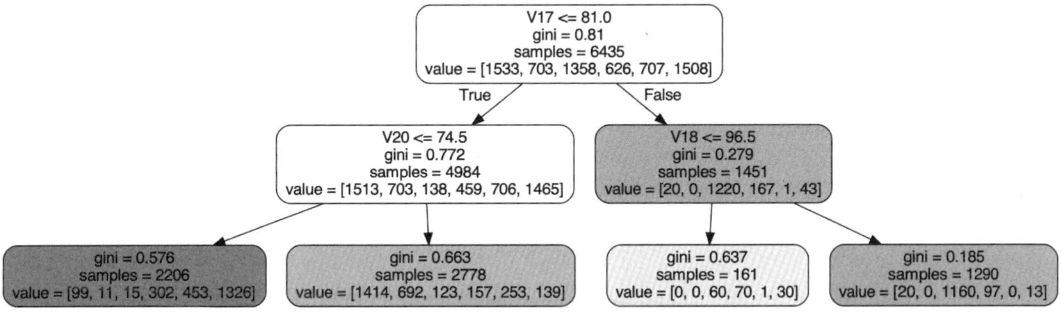

图 4.2.1　例 1.3 卫星图像数据的分类决策树

图 4.2.1 就是一棵决策树, 如同一棵倒长的树, 该决策树只有 3 层. 实际应用时, 需要多

少层依情况而定 (这里选择了 3 层是为了看得清楚). 该决策树由 7 个 (这里是矩形) **节点** (node) 组成, 最上面的 1 个是**根节点** (root node, root), 最下面的 4 个是**终节点** (terminal node) 或**叶节点** (leaf node, leaf). 每个节点代表一个数据集 (或子集). 图 4.2.1 是用 Python 代码生成的, 不同的软件生成的图不尽相同, 所显示的信息也不同.

下面介绍各个节点所包含的信息. 以根节点为例, 它代表了全部原始数据, 图 4.2.1 最上面的根节点显示了其性质 (各种信息):

1. `V17<=81.0` 是拆分该节点数据到下面两个子节点的自变量 V17 的拆分属性, 如果观测值满足该条件 (`True`), 则分到左下子节点, 否则 (`False`) 分到右下子节点.
2. `gini=0.81` 是该节点因变量 (V37) 数据的不纯度 (impurity). 后面将会详细介绍数据的不纯度.
3. `samples=6435` 是该节点数据的样本量.
4. `value=[1533,703,1358,626,707,1508]` 是该节点因变量数据 6 个水平的计数.

其他节点的信息类似于根节点, 但由于终节点后面不再分叉, 就没有拆分自变量的属性了.

如何根据图 4.2.1 的决策树做决策呢? 如果一个新的观测值有类似的自变量, 那么该观测值根据每个节点的拆分属性最终会落入终节点之一, 比如落入最右边的终节点. 由于该终节点最后一行为 `value=[20, 0,1160,97,0,13]`, 其预测值就是数量最多 (第 3 个数目: 1160) 的因变量的第 3 个水平 (类). 注意, 这里决策树使用的例 1.3 数据 6 水平分类问题是按照因变量各水平 (类) 的数目多少投票来确定预测值的, 但对于回归问题, 则以终节点数据因变量的均值来作为预测值.

聪明的读者必然会提出下面的问题:

1. 拆分变量的属性是怎么来的? 比如在根节点, 为什么是自变量 V17 及 `V17<=81.0`?
2. 什么是不纯度 (这里对于分类问题是 Gini)? 它有什么意义? 容易验证, 父节点的不纯度都高于其 2 个子节点的不纯度的 (按照子节点样本量比例的) 加权平均. 对于回归, 不纯度如何定义?
3. 何时停止分叉?

实际上, 在某节点选择某自变量属性来拆分的目的是使得因变量 (这里是 V37) 数据在决策树中变纯最快. 层数越多, 叶节点就越纯, 但有可能造成过拟合而使得模型无法泛化. 应用中都有各种方法 (比如交叉验证或各种集成算法) 来避免过拟合.

4.2.2 决策树是把因变量数据变纯的过程

4.2.1 节提到, 决策树就是根据各个自变量的不同属性把因变量数据变纯的过程. 那么, 什么是**纯度** (purity) 呢? 下面举两个例子:

1. 售卖苹果的企业收购来的苹果大小不一, 但售出的苹果却通过某些设备按照大小分装在不同的容器中. 这个把不同尺寸的苹果通过某些装置分成若干组 (组内大小类似, 而各组之间大小不同) 的过程就是一种纯化过程, 结果每组的苹果尺寸虽然不会完全相同, 但也都差不多, 即比较纯.
2. 医学上按照各种指标把某疾病分成若干期, 这样每一期的患者的某些指标都在同一个范围内. 这也是一种纯化, 每组所有成员的标签都是一样的.

上面两个 (苹果和患者的) 例子就和决策树的过程类似. 第 1 个相应于回归树 (分成大小类似的组), 而第 2 个相应于分类决策树 (分成标签相同的组). 回归还是分类是根据因变量 (目标变量) 的性质决定的. 如果一群人都是男生, 而另一群人都是女生, 那么在性别这个变量上, 这两群人各自都是纯的, 没有混杂. 但如果按照年龄、身高或学历等其他变量来划分, 这两群人就不一定是纯的了. **谈论数据纯度必须是以某个变量为目标**, 否则没有意义.

对于分类变量, 只有一种类别就是全纯, 如果某一类占大多数就是比较纯, 如果各类数目比较均衡就是很不纯. 对于有大量观测值的数量变量, 很难都等于同一个数目, 因此, 数值之间差别较小就是纯的标志了. 量化纯度常用的度量为样本方差或样本标准差.

把一个关于因变量不纯的数据集根据各自变量属性划分成若干尽可能纯的数据子集就是决策树概念的核心, 无论因变量是分类变量还是数量变量, 原理都是类似的.

不纯度的度量

不纯度对于数量变量和分类变量的度量标准不同.

1. **数量变量:** 记数量变量的观测值集合为 $y_1, y_2, \ldots, y_n$, 样本均值为 $\overline{y} = \sum_{i=1}^{n} y_i/n$, 则该数据的不纯度通常用**误差平方和** (sum of squared errors, SSE[①])

$$\mathrm{SSE} = \sum_{i=1}^{n}(y_i - \overline{y})^2, \text{ 这里 } \overline{y} = \frac{1}{n}\sum_{i=1}^{n} y_i$$

来度量. 此外还有很多基于 SSE 的等价度量, 一个常用的等价度量为**样本方差** (又称**均方误差** (mean squared error, MSE))[②]

$$\mathrm{MSE} = \frac{1}{n}\sum_{i=1}^{n}(y_i - \overline{y})^2.$$

显然, SSE 越大, 数据越不纯, 而当 SSE 接近 0 时, 数据几乎都相同, 就没有多少变化了.
使上述数量变量的不纯度逐渐变小是决策树回归的基础. 在传统统计的回归中, 虽然没有出现 " 纯 " 这个名词, 但在实际运作中也采取了减少不纯度的思维方式. 而 SSE 大 (或方差大) 代表信息量大的概念, 是主成分分析选取主成分的基础.

2. **分类变量:** 假设一个分类变量数据中有 K 个不同的类 (或水平), 每个水平的比例为 p_k $(k = 1, 2, \ldots, K)$, 而且 $\sum_{k=1}^{K} p_k = 1$. 显然, 如果各个 p_k 都差不多, 说明数据比较不纯 (混杂), 而如果某一个 p_k 占据主导地位, 而其他比例接近 0, 数据就比较纯 (齐次). 通常使用的不纯度度量有三种: **信息熵** (information entropy, 简称**熵** (entropy))、**Gini 指数** (Gini index) 或 **Gini 不纯度** (Gini impurity)、**分类误差** (classification error) 或**误判率** (misclassification rate).

---

①同样的表达式可能会有不同的名称, 而同样的名称可能会有不同的意义, 依人或应用场合而定. 比如, 人们也称 $\sum_{i=1}^{n}(y_i - \hat{y})^2$ 为 SSE, 这和我们这里不矛盾, 因为回归决策树每个节点的拟合值 $(\hat{y}_i)$ 就等于均值 $(\overline{y}_i)$. 另外, 人们在方差分析中, 也把这里的 SSE 称为 SST (sum of squares total), 那里是准备进一步分解的全部 SS (sum of squares).

②在一些传统数理统计教材中, 样本方差定义为:

$$s^2 = \frac{1}{n-1}\sum_{i=1}^{n}(y_i - \overline{y})^2.$$

这是为了使该样本方差的数学期望等于假定的总体方差 (记为 σ^2): $E(s^2) = \sigma^2$, 即 s^2 为 σ^2 的所谓的 " 无偏估计 ". 实际上, 这两者在实际数据分析中没有多大差别, 并且无偏估计概念需要无法验证的假定: $y_1, y_2, \ldots, y_n$ 独立同分布, 而且它们共同的均值 μ 和方差 σ^2 都存在. R 中的函数 `var` 输出的是 s^2, 而 Python 中的函数 `np.var` 输出的是 SSE, 这显示了模型驱动和数据驱动的两种思维.

(1) **信息熵**定义为:

$$\mathrm{H} = -\sum_{k=1}^{K} p_k \log_2 p_k.$$

(2) **Gini 不纯度**定义为:

$$\mathrm{G} = \sum_{k=1}^{K} p_k(1-p_k) = 1 - \sum_{k=1}^{K} p_k^2.$$

(3) **分类误差**定义为:

$$\mathrm{CE} = 1 - \max_k p_k.$$

对于变量只有两类 ($K=2$) 的情况, 这 3 个度量显示在图 4.2.2 中. 图 4.2.2 的横坐标为 p_1(或 $p_2 = 1-p_1$), 显然, 当 p_i 为 0 或 1 时, 不纯度最小, 而在 1/2 时不纯度最大.

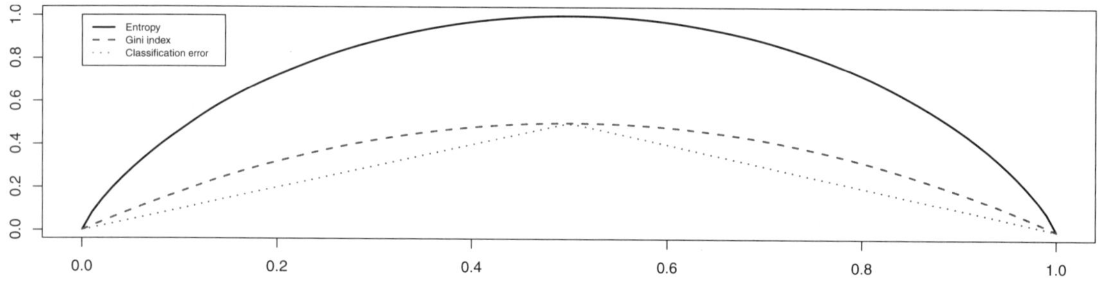

图 4.2.2 $K=2$ 时的 3 个不纯度曲线

决策树拆分变量的选择过程

不纯度基于因变量数据度量, 依赖于需要分叉的节点的数据集. 假定该节点 (样本量为 n, 自变量个数为 m) 中的因变量 $\boldsymbol{y} = (y_1, y_2, \ldots, y_n)$, 而决策树的拆分则依赖于自变量 $\boldsymbol{x}_k = (x_{k1}, x_{k2}, \ldots, x_{kn})$ $(k = 1, 2, \ldots, m)$ 的属性. 对于二叉树来说, 按照某自变量 (记为 $\boldsymbol{x}_k$) 的属性分叉就意味着在某节点的数据根据该自变量属于其两个值域 $\boldsymbol{x}_k \in A$ 和 $\boldsymbol{x}_k \in A^C$ (或等价地, $\boldsymbol{x}_k \notin A$) 而使因变量分成两个子集: $(\boldsymbol{y}|\boldsymbol{x}_k \in A)$ 和 $(\boldsymbol{y}|\boldsymbol{x}_k \notin A)$. 对于因变量是分类变量的分类问题, 不纯度采用 Gini 不纯度 G (也可以用信息熵 H) 来度量; 对于因变量是数量变量的回归问题, 不纯度采用 SSE 来度量. 则不纯度的减少为拆分前节点的不纯度

$$\mathrm{IP}(\boldsymbol{y}) = \begin{cases} \mathrm{G}(\boldsymbol{y}), & \text{分类问题,} \\ \mathrm{SSE}(\boldsymbol{y}), & \text{回归问题,} \end{cases}$$

和拆分后子节点总不纯度 (为各子节点不纯度的和或加权平均)[①]

$$\mathrm{IP}(\boldsymbol{y}|\boldsymbol{x}_k \in A, \boldsymbol{x}_k \notin A) = \begin{cases} p_1\mathrm{G}(\boldsymbol{y}|\boldsymbol{x}_k \in A) + p_2\mathrm{G}(\boldsymbol{y}|\boldsymbol{x}_k \notin A), & \text{分类情况,} \\ \mathrm{SSE}(\boldsymbol{y}|\boldsymbol{x}_k \in A) + \mathrm{SSE}(\boldsymbol{y}|\boldsymbol{x}_k \notin A), & \text{回归情况.} \end{cases}$$

[①] 如果回归时使用 MSE 作为不纯度的度量 ($\mathrm{IP}(\boldsymbol{y}) = \mathrm{MSE}(\boldsymbol{y}) = \mathrm{SSE}(\boldsymbol{y})/n$, n 为父节点因变量的样本量), 则子节点的总不纯度亦为各子节点不纯度的加权平均 (显然有重复运算):

$$\begin{aligned}\mathrm{IP}(\boldsymbol{y}|\boldsymbol{x}_k \in A, \boldsymbol{x}_k \notin A) &= p_1\mathrm{MSE}(\boldsymbol{y}|\boldsymbol{x}_k \in A) + p_2\mathrm{MSE}(\boldsymbol{y}|\boldsymbol{x}_k \notin A) \\ &= \frac{1}{n}[\mathrm{SSE}(\boldsymbol{y}|\boldsymbol{x}_k \in A) + \mathrm{SSE}(\boldsymbol{y}|\boldsymbol{x}_k \notin A)].\end{aligned}$$

之差 (这里 $p_1 = n_1/n$ 和 $p_2 = n_2/n$ 为两个子节点的样本量的比例 $(n_1 + n_2 = n)$)(注意: 对于二叉树, $\boldsymbol{x}_k \in A$ 和 $\boldsymbol{x}_k \notin A$ 的拆分是相同的):

$$\Delta\mathrm{IP}(\boldsymbol{y}|\boldsymbol{x}_k \in A) = \mathrm{IP}(\boldsymbol{y}) - \mathrm{IP}(\boldsymbol{y}|\boldsymbol{x}_k \in A, \boldsymbol{x}_k \notin A). \tag{4.2.1}$$

如果变量 $\boldsymbol{x}_k$ 在一个节点有 K 个可能的拆分值域 $A_{k1}, A_{k2}, \ldots, A_{kK}$, 那么应该寻求使得不纯度减少最多的拆分 (第一层 " 选拔 "):

$$A_{kj^*} = \underset{A_{kj}, j=1,2,\ldots,K}{\arg\max} \Delta\mathrm{IP}(\boldsymbol{y}|\boldsymbol{x}_k \in A_{kj}), \quad k = 1, 2, \ldots, m. \tag{4.2.2}$$

下一步的目标是要在 m 个自变量的各自最好的拆分中选择使不纯度降低得最多的拆分 (第二层 " 选拔 "):

$$A_{k^*j^*} = \underset{A_{kj^*}, k\in(1,2,\ldots,m)}{\arg\max} \Delta\mathrm{IP}(\boldsymbol{y}|\boldsymbol{x}_k \in A_{kj^*}). \tag{4.2.3}$$

也就是说, 由 $\boldsymbol{x}_k^* \in A_{k^*j^*}$ 所做的拆分会使得该节点的不纯度下降最快.

基于任意一个节点, 决策树分叉每次拆分的过程如下:

1. 根据式 (4.2.2), 对于每个自变量, 寻求使得因变量变纯最快的属性 (最优属性).
2. 根据式 (4.2.3), 比较各个自变量最优属性的不纯度减少值, 选取全局最优属性.

根据某些准则停止拆分后, 把没有再做拆分的节点 (即终节点或叶节点) 数据中的因变量值进行平均 (对于回归) 或者取众数 (对于分类) 作为该节点的预测值. 对于一个新观测值, 决策树自变量的拆分路径达到一个终节点 (必然会达到某一个终节点), 该终节点的预测值就是这个新观测值的预测值.

决策树的生长

我们用一个简单的人造数据例子尽量直观地说明回归决策树和分类 (两叉) 决策树的拆分生长过程.

例 4.1 人造数据 (toy1.csv). 该人造数据只有 7 个观测值和 4 个变量: income (月收入, 单位: 千元), age (年龄, 单位: 岁), sex (性别, 水平: F, M), retired (是否退休, 水平: no, yes). 我们用 income 作为因变量来描述回归决策树, 而用 retired 作为因变量来描述分类决策树 (全部数据见表 4.2.1).

表 4.2.1 例 4.1 全部数据

income	age	sex	retired
4.10	52	M	no
4.20	61	F	yes
4.50	68	M	yes
5.00	56	M	no
3.20	32	F	no
4.60	44	M	no
2.90	55	F	yes

例 4.1 人造数据的分类决策树 (以 retired 为因变量的分类)

首先, 将 retired 作为因变量, 其他变量作为自变量来构建分类决策树, 使用 R 代码:

```
w=read.csv('toy1.csv',stringsAsFactors = TRUE)
library(rpart.plot)
(a=rpart(retired~.,w,minsplit=4))
```

```
rpart.plot(a,type=2,extra=1,digits = 3)
```

输出下面决策树的打印版和图形 (见图 4.2.3). 该决策树一共有 5 个节点, 最上面的是代表全部数据、号码为 1 的根节点. 根节点中满足条件 age<53.5 的为 2 号节点, 是打印中星号表示的终节点 (叶节点). 而根节点中满足条件 age>=53.5 的为 3 号节点, 3 号节点是还要分叉的中间节点 (既非根节点, 也非终节点), 它的两个子节点为 (3 号节点中满足条件 income>=4.75 的) 6 号和 (3 号节点中满足条件 income<4.75 的) 7 号节点.[①]

```
n= 7
node), split, n, loss, yval, (yprob)
      * denotes terminal node
1) root 7 3 no (0.5714286 0.4285714)
  2) age< 53.5 3 0 no (1.0000000 0.0000000) *
  3) age>=53.5 4 1 yes (0.2500000 0.7500000)
    6) income>=4.75 1 0 no (1.0000000 0.0000000) *
    7) income< 4.75 3 0 yes (0.0000000 1.0000000) *
```

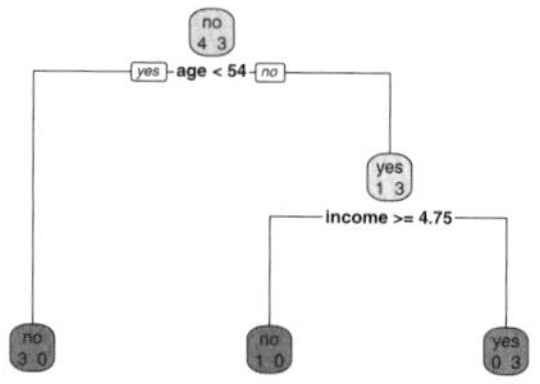

图 4.2.3 例 4.1 人造数据的分类决策树

上面打印输出每一行的具体含义如下所示.

node	split	n	loss	yval	(yprob)
节点号	拆分属性	节点样本量	节点少数类数目	预测值: 多数类	该节点各水平比例
1)	root	7	3	no	(0.571 0.429)
2)	age<53.5	3	0	no	(1.00 0.00)
3)	age>=53.5	4	1	yes	(0.25 0.75)
6)	income>=4.75	1	0	no	(1.00 0.00)
7)	income<4.75	3	0	yes	(0.00 1.00)

例 4.1 人造数据拆分变量属性选择过程 (以 retired 为因变量的分类)

下面就例 4.1 人造数据, 以 retired 为因变量的分类拆分变量选择过程来说明式 (4.2.2) 和式 (4.2.3) 的计算. 这里使用的 R 函数 Split 在 4.16.1 节提供, 该函数有局限性, 只适用于分类自变量只有两个水平的情况 (如例 4.1 人造数据的 sex 和 retired). 对全部数据 (根节点数据) 执行该函数并查看输出的最后结果:

```
> RES=Split(w=w,ID='retired')
> RES$df
              split    max_DIP
income income<4.55 0.14693878
age      age<53.5 0.27551020
sex         sex=F 0.08503401
> RES$res
[1] "age<53.5"
```

①第 k 个节点的两个子节点号码为 $2k$ 和 $2k+1$. 在某些软件中, 根节点号码为 0, 那么第 k 个节点的两个子节点号码为 $2k+1$ 和 $2k+2$. 按照这种标准, 由于节点拆分次数不同 (后代节点个数不同), 决策树可能有些节点号码为空号, 比如这里的 4 号和 5 号是空号.

上面输出的 `RES$df` 展示了各个变量最好的表现状况, 显然变量 age 的属性 `age<53.5` 比其他变量的最佳表现都好 (汇总在最后一行 `"age<53.5"`), 它把根节点数据拆分成两个子节点 (用代码表示为 `w[w$age<53.5,]` 和 `w[w$age>53.5,]`), 这和使用函数 `rpart` 所得到的一样. 分类变量 sex 只有一种分割办法 (也就是其最好的拆分了), 而数量变量 age 和 income 都有多种分割属性, 必须先进行 “ 变量内部竞争 ”, 再和其他变量比较. 以 age 为例, 取不同数值按升序排列的 age 及每两个顺序值的中间点和按照这些中间点拆分的不纯度减少值分别为:

```
> (x=sort(unique(w$age)))
[1] 32 44 52 55 56 61 68
> x[-7]+diff(x)/2
[1] 38.0 48.0 53.5 55.5 58.5 64.5
> RES$G[[2]]  # w$age (第2个变量) 的不纯度减少
[1] 0.06122449 0.14693878 0.27551020 0.08503401 0.26122449 0.10884354
```

最后两行输出的意义为:

i	1	2	3	4	5	6
d_i	38.0	48.0	53.5	55.5	58.5	64.5
$\Delta\text{IP}(\boldsymbol{y}\|x < d_i)$	0.06	0.15	0.28	0.09	0.26	0.11

显然, 当 age < 53.5 时, 不纯度减少 $\Delta\text{IP}(\boldsymbol{y}|x < d_i)$ 达到 age 变量其他分割的最大值. 还可以验证 3 号节点的最佳拆分属性 (和 `rpart` 函数得到的一致):

```
> Split(w[w$age>53.5,],ID='retired')$res
[1] "income<4.75"
```

例 4.1 人造数据的回归决策树 (以 income 为因变量的回归)

首先, 将 income 作为因变量, 其他变量作为自变量来建立回归决策树, 输出下面决策树的打印版和图形 (见图 4.2.4).

```
n= 7
node), split, n, deviance, yval
      * denotes terminal node
1) root 7 3.4742860 4.071429
  2) sex=F 3 0.9266667 3.433333 *
  3) sex=M 4 0.4100000 4.550000
    6) age< 54 2 0.1250000 4.350000 *
    7) age>=54 2 0.1250000 4.750000 *
```

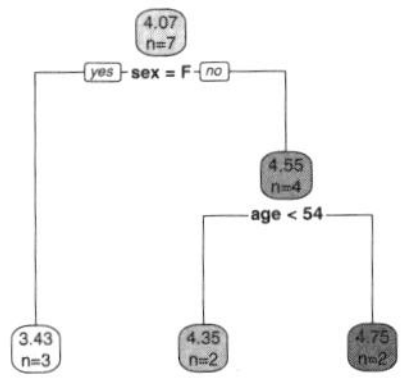

图 4.2.4 例 4.1 人造数据的回归决策树

该决策树一共有 5 个节点, 最上面的是代表全部数据的**根节点**, 号码为 1, 它拆分成 2 个子节点, 号码为 2 号和 3 号, 代表根节点中满足条件 `sex=F` 的 2 号节点是打印中星号表示的**终节点** (也称**叶节点**), 代表根节点中满足条件 `sex=M` 的 3 号节点是还要分叉的中间节点 (既不是根节点, 也不是终节点), 它的两个子节点为 (3 号节点中满足条件 `age<54` 的) 6 号和 (3 号节点中满足条件 `age>=54` 的) 7 号节点.

上面打印输出的每一行的具体含义如下所示:

node	split	n	deviance	yval
节点号	拆分属性	节点样本量	节点因变量 SSE	预测值: 因变量均值
1)	root	7	3.4743	4.0714
2)	sex=F	3	0.9267	3.4333
3)	sex=M	4	0.41	4.55
6)	age<54	2	0.125	4.35
7)	age>=54	2	0.125	4.75

生成上面结果的 R 代码为:

```
(b=rpart(income~.,w,minsplit=4) )
rpart.plot(b,type=2,extra=1,digits = 3)
```

例 4.1 人造数据拆分变量属性选择过程 (**以** income **为因变量的回归**)

类似于前面, 对全部数据 (根节点数据) 使用在 4.16.1 节提供的 R 函数 `Split`, 并查看输出的最后结果:

```
> RES=Split(w=w,ID='income')
> RES$df
               split  max_DIP
age        age<55.5 1.287619
sex            sex=F 2.137619
retired retired=no 0.220119
> RES$res
[1] "sex=F"
```

得到在根节点的最佳分割属性为 `"sex=F"`, 这和 `rpart` 函数得到的一致. 还可以验证 3 号节点的最佳拆分属性 (这和 `rpart` 函数得到的一致):

```
> Split(w[w$sex=='M',],ID='income')$res
[1] "age<54"
```

4.2.3 一个真实数据的决策树回归实践

下面通过一个简单的例子来描述回归决策树的实践.

例 4.2 伺服系统数据 (servo.csv). 该数据[①] 有 167 个观测值和 5 个变量. 它涵盖了一种极其非线性的现象: 根据两个 (连续) 增益设置和两个 (离散) 机械连杆选择来预测伺服机构的上升时间. 变量有 motor (马达, 有 5 个水平的分类变量), screw (导螺杆, 有 5 个水平的分类变量), pgain (p 增益, 数量变量), vgain (v 增益, 数量变量) 及 class (类型). 这里把连续型变量 class 作为因变量来考虑回归问题.

首先, 用例 4.2 伺服系统数据建立一棵决策树, 看看这棵树有什么特点, 并且看该树如何用到新数据. 我们用 R 程序包 `rpart`[②]的函数 `rpart` 来建立决策树. 读入数据和用全部数

[①] Lichman, M. (2013). UCI Machine Learning Repository . Irvine, CA: University of California, School of Information and Computer Science. 数据可从网址 `https://archive.ics.uci.edu/ml/datasets/Servo`下载.

[②] Therneau, T., Atkinson, B. and Ripley, B. (2015). rpart: recursive partitioning and regression trees. R package version 4.1-9.

据建立决策树的代码为:

```
w=read.csv("servo.csv",stringsAsFactors = TRUE)
library(rpart.plot)
(a=rpart(class~.,w))
rpart.plot(a,type=2,extra=1,digits=4)
```

这生成了如图 4.2.5 所示的决策树并打印出对应决策树的细节.

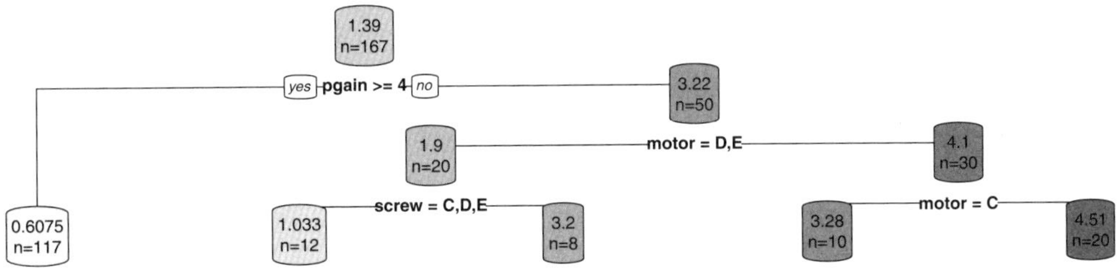

图 4.2.5 对例 4.2 伺服系统数据做回归的决策树

和图 4.2.5 对应的决策树的细节输出为 (由于变量 pgain 只有 4 个值: 5, 6, 4, 3, 因此图 4.2.5 中的 pgain>=4 和下面输出的 pgain>=3.5 是等价的):

```
n= 167
node), split, n, deviance, yval
      * denotes terminal node


 1) root 167 403.788700 1.3897080
   2) pgain>=3.5 117   7.909512 0.6075345 *
   3) pgain< 3.5 50 156.801500 3.2199950
     6) motor=D,E 20  63.762060 1.9000070
      12) screw=C,D,E 12   1.146652 1.0333320 *
      13) screw=A,B 8  40.081690 3.2000180 *
     7) motor=A,B,C 30  34.960470 4.0999880
      14) motor=C 10  18.835910 3.2799860 *
      15) motor=A,B 20   6.038506 4.5099890 *
```

根据 4.2.2 节的介绍, 相信读者已经明白该回归树的构造过程, 我们不再赘述. 下面介绍如何用回归决策树来做预测.

用训练出来的回归决策树对新数据做预测

假定我们有了新的数据, 即用下面的代码即时建立的数据 new.data, 该数据只有一行观测值, 没有因变量的值, 但有所有自变量的名字和格式, 具体代码由下面两行组成 (代码前后的括号是为了自动输出赋值的内容):

```
(new.data=data.frame(motor="E",screw="B",pgain=3,vgain=3))
```

http://CRAN.R-project.org/package=rpart.

得到新数据为:

```
  motor screw pgain vgain
1     E     B     3     3
```

看图 4.2.5: 根节点下来的第一个拆分变量就是 pgain, 对于这个新数据, pgain 为 3 (< 3.5), 因此应该走向右边的子节点; 遇到的第二个拆分变量为 motor, 新数据的 motor 为 "E", 因此应该走向左边的子节点; 遇到的第三个拆分变量为 screw, 新数据的 screw 为 "B", 因此应该走向右边的终节点, 在那里, 训练集 (目前是全部数据) 数据的因变量均值为 3.2, 这也是我们新数据的预测值.

当然, 上面这种 " 看图识字 " 式的预测在实际计算中是自动进行的:

```
w=read.csv("servo.csv",stringsAsFactors = TRUE)
library(rpart)
a=rpart(class~.,w)
predict(a,new.data)
```

得到:

```
> predict(a,new.data)
       1
3.200018
```

人们会说, 回归决策树太简单了! 对例 4.2 伺服系统数据仅仅给出了 5 个数, 也就是任何新数据来了, 得到的答案仅仅是这 5 个数之一, 这能行吗? 看看线性回归, 不同的新数据往往会给出不同的因变量的值. 实际上, 预测的精度和可能得到的值的多少无关. 请看下面关于决策树和线性模型的比较.

4.2.4 决策树回归和线性回归的比较和交叉验证

例 4.2 伺服系统数据的决策树回归和线性回归拟合比较

对例 4.2 伺服系统数据同时做决策树回归和线性回归, 并计算它们的残差平方和及 R^2:

```
D=5;SST=sum((w[,D]-mean(w[,D]))^2)#D是因变量的位置
a=rpart(class~.,w)
resa=w[,D]-predict(a,w)
(SSEa=sum(resa^2))
b=lm(class~.,w)
(SSEb=sum(b$res^2))
(R2a=1-SSEa/SST)
(R2b=1-SSEb/SST)
```

得到表 4.2.2 所示的两个模型的拟合度量比较.

表 4.2.2 线性回归和决策树回归对例 4.2 伺服系统数据拟合的 R^2 和 SSE 的比较

模型	R^2	SSE
线性回归	0.5578665	178.5285
决策树回归	0.8167054	74.01227

图 4.2.6 为对例 4.2 伺服系统数据做线性回归 (左) 和决策树回归 (右) 的相同尺度下的残差图. 根据对表 4.2.2 及图 4.2.6 显示的结果的综合比较, 该数据线性回归的效果远远不如决策树回归. 图 4.2.6 是由下面的代码生成的:

```
layout(t(1:2))
yl="Residual";xl="Observation";rg=range(b$res)
plot(b$residuals,pch=2,xlab=xl,ylab=yl,
     main="Residual plot for LM fit",ylim=rg)
abline(h=0,lty=2)
plot(resa,pch=16,xlab=xl,ylab=yl,
     main="Residual plot for Tree fit",ylim=rg)
abline(h=0,lty=2)
```

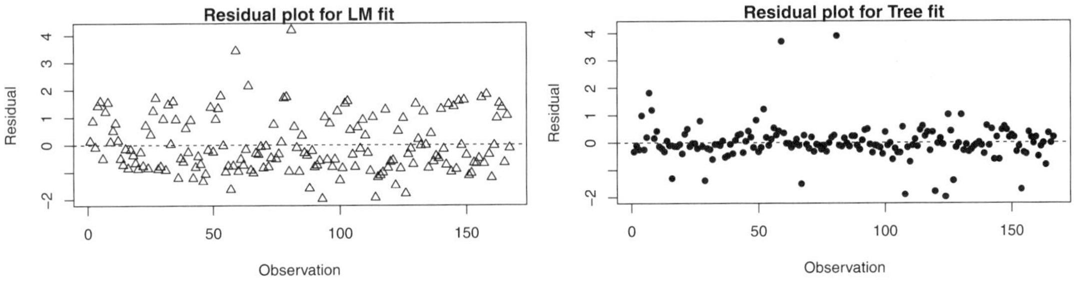

图 4.2.6 对例 4.2 伺服系统数据做线性回归 (左) 和决策树回归 (右) 的残差比较

例 4.2 伺服系统数据的决策树回归和线性回归关于变量重要性的比较

很多人认为, 根据回归中的 F 检验或者 t 检验的 p 值可以知道各个变量的重要程度. 比如用 `anova(b)` 可以得到方差分析表:

```
Analysis of Variance Table

Response: class
           Df  Sum Sq Mean Sq  F value    Pr(>F)
motor       4  15.657   3.914   3.4204   0.01035 *
screw       4  11.315   2.829   2.4718   0.04680 *
pgain       1 166.628 166.628 145.6014 < 2.2e-16 ***
vgain       1  31.659  31.659  27.6642  4.69e-07 ***
Residuals 156 178.528   1.144
```

因此, 按照这个方差分析表的 p 值, 他们可以说, 对于因变量, pgain 最重要, vgain 次之, 然后是 motor 和 screw. 但是这些检验是基于数据的正态性假定, 如果正态性假定不成立, 这些检验就没有意义. 我们来看看对残差的正态性检验:

```
> shapiro.test(b$res)

        Shapiro-Wilk normality test

data:  b$res
W = 0.93225, p-value = 4.385e-07
```

检验结果能说明残差来自正态分布吗? 再看 Q-Q 图及线性回归常用的残差对拟合值图 (图 4.2.7 的左右两图). 生成图 4.2.7 的 R 代码为:

```
layout(t(1:2))
qqnorm(b$res);qqline(b$res)
plot(b$res~b$fit,ylab="Residual",xlab="Fitted value")
abline(h=0,lty=2)
```

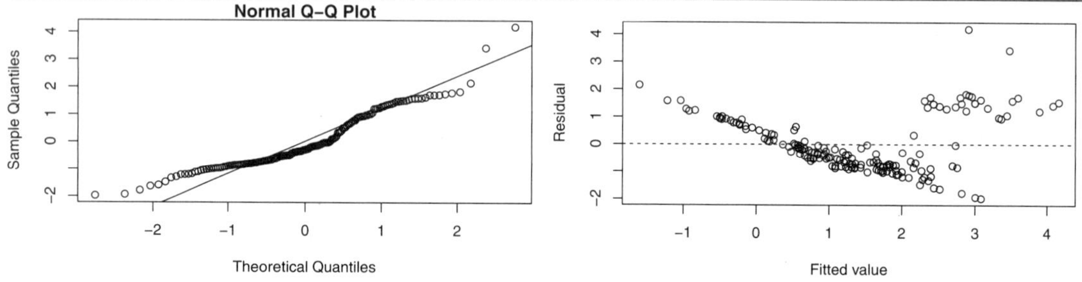

图 4.2.7 例 4.2 伺服系统数据的线性回归拟合的 Q-Q 图 (左) 和残差对拟合值图 (右)

图 4.2.7 中左边的 Q-Q 图根本不像一条直线, 说明正态性假定很荒谬, 而残差对拟合值图呈现出某些系统趋势, 这不但说明因变量独立同正态分布的假定根本不满足, 还说明线性模型本身就很不合适.

而对于根本用不着正态性和线性关系假定的决策树, 从拆分变量的选择次序就可以看出变量的重要性次序: pgain、motor、screw 及 vgain. 但决策树对于变量重要性有自己的度量, 即该变量作为拆分变量 (或潜在拆分变量替代物) 对树的改进的综合. 可以用下面的 R 代码得到对每个变量的度量:

```
> a$variable.importance #可简写为a$v
    pgain     motor     screw     vgain
239.07763  68.16505  22.53372  19.12621
```

显然, 这和从决策树本身直观看到的次序一样. 当然, 对于复杂的决策树, 直观感觉和计算出来的重要性不见得一致.

例 4.2 伺服系统数据的决策树回归和线性回归预测效果的交叉验证

下面对例 4.2 伺服系统数据的决策树回归和线性回归预测效果做 K 折交叉验证来得到交叉验证的 NMSE. 要做 K 折交叉验证, 必须确定 K 个随机选择的下标集. 这个数据的两个分类变量的搭配并不平衡, 由于不易全部平衡, 因此尽量平衡其中一个变量的各个水平, 我们选择第 2 个变量 screw, 然后使用在 1.6.2 节定义的函数 `Fold` 来确定 $K = 7$ 折交叉验证所用的 7 个下标集合 (存放在 mm 中). 下面是对例 4.2 伺服系统数据做决策树回归和线性回归预测时, 计算交叉验证 NMSE 所用的 R 代码 (使用了 1.6.1 节的自编函数 Gbarplot):

```
library(tidyverse);library(rpart.plot)
w=read.csv("servo.csv",stringsAsFactors = TRUE)
n=nrow(w);D=5;Z=7 #D为因变量位置; Z为折数
pred=matrix(999,n,2)
M=sum((w[,D]-mean(w[,D]))^2)
mm=Fold(w,Z,2,8888) #screw是第2个变量
gg=formula('class~.')

for(i in 1:Z){
  m=mm[[i]]
pred[m,1]=rpart(gg,data =w[-m,])%>%predict(w[m,])
pred[m,2]=lm(gg,data =w[-m,])%>%predict(w[m,])
}
nmse=apply((sweep(pred,1,w[,D],'-'))^2,2,sum)/M
NMSE=data.frame(Method=c('Tree','LM'),NMSE=nmse)
Gbarplot(NMSE)
```

得到的 NMSE 对于决策树回归为 0.3067, 而对于线性回归却有 0.5175, 如图 4.2.8 所示. 显然, 对于例 4.2 伺服系统数据, 决策树回归要优于线性回归.

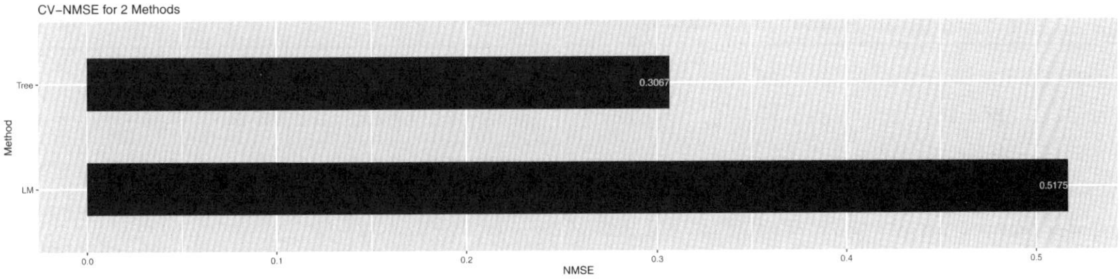

图 4.2.8 例 4.2 伺服系统数据决策树回归和线性回归预测的交叉验证的 NMSE

4.2.5 一个真实数据的决策树分类实践

例 4.3 慢性肾病数据 (kidney02.csv). 该数据采自印度医院[①]约 2 个月期间收集的记录.[②] 该数据有 400 个观测值和 25 个变量. 前 24 个变量为自变量, 包括各种化验指标和医院记录: age (年龄), bp (血压), sg (尿比重), al (白蛋白), su (糖), rbc (红细胞), pc (脓细胞), pcc (脓细胞团块), ba (细菌), bgr (随机血糖), bu (血尿素), sc (血清肌酸酐), sod (钠), pot (钾), hemo (血色素), pcv (红细胞容积比), wc (白细胞计数), rc (红细胞计数), htn (高血压), dm (糖尿病), cad (冠状动脉病), appet (食欲), pe (足水肿), ane (贫血); 最后一个变量 class 是作为因变量的二分变量, 有两个水平: ckd (有慢性肾病), notckd (没有慢性肾病).

[①]Dr. P. Soundarapandian. M.D.,D.M (Senior Consultant Nephrologist), Apollo Hospitals, Managiri, Madurai Main Road, Karaikudi, Tamilnadu, India.

[②]Lichman, M. (2013). UCI Machine Learning Repository. Irvine, CA: University of California, School of Information and Computer Science. 数据网址为https://archive.ics.uci.edu/dataset/336/chronic+kidney+disease.

原始数据有很多缺失值和记录错误, kidney02.csv 是纠正了明显错误及弥补缺失值之后的数据. 弥补缺失值时使用了 R 程序包 missForest[①]中的 missForest 函数.

和用决策树做回归时一样, 我们用同样的程序包 rpart 中同样的函数 rpart 来做分类. 读入数据并对全部数据做决策树分类、打印结果并且用程序包 rpart.plot 中的函数 rpart.plot 生成图 4.2.9 的 R 代码为:

```
w=read.csv("kidney02.csv")
library(rpart.plot)
(a=rpart(class~.,w))
rpart.plot(a,type=2,extra=2,digits=4,Margin=0)
```

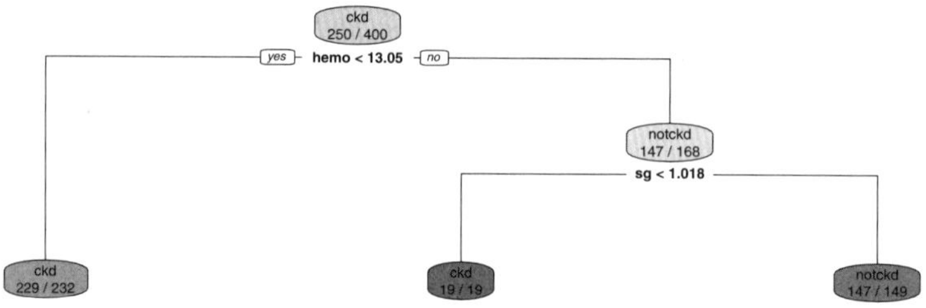

图 4.2.9 例 4.3 慢性肾病数据分类的决策树

与图 4.2.9 对应的决策树打印版为:

```
n= 400
node), split, n, loss, yval, (yprob) * denotes terminal node

1) root 400 150 ckd (0.62500000 0.37500000)
  2) hemo< 13.05 232   3 ckd (0.98706897 0.01293103) *
  3) hemo>=13.05 168  21 notckd (0.12500000 0.87500000)
    6) sg< 1.0175 19   0 ckd (1.00000000 0.00000000) *
    7) sg>=1.0175 149   2 notckd (0.01342282 0.98657718) *
```

使用分类决策树来预测

假定我们有了新的数据 (这里只有一行观测值来自改动的原始数据的第 300 行, 改变 4 个自变量的值并把因变量标为缺失):

```
new.data=w[300,];row.names(new.data)=NULL
new.data$hemo=14;new.data$sg=1
new.data$pc="abnormal";new.data$age=60
new.data$class=NA
new.data
```

[①] Stekhoven, D. J. (2013). missForest: nonparametric missing value imputation using random forest. R package version 1.4. Stekhoven D. J. and Buehlmann, P. (2012). MissForest - non-parametric missing value imputation for mixed-type data. *Bioinformatics*, 28(1): 112-118.

得到新数据点 (分两行展示):

```
> new.data
age bp sg al su    rbc       pc          pcc          ba  bgr bu
 60 60  1  0  0 normal abnormal notpresent notpresent 127 48
sc   sod pot hemo pcv   wc   rc   htn dm cad appet pe ane class
0.5 150 3.5   14  52 11000 4.7   no no  no  good no  no    NA
```

预测在实际计算中是自动进行的:

```
predict(a,new.data,type="class")
```

得到预测值: ckd.

对于训练集本身的"预测", 则用下面的代码生成混淆矩阵和误判率:

```
a.p=predict(a,w,type="class")
table(a.p,w$class)
sum(a.p!=w$class)/nrow(w)
```

结果为:

```
a.p        ckd notckd
  ckd      248      3
  notckd     2    147
```

显然, 这里只有 5 个观测值被误判了, 和图 4.2.9 最左边节点 (3 个) 及最右边节点 (2 个) 标明的相同 (那里分别标的是 229/232 及 147/149, 代表"多数/总数"). 此外还得到误判率为 0.0125.

变量重要性

类似于决策树回归, 在例 4.3 慢性肾病数据的决策树分类中, 也可以通过 R 代码 a$var 得到变量重要性 (只选中 9 个):

```
> a$var
     hemo       pcv        sg        sc        rc
144.82759 129.31034 124.18300 118.12717 112.06897
       al       rbc       bgr        dm
106.91553  18.99161  17.26510  15.53859
```

图 4.2.10 显示了变量重要性图, 是由下面的 R 代码生成的 (这里使用的函数 Gbarplot 在 1.6.1 节):

```
df=data.frame(Variable=names(a$var),Importance=a$var)
Gbarplot(df,'Importance of variables in decision tree')
```

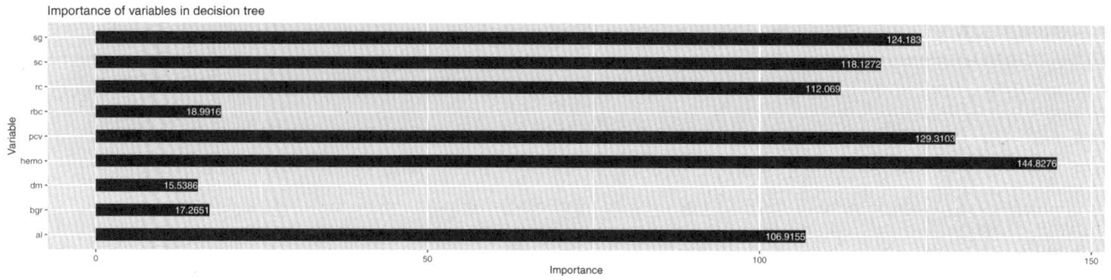

图 4.2.10　例 4.3 慢性肾病数据决策树分类的变量重要性图

4.3　集成算法的思想

4.3.1 基本思想

若一个简单模型并不总是很有效, 精确度也不一定高, 则我们称之为**弱学习器**或**基础学习器**, 决策树就是这种弱学习器 (虽然并不比线性模型弱). 但是如果把一些弱学习器组合起来, 就可能形成一个非常优秀的学习器. 这就是**集成算法** (ensemble method) 或**组合方法** (ensemble algorithm) 的基本思想 (Breiman, 1996).

为了理解这种思想, 考虑以简单多数原则当选的选举问题. 假定候选人 A 在一个很大的人群中的支持率为 51%, 那么, 如果只有一个选民来选举, 那么 A 被选上的概率为 0.51; 如果有 1001 个人参选, 那么 A 被选上 (至少 501 人选 A) 的概率为 0.7366309 (根据二项分布代码 `pbinom(500,1001,0.51,low=F)`); 如果有 10001 个人参选, 那么 A 被选上 (至少 5001 人选 A) 的概率为 0.9772688 (根据二项分布代码 `pbinom(5000,10001,0.51,low=F)`).

图 4.3.1 说明了上面选举例子中支持率 (横坐标)、被选上的概率 (纵坐标) 及参选人数 n 的关系. 可以看出, 参选人数越多, 支持率小于 0.5 (竖直虚线) 的候选人就越难被选上, 而支持率大于 0.5 的候选人就越容易被选上.

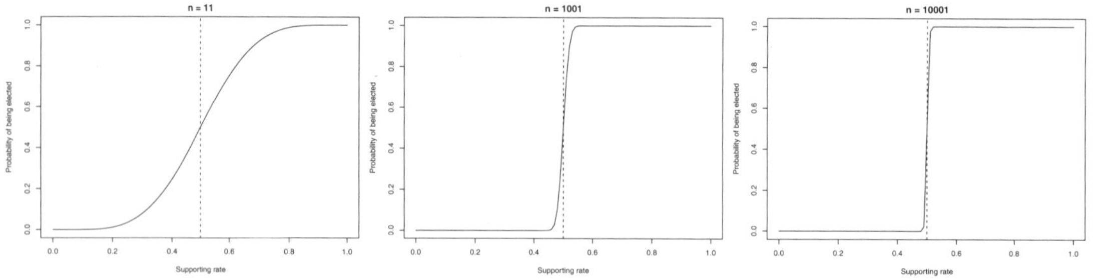

图 4.3.1　支持率 (横坐标)、被选上的概率 (纵坐标) 及参选人数 n 的关系

可以把决策树看作一个简单的学习器. 用许多决策树可以组合成非常精确的学习器. 当然, 用同一个数据产生的决策树是一样的, 没有组合作用. 但是如果对原始数据做自助法抽样 (即做有放回抽样), 则会产生不同的数据, 从而会产生不同的决策树. 如果再在抽样概率以及决策树选择拆分变量等方面做些改变, 则可以产生基于同一个原始数据的各种不同的决策树, 形成一个可以 " 投票 " 的决策树群, 众多决策树的综合决策精度则会大大高于单个决策树的决策精度.

4.3.2 集成算法及自助法抽样

自助法 (bootstrap) 抽样是基于决策树的组合方法的基础, 记 $\boldsymbol{X}=(X_1,X_2,\ldots,X_n)$ 为感兴趣的样本, 则自助法是从样本 $\boldsymbol{X}$ 中重复进行有放回抽样, 并基于抽到的样本做各种数据分析.

自助法最初的目的是估计一个统计量 $T_n=g(\boldsymbol{X})=g(X_1,X_2,\ldots,X_n)$ 的方差和分布, 它还能用来构造置信区间. 自助法是决策树组合方法中再抽样构造决策树的主要方法.

令 $\mathbb{V}_F(T_n)$ 表示 T_n 的方差, 它是背景分布 F 的一个函数. 如果知道 F, 至少在理论上知道了方差. 比如, 如果 $T_n=n^{-1}\sum_{i=1}^n X_i$ 为样本均值, 那么

$$\mathbb{V}_F(T_n)=\frac{\sigma^2}{n}=\frac{\int x^2\mathrm{d}F(x)-(\int x\mathrm{d}F(x))^2}{n},$$

这显然是 F 的一个函数.

由于 F 未知, 只能基于样本经验分布 $\widehat{F}_n$ 的 $\mathbb{V}_{\widehat{F}_n}(T_n)$ 来估计 $\mathbb{V}_{F_n}(T_n)$. 由于 $\mathbb{V}_{\widehat{F}_n}(T_n)$ 可能不易计算, 因此可用自助法模拟来近似它, 记为 v_{boot}. 具体步骤为:

1. 有放回地从 $X_1,X_2,\ldots,X_n$ 中抽取 $X_1^*,X_2^*,\ldots,X_n^*$.
2. 计算 $T_n^*=g(X_1^*,X_2^*,\ldots,X_n^*)$.
3. 重复上面的步骤 1 和步骤 2 B 遍, 得到 $T_{n,1}^*,T_{n,2}^*,\ldots,T_{n,B}^*$.

这样, 可令

$$v_{\text{boot}}=\frac{1}{B}\sum_{b=1}^{B}\left(T_{n,b}^*-\frac{1}{B}\sum_{r=1}^{B}T_{n,r}^*\right)^2.$$

自助法能够用来对统计量 T_n 的累积分布函数 (CDF) 做近似. 令 T_n 的累积分布函数为 $G_n(t)=\mathbb{P}(T_n\leqslant t)$. 于是对 G_n 的自助法近似为:

$$\widehat{G}_n^*(t)=\frac{1}{B}\sum_{b=1}^{B}I(T_{n,b}^*\leqslant t).$$

由此可以得到各种基于其 CDF 的关于 T_n 的推断结果, 比如点估计和区间估计等, 这些结果平行于基于抽样分布的结果, 但不需要诸如正态性分布等假定, 完全由数据本身来确定.

集成算法中的自助法

以回归任务为例, 考虑预测因变量 $Y_{\boldsymbol{X}}$ 的问题. 令 $\phi(\boldsymbol{X})$ 为一个来自基础学习器的预测结果. 令 $\mu_\phi=E(\phi(\boldsymbol{X}))$, 这里的期望是关于学习样本所基于的分布的, 所以 $\phi(\boldsymbol{X})$ 是学习样本 $\boldsymbol{X}$ 的函数, 而不是固定 $\boldsymbol{X}$ 实现值的函数. 于是有

$$\begin{aligned}E([Y_{\boldsymbol{X}}-\phi(\boldsymbol{X})]^2)&=E([(Y_{\boldsymbol{X}}-\mu_\phi)+(\mu_\phi-\phi(\boldsymbol{X})]^2)\\&=E([Y_{\boldsymbol{X}}-\mu_\phi]^2)+2E(Y_{\boldsymbol{X}}-\mu_\phi)(\mu_\phi-\phi(\boldsymbol{X}))+E([\mu_\phi-\phi(\boldsymbol{X})]^2)\\&=E([Y_{\boldsymbol{X}}-\mu_\phi]^2)+E([\mu_\phi-\phi(\boldsymbol{X})]^2)\\&=E([Y_{\boldsymbol{X}}-\mu_\phi]^2)+\text{Var}(\phi(\boldsymbol{X}))\geqslant E([Y_{\boldsymbol{X}}-\mu_\phi]^2).\end{aligned}$$

这里的不等式实际上是严格的, 因为不是所有学习样本都能产生同样的因变量预测值. 这个不等式意味着能够把 $\mu_\phi=E(\phi(\boldsymbol{X}))$ 作为预测量, 而且比 $\phi(\boldsymbol{X})$ 有更小的均方预测误差.

如何得到 $E(\phi(\boldsymbol{X}))$ 呢? 一种易于描述的典型方法就是 4.4 节 bagging 所用的自助法, 它

对 $E(\phi(\boldsymbol{X}))$ 的估计为:

$$\frac{1}{B}\sum_{b=1}^{B}\phi_b^*(\boldsymbol{X}), \tag{4.3.1}$$

这里的 $\phi_b^*(\boldsymbol{X})$ 就是基于第 b 次自助法抽样所产生的决策树得到的预测. 式 (4.3.1) 是简单的 B 项平均. 而其他方法的自助法抽样可能会有所改变 (比如加权), 树的构造也可能会不同 (比如限制每个节点拆分变量的竞争者数目), 平均也可能是根据各个决策树的误差而做的加权平均.

后面会陆续具体介绍各种基于决策树的集成算法.

抽样分布和自助法分布的区别

一般经典的统计推断都基于**抽样分布** (sampling distribution), 抽样分布是从总体重复抽样所得的样本的分布. 但是从原始总体重复抽样是很难实现的, 一般只有一个样本, 因此必须对分布做出各种无法验证的假定, 然后根据这些假定来对参数或统计量做出推断. 而自助法从仅有的一个原始样本做重复的有放回抽样, 由此可以得到许多自助法样本, 这些样本的分布为**自助法分布** (bootstrap distribution). 这些自助法分布通常在形状、散布和偏差等方面用来近似实际的抽样分布, 根据自助法所得到的各种关于统计量的推断结果不需要基于任何分布假定.

自助法的适用限制

首先, 太小的原始样本集不是总体的很好近似, 不一定适合用自助法. 其次, 对于某些不平衡的样本也不适合用自助法, 比如想通过只有一个对象死亡而其余几千个都存活的生存数据来研究死亡原因的情况, 或者人口数据中各个阶层的比例和实际比例显著不平衡的情况等. 又次, 对于很不规范的数据, 比如具有大量错误、缺失值或者非正常度量的观测值的数据, 也不宜用自助法. 最后, 对于一些非独立观测值组成的数据, 比如时间序列、空间数据等也不宜用自助法, 因为自助法是基于独立性假定的.

4.3.3 不同的集成算法

集成算法 (组合方法) 是一个广义称呼, 实际上还被分成以下两种:

1. **(狭义) 集成算法**: 比如每次自助法抽样生成一棵决策树, 如此生成的若干决策树之间是独立的, 结果也是独立的, 最后把各棵决策树结果汇总 (投票或平均) 得到总的结果.
2. **增强算法** (boosting algorithm): 这里也是利用自助法抽样来建立不同的模型, 但是各个模型是关联的. 比如用自助法建立了第一棵分类决策树, 然后用该决策树对各个观测值进行预测, 在第二棵决策树做有放回抽样时就不是等权抽样, 而是对第一棵决策树误判的观测值加大抽样权重, 使得下一棵决策树对这些观测值的误判率减少, 如此下去, 每棵决策树都和前一棵决策树的表现有关.

4.4 bagging 方法

4.4.1 概述

bagging 是一种基于自助法抽样的组合方法, 其名称来自英文 “bootstrap aggregating”, 可做回归和分类. 它是 Breiman (1996) 发明的方法.

bagging 的做法很简单, 就是对样本用自助法有放回地抽样多次, 每次建立一棵决策树, 一共建立指定数量的 (假定有 B 棵) 决策树之后, 对于一个新观测值, 通过这 B 棵决策树进行 B 次运算, 得到 B 个预测值, 然后把这些值的 (对于回归问题) 简单平均或 (对于分类问题) 投票作为该 bagging 模型对这个观测值的因变量的预测值.

4.4.2 一个真实数据的 bagging 回归实践

下面通过一个例子来看 bagging 回归如何实现.

例 4.4 翼型数据 (airfoil.csv). 该数据是 NASA 数据, 是对二维和三维翼型叶片在消声风洞进行空气动力学和声学实验时获得的.[①] 该数据有 1503 个观测值, 6 个变量. 变量有 Frequency (频率, 单位: 赫兹), Angle (攻角, 单位: 度), Chord (弦长, 单位: 米), Velocity (自由流速度, 单位: 每秒米), Thickness (吸入侧排量厚度, 单位: 米), Pressure (标准化声压水平, 单位: 分贝).

全部数据的拟合

我们使用 R 程序包 `ipred`[②]中的函数 `bagging` 做 bagging 回归. 这里需要注意的关于编程的一个问题是, 如果你已经载入包含同名分类函数 `bagging` 的 R 程序包 `adabag`, 必须把 `adabag` 解除 (`detach`) 或者使用附有程序包名称的命令 `ipred::bagging`, 才能用函数 `bagging` 做 bagging 回归, 以避免代码冲突.

对例 4.4 翼型数据做 bagging 回归的 R 代码为 (设立随机种子是为了使他人重复你的计算时能得到同样的结果):

```
w=read.csv("airfoil.csv")
library(ipred);set.seed(1010)
a=ipred::bagging(Pressure~.,w,coob=T,nbagg=100)
cat('RMSE =',a$err,',  ','NMSE =',a$err^2/mean((w[,6]-mean(w[,6]))^2))
```

其中选项 `coob=T` 意味着程序自己利用 OOB 数据进行了交叉验证 (参见 1.2.3 节). 选项 `nbagg=100` 意味着选择构造 100 棵决策树 (默认值是 25 棵决策树). 当选项 `coob=T` 时 (默认选项是 `coob=FALSE`), 输出的 `a$err` 是 OOB 交叉验证误差 (均方误差的平方根) 和标准化均方误差 NMSE:

```
RMSE = 3.69768 ,  NMSE = 0.2874872
```

我们让 bagging 做了 100 次自助法抽样, 建立了 100 棵决策树. 可以输出任何一棵决策树, 比如用代码 `a$mtree[[20]][[1]]` 就可以输出第 20 棵决策树所基于的自助法样本下标集合 (和样本量一样多, 但有很多重复的); 用代码 `a$mtree[[20]][[2]]` 就可以打印出第 20 棵决策树, 比如用下面的代码就可以生成第 20 棵决策树的图形:

```
plot(a$mtree[[20]][[2]]);text(a$mtree[[20]][[2]])
```

[①] Lichman, M. (2013). UCI Machine Learning Repository. Irvine, CA: University of California, School of Information and Computer Science. 数据可以从下面的网址`https://archive.ics.uci.edu/dataset/291/airfoil+self+noise`下载.

[②] Peters, A., Hothorn, T. (2023). ipred: improved predictors. R package version 0.9-14. `https://CRAN.R-project.org/package=ipred`.

交叉验证和模型比较

我们可以做 $K = 10$ 折交叉验证以求出决策树、bagging 和线性回归的预测的 NMSE 并绘图 (见图 4.4.1).

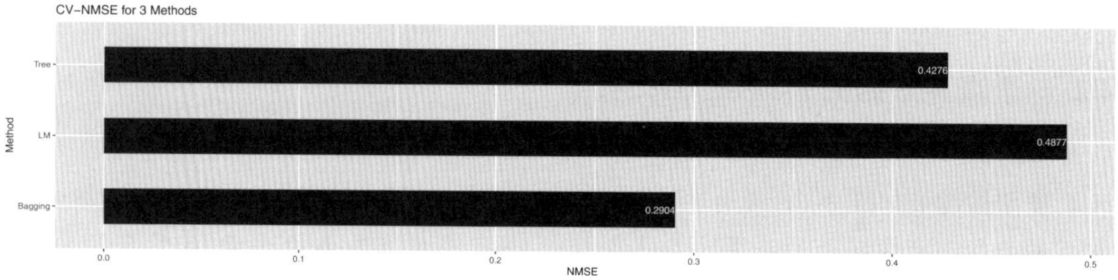

图 4.4.1 三种方法拟合例 4.4 翼型数据 10 折交叉验证的 NMSE

结果表明, 对于例 4.4 翼型数据, 作为组合方法的 bagging 要比决策树优越, 而线性回归表现最差 (它们的 NMSE 分别是: 决策树为 0.4276, bagging 为 0.2904, 线性回归为 0.4877), 这是可以预料的. 进行交叉验证并生成图 4.4.1 的 R 代码为 (这里使用了 1.6.1 节的函数 `Gbarplot`):

```
library(tidyverse)
w=read.csv("airfoil.csv")
library(rpart);library(ipred)
D=6;Z=10;n=nrow(w); set.seed(1010)
I=sample(rep(1:Z,ceiling(n/Z)))[1:n]
gg=formula(Pressure~.)
M=mean((w[,D]-mean(w[,D]))^2)
pred=matrix(99,n,3)
set.seed(1010)
for(i in 1:Z){
  m=(I==i)
  pred[m,1]=rpart(gg,w[!m,])%>% predict(w[m,])
  pred[m,2]=ipred::bagging(gg,nbagg=100,w[!m,])%>% predict(w[m,])
  pred[m,3]=lm(gg,w[!m,])%>% predict(w[m,])
}
nmse=apply((sweep(pred,1,w[,D],'-'))^2,2,mean)/M
NMSE=data.frame(Method=c('Tree','Bagging','LM'),NMSE=nmse)
Gbarplot(NMSE)
```

bagging 是最简单的基于决策树的组合方法, 用它来介绍组合方法容易让人理解. 但在很多情况下它不如后面要介绍的 mboost 及随机森林精确.

4.4.3 例 4.3 慢性肾病数据的 bagging 分类实践

全部数据分类生成的变量重要性

为对例 4.3 慢性肾病数据 (全部数据为训练集) 做分类, 使用下面的 R 代码 (为了比较, 这里用程序包 `adabag` 和 `ipred` 的同名函数 `bagging` 做 bagging 分类):

```
w=read.csv("kidney02.csv",stringsAsFactors = TRUE)
library(adabag)
set.seed(9999)
a=bagging(class~.,w)
b=ipred::bagging(class~.,w)
```

由此可以得到很多结果. 比如可以用代码 a$trees 打印出默认的 100 棵决策树 (很少有人愿意如此做), 也可以打印出你选择的决策树, 比如可用代码 a$trees[[3]] 来打印第 3 棵决策树. 如果要得到每棵决策树对每个水平的投票, 可以用代码 a$votes 得到 100 行 2 列 (因变量在例 4.3 慢性肾病数据有 2 个水平) 的矩阵. 而代码 a$prob 生成等于 a$votes/100 的比例矩阵.

代码 a$importance 得到各个变量在分类时的相对重要性, 这是基于每个变量在每棵决策树中对 Gini 指数变化的影响来度量的. 结果显示在图 4.4.2 中, 看起来和单独的决策树很类似, 只有 hemo 和 sg 两个变量最重要, pcv 有一点影响, 其他都近乎于 0. 这也说明了 bagging 方法的弱点 (强势自变量的 " 霸道 "). 生成图 4.4.2 的 R 代码为 (这里使用了 1.6.1 节的函数 Gbarplot):

```
df=data.frame(Variable=names(a$imp),Importance=a$imp)
Gbarplot(df, 'importance of variables in bagging')
```

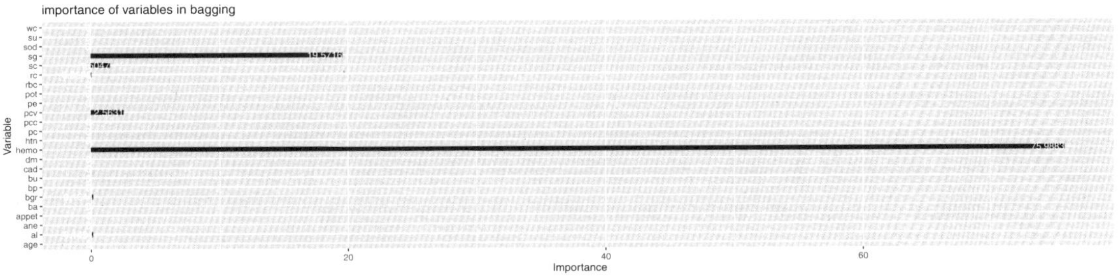

图 4.4.2 例 4.3 慢性肾病数据 bagging 分类的变量重要性图

使用 (两个不同 R 程序包的同名函数) bagging 来做预测

我们还是使用分类决策树做预测时的数据 (只有一行观测值来自改动的原始数据的第 300 行, 改变 4 个自变量的值并把因变量标为缺失):

```
new.data=w[300,];row.names(new.data)=NULL
new.data$hemo=14;new.data$sg=1
new.data$pc="abnormal";new.data$age=60
new.data$class=NA
new.data
levels(new.data[,25])=levels(w[,25])
(a.p=predict(a,new.data)$class)
(b.p=predict(b,new.data)) #得到同样的结果
```

得到预测值: ckd. 注意, 这里即使 new.data 的观测值的因变量值为 NA, 也必须确定其水平和训练集数据一样, 更不能只有自变量, 否则会有出错信息, 这是程序包 adabag 的缺陷. 在同一程序包的 Adaboost (函数 boosting) 分类预测中也有同样的问题.

对于训练集本身的 " 预测 ", 则用下面的 R 代码来得到混淆矩阵和误判率:

```
table(a.p,w$class)
sum(a.p!=w$class)/nrow(w)
table(b.p,w$class)
sum(b.p!=w$class)/nrow(w)
```

结果为:

```
> table(a.p,w$class)

a.p       ckd notckd
  ckd     248      3
  notckd    2    147
> sum(a.p!=w$class)/nrow(w)
[1] 0.0125
> table(b.p,w$class)

b.p       ckd notckd
  ckd     250      0
  notckd    0    150
> sum(b.p!=w$class)/nrow(w)
[1] 0
```

显然, 对于这个数据, 程序包 adabag 的 bagging 并不比程序包 ipred 的 bagging 拟合得好, 也不如单个分类决策树. 原因与两个包的程序结构和选项有关.

用自带函数做交叉验证

程序包 adabag 对其包含的分类方法带有交叉验证的函数, 对应于 bagging 方法的函数为 bagging.cv. 下面利用这个函数对例 4.3 慢性肾病数据分类做 10 折交叉验证 (这里选项 v=10 意味着 10 折, 实际上, 10 折交叉验证是其默认值, 因此不用写入), 交叉验证的 R 代码及输出的混淆矩阵和误判率为:

```
> bcv=bagging.cv(class~.,w,v=10)
> bcv$confusion
               Observed Class
Predicted Class ckd notckd
         ckd    248      4
         notckd   2    146
> bcv$err
[1] 0.015
```

和用训练集做预测的误差 0.0125 相比, 交叉验证的误判率要高些.

分类差额

对于任意一个观测值 $\boldsymbol{x}_i$, 如果被判为第 j 类 ($j=1,2,\ldots,k$, 假定有 k 类) 的概率或者后验分布 (即在 bagging 各个决策树所得到的票数比例) 为 $\mu_j(\boldsymbol{x}_i)$, 那么**分类差额** (classification margin) 定义为:

$$m(\boldsymbol{x}_i)=\mu_c(\boldsymbol{x}_i)-\max_{j\neq c}\mu_j(\boldsymbol{x}_i), \tag{4.4.1}$$

这里 c 为 $\boldsymbol{x}_i$ 真正属于的类, 显然 $\sum_{j=1}^{k}\mu_j(\boldsymbol{x}_i)=1$. 所有分错的观测值都有负的差额, 而正确分类的观测值都有正的差额. 对于例 4.3 慢性肾病数据, 我们用 1.6.2 节的 `Fold` 函数把数据随机分成一个训练集及一个测试集, 并据此画出这两个集合的差额分布图 (见图 4.4.3).

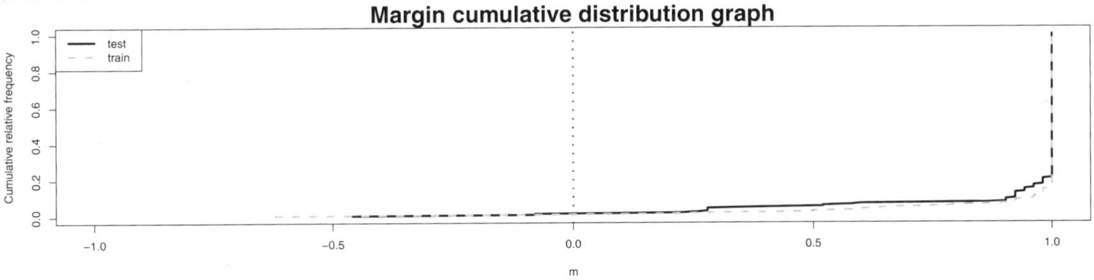

图 4.4.3 bagging 对例 4.3 慢性肾病数据拟合的训练集和测试集的差额分布

图 4.4.3 表明, 训练集的分布比测试集稍微好些. 差额分布图显示了 m 在各个数值段的分布. 生成图 4.4.3 的 R 代码为:

```
mm=Fold(w,2,25,8888);m=mm[[1]]
a=bagging(class~.,w[-m,])
kdbat=margins(predict(a,w[-m,]),w[-m,])
kdbate=margins(predict(a,w[m,]),w[m,])
plot.margins(kdbate,kdbat)
```

4.5 随机森林

4.5.1 概述

现在介绍随机森林回归, 它和 bagging 非常类似, 是 Breiman (2001) 发明的. 随机森林同样是从原始数据抽取一定数量的自助法样本, 根据我们要用的程序包 `randomForest` 的函数 `randomForest`, 默认的样本量是 500 (选项 `ntree=500`). 对每个样本建立一个决策树, 但与 bagging 的区别在于, 在每个节点, 在所有竞争的自变量中, 随机选择几个 (而不是所有) 变量来竞争拆分变量. 至于选择几个是由选项 `mtry` 决定的, 默认值 (对于回归) 是三分之一的自变量数目或 (对于分类) 自变量数目的平方根. 这里的随机森林的每棵决策树都不剪枝, 让其充分生长. 最终的预测结果是把所有决策树的结果做简单平均 (回归) 或投票 (分类), 这和 bagging 类似.

随机森林的这种随机选择少数自变量来竞争节点拆分变量的做法使得一些弱势变量有机会参与建模, 因此可能会揭示仅仅靠一些强势变量无法发现的数据规律. 随机森林也和 bagging 一样计算 OOB 交叉验证误差, 随机森林还利用各种方法从不同角度展示自变量的重要性.

随机森林能够处理观测值很少却有很多自变量的 (被某些经典方法称为 "维数诅咒") 问题, 还能处理自变量高阶交互作用及自变量相关的问题.

4.5.2 例 4.5 能源效率数据的随机森林回归

在本节, 我们通过一个建筑物能源效率数据来说明随机森林在回归问题上的实践.

例 4.5 能源效率数据 (energy.csv). 该数据[①]的因变量为 Y1 (建筑物供暖负荷) 和 Y2 (冷却负荷), 代表了能量效率度量; 而自变量为建筑参数: X1 (相对紧凑度), X2 (表面积), X3 (墙面积), X4 (房顶面积), X5 (总高度), X6 (朝向), X7 (透光面积), X8 (透光面积分布).

注意: 这里有两个因变量可选, 在自变量中, 我们注意到 X1 和 X2 的相关系数达到 −0.99, X4 和 X5 的相关系数达到 −0.97, 这对于决策树、bagging 和随机森林等方法没有影响, 但有可能使得普通线性回归出问题 (特别是在较少数据的交叉验证中).

我们选择 Y1 作为因变量, 而从数据中删去 Y2 (它和 Y1 很相关, 不宜作为自变量). 用随机森林拟合例 4.5 能源效率数据全部数据的 R 代码如下:

```
w=read.csv("energy.csv")[,-10];w$X6=factor(w$X6)
library(randomForest);set.seed(1010)
a=randomForest(Y1~.,w,importance=T,localImp=T,proximity=T)
```

在上面的选项中, `importance=T` 是要输出各个自变量对预测精度及对决策树拆分时节点纯度变化方面的重要性度量, `localImp=T` 是要输出变量和观测值关系上的局部重要性, 而 `proximity=T` 则是通过度量各个观测值在同一棵决策树的同一个终节点中同时出现的次数来看各个观测值之间的接近程度.

上面的随机森林拟合的结果存储在对象 `a` 中, 可以用 `names(a)` 来查看有什么结果:

```
> names(a)
 [1] "call"            "type"            "predicted"
 [4] "mse"             "rsq"             "oob.times"
 [7] "importance"      "importanceSD"    "localImportance"
[10] "proximity"       "ntree"           "mtry"
[13] "forest"          "coefs"           "y"
[16] "test"            "inbag"           "terms"
```

比如 `a$rsq` 包含了 500 棵决策树的 R^2, `a$mse` 包含了 500 棵决策树的 MSE, 等等.

在拟合的结果中, `a$forest` 包含了森林的所有信息细节. 实际上, `a$forest` 中的大部分信息可以用 `getTree` 函数得到. 比如第 28 棵决策树的信息在下面 R 代码赋值的 `Ta28` 中:

```
Ta28=getTree(a,28,labelVar=T)
```

[①]Tsanas, A., Xifara, A. (2012). Accurate quantitative estimation of energy performance of residential buildings using statistical machine learning tools. *Energy and Buildings*, 49: 560-567. 数据可从网址 https://archive.ics.uci.edu/ml/datasets/Energy+efficiency下载.

Ta28 有 6 列, 行数等于这棵决策树的节点个数, 各列的名称和意义分别为:

1. left daughter: 该节点的左边子节点的行数 (0 表示其为终节点).
2. right daughter: 该节点的右边子节点的行数 (0 表示其为终节点).
3. split var: 该节点的拆分变量的名称 (<NA> 表示其为终节点).
4. split point: 该节点的最佳分割点.
5. status: 是否为终节点 (−1 为是, 1 为不是).
6. prediction: 对该节点的预测值.

在上面的代码指定的包含输出结果的对象 a 中, 所有决策树的大小 (终节点个数) 都可以用代码 treesize(a) 得到, 而 treesize(a,terminal=F) 得到包括每棵决策树的所有节点的个数. 我们可以由此画出拟合例 4.5 能源效率数据生成的随机森林每棵决策树的所有节点数的直方图 (见图 4.5.1 中左图) 和终节点数的直方图 (见图 4.5.1 中右图).

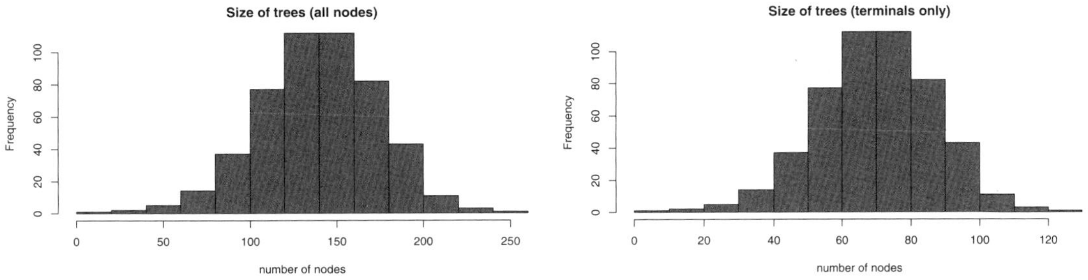

图 4.5.1 随机森林对例 4.5 能源效率数据拟合的所有节点数的直方图 (左) 和终节点数的直方图 (右)

图 4.5.1 是用下面的 R 代码生成的:

```
layout(t(1:2))
hist(treesize(a,terminal=F),col=4,xlab="number of nodes",
  main="Size of trees (all nodes)")
hist(treesize(a),col=4,xlab="number of nodes",
  main="Size of trees (terminals only)")
```

随机森林回归中的变量重要性

变量重要性, 特别是随机森林所有的**置换精度重要性** (permutation accuracy importance) 度量是非常有用的工具. 其原理为: 随机撤掉某变量, 这时如果预测精度大大降低, 则说明该变量特别重要. 随机森林的变量置换是在 OOB 数据上进行的. 比如对每棵决策树计算置换前后的精度 (体现在 MSE 上) 的差别, 然后对所有决策树取平均之后做标准化 (除以差别的标准差, 如果标准差为 0, 则不除).

除了关于精度降低的重要性之外, 还有关于变量拆分节点不纯度的总降低的重要性, 对于回归是按照节点平均 MSE 降低来度量的. 这个度量不是用置换度量的, 而是有如单棵决策树的变量重要性度量的平均.

拟合代码中的选项 importance=T 和 localImp=T 使得输出对象 a 中包含了这些信息. 用 a$importance 可打印出重要性度量:

```
      %IncMSE IncNodePurity
X1 62.8481803   20335.01849
X2 52.4067938   17249.78170
X3 15.9267685    4805.34415
X4 42.9546923   13037.54485
X5 50.8019698   14780.69648
X6 -0.2723394      79.89903
X7  8.4313892    3418.43827
X8  3.6572640    1757.27529
```

这两列就是我们前面提到的两种重要性, 第一列是关于置换精度的, 第二列是关于节点纯度的, 都是越大越重要. 还可以用 `varImpPlot(a)` 代码绘制出重要性图, 但这里还是用自己的代码. 由于在拟合选项中还有 `localImp=T`, 这使得我们可以得到每个观测值在 OOB 数据中变量置换精度的度量, 即变量对每个观测值的变量局部重要性. 输出局部重要性的代码为 `a$local` (实际上为 `a$localImportance` 的简写之一), 但它是 8×768 的矩阵, 对应于 8 个自变量和 768 个观测值, 因为太大, 没有必要打印出来. 可以用下面的代码来画出变量重要性图 (见图 4.5.2 上面两幅图) 和变量局部重要性图 (见图 4.5.2 下图).

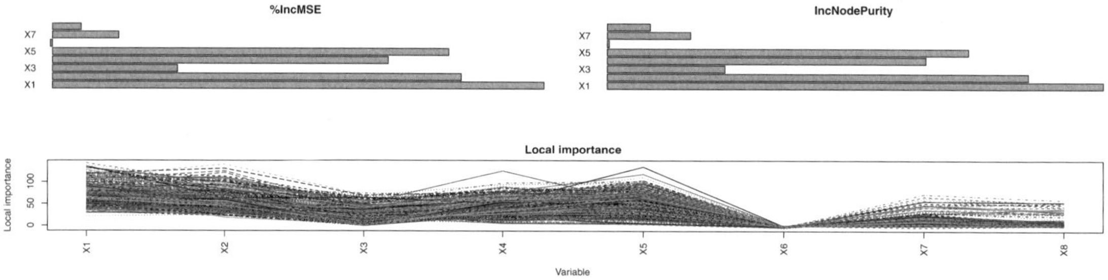

图 4.5.2　随机森林对例 4.5 能源效率数据拟合的变量重要性图 (上) 和变量局部重要性图 (下)

```
layout(matrix(c(1,2,3,3),nrow=2,b=T))
for(i in 1:2){
  barplot(a$importance[,i],horiz =T,las=2,axes=F)
  title(colnames(a$importance)[i])}
matplot(1:8,a$local,type="l",xlab="Variable",axes=F,
        ylab="Local importance",main="Local importance")
axis(2);axis(1, at=1:(ncol(w)-1),labels=names(w)[-9], las=2);box()
```

图 4.5.2 的上面两幅图为变量重要性图, 可以看出, 几乎共线 (相关系数很大) 的 X1 和 X2 都很显著. 而下图为变量局部重要性图, 它描述对于每一个观测值各个变量的重要程度. 总体重要性和局部重要性不一定一致, 但很多是一致的, 比如变量 X6 总体和局部均不重要.

部分依赖图

随机森林的输出中还可以画出**部分依赖图** (partial dependence plot), 它是为每个自变量定义的, 是因变量对该变量的边缘依赖性, 如同边缘期望一样, 把其他变量的影响在求和中消除, 记预测函数为 $f()$, 则形式上的部分依赖函数 (对于随机森林来说, 该函数是由计算机

程序代表的, 而不是一个简单的可以用显式表达的数学公式) 为:

$$\tilde{f}(x) = \frac{1}{n}\sum_{i=1}^{n} f(x, x_{iC}),$$

式中, x 为我们关注的变量, x_{iC} 为除了 x 之外的所有自变量. 对于例 4.5 能源效率数据, 画出所有自变量部分依赖图的 R 代码为:

```
par(mfrow=c(2,4));nm=paste0("X",1:8)
for(i in 1:8)
partialPlot(a,pred.data=w,nm[i],
      main = paste("Partial Dependence on",nm[i]))
```

得到图 4.5.3. 从图 4.5.3 可以看出, 对于因变量 (注意, 因变量 Y1 的取值范围为 [6.01, 43.10]), 各个变量对因变量的取值的影响很不一样. 比如最不重要的变量 X6 仅在很小的范围内和 Y1 有关, 而有些变量则是全方位的.

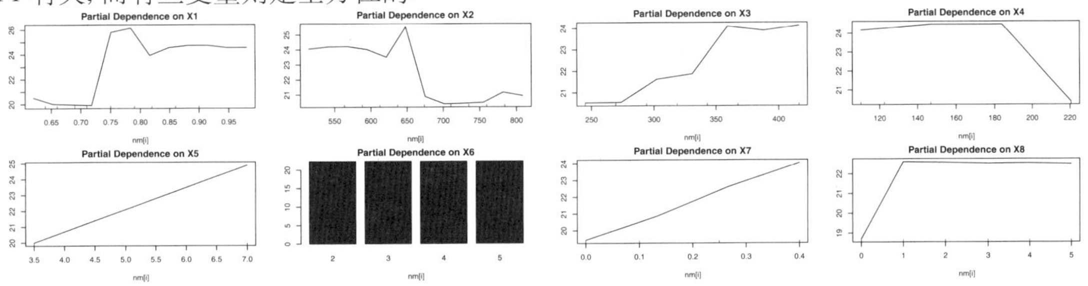

图 4.5.3 随机森林对例 4.5 能源效率数据拟合的变量部分依赖图

利用随机森林做变量选择

从前面的关于自变量重要性及自变量和因变量之间关系的讨论, 很容易联想到变量选择问题. 对于随机森林, Genuer, Poggi and Tuleau-Malot (2010) 建议用下面的两步法, 第一步是一般的, 第二步依赖于研究对象.

1. 初始删除和排序:
   (1) 计算随机森林的重要性得分, 删除不重要的变量;
   (2) 按照重要性降序排列剩下的 m 个变量.
2. 变量选择:
   (1) 为解释目的: 从 $k = 1$ 到 $k = m$, 构造包括头 k 个变量的嵌套随机森林模型, 并选择导致 OOB 误差最小的模型;
   (2) 为预测目的: 从为了解释而排序的变量开始, 通过逐步调用和检验变量 (只有在 OOB 误差减少超过某阈值时才引入变量), 构造一个随机森林的上升序列, 最后的模型则被选择.

接近度和离群点图

随机森林的另一个输出是**接近度** (proximity). 如拟合代码有 `proximity=TRUE` 的选项时, 就会生成对称的接近度矩阵 ($n \times n$), 对于我们的数据, 它是 768×768 的矩阵, 其第 ij 个元素为对第 i 个观测值和第 j 个观测值在决策树同一个终节点的频率的一种度量 (不是整数). 接近度在诸如基因等领域有很重要的应用价值. 对于例 4.5 能源效率数据的拟合输出, 得到接近度矩阵的代码为 a$proximity.

在随机森林中, 观测值离群点定义为样本量 n 除以其接近度的平方和 (再进行标准化). 显然, 如果接近度很大, 说明该观测值比较接近观测值主体, 这样分母就较大, 离群点度量就小. 计算接近度需要在拟合代码中包含选项 proximity=T. 图 4.5.4 为离群点图.

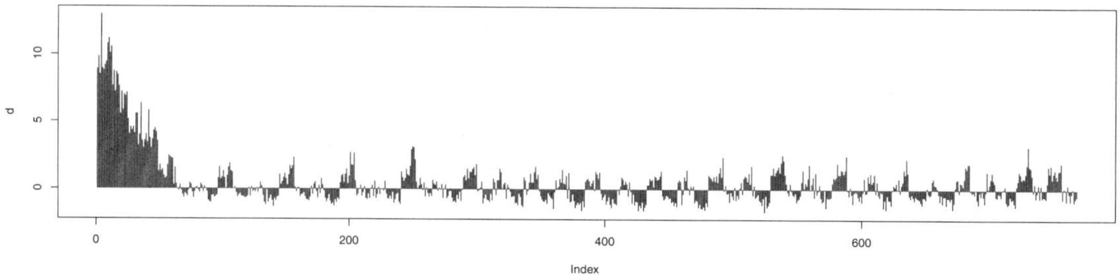

图 4.5.4 随机森林对例 4.5 能源效率数据拟合的离群点图

生成图 4.5.4 的 R 代码为:

```
d=outlier(a$proximity)
plot(d, type="h")
```

关于误差的两个点图

随机森林随着决策树数目的增加, 误差 (MSE) 会降低, 而随着变量的增加, 误差也会降低. 下面的 R 代码就生成这样两幅图 (见图 4.5.5):

```
rr=rfcv(w[,-9], w[,9], cv.fold=10)
par(mfrow=c(1,2))
plot(a,main="Error vs number of trees")
with(rr, plot(n.var, error.cv, type="o", lwd=2))
```

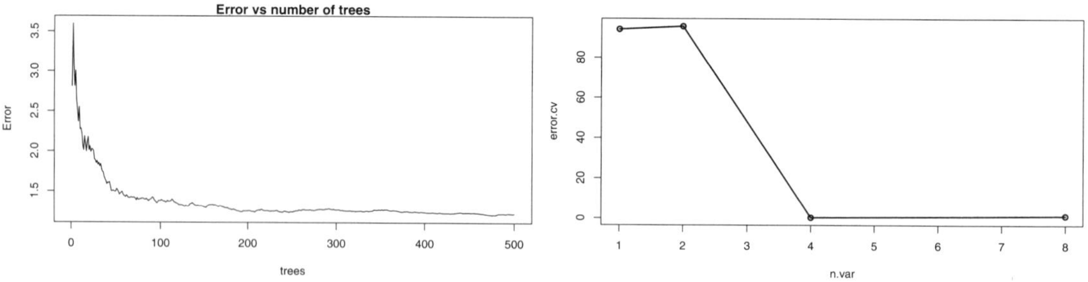

图 4.5.5 随机森林对例 4.5 能源效率数据拟合的决策树数目 (左) 及变量个数 (右) 与误差的关系图

图 4.5.5 中的左图就是用 plot(a) 得到的 (和 plot(a$mse,type="l") 相同), 其纵坐标为误差, 横坐标为决策树的数目; 图 4.5.5 中的右图是利用 10 折交叉验证得到的变量个数 (横坐标) 与误差 (纵坐标) 的关系, 右图变量数目变化的次序是按照变量重要性确定的. 从图 4.5.5 中的左图可以看出, 对于例 4.5 能源效率数据, 只要一两百棵决策树就够了.

寻求最佳节点竞争变量个数

在做随机森林回归时, 对于每个节点, 按照函数 `randomForest` 关于 `mtry` 选项的默认值, 只有三分之一的自变量被随机选出. 其实这并不一定对所有数据都合适. R 程序包 `randomForest` 有一个函数可以自动根据 OOB 误差计算最优的 `mtry` 值. 对于例 4.5 能源效率数据, R 代码为:

```
set.seed(8888);tuneRF(w[,-9], w[,9],stepFactor=1.5)
```

输出了搜寻过程和每一步的 OOB 误差并生成了相应的点图 (见图 4.5.6).

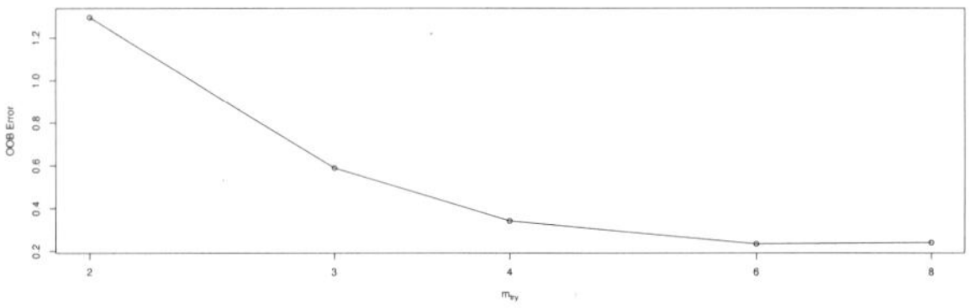

图 4.5.6　对例 4.5 能源效率数据做随机森林拟合来选择最优竞争变量数目

```
  mtry  OOBError
2    2 1.2947364
3    3 0.5883644
4    4 0.3409234
6    6 0.2329331
8    8 0.2389066
```

读者从输出和图 4.5.6 可以看出, 对于这个数据, 竞争节点的变量数目从 4 个增至 6 个时, 误差的确在减少, 但变化很小, 然而再增加变量时, 误差又会有所增加. 这也说明, 并不是 `mtry` 值越大越精确.

对例 4.5 能源效率数据做三种方法的交叉验证

对例 4.5 能源效率数据做 bagging、随机森林和线性模型的 10 折交叉验证的比较. 由于线性模型对于共线性很敏感, 为了使线性模型能够正常运作, 除了删除 Y2 之外, 我们还删除了和 X1 非常相关的变量 X2. 运算结果得到图 4.5.7 和相应的 NMSE (bagging 为 0.0543, 随机森林为 0.0092, 线性模型为 0.0862). 显然, 随机森林的预测精度要比 bagging 和线性模型高很多.

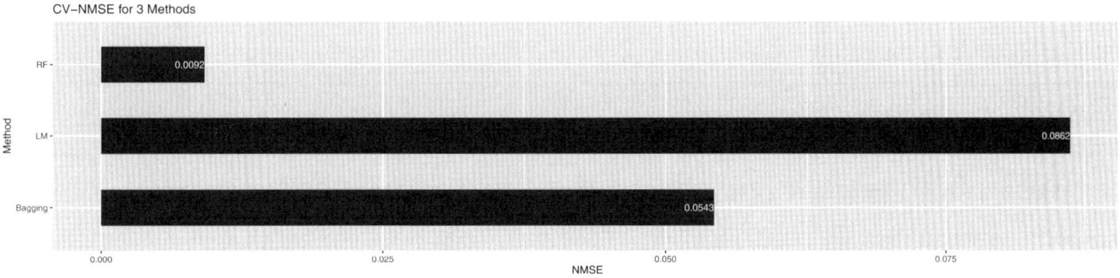

图 4.5.7　对例 4.5 能源效率数据做交叉验证来比较 3 个模型的 NMSE

得到相应交叉验证的 NMSE 及图 4.5.7 的 R 代码如下 (利用 1.6.1 节的函数 `Gbarplot`):

```
w=read.csv("energy.csv")[,-c(2,10)];w$X6=factor(w$X6)


library(tidyverse)
library(rpart);library(ipred);library(randomForest)
D=8;Z=10;n=nrow(w); set.seed(1010)
```

```
I=sample(rep(1:Z,ceiling(n/Z)))[1:n]
gg=formula(Y1~.)
M=mean((w[,D]-mean(w[,D]))^2)
pred=matrix(99,n,3)
set.seed(1010)
for(i in 1:Z){
  m=(I==i)
  pred[m,1]=ipred::bagging(gg,nbagg=100,w[!m,])%>% predict(w[m,])
  pred[m,2]=randomForest(gg,w[!m,])%>% predict(w[m,])
  pred[m,3]=lm(gg,w[!m,])%>% predict(w[m,])
}

nmse=apply((sweep(pred,1,w[,D],'-'))^2,2,mean)/M
NMSE=data.frame(Method=c('Bagging','RF','LM'),NMSE=nmse)
Gbarplot(NMSE)
```

4.5.3 例 4.3 慢性肾病数据的随机森林分类

对例 4.3 慢性肾病数据拟合全部数据

用随机森林拟合例 4.3 慢性肾病全部数据的 R 代码如下:

```
w=read.csv("kidney02.csv",stringsAsFactors = TRUE)

library(randomForest);set.seed(1010)
a=randomForest(class~.,w,importance=T,localImp=T,proximity=T)
```

在拟合的结果中, `a$forest` 包含了森林的所有信息细节. 类似于随机森林回归, 输出结果`a$forest` 中的大部分信息可以由 `getTree` 函数得到. 比如第 50 棵决策树的信息在如下代码赋值的 `Ta50` 中:

```
Ta50=getTree(a,50,labelVar=T)
```

`Ta50` 有 6 列, 行数等于这棵决策树的节点个数, 各列的名称和意义分别为:

1. `left daughter`: 该节点的左边子节点的行数 (0 表示其为终节点).
2. `right daughter`: 该节点的右边子节点的行数 (0 表示其为终节点).
3. `split var`: 该节点的拆分变量的名称 (`<NA>` 表示其为终节点).
4. `split point`: 该节点的最好分割点.
5. `status`: 是否为终节点 (−1 为是, 1 为不是).
6. `prediction`: 对该节点的预测值 (`<NA>` 说明其不是终节点).

所有决策树的大小 (终节点个数) 可以由函数 `treesize(a)` 得到 (按照默认值, 一共有 500 个), 而 `treesize(a,terminal=F)` 得到包括在每棵决策树中的所有节点数. 和回归情况完全类似, 可以得到随机森林中的每棵决策树的所有节点数和终节点数, 这里就不重复了.

例 4.3 慢性肾病数据的拟合精度计算

对于训练集, 可以很容易用语句 a$confusion 得到基于 OOB 交叉验证的随机森林的混淆矩阵:

```
> a$confusion
        ckd notckd class.error
ckd     250      0           0
notckd    0    150           0
```

输出显示, OOB 误差是 0, 这说明随机森林对这个数据的分类是非常精确的, 在对 OOB 数据的预测中, 没有分错一个.

随机森林分类的变量重要性

由于拟合选项 importance=T, 使得用随机森林分类可以得到比回归更多的重要性度量. 这些度量包括变量对每一类预测精度的影响, 对于例 4.3 慢性肾病数据的二分类情况, 这意味着两个重要性度量, 一个关于水平 ckd, 一个关于水平 notckd. 此外还有两个综合的重要性度量: 变量对于所有类预测精确性的影响的精度度量以及基于 Gini 指数的度量. 这些重要性显示在图 4.5.8 中.

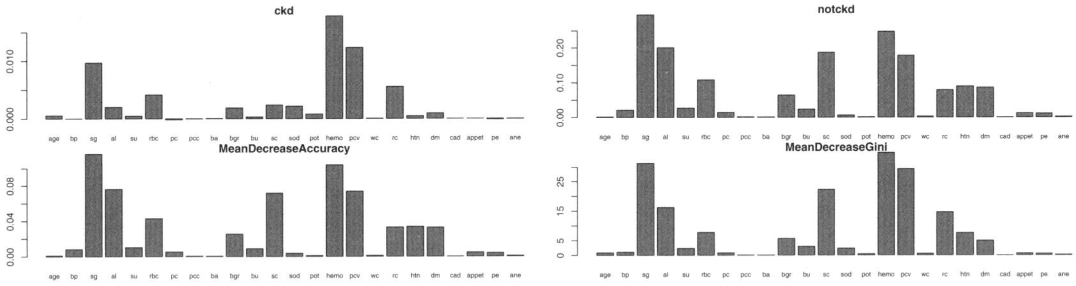

图 4.5.8 随机森林对例 4.3 慢性肾病数据拟合的变量重要性图

图 4.5.8 中上面两幅图是关于两类 (因变量有 2 个水平) 的各个变量的重要性, 下面两幅图是综合分类的变量重要性图. 图 4.5.8 的数据是基于用下面的语句得到的关于 24 个自变量的 24×4 的重要性矩阵产生的.

```
w=read.csv("kidney02.csv",stringsAsFactors = TRUE)
library(randomForest);set.seed(1010)
a=randomForest(class~.,w,importance=T,localImp=T,proximity=T)
Imp=a$importance
par(mfrow=c(2,2))
for(i in 1:4)
barplot(Imp[,i],cex.names=.7,main=colnames(Imp)[i],col=4)
```

由于在拟合代码的选项中还有 localImp=T, 这使我们可以得到每个观测值在 OOB 数据中变量置换精度的度量, 即变量关于每个观测值的变量局部重要性. 输出变量局部重要性的代码为 a$local, 但它是 24×400 的矩阵, 对应于 24 个自变量和 400 个观测值, 显示在变量局部重要性图中 (见图 4.5.9).

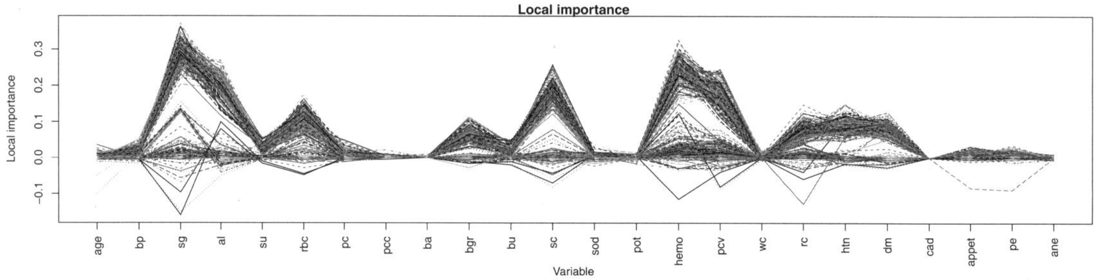

图 4.5.9 随机森林对例 4.3 慢性肾病数据拟合的变量局部重要性图

可以用下面的 R 代码来画出变量局部重要性图 (见图 4.5.9):

```
matplot(1:24,a$local,type="l",xlab="Variable",axes=F,
     ylab="Local importance",main="Local importance")
axis(2);axis(1, at=1:(ncol(w)-1),labels=names(w)[-25],las=2);
box()
```

从图 4.5.9 可以看出, 总体不重要的变量, 一般局部也不重要. 但是总体重要性和局部重要性有很大区别的情况可能包含了观测值各异性的重要信息.

运用随机森林的变量重要性可以进行变量选择, 这在介绍随机森林回归时已经涉及, 这里不再重复.

部分依赖图

随机森林的输出中还可以画出部分依赖图, 它是为每个自变量定义的, 是因变量对该变量的边缘依赖性, 如同边缘期望一样, 把其他变量的影响在求和中消除, 记预测函数为 $f()$, 则形式上的部分依赖函数 (随机森林当然不是一个数学公式) 为 (注意, 和回归时不同):

$$\tilde{f}(x) = \log p_k(x) - \frac{1}{K}\sum_{j=1}^{K}\log p_j(x),$$

式中, K 为类的数目; k 为函数 `partialPlot` 的选项 `which.class`, 意思是关注哪一类, 其缺省值是第一类; p_j 为投票给第 j 类的比例. 对于例 4.3 慢性肾病数据, 画出因变量第一类 (ckd) 对所有自变量的部分依赖图 (见图 4.5.10).

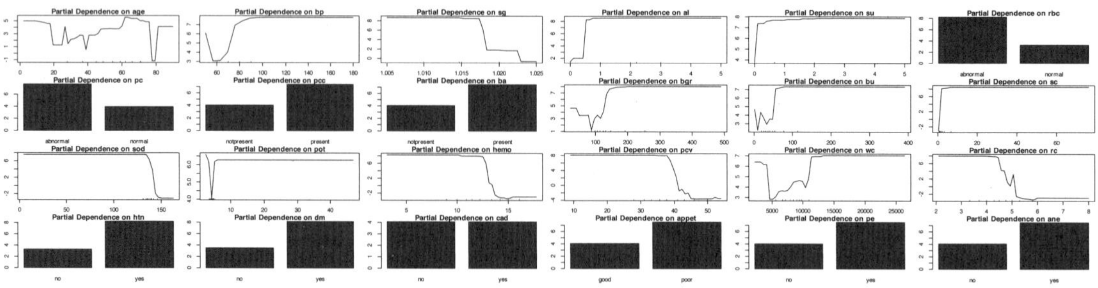

图 4.5.10 随机森林对例 4.3 慢性肾病数据拟合的因变量第一类 (ckd) 对所有自变量的部分依赖图

生成图 4.5.10 的 R 代码为:

```
NM=names(w)[1:24];par(mfrow=c(4,6));for(i in 1:24)
partialPlot(a,pred.data=w,NM[i],xlab=NM[i],
   main=paste("Partial Dependence on",NM[i]))
```

接近度和离群点

和回归时一样, 随机森林的另一个输出是接近度. 如拟合代码选项 `proximity` 标为 `TRUE`, 就会生成对称的接近度矩阵 ($n \times n$), 对于我们的数据, 它是 400×400 的矩阵, 其第 ij 个元素为对第 i 个观测值和第 j 个观测值在决策树同一个终节点的频率的一种度量 (不是整数). 接近度在诸如基因等领域有很重要的应用价值. 对于例 4.3 慢性肾病数据的拟合输出, 接近度矩阵为 `a$proximity`. 由于数据太多, 打印出来很难识别. 但是用透视图或影像图可能会有所启发. 图 4.5.11 是用 R 函数 `persp` 所作的透视图 (左) 和用函数 `image` 所作的影像图 (右), R 代码如下:

```
par(mfrow=c(1,2))
persp(1:400, 1:400, a$proximity,theta = 30, phi = 30,
   expand = 0.5, col = "lightblue")
image(1:400, 1:400, a$proximity)
```

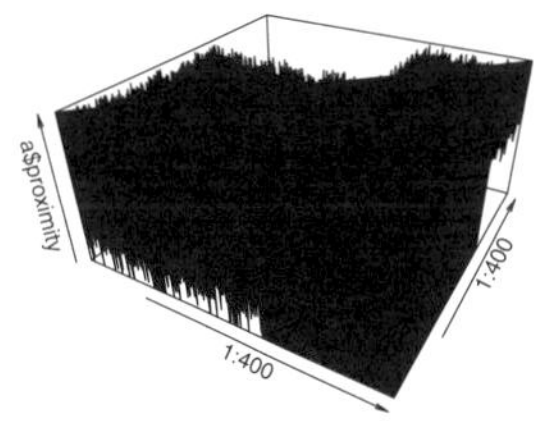

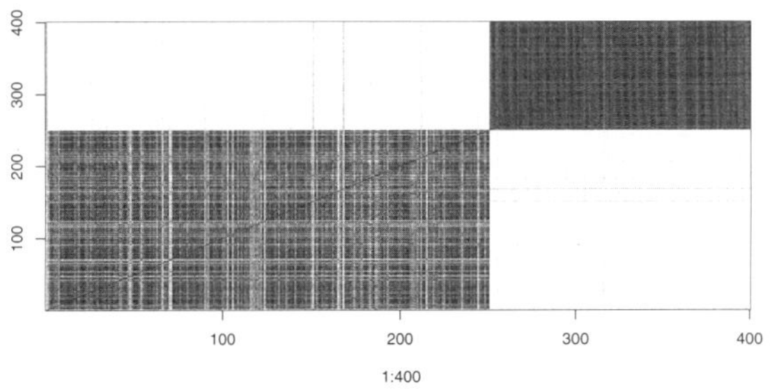

图 4.5.11 随机森林对例 4.3 慢性肾病数据拟合的接近度图: 透视图 (左) 和影像图 (右)

从图 4.5.11 可以看出, 前一部分观测值比较接近, 后一部分观测值也比较接近, 但前面和后面部分的观测值似乎很不接近. 这说明数据中观测值的排列顺序并不是随机的. 实际上前 250 个观测值对应的因变量类别为 ckd, 而后 150 个对应于因变量的 notckd 类. 相应于相同因变量水平的观测值当然要相互接近了, 这反映在图 4.5.11 所显示的模式之中.

和回归类似, 随机森林分类也可以画出离群点图. 此外, 图 4.5.11 的接近度维数太多, 我们把它用经典的**多维标度法** (multidimensional scaling, MDS) 简化成二维图 (见图 4.5.12)[①].

```
layout(t(1:2))
d=outlier(a$proximity)
plot(d, type="h",main='Outlier plot',ylab="")
pc=as.numeric(w$class)
cm=cmdscale(1-a$proximity)
plot(cm,pch=pc,col=pc,main='MDS plot')
```

[①]生成图 4.5.12 右图的代码等价于 R 程序包 `randomForest` 中 `MDSplot` 的功能, 选项稍有区别.

```
legend('bottomright',c('ckd','notckd'),pch=1:2,col=1:2)
```

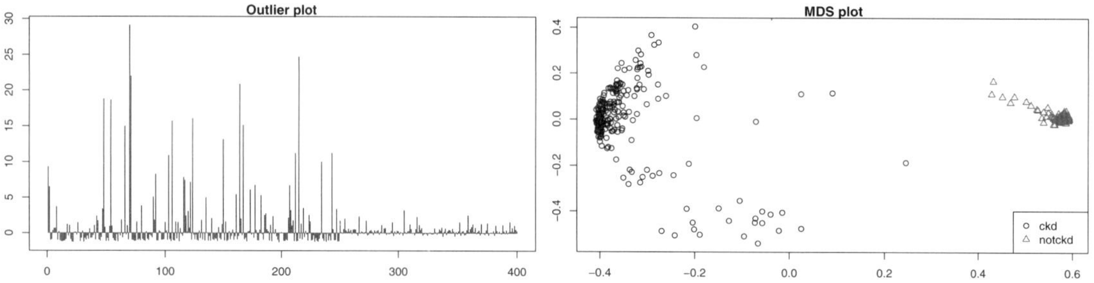

图 4.5.12　随机森林对例 4.3 慢性肾病数据拟合的离群点图 (左) 和接近度的 MDS 图 (右)

关于误差的两个点图

随机森林分类与回归一样, 随着决策树数目的增加, 误判率会降低, 而随着变量的增加, 误判率也会降低. 下面的 R 代码就生成这样两幅图 (见图 4.5.13):

```
ww <- cbind(w[,-25], matrix(runif(100 * nrow(w)),
    nrow(w), 100))
rr=rfcv(ww, w[,25], cv.fold=10)
par(mfrow=c(1,2))
plot(a,main="Error vs number of trees",xlim=c(0,70))
with(rr,plot(n.var,error.cv,type="o",main="Error vs number of variables",
  lwd=2,xlab='number of variables'))
```

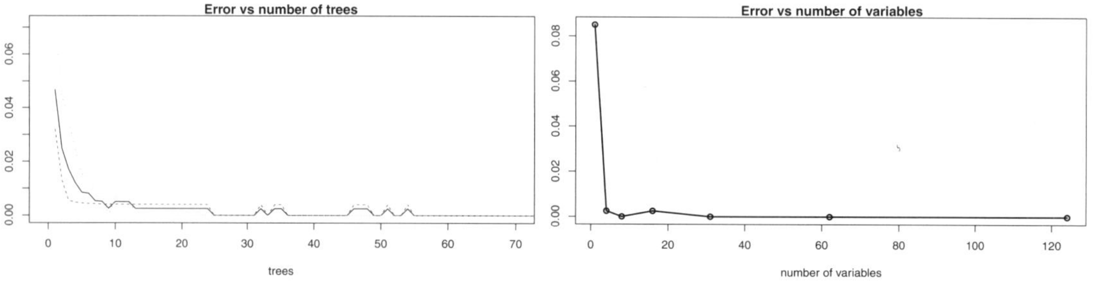

图 4.5.13　随机森林对例 4.3 慢性肾病数据拟合的决策树数目 (左) 及变量个数 (右) 与误差的关系图

图 4.5.13 中的左图就是用 `plot(a)` 得到的, 其纵坐标为误差, 而横坐标为决策树的数目; 图 4.5.13 中的右图是利用 10 折交叉验证得到的变量个数 (横坐标) 与误差 (纵坐标) 的关系, 右图变量数目变化的次序是按照变量重要性确定的. 从图 4.5.13 中的左图可以看出, 对于例 4.3 慢性肾病数据, 只要不到 50 棵决策树就够了.

寻求最佳节点竞争变量个数

在随机森林分类中, 在每个节点, 按照函数 `randomForest` 关于 `mtry` 选项的默认值, 只有自变量平方根数目的变量被随机选出来竞争拆分变量. 当然, 这并不一定对所有数据都合适. 和回归一样, R 程序包 `randomForest` 中的函数 `tuneRF` 可以自动根据 OOB 误差计算最优的 `mtry` 值. 对于例 4.3 慢性肾病数据, R 代码为:

```
set.seed(8888);tuneRF(w[,-25], w[,25],stepFactor=1.5)
```

但由于所得到的 OOB 误差都是 0, 因此不会有更多为了改进精度而做的搜寻, 更不会输出图形了.

4.6 AdaBoost 分类

4.6.1 概述

AdaBoost (adaptive boosting) 方法是著名的分类方法, 其基础学习器是分类决策树. 它和 bagging 很像, 不同之处在于, AdaBoost 每次用自助法抽样来构建决策树时, 都根据前一棵决策树的结果对误判的观测值增加抽样权重, 使得下一棵决策树能够令误判的观测值有更多的代表性. 最终的结果由所有的决策树加权投票得到, 权重根据各个决策树的精度来确定. 所以这可以划归为增强算法. 我们将用 R 程序包 `adabag` 中的函数 `boosting`, 该函数通过自助法加权抽样构建的决策树的默认棵数为 100.

假定样本为 $(\boldsymbol{X}_1, Y_1), (\boldsymbol{X}_2, Y_2), \ldots, (\boldsymbol{X}_n, Y_n)$, 假定因变量水平 (类) 的值域为 $\mathcal{Y}$, 即 $Y \in \mathcal{Y}$. AdaBoost 的具体步骤为:

1. 对观测值点选择初始的自助法抽样权重 $w_i^{[0]} = 1/n\ (i = 1, 2, \ldots, n)$, 设 $m = 0$.
2. 把 m 增加 1. 用基本方法 (这里是分类决策树) 拟合加权抽样的数据, 权重为 $w^{[m-1]}$, 产生分类器 $\hat{g}^{[m]}(\cdot)$.
3. 计算样本内的加权误判率:

$$\text{err}^{[m]} = \frac{\sum_{i=1}^{n} w_i^{[m-1]} I(Y_i \neq \hat{g}^{[m]}(\boldsymbol{X}_i))}{\sum_{i=1}^{n} w_i^{[m-1]}},$$

$$\alpha^{[m]} = \log\left(\frac{1 - \text{err}^{[m]}}{\text{err}^{[m]}}\right).$$

   然后更新权重:

$$\tilde{w}_i = w_i^{[m-1]} \exp(\alpha^{[m]} I(Y_i \neq \hat{g}^{[m]}(\boldsymbol{X}_i))),$$

$$w_i^{[m]} = \tilde{w}_i \Bigg/ \sum_{j=1}^{n} \tilde{w}_j\ .$$

4. 重复第 2 步和第 3 步直到预先设定的步数 $m = m_{\text{stop}}$. 这样就建立了根据加权投票来分类的组合分类器:

$$\hat{f}_{\text{AdaBoost}}(\boldsymbol{x}) = \mathop{\arg\max}_{y \in \mathcal{Y}} \sum_{m=1}^{m_{\text{stop}}} \alpha^{[m]} I(\hat{g}^{[m]}(\boldsymbol{x}) = y).$$

4.6.2 对例 4.3 慢性肾病数据的分类及变量重要性

用 AdaBoost 对例 4.3 慢性肾病全部数据进行拟合并生成变量重要性图 (见图 4.6.1) 的 R 代码为:

```
w=read.csv("kidney02.csv",stringsAsFactors = TRUE)
library(adabag); set.seed(1010)
a=boosting(class~.,w)
barplot(a$importance,horiz = TRUE,col=4,las=2)
```

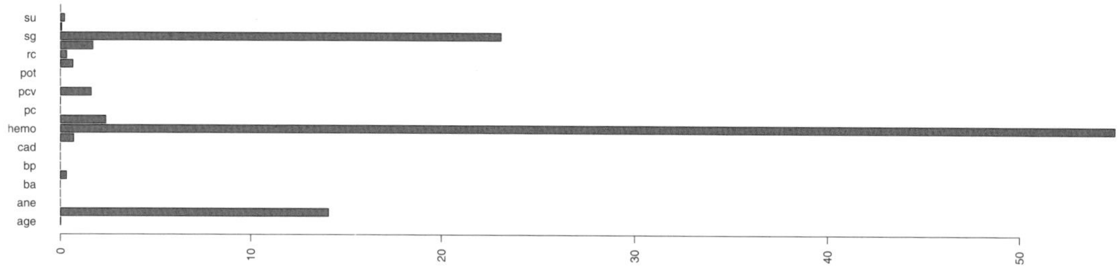

图 4.6.1 例 4.3 慢性肾病数据 AdaBoost 分类的变量重要性图

由于同属于一个 R 程序包, 和分类的 bagging 类似 (不是程序包 `ipred` 中的 `bagging`), 可以得到很多结果. 比如可以用代码 `a$trees` 打印出默认的 100 棵决策树 (很少有人愿意如此做), 也可以打印出你选择的决策树, 比如打印第 3 棵决策树, 用代码 `a$trees[[3]]` 即可. 如果要得到每棵决策树对每个水平的加权 ($\alpha_i^{[m]}$) 投票, 可以用代码 `a$votes` 得到 100 行 2 列 (因变量在例 4.3 慢性肾病数据中有 2 个水平) 的矩阵. 而代码 `a$prob` 产生将每个观测值分到每一类的后验概率. `a$class` 输出各个观测值被预测的类.

图 4.6.1 显示了各个变量在分类时的相对重要性, 这是基于每个变量在每棵决策树中对 Gini 指数变化的影响以及该决策树的权重来度量的. 虽然图 4.6.1 中有很多零, 但重要变量仍然要比 bagging 稍微多一些, 然而少于随机森林的.

4.6.3 使用 AdaBoost 预测

我们还是使用分类决策树做预测时的数据 (只有一行观测值来自改动的原始数据的第 300 行, 改变 4 个自变量的值并把因变量标为缺失), R 代码和 bagging 相同:

```
new.data=w[300,];row.names(new.data)=NULL
new.data$hemo=14;new.data$sg=1
new.data$pc="abnormal";new.data$age=60;new.data$class=NA
levels(new.data[,25])=levels(w[,25])
predict(a,new.data)$class
```

得到预测值: `ckd`. 注意, 这里即使 new.data 的观测值的因变量值为 NA, 也必须确定其水平和训练集数据一样, 更不能只有自变量, 否则会有出错信息. 这是程序包 `adabag` 的缺陷.

对于训练集本身的 " 预测 ", 则用下面的代码得到混淆矩阵和误判率:

```
a.p=predict(a,w)$class
table(a.p,w$class)
sum(a.p!=w$class)/nrow(w)
```

结果为:

```
a.p       ckd notckd
  ckd     250      0
  notckd    0    150
```

这个结果和随机森林分类完全一样, 误判率为 0. 当然这仅仅是对训练集的 "预测", 交叉验证的误判率更有说服力.

4.6.4 用自带函数做交叉验证

对于 AdaBoost 方法的相应的交叉验证函数为 boosting.cv, 下面利用这个函数对例 4.3 慢性肾病数据分类做 10 折交叉验证, R 代码为:

```
cv=boosting.cv(class~.,w,v=10)
```

输出的混淆矩阵和误判率为:

```
> cv$confusion
               Observed Class
Predicted Class ckd notckd
         ckd     249      0
         notckd    1    150
> cv$err
[1] 0.0025
```

和用训练集做预测的零误差相比, 交叉验证时有一个误判.

4.6.5 分类差额

4.4.3 节介绍了分类差额的概念, 并用于 bagging 分类. 对于 AdaBoost 分类, 也可以求出差额并生成分布图. 我们用和 bagging 分类时相同的训练集和测试集来画出差额分布图 (见图 4.6.2).

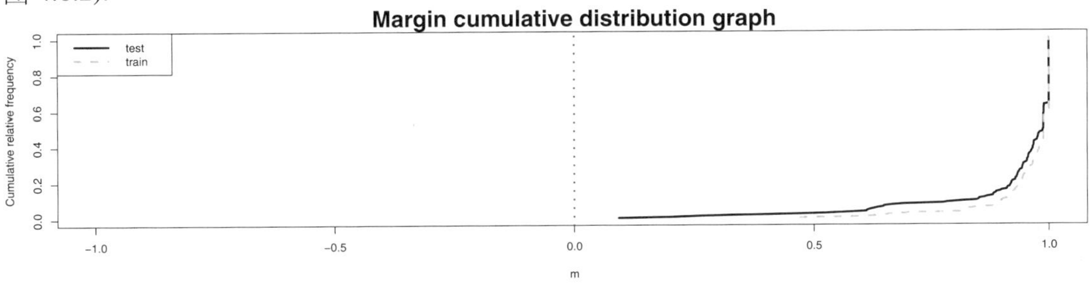

图 4.6.2 AdaBoost 对例 4.3 慢性肾病数据拟合的训练集和测试集的差额分布

生成图 4.6.2 的 R 代码如下:

```
mm=Fold(w,2,25,8888);m=mm[[1]]
a=boosting(class~.,w[-m,])
kdbat=margins(predict(a,w[-m,]),w[-m,])
```

```
kdbate=margins(predict(a,w[m,]),w[m,])
plot.margins(kdbate,kdbat)
```

4.7 mboost 回归

4.7.1 概述

本节介绍另一种重要的回归组合方法: mboost (model based boosting, 基于模型的自助法). 它和 bagging 回归有类似之处, 但比 bagging 要复杂一些. mboost 方法是 Bühlmann and Hothorn (2007) 开发的, 由软件包 `mboost`[①] 实现 (Hothorn et al., 2010). 该软件包可用来做模型拟合、预测和变量选择, 非常灵活, 允许用户选择损失函数来最优化 boosting 方法.

这里假定数据为随机变量 $(\boldsymbol{X}_1, Y_1), (\boldsymbol{X}_2, Y_2), \ldots, (\boldsymbol{X}_n, Y_n)$ 的实现, $\boldsymbol{X}_i$ 为 p 维预测变量, 即自变量, 而 Y_i 为一维响应变量, 即因变量. 为了推导出一些数学性质, 原始的文献提出这些变量或者服从独立同分布的假定, 或者推广到平稳过程的假定; 但是我们主要依靠对预测精度的交叉验证来判断模型优劣, 不需要这些主观假定, 正如当数据不是独立同正态分布时照样可以使用普通最小二乘回归, 因为我们对依赖于假定的显著性检验不感兴趣.

bagging 和随机森林使用决策树作为自己的基础学习器, 而 mboost 可选择的基础学习器不仅包括决策树, 还包括可选择的若干其他方法, 同时还可以决定哪些变量或变量组合用哪些基础学习器, 而且同样的变量还可以同时出现在不同的学习器中 (这里用 $f(\boldsymbol{X})$ 表示变量 (或组合) 应用于学习器 $f(\cdot)$ 的值). 最终的模型是这些学习器结果的加权平均. 我们的目的是根据 $\boldsymbol{X} = (\boldsymbol{X}_1, \boldsymbol{X}_2, \ldots, \boldsymbol{X}_n)^\top$ 对 $\boldsymbol{Y} = (Y_1, Y_2, \ldots, Y_n)^\top$ 做出的所谓最优预测, 这里的 “最优” 准则基于可选择的实数值域的损失函数 $\rho(y, f)$. 比如, 对于广义线性模型和广义可加模型, 损失函数通常取因变量分布的负对数似然函数 (线性模型的二次损失函数等价于负对数似然函数). 因此, 我们的目的是估计最优预测函数:

$$f^*(\cdot) = \arg\min_f E_{\boldsymbol{Y},\boldsymbol{X}}[\rho(\boldsymbol{Y}, f(\boldsymbol{X})].$$

当然, 这个期望是不可能计算的, 只能以所谓经验风险来近似:

$$\sum_{i=1}^n [\rho(\boldsymbol{Y}_i, f(\boldsymbol{X}_i)].$$

通过使得经验风险最小来寻求对 f^* 的估计是 Friedman (2001) 提出的**泛函梯度下降法** (functional gradient descent). 其步骤如下:

1. 给出函数 f 的初始值 $\hat{f}^{[0]}$, 它是 n 维向量, 以后记第 m 次迭代的结果为 $f^{[m]}$.
2. 对一组作为输入的自变量和一个一元因变量确定基础学习器. 对于不同的学习器, 输入变量可以不同, 这些输入的自变量都是原始自变量的子集. 最简单的情况是一个自变量有一个基础学习器, 也可以几个变量共存于一个学习器中 (对某些学习器, 比如 `bbs` (B-spline, B 样条基) 有限制). 每个基础学习器代表了一个建模的选择. 用 P 表示基础学习

[①]Hofner, B., Mayr, A., Robinzonov, N., Schmid, M. (2014). Model-based boosting in R: a hands-on tutorial using the R Package mboost. *Computational Statistics*, 29: 3-35. Hothorn, T., Bühlmann, P., Kneib, T., Schmid, M., Hofner, B. (2010). Model-based boosting 2.0. *Journal of Machine Learning Research*, 11: 2109-2113. Bühlmann, P. and Hothorn, T. (2007). Boosting algorithms: regularization, prediction and model Fitting (with Discussion). *Statistical Science*, 22(4): 477-505. Hofner, B., Boccuto, L. and Goeker, M. (2015). Controlling false discoveries in high-dimensional situations: boosting with stability selection. *BMC Bioinformatics*, 16(144).

器的个数, 初始时设 $m=0$.

3. 把迭代次数 m 增加 1.
4. (a) 计算负梯度 $-\partial\rho(\boldsymbol{Y},f)/\partial f$, 并在 $\hat{f}^{[m-1]}(\boldsymbol{X}_i)$ 处算出其值:

$$U_i^{[m]}=-\frac{\partial}{\partial f}\rho(\boldsymbol{Y},f)|_{f=\hat{f}^{[m-1]}(\boldsymbol{X}_i)},\ i=1,2,\ldots,n.$$

   (b) 对第 2 步中的每个基础学习器 (一共 P 个) 都用这个负梯度向量

$$\boldsymbol{U}^{[m]}=(U_1^{[m]},U_2^{[m]},\ldots,U_n^{[m]})$$

   来拟合数据 $\boldsymbol{X}_1,\boldsymbol{X}_2,\ldots,\boldsymbol{X}_n$ (用回归), 一共产生 P 个负梯度拟合向量.

   (c) 根据残差平方和 (RSS) 最小来选择拟合最好的基础学习器, 相应的拟合结果用 $\hat{\boldsymbol{U}}^{[m]}$ 表示.

   (d) 更新目前的估计, 令 $\hat{f}^{[m]}=\hat{f}^{[m-1]}+\nu\hat{\boldsymbol{U}}^{[m]}$, 这里 $0<\nu\leqslant 1$ 为实质步长因子. 也就是说, 沿着估计的负梯度向量方向进行.
5. 重复第 3～4 步直到事先确定的停止迭代限 m_{stop}.

在步骤 4 (c) 和 4 (d), mboost 方法实行了变量选择和模型选择, 因为在每次迭代中, 只有一个基础学习器 (以及与其关联的自变量) 被选中来更新估计 $\hat{f}^{[m]}$. 停止迭代限 m_{stop} 的选择可以通过交叉验证来确定. 步长因子 ν 的选择没有 m_{stop} 的选择那么重要, 因为 ν 很小 (比如 $\nu=0.1$).

最终的组合模型是一个可加模型:

$$\hat{f}=\hat{f}_1+\hat{f}_2+\cdots+\hat{f}_P,$$

这里 $\hat{f}_1+\hat{f}_2+\cdots+\hat{f}_P$ 是所选的基础学习器及其所用的自变量. 在上面的迭代过程中, 一个学习器可能会被选中多次, 则其估计 $\hat{f}_j$ 为相应估计 $\nu\hat{\boldsymbol{U}}^{[m-1]}$ 的和. 一个学习器也可能一次都没选上, 则相应的 $\hat{f}_j$ 为零.

R 软件包 `mboost` 可以用 mboost 方法应对很多传统模型的任务, 这些任务中本书已经涉及的有标准回归、分位数回归 (中位数回归或最小一乘回归为分位数回归特例)、logistic 回归、Poisson 回归、比例危险模型等. 还可以做后面要介绍的 AdaBoost 分类. 这里仅介绍标准回归.

4.7.2 例子及拟合全部数据

例 4.6 进口汽车数据 (imports85.csv). 该数据是 1985 年美国进口汽车的各种数据[①], 包括 26 个变量和 205 个观测值, 下面是变量的简单介绍. symboling (风险因素符号: −3～+3, 数字越大, 风险越大), normalized.losses (和其他汽车比较的损失, 数量: 65～256), make (生产厂家: 22 个水平), fuel.type (燃料类型, 2 个水平: diesel, gas), aspiration (吸气, 2 个水平: std, turbo), num.of.doors (门的数量, 2 个水平: four, two), body.style (车型, 5 个水平: hardtop, wagon, sedan, hatchback, convertible), drive.wheels (驱动, 3 个水平: 4wd, fwd, rwd), engine.location (发动机位置, 2 个水平: front, rear), wheel.base (轴距: 86.6～120.9), length (长度: 141.1～208.1), width (宽度: 60.3～72.3), height (高度: 47.8～59.8), curb.weight (自重: 1488～4066),

[①]Lichman, M. (2013). UCI Machine Learning Repository. Irvine, CA: University of California, School of Information and Computer Science. 该数据可在下面网址下载: `https://archive.ics.uci.edu/dataset/10/automobile`.

engine.type (发动机类型, 7 个水平: dohc, dohcv, l, ohc, ohcf, ohcv, rotor), num.of.cylinders (气缸数目, 7 个水平: eight, five, four, six, three, twelve, two), engine.size (单缸发动机排量: 61～326 毫升), fuel.system (燃油系统, 8 个水平: 1bbl, 2bbl, 4bbl, idi, mfi, mpfi, spdi, spfi), bore (缸径: 2.54～3.94), stroke (冲程, 数量: 2.07～4.17), compression.ratio (压缩比: 7～23), horsepower (马力: 48～288hp), peak.rpm (峰值转速: 4150～6600), city.mpg (城市油耗: 13～49 英里/加仑), highway.mpg (公路油耗: 16～54 英里/加仑), price (价格: 5118～45400 美元). 上面的长度单位为英寸, 重量单位为磅.

我们把 price 作为因变量, 其他的作为自变量来做回归. 自变量中有很多定性变量, 有些还有很多水平, 这使得通常的线性模型无能为力. 我们在此试用 mboost 方法来拟合.

有多种拟合的选择, 这里我们用最简单的一种模型来拟合, 其公式代码为:

```
gg=
price ~ btree(symboling) + btree(normalized.losses) +
    btree(make) + btree(fuel.type) + btree(aspiration) +
    btree(num.of.doors) + btree(body.style) +
    btree(drive.wheels) + btree(engine.location) +
    btree(wheel.base) + btree(length) + btree(width) +
    btree(height) + btree(curb.weight) + btree(engine.type) +
    btree(num.of.cylinders) + btree(engine.size) +
    btree(fuel.system) + btree(bore) + btree(stroke) +
    btree(compression.ratio) + btree(horsepower) +
    btree(peak.rpm) + btree(city.mpg) + btree(highway.mpg)
```

上面的公式显然是编程产生的而不是手工录入的, 相应的 R 代码为:

```
w=read.csv('imports85.csv',stringsAsFactors = TRUE)
nm=names(w)
a="~btree(";  b=")+btree("
gg=formula(paste0(nm[26],a,paste(nm[-(26)],collapse = b),")"))
```

可以看出, 模型是每个变量对应一棵决策树. 当然, 除了 `btree` 之外, 还有很多基础学习器, 比如 `bbs`, 但后者对于定性变量不合适. 我们输入及用 mboost 拟合数据的 R 代码如下 (这里的选项全部用缺省值), 得到 NMSE 为 0.03252169.

```
w=read.csv("imports85.csv",stringsAsFactors = TRUE)
library(mboost)
a=mboost(gg,w)
sum(resid(a)^2)/sum((w$price-mean(w$price))^2)
```

现在查看模型输出的其他信息. 由于模型中的各个变量是分开的, 我们还可以看到在默认的 100 次迭代中各个变量被选中的次数, 这也是变量重要性的一种度量, R 代码如下, 结果的条形图如图 4.7.1 所示.

```
TS1=table(selected(a))
barplot(TS1,names.arg=names(w)[as.numeric(names(TS1))],horiz =T,las=2,
        col=4)
```

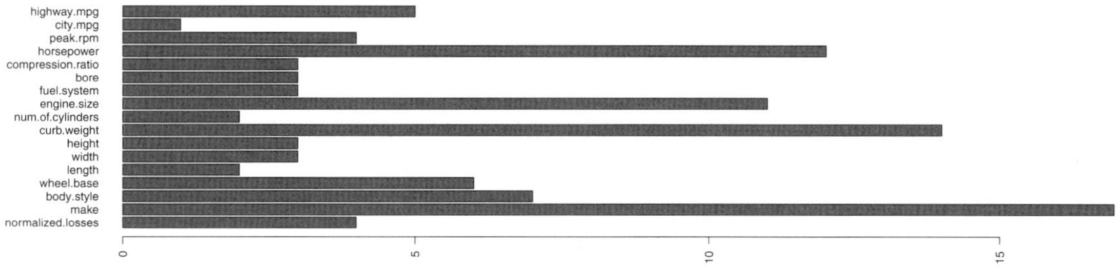

图 4.7.1 例 4.6 进口汽车数据的 mboost 拟合中各个变量在迭代中被选中的次数

我们一共有 25 个自变量, 但图 4.7.1 中只出现了 17 个, 说明有 8 个变量在迭代过程中根本没有被选中过. 可以把从 mboost 中选出的变量和在随机森林中按照变量重要性所排列的变量做一比较, 下面是随机森林拟合例 4.6 进口汽车数据的 R 代码和变量重要性图 (见图 4.7.2).

```
library(randomForest)
set.seed(1010)
aRF=randomForest(price~.,w,importance=T)
aRF$importance
par(mfrow=c(1,2))
for(i in 1:2){
barplot(aRF$importance[,i],horiz =T,las=2,col=4,,cex.names = .7)
title(colnames(aRF$importance)[i])}
```

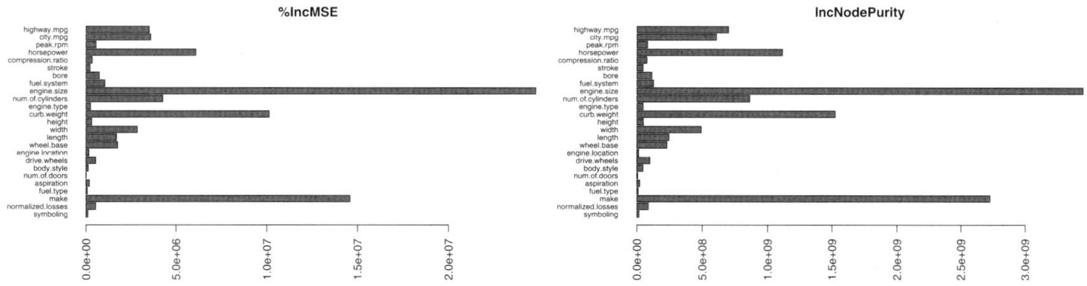

图 4.7.2 例 4.6 进口汽车数据的随机森林拟合的变量重要性图

显然, 这两种方法确定的变量重要性很不一样, 这说明选择变量的出发点不一样, 度量不一样, 结果当然也不同. 到底哪种方法好还必须用交叉验证才能确定.

4.7.3 对例 4.6 进口汽车数据做几种方法的交叉验证

我们这里使用 mboost、bagging 和随机森林做 10 折交叉验证. 代码在 4.16.6 节提供. 相应的 10 折的 NMSE 如图 4.7.3 所示, 可以看出, 随机森林最好 (NMSE=0.0545), mboost 次之 (NMSE=0.0663), bagging 较差 (NMSE=0.0845).

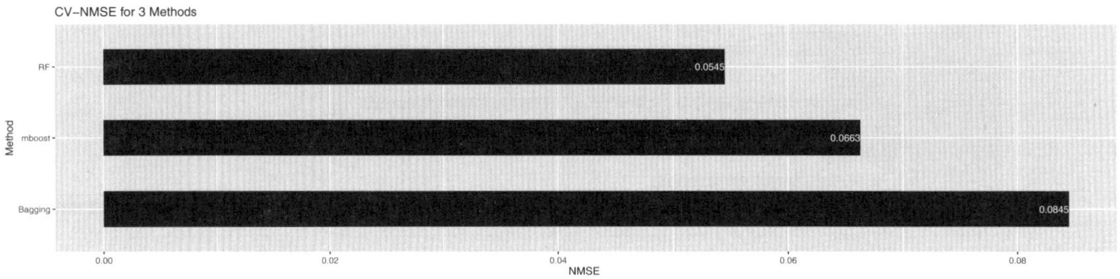

图 4.7.3　例 4.6 进口汽车数据的三种回归方法 10 折交叉验证的 NMSE

4.8 Xgboost 模型

4.8.1 模型概述

Xgboost (extreme gradient boosting) 是从**梯度增强法** (gradient boosting) 进化而来的. 假定样本为 $(\boldsymbol{x}_1, y_1), (\boldsymbol{x}_2, y_2), \ldots, (\boldsymbol{x}_n, y_n)$ (记为 $(\boldsymbol{X}, \boldsymbol{y}) = \{\boldsymbol{x}_i, y_i\}_{i=1}^n$) . 再选择一个可微的损失函数 $L(\boldsymbol{y}, \hat{\boldsymbol{y}})$, 这里 $\hat{\boldsymbol{y}} = F(\boldsymbol{x})$ 为根据我们训练中的模型 F 基于自变量 $\boldsymbol{x}$ 对 $\boldsymbol{y}$ 的预测值. 假定我们有 M 个基础学习器 (比如决策树).

梯度增强法首先在 " 第 0 步 "($m = 0$) 得到一个初始的预测值 $F_0(\boldsymbol{X})$, 满足

$$\hat{f}_0(\boldsymbol{X}) = \arg\min_{\theta} \sum_{i=1}^{M} L(y_i, \theta).$$

再对 $m = 1, 2, \ldots, M$ 步进行迭代:

1. 对损失函数求一阶导数 (所谓的伪残差):

$$\hat{g}_m(\boldsymbol{x}_i) = \left[\frac{\partial L(y_i, f(\boldsymbol{x}_i))}{\partial f(\boldsymbol{x}_i)}\right]_{f(\boldsymbol{x})=\hat{f}_{m-1}(\boldsymbol{x})}.$$

2. 把

$$\{\boldsymbol{x}_i, -\hat{g}_m(\boldsymbol{x}_i)\}$$

作为训练集拟合基础学习器, 得到 $h_m(\boldsymbol{x})$.

3. 计算满足下面条件的乘子 γ_m:

$$\gamma_m = \arg\min_{\gamma} \sum_{i=1}^{n} L(y_i, \hat{f}_{m-1} + \gamma h_m(\boldsymbol{x}_i)).$$

4. 更新模型:

$$\hat{f}_m(\boldsymbol{X}) = \hat{f}_{m-1}(\boldsymbol{X}) + \gamma_m h_m(\boldsymbol{X}).$$

最终结果为 $\hat{f}_M(\boldsymbol{X})$.

Xgboost 是基于梯度增强法增加了二阶导数的计算. 首先 (在 " 第 0 步 "), 通过基础学习

器得到一个使得损失函数 (比如误差平方和) 最小的常数值 (这也是初始的预测值)

$$\hat{f}_0(\boldsymbol{X}) = \arg\min_{\theta} \sum_{i=1}^{n} L(y_i, \theta).$$

然后对 $m = 1, 2, \ldots, M$ 步进行迭代:

1. 对损失函数 $L(y, \theta)$ 关于 θ 计算一阶和二阶导数, 取值于前一步的预测值:

$$\hat{g}_m(\boldsymbol{x}_i) = \left[\frac{\partial L(y_i, f(\boldsymbol{x}_i))}{\partial f(\boldsymbol{x}_i)}\right]_{f(\boldsymbol{x})=\hat{f}_{m-1}(\boldsymbol{x})};$$

$$\hat{h}_m(\boldsymbol{x}_i) = \left[\frac{\partial^2 L(y_i, f(\boldsymbol{x}_i))}{\partial f(\boldsymbol{x}_i)^2}\right]_{f(\boldsymbol{x})=\hat{f}_{m-1}(\boldsymbol{x})}.$$

2. 把

$$\left\{\boldsymbol{x}_i, -\frac{\hat{g}_m(\boldsymbol{x}_i)}{\hat{h}_m(\boldsymbol{x}_i)}\right\}$$

作为训练集, 通过解下面式 (4.8.1) 的优化问题来拟合基础学习器 (其中 α 是学习率):

$$\begin{aligned}\hat{\phi}_m(\boldsymbol{x}) =& \arg\min_{\phi\in\Phi} \sum_{i=1}^{n} \frac{1}{2}\hat{h}_m(\boldsymbol{x}_i)\left[\phi(\boldsymbol{x}_i) - \frac{\hat{g}_m(\boldsymbol{x}_i)}{\hat{h}_m(\boldsymbol{x}_i)}\right]^2; \\ \hat{f}_m(\boldsymbol{x}_i) =& \alpha\hat{\phi}_m(\boldsymbol{x}).\end{aligned} \tag{4.8.1}$$

3. 更新模型:

$$\hat{f}_m(\boldsymbol{x}_i) = \hat{f}_{m-1}(\boldsymbol{x}_i) + \hat{f}_m(\boldsymbol{x}_i).$$

最终结果为:

$$\hat{f}(\boldsymbol{X}) = \hat{f}_M(\boldsymbol{X}) = \sum_{m=0}^{M} \hat{f}_m(\boldsymbol{X}).$$

注意, 对于使用决策树作为基础学习器做 Xgboost 分类和回归, 还可以对算法进行一些优化, 这里不再赘述.

4.8.2 对例 4.7 皮肤病数据做 Xgboost 分类

我们通过下面的数据来做分类实践.

例 4.7 皮肤病数据 (原数据: dermatology.data, 填补缺失值后的数据: derm.csv). 该数据来自 Ilter[①]、Güvenir[②](也是提供者). 参见 Güvenir, Demiröz and Ilter (2006).[③] 该数据的缺失值是用问号 "?" 标识的. 该数据的维数为 366×35, 也就是说数据涉及 366 个红斑鳞状细胞疾病 (erythemato-squamous diseases) 患者的数据, 包含一个称为**因变量**或**响应变量** (response) 的目标变量 (皮肤病类型) 及 34 个**自变量**或**预测变量**, 其中 32 个是有序变量, 1 个是数量变量: age(年龄), 1 个是定性变量: family history (家族史). 数据自变量中属于**临床属性**的有 12 个, 属于**组织病理学属性**的有 22 个. 注意: 为了符号简单, 这些变量在数据中没有用原来的名字, 而是用 V1, V2 等符号表示, 最后的因变量为 V35. 原变量名和简单变量名对照表在文件

[①]Nilsel Ilter, M.D., Ph.D., Gazi University, School of Medicine, 06510 Ankara, Turkey, Phone: +90 (312) 214 1080.

[②]H. Altay Güvenir, PhD., Bilkent University, Department of Computer Engineering and Information Science, 06533 Ankara, Turkey, Phone: +90 (312) 266 4133. Email: guvenir@cs.bilkent.edu.tr.

[③]https://archive.ics.uci.edu/dataset/33/dermatology.

derm_names.txt 中.

该数据是关于鉴别红斑鳞状细胞疾病的具体类型. 有监督学习的目的是建立模型, 然后利用 34 个自变量判定因变量 (第 35 个变量) 属于 6 种类型中的哪一种, 这就是该数据的因变量, 名为 Class (类型, 一共有 6 种水平, 用哑元表示: 1, 2, 3, 4, 5, 6), 简称 V35.

红斑鳞状细胞疾病的鉴别诊断是皮肤病学中的一个问题. 它们都具有红斑和鳞屑的临床特征, 差异很小. 通常, 活组织检查对于诊断是必需的. 这些疾病也具有许多组织病理学特征. 鉴别诊断的另一个困难是疾病可能在开始阶段显示另一种类型疾病的特征, 并且也可能具有后面阶段的特征. 对患者首先在临床上评估了 12 个特征, 这些特征中除了 age (年龄) 及 family history (家族史, 0: 没有, 1: 有) 之外, 用 0, 1, 2, 3 打分, 分别表示不存在这个特征 (0) 及严重性 (1, 2, 3), 然后采集皮肤样品, 在显微镜下分析确定 22 个组织病理学特征的值 (也取值 0, 1, 2, 3).

这里将使用 1.6.1 节的自编函数 `Xgboost` 和 1.6.2 节的函数 `Fold`. 我们对例 4.7 皮肤病数据做 Xgboost 拟合并得到 10 折交叉验证误差:

```
w=read.csv('derm.csv',stringsAsFactors = T)
for (i in (1:ncol(w))[-34])
  w[,i]=factor(w[,i])
set.seed(1010)
zid=Fold(w, 10, 35,1010)
zid[[1]] %>% head()
pred=factor(sample(w$V35,nrow(w)))
for (i in 1:10) {
  m=zid[[i]]
  pred[m]=Xgboost(w[-m,],w[m,],35)
}
mean(pred!=w$V35)
```

得到误判率为 0.226776, 比其他集成模型都差.

4.8.3 对例 4.8 服装业生产率数据做 Xgboost 回归

例 4.8 服装业生产率数据 (garmentsF.csv).[①②] 该数据集包括服装生产过程的重要属性和员工的生产率, 这些属性为手工收集并已得到行业专家的验证. 制衣业是一个劳动密集型行业, 需要大量手工流程. 能否满足全球对服装产品的巨大需求主要取决于服装制造公司员工的生产和交付绩效, 因此, 服装行业的决策者需要跟踪、分析和预测工厂中工作团队的生产率表现. 该数据有 1197 个观测值及 15 个变量, 其中变量包括: date (日期, 年、月、日), quarter (一个月的某部分), depart (相应部门), day (星期几), team (团队号), aim_prod (管理方为每个团队设定的每天的目标生产率), smv (标准分钟值, 给任务分配的时间), wip (正在生

[①] Rahim, S., Imran, A. A. and Ahmed, T. (2021). Mining the productivity data of garment industry. *International Journal of Business Intelligence and Data Mining*, Vol 1, 1. `https://www.inderscience.com/info/ingeneral/forthcoming.php?jcode=ijbidm#89327`. Imran, A. A., Amin, M. N., Rifat, M. R. I. and Mehreen, S. (2019). Deep neural network approach for predicting the productivity of garment employees. *2019 6th International Conference on Control, Decision and Information Technologies (CoDIT). IEEE*. `https://ieeexplore.ieee.org/document/8820486`.

[②] `https://archive.ics.uci.edu/ml/datasets/Productivity+Prediction+of+Garment+Employees`.

产及未完成的产品), over_time (每个团队的加班时间, 单位: 分钟), incentive (财务激励措施), idle_time (因故中断生产的时间), idle_men (由于生产中断而闲置的工人人数), no_style (特定产品样式的更改次数), no_men (每个团队中的工人人数), act_prod (实际生产率). 该数据的目标变量是最后一个数量变量 act_prod. 数据文件 garmentsF.csv 是填补缺失值、缩短一些变量名及更正一些输入错误后形成的.

这里将使用 1.6.1 节的自编函数 `Xgboost`. 我们对例 4.8 服装业生产率数据做 Xgboost 拟合并得到 10 折交叉验证误差:

```
v=read.csv('garmentsF.csv',stringsAsFactors = TRUE)[,-1]
v$team=factor(v$team)
Z=10;n=nrow(v)
Zid=sample(rep(1:Z,ceiling(n/Z))[1:n])
pred=rep(999,n)
for (i in 1:Z) {
  pred[Zid==i]=Xgboost(v[Zid!=i,],v[Zid==i,],14)
}
nmse(v$act_prod,pred)
```

得到交叉验证 NMSE 为 0.4509785.

4.9 神经网络

4.9.1 神经网络原理

人工神经网络 (artificial neural networks) (简称**神经网络**) 是对自然神经网络的模仿, 是最早的机器学习方法之一, 它可以有效解决很复杂的有大量互相相关的变量的回归和分类问题, 是深度学习最主要的工具之一, 目前在各个领域有着非常广泛的应用.

神经网络可以很复杂, 但其基本元素并不复杂, 我们只需要理解简单神经网络的原理, 因为复杂神经网络基本上是简单神经网络的各种组合和重复. 图 4.9.1 描述的就是一个简单神经网络.

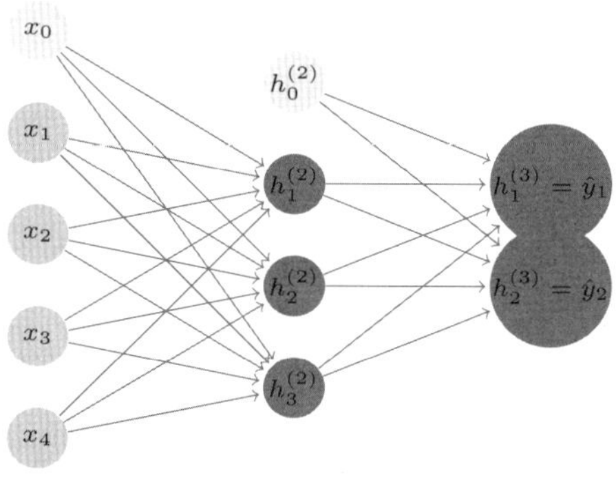

图 4.9.1 有 4 个自变量的输入层、3 个节点的隐藏层及 2 个节点的输出层的神经网络

图 4.9.1 描述的是一个 3 层神经网络, 最左边一层称为**输入层** (input layer), 也称为**第 1 层**, 它有 4 个节点, 节点个数依赖于具体回归问题 (对于分类自变量, 往往一个有 m 个水平

的自变量要占据 $m-1$ 个节点), 分别代表 4 个自变量的输入; 中间一层称为**隐藏层** (hidden layer), 在这个 3 层网络中也称为**第 2 层**, 它有 3 个节点, 这个节点数目是人们主观选择的; 最右边一层称为**输出层** (output layer), 在这个 3 层网络中也称为**第 3 层**, 有 2 个节点, 代表 2 个因变量 (或者在分类问题中代表分类因变量的 2 个水平).

前向传播

在图 4.9.1中, 还有许多连线, 有粗有细, 隐藏层左边的线代表了 4 个自变量 (不包括常数项) 加权平均到隐藏层 3 个节点的所有权重 (一共有 $4\times 3=12$ 个权重: $w_{ij}^{(1)}$, $i=1,2,3$, $j=1,2,3,4$), 记第 1 层的自变量输入为 x_1,x_2,x_3,x_4 (还有常数项 x_0), 到隐藏层 (第 2 层) 的输出记为 $h_1^{(2)},h_2^{(2)},h_3^{(2)}$. 而隐藏层到输出层 (第 3 层) 也要加权平均 (外加常数项 $h_0^{(2)}$), 记权重为 $w_{ij}^{(2)}$, $i=1,2, j=1,2,3$, 输出为 $h_1^{(3)},h_2^{(3)}$. 图 4.9.1 表明这些加权平均之外还有常数项 x_0 和 $h_0^{(2)}$, 对于这里的网络, 记常数项为 $b_i^{(1)}=x_{0i}, i=1,2,3, b_i^{(2)}=h_{0i}^{(2)}$, $i=1,2$. 于是我们有称为**前向传播** (forward propagation) 的公式:

$$h_1^{(2)}=f(w_{11}^{(1)}x_1+w_{12}^{(1)}x_2+w_{13}^{(1)}x_3+w_{14}^{(1)}x_4+b_1^{(1)}); \tag{4.9.1}$$

$$h_2^{(2)}=f(w_{21}^{(1)}x_1+w_{22}^{(1)}x_2+w_{23}^{(1)}x_3+w_{24}^{(1)}x_4+b_2^{(1)}); \tag{4.9.2}$$

$$h_3^{(2)}=f(w_{31}^{(1)}x_1+w_{32}^{(1)}x_2+w_{33}^{(1)}x_3+w_{34}^{(1)}x_4+b_3^{(1)}); \tag{4.9.3}$$

$$h_1^{(3)}=f(w_{11}^{(2)}h_1^{(2)}+w_{12}^{(2)}h_2^{(2)}+w_{13}^{(2)}h_3^{(2)}+b_1^{(2)}); \tag{4.9.4}$$

$$h_2^{(3)}=f(w_{21}^{(2)}h_1^{(2)}+w_{22}^{(2)}h_2^{(2)}+w_{23}^{(2)}h_3^{(2)}+b_2^{(2)}). \tag{4.9.5}$$

可能人们注意到, 上面的公式不是简单的线性组合, 而是对每个线性组合做了用函数 $f(\cdot)$ 描述的变换, 实际上, 如果没有这些变换, 这个神经网络的输出, 也就是第 3 层的 $h_1^{(3)},h_2^{(3)}$ 就与简单线性回归无异, 根本不值得再重复研究了. 这个函数称为**激活函数** (activation function), 最常用的是从实轴 $(-\infty,\infty)$ 到 $[0,1]$ (或 $[-1,1]$, $[0,\infty]$ 等) 的映射. 下面是激活函数的某些选择: $f(x)=1/(1+\mathrm{e}^{-x})$, $f(x)=\tanh(x)$, $f(x)=\max(0,x)$. 激活函数是对生物神经网络的模仿, 它把外界的脉冲状刺激 " 柔化 ". 对于不同的激活函数的选择如何对输出产生影响, 可以通过求激活函数的导数来考察. 神经网络至少在一层中需要包含激活函数.

前向传播的矩阵公式

对于我们的模型, 记

$$\boldsymbol{x}=\begin{bmatrix}x_1\\x_2\\x_3\\x_4\end{bmatrix};\ \boldsymbol{W}^{(1)}=\begin{bmatrix}w_{11}^{(1)} & w_{12}^{(1)} & w_{13}^{(1)} & w_{14}^{(1)}\\ w_{21}^{(1)} & w_{22}^{(1)} & w_{23}^{(1)} & w_{24}^{(1)}\\ w_{31}^{(1)} & w_{32}^{(1)} & w_{33}^{(1)} & w_{34}^{(1)}\end{bmatrix};\ \boldsymbol{b}^{(1)}=\begin{bmatrix}b_1^{(1)}\\b_2^{(1)}\\b_3^{(1)}\end{bmatrix};$$

$$\boldsymbol{h}^{(2)}=\begin{bmatrix}h_1^{(2)}\\h_2^{(2)}\\h_3^{(2)}\end{bmatrix};\ \boldsymbol{h}^{(3)}=\begin{bmatrix}h_1^{(3)}\\h_2^{(3)}\end{bmatrix};\ \boldsymbol{W}^{(2)}=\begin{bmatrix}w_{11}^{(2)} & w_{12}^{(2)} & w_{13}^{(2)}\\ w_{21}^{(2)} & w_{22}^{(2)} & w_{23}^{(2)}\end{bmatrix};\ \boldsymbol{b}^{(2)}=\begin{bmatrix}b_1^{(2)}\\b_2^{(2)}\end{bmatrix}.$$

再记

$$\boldsymbol{z}^{(2)}=\begin{bmatrix}z_1^{(2)}\\z_2^{(2)}\\z_3^{(2)}\end{bmatrix};\ z_i^{(2)}=w_{i1}^{(1)}x_1+w_{i2}^{(1)}x_2+w_{i3}^{(1)}x_3+w_{i4}^{(1)}x_4+b_i^{(1)},\ i=1,2,3;$$

$$\boldsymbol{z}^{(3)} = \begin{bmatrix} z_1^{(3)} \\ z_2^{(3)} \end{bmatrix};\ z_i^{(3)} = w_{i1}^{(2)} h_1^{(2)} + w_{i2}^{(2)} h_2^{(2)} + w_{i3}^{(2)} h_3^{(2)} + b_i^{(2)},\ i = 1, 2.$$

于是, 前向传播式 (4.9.1) 至式 (4.9.5) 可写成:

$$\text{第 1 层} \Rightarrow \text{第 2 层:}\ \underset{3\times1}{\boldsymbol{z}^{(2)}} = \underset{3\times4}{\boldsymbol{W}^{(1)}}\underset{4\times1}{\boldsymbol{x}} + \underset{3\times1}{\boldsymbol{b}^{(1)}};$$

$$\underset{3\times1}{\boldsymbol{h}^{(2)}} = f(\underset{3\times1}{\boldsymbol{z}^{(2)}}) = f(\underset{3\times4}{\boldsymbol{W}^{(1)}}\underset{4\times1}{\boldsymbol{x}} + \underset{3\times1}{\boldsymbol{b}^{(1)}}) \tag{4.9.6}$$

$$\text{第 2 层} \Rightarrow \text{第 3 层:}\ \underset{2\times1}{\boldsymbol{z}^{(3)}} = \underset{2\times3}{\boldsymbol{W}^{(2)}}\underset{3\times1}{\boldsymbol{h}^{(2)}} + \underset{2\times1}{\boldsymbol{b}^{(2)}};$$

$$h_{\boldsymbol{W},\boldsymbol{b}}(\boldsymbol{x}) \equiv \underset{2\times1}{\boldsymbol{h}^{(3)}} = f(\underset{2\times1}{\boldsymbol{z}^{(3)}}) = f(\underset{2\times3}{\boldsymbol{W}^{(2)}}\underset{3\times1}{\boldsymbol{h}^{(2)}} + \underset{2\times1}{\boldsymbol{b}^{(2)}}) \tag{4.9.7}$$

注意, 上面的公式标明了每个矩阵和向量的维数, 以对应于具体模型的 4-3-2 结构: 第 1 层 4 个节点, 第 2 层 3 个节点, 第 3 层 2 个节点. 最后一行的 $h_{\boldsymbol{W},\boldsymbol{b}}(\boldsymbol{x})$ 表示根据数据 $\boldsymbol{x}$ 通过模型中的参数 (权重和常数) $\boldsymbol{W}, \boldsymbol{b}$ 得到最终预测值的函数, 该函数说明: **只要有了参数 $\boldsymbol{W}^{(\ell)}, \boldsymbol{b}^{(\ell)}$, 神经网络就可以根据数据 $\boldsymbol{x}$ 预测出因变量值.** 因此, 神经网络的核心问题是找到参数 $\boldsymbol{W}^{(\ell)}, \boldsymbol{b}^{(\ell)}$, 这是一个利用数据来修正参数的有监督学习过程, 称为**反向传播** (back-propagation).

对于一般的多层神经网络情况, 记 $\boldsymbol{h}^{(1)} = \boldsymbol{x}$, 层数为 n_ℓ, 并记 s_ℓ 为第 ℓ 层的节点数, $s_{\ell+1}$ 为第 $\ell+1$ 层的节点数, 上面的式 (4.9.6) 及式 (4.9.7) 可写为:

$$\underset{s_{\ell+1}\times1}{\boldsymbol{z}^{(\ell+1)}} = \underset{s_{\ell+1}\times s_\ell}{\boldsymbol{W}^{(\ell)}}\underset{s_\ell\times1}{\boldsymbol{h}^{(\ell)}} + \underset{s_{\ell+1}\times1}{\boldsymbol{b}^{(\ell)}};\ \underset{s_{\ell+1}\times1}{\boldsymbol{h}^{(\ell+1)}} = f(\underset{s_{\ell+1}\times1}{\boldsymbol{z}^{(\ell+1)}}),\ \ell = 1, 2, \ldots, n_\ell - 1, \tag{4.9.8}$$

显然, 上面矩阵 (向量) 的维数依神经网络前后 2 层的节点数而定, 对因变量的预测值为最后一层 (第 n_ℓ 层) 的 $\boldsymbol{h}^{(n_\ell)}$.

利用梯度下降法做反向传播

前向传播公式中的已知部分是 $\boldsymbol{x}$, 激活函数是我们选的, 也算是已知的, 但参数 $\boldsymbol{W}^{(\ell)}$ 与 $\boldsymbol{b}^{(\ell)}$ 未知. 反向传播的过程就是:

1. 给出一套参数 $\boldsymbol{W}^{(\ell)}, \boldsymbol{b}^{(\ell)}$ 的初始值 (可随机取);
2. 得到对因变量 $\boldsymbol{y}$ 的预测值 $h_{\boldsymbol{W},\boldsymbol{b}}(\boldsymbol{x})$;
3. 考察因变量 $\boldsymbol{y}$ 和 $h_{\boldsymbol{W},\boldsymbol{b}}(\boldsymbol{x})$ 的差异 (误差), 并根据这个差异及选定的损失函数来调整 $\boldsymbol{W}^{(\ell)}$ 与 $\boldsymbol{b}^{(\ell)}$, 这需要优化方法, 我们将描述梯度下降法;
4. 回到第 1 步, 重复这个过程, 直到误差减小到预定范围之内或达到最大迭代次数为止.

梯度下降法简介

图 4.9.2 是一个横坐标为权重 (w)、纵坐标为误差的假想关系曲线, 人们希望改变权重以达到减少误差的目的. 在图 4.9.2 中, 误差是极小值. 假定目前值 w_0 在图中左 (或右) 曲线的位置用 "0" 标识, 显然误差变化最大的方向是切线 (梯度) 方向, 记为 $\frac{\partial}{\partial w}\text{error}$ 或者 ∇error. 于是权重按照公式

$$w_{\text{new}} = w_{\text{old}} - \alpha \cdot \nabla\text{error}, \tag{4.9.9}$$

从值 w_{old} 到新的值 w_{new}, 其中 $\alpha > 0$ 是步长. **为什么这里是减号呢?** 从图 4.9.2 中可以直观看出, 左边的导数为负, 即 $\nabla\text{error} < 0$, w 应该增加, 而右边的导数为正, w 应该减少, 所以上式应该是减号. 如此, 从点 "0" 变化到点 "1", 再变化到点 "2", 等等, 如此下去, 越接近极小

值, 斜率数值越小, 调整的步伐也相对越小, 直到误差在极小值的某个认可的小邻域之内.

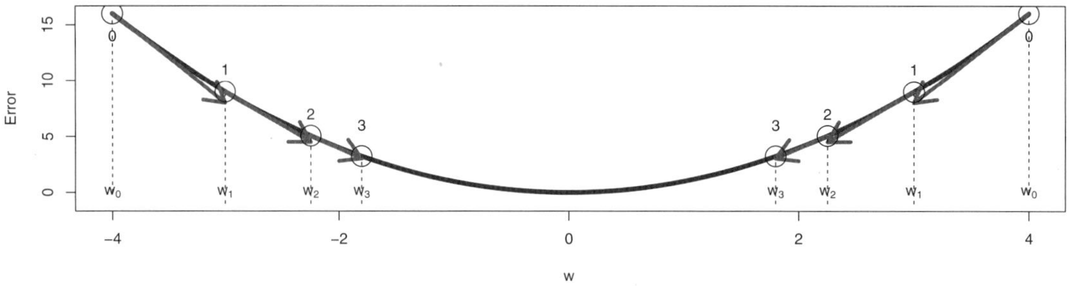

图 4.9.2　梯度下降法示意图

式 (4.9.9) 对于我们的神经网络来说过于简单, 却是各种迭代算法的基础模型.

神经网络的梯度下降法

上面提到, 我们希望调整权重, 逐步减少误差或者损失. 对于我们的神经网络来说, 损失是什么呢? 最明显的选择和最小二乘回归一样: 残差平方和. 在最小二乘回归中, 我们希望把残差平方和 $\sum_i(y_i-\hat{y}_i)^2=\|\boldsymbol{y}-\hat{\boldsymbol{y}}\|^2$ 最小化. 对于神经网络, $\hat{\boldsymbol{y}}=\boldsymbol{h}^{(n_\ell)}$, 因此, 我们的残差平方和为一系列权重 $\boldsymbol{W}$、常数项 $\boldsymbol{b}$ 及数据 $\boldsymbol{x},\boldsymbol{y}$ 的函数, 定义为 (其中的系数 $\frac{1}{2}$ 仅仅是为了求导数时消去而设, 没有实质意义):

$$
\begin{aligned}
J(\boldsymbol{W},\boldsymbol{b},\boldsymbol{x},\boldsymbol{y}) &=\frac{1}{2}\|\underset{s_{n_\ell}\times 1}{\boldsymbol{y}}\ \underset{s_{n_\ell}\times 1}{\boldsymbol{h}^{(n_\ell)}}\|^2=\frac{1}{2}\|\underset{s_{n_\ell}\times 1}{\boldsymbol{y}}\ f(\underset{s_{n_\ell}\times 1}{\boldsymbol{z}^{(n_\ell)}})\|^2\\
&=\frac{1}{2}\|\underset{s_{n_\ell}\times 1}{\boldsymbol{y}}\ f(\underset{s_{n_\ell}\times s_{n_\ell-1}}{\boldsymbol{W}^{(n_\ell-1)}}\underset{s_{n_\ell-1}\times 1}{\boldsymbol{h}^{(n_\ell-1)}}+\underset{s_{n_\ell}\times 1}{\boldsymbol{b}^{(n_\ell-1)}})\|^2.
\end{aligned}
$$

于是, 根据初等微积分的涉及矩阵和向量微分的知识, 对式 (4.9.9) 中关于权重及常数项梯度 ∇error 的计算就变为:

$$
\begin{aligned}
\frac{\partial J}{\partial \boldsymbol{W}^{(n_\ell-1)}}&=\frac{\partial J}{\partial \boldsymbol{h}^{(n_\ell)}}\frac{\partial \boldsymbol{h}^{(n_\ell)}}{\partial \boldsymbol{z}^{(n_\ell)}}\frac{\partial \boldsymbol{z}^{(n_\ell)}}{\partial \boldsymbol{W}^{(n_\ell-1)}}=\frac{1}{2}\frac{\partial}{\partial \boldsymbol{h}^{(n_\ell)}}\left(\boldsymbol{y}\boldsymbol{h}^{(n_\ell)}\right)^2\frac{\partial f\left(\boldsymbol{z}^{(n_\ell)}\right)}{\partial \boldsymbol{z}^{(n_\ell)}}\frac{\partial \boldsymbol{W}^{(n_\ell-1)}\boldsymbol{h}^{(n_\ell-1)}}{\partial \boldsymbol{W}^{(n_\ell-1)}}\\
&=\underset{s_{n_\ell}\times 1}{\left(\boldsymbol{y}\boldsymbol{h}^{(n_\ell)}\right)}\cdot \underset{s_{n_\ell}\times 1}{f'(\boldsymbol{z}^{(n_\ell)})}\underset{1\times s_{n_\ell-1}}{(h^{(n_\ell-1)})^\top}=\underset{s_{n_\ell}\times 1}{\boldsymbol{\delta}^{(n_\ell)}}\underset{1\times s_{n_\ell-1}}{\left(\boldsymbol{h}^{(n_\ell-1)}\right)^\top},
\end{aligned}
\tag{4.9.10}
$$

$$
\frac{\partial J}{\partial \boldsymbol{b}^{(n_\ell-1)}}=\underset{s_{n_\ell}\times 1}{\left(\boldsymbol{y}\boldsymbol{h}^{(n_\ell)}\right)}\cdot \underset{s_{n_\ell}\times 1}{f'(\boldsymbol{z}^{(n_\ell)})}=\underset{s_{n_\ell}\times 1}{\boldsymbol{\delta}}{}^{(n_\ell)}.
\tag{4.9.11}
$$

在上面两个式子的最后一个等号处, 我们对于最后一层 (第 n_ℓ 层) 均定义了

$$
\underset{s_{n_\ell}\times 1}{\boldsymbol{\delta}^{(n_\ell)}}=\underset{s_{n_\ell}\times 1}{\left(\boldsymbol{y}\boldsymbol{h}^{(n_\ell)}\right)}\cdot \underset{s_{n_\ell}\times 1}{f'(\boldsymbol{z}^{(n_\ell)})}.
$$

对于 $\ell<n_\ell$ 的各层, 没有目标变量 $\boldsymbol{y}$ 作为参照来定义 $\boldsymbol{\delta}^{(\ell)}$, 但是我们注意到, 在前向传播中, 第 ℓ 层和第 $\ell+1$ 层的权重 $\boldsymbol{h}^{(\ell)}$ 与 $\boldsymbol{h}^{(\ell+1)}$ 是通过权重 $\boldsymbol{W}^{(\ell)}$ 计算的:

$$
h_j^{(\ell)}\overset{w_{ij}^{(\ell)}}{\Longrightarrow}h_i^{(\ell+1)},
$$

因此, 在反向传播中, 我们可以考虑通过权重 $\boldsymbol{W}^{(\ell)}$ 以 $\boldsymbol{\delta}^{(n_\ell)}$ 计算 $\boldsymbol{\delta}^{(n_\ell-1)}$:

$$
\delta_j^{(\ell)}=\left(\sum_{i=1}^{s(\ell+1)}w_{ij}^{(\ell)}\delta_i^{(\ell+1)}\right)f'(z_j^{(\ell)}),
$$

或者按照矩阵符号, 上式为:

$$\underset{s_\ell\times 1}{\boldsymbol{\delta}^{(\ell)}} = \underset{s_\ell\times s_{\ell+1}}{\left(\boldsymbol{W}^{(\ell)}\right)^\top} \underset{s_{\ell+1}\times 1}{\boldsymbol{\delta}^{(\ell+1)}} \cdot f'(\underset{s_\ell\times 1}{\boldsymbol{z}^{(\ell)}}),\ 2 \leqslant l < n_\ell. \tag{4.9.12}$$

因此, **对于每个样本观测值**$(\boldsymbol{x}_i, \boldsymbol{y}_i)$, $i = 1, 2, \ldots, m$, 在每两层之间 (第 ℓ 层和第 $\ell+1$ 层之间), 我们都有对**整个权重** $\boldsymbol{W}^{(\ell)}$ **的全部元素** $\{w_{ij}^{(\ell)}\}$ **及常数项** $\boldsymbol{b}^{(\ell)}$ **的全部元素** $\{b_i^{(\ell)}\}$ 更新所需的梯度矩阵, 它们分别是:

$$\frac{\partial J(\boldsymbol{W}, \boldsymbol{b}, \boldsymbol{x}_i, \boldsymbol{y}_i)}{\partial \boldsymbol{W}^{(\ell)}} = \underset{s_{\ell+1}\times 1}{\boldsymbol{\delta}^{(\ell+1)}} \underset{1\times s_l}{\left(\boldsymbol{h}^{(\ell)}\right)^\top}, \tag{4.9.13}$$

$$\frac{\partial J(\boldsymbol{W}, \boldsymbol{b}, \boldsymbol{x}_i, \boldsymbol{y}_i)}{\partial \boldsymbol{b}^{(\ell)}} = \underset{s_{\ell+1}\times 1}{\boldsymbol{\delta}^{(\ell+1)}}. \tag{4.9.14}$$

当对所有 m 个观测值计算出上述梯度之后 (对每一层有 m 个矩阵), 需要求出 (逐个元素) 均值:

$$\frac{1}{m}\Delta \boldsymbol{W}^{(\ell)} \equiv \frac{1}{m}\sum_{i=1}^{m} \frac{\partial J(\boldsymbol{W}, \boldsymbol{b}, \boldsymbol{x}_i, \boldsymbol{y}_i)}{\partial \boldsymbol{W}^{(\ell)}}, \tag{4.9.15}$$

$$\frac{1}{m}\Delta \boldsymbol{b}^{(\ell)} \equiv \frac{1}{m}\sum_{i=1}^{m} \frac{\partial J(\boldsymbol{W}, \boldsymbol{b}, \boldsymbol{x}_i, \boldsymbol{y}_i)}{\partial \boldsymbol{b}^{(\ell)}}. \tag{4.9.16}$$

注意, 在计算中, 两个 (累积) 和矩阵 $\Delta \boldsymbol{W}^{(\ell)}$ 及 $\Delta \boldsymbol{b}^{(\ell)}$ 是逐步累积求和的, 每次迭代开始前它们都是零矩阵, 一直到对所有的观测值全部计算完, 就可以更新原先的矩阵了, 下一次迭代再从零矩阵开始. 上面得到的式 (4.9.15) 和式 (4.9.16) 就是权重更新的式 (4.9.9) 中的 ∇error, 在每次迭代中, 权重 $\boldsymbol{W}^{(\ell)}$ 和常数项 $\boldsymbol{b}^{(\ell)}$ 的更新公式为:

$$\boldsymbol{W}_{\text{new}}^{(\ell)} = \boldsymbol{W}_{\text{old}}^{(\ell)} - \alpha\left[\frac{1}{m}\Delta \boldsymbol{W}^{(\ell)}\right], \tag{4.9.17}$$

$$\boldsymbol{b}_{\text{new}}^{(\ell)} = \boldsymbol{b}_{\text{old}}^{(\ell)} - \alpha\left[\frac{1}{m}\Delta \boldsymbol{b}^{(\ell)}\right]. \tag{4.9.18}$$

有了上面更新参数矩阵的方法, 就可以通过迭代来训练模型, 使得神经网络对于训练集数据越来越精确, 最终得到的以最后修订的权重和常数项为代表的神经网络就可以用来做预测或交叉验证了.

4.9.2 神经网络的计算步骤

神经网络在计算之前要确定其结构: **一共多少层, 每层有多少个节点**. 比如有 4 个自变量、一个有 3 个节点的隐藏层和一个有 2 个因变量的回归 (或者是一个有 2 个水平因变量的分类), 则一共有 $n_\ell = 3$ 层, 每层节点数分别为 $s_1 = 4, s_2 = 3, s_3 = 2$, 也就是说, 用三元数组 $(4, 3, 2)$ 表示. 在这种情况下, 如果训练集样本量为 m, 则自变量应该是 $m \times 4$ 阶矩阵, 因变量应该是 $m \times 2$ 阶矩阵. 另外, 要确定更新步长 α.

在做完上面的设定之后, 具体的计算步骤如下:

1. 首先设定初始权重和常数项 (比如随机产生):

$$\boldsymbol{W}^{(\ell)},\ \ \boldsymbol{b}^{(\ell)}, \ell = 1, 2, \ldots, n_\ell - 1.$$

2. 重复下面的迭代 (预定最多 M 次):

(1) 把梯度的逐步累积 $\Delta\boldsymbol{W}$ 和 $\Delta\boldsymbol{b}$ 的所有元素设为 0.

(2) 从 $i=1$ 开始, 于第 i 个观测值 $(\boldsymbol{x}_i,\boldsymbol{y}_i)$ 做如下计算 $(i=1,2,\ldots,m)$:

(i) 对每一层 (一共 n_ℓ 层) 实行前向传播, 得到输出 (参考式 (4.9.8)) $\boldsymbol{z}^{(\ell)}$ 和 $\boldsymbol{h}^{(\ell)}=f\left(\boldsymbol{z}^{(\ell)}\right)$;

(ii) 从输出层 (第 n_ℓ 层) 开始逐层做反向传播:

(a) 对第 n_ℓ 层利用 $(\boldsymbol{y}-\boldsymbol{h}^{(n_\ell)})$ 计算 $\boldsymbol{\delta}^{(n_\ell)}=\left(\boldsymbol{y}-\boldsymbol{h}^{(n_\ell)}\right)f'\left(\boldsymbol{z}^{(n_\ell)}\right)$;

(b) 对第 $\ell\,(2\leqslant\ell<n_\ell)$ 层计算 $\boldsymbol{\delta}^{(l)}=\left(\boldsymbol{W}^{(\ell)}\right)^\top\boldsymbol{\delta}^{(\ell+1)}f'\left(\boldsymbol{z}^{(\ell)}\right)$;

(c) 对每一层, 更新 $\Delta\boldsymbol{W}^{(\ell)}$ 和 $\Delta\boldsymbol{b}^{(\ell)}$ (注意, 这里的累积和对于每个观测值加一次, 最终是 m 个元素之和):

$$\Delta\boldsymbol{W}^{(\ell)}=\Delta\boldsymbol{W}^{(\ell)}+\boldsymbol{\delta}^{(\ell+1)}\left(\boldsymbol{h}^{(\ell)}\right)^\top,$$
$$\Delta\boldsymbol{b}^{(\ell)}=\Delta\boldsymbol{b}^{(\ell)}+\boldsymbol{\delta}^{(\ell+1)};$$

(d) 记录损失 $e_i=\left\|\boldsymbol{y}-\boldsymbol{h}^{(n_\ell)}\right\|$;

(e) $i=i+1$, 回到 (i), 继续迭代直到 $i=m$.

(3) 对各层的权重和常数项进行更新 (每次迭代更新一次, 一共更新 M 次):

$$\boldsymbol{W}^{(\ell)}=\boldsymbol{W}^{(\ell)}-\alpha\left[\frac{1}{m}\Delta\boldsymbol{W}^{(\ell)}\right],$$
$$\boldsymbol{b}^{(\ell)}=\boldsymbol{b}(\ell)-\alpha\left[\frac{1}{m}\Delta\boldsymbol{b}^{(\ell)}\right].$$

(4) 得到第 j 次迭代的平均损失 $E_j=\bar{e}=\frac{1}{m}\sum_{i=1}^m e_i$.

3. 回到第 2 步, 继续迭代, 直到预先设定的次数 M 或者平均损失度量 $\bar{e}$ 小于预定阈值为止. 这时输出的结果为各层经过 M 次更新的权重和常数项 $\boldsymbol{W}^{(\ell)},\boldsymbol{b}^{(l)}$, 以及每次迭代的平均损失组成的向量 $\boldsymbol{E}=(E_1,E_2,\ldots,E_M)$.

神经网络回归和分类的区别

从神经网络的性质来看, 只要把自变量哑元化, 无论回归还是分类都是类似的, 但回归和分类在最后一层有所区别:

1. 对于回归, 最后一层 (输出层) 有几个节点就表明有几个不同的因变量 (多因变量回归), 但通常都只有一个. 而且在输出之前的隐藏层的激活函数往往取线性函数 ($f(x)=x$), 以免出现值域不一致的问题.
2. 对于分类问题 (只考虑一个分类因变量), 分两种情况:

(1) 当因变量有 2 个水平 (类) 时, 可以分别哑元化 (比如 0 或 1), 这时只有一个节点即可, 最终的预测值接近 0 就代表预测为第一类, 否则就是第二类. 最后的激活函数可以选择值域为 [0, 1] 区间的 S 形函数.

(2) 当因变量有 $K(>2)$ 个水平 (类) 时, 输出层就有 K 个节点, 因变量可以完全哑元化, 每个观测值在输出层只有相应于某类的一个节点为 1, 其余都为 0. 这样神经网络的预测值在哪个节点最接近 1, 则判为相应的水平 (类). 这时一个常用的激活函数为 softmax:

$$\frac{\exp(y_i)}{\sum_{k=1}^K\exp(y_k)},\ i=1,2,\ldots,K.$$

由于其和为 1, 可以看作预测值等于各个因变量水平的概率.

4.9.3 神经网络回归实例

拟合例 4.6 全部进口汽车数据

下面用神经网络拟合例 4.6 全部进口汽车数据, R 代码为:

```
w=read.csv("imports85.csv",stringsAsFactors = TRUE)
library(nnet)
a=nnet(price ~ ., data=w, maxit=1000, linout=TRUE,
       size = 10, decay = 0.1, trace=F)
NeuralNetTools::plotnet(a,pad_x=.6,cex_val=.35)
```

这里选项 `size` 是隐藏层节点个数; `decay` 为权重衰减; `linout=TRUE` 指定最后一层的激活函数为线性函数 ($\sigma(x) = x$), 而不是默认的 logistic 函数 ($\sigma(x) = 1/(1+\exp(-x))$); `maxit` 为最大迭代次数 (如果不收敛, 到了最大迭代次数就停止); `trace` 代表是否打印出迭代过程 (可以看出停止时是否收敛). 使用 R 程序包 `NeuralNetTools`[①] 的打印代码 (`plot.nnet`), 可以得到图 4.9.3. 太多的变量和隐藏节点使得该图不易看出具体的结构.

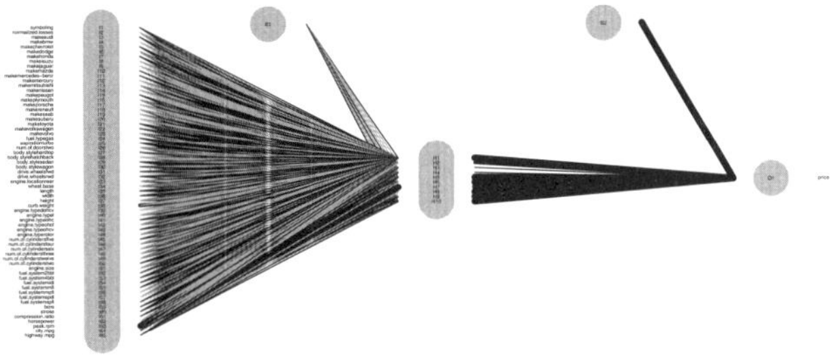

图 4.9.3 例 4.6 进口汽车数据的有 10 个隐藏层节点、全部自变量及 1 个因变量的神经网络图

实际上, 如果要看神经网络的细节, 可以打印出各种输出, 比如, 代码 `a$wts` 代表最好的权重, `a$fitted.values` 代表训练集的拟合值, `a$residuals` 代表残差, 还有显示收敛状况的 `a$convergence` (0 代表收敛; 1 代表迭代已经达到最大预订次数但未收敛).

此外, 还可以打印出拟合值和真实值的散点图 (见图 4.9.4 中左图) 和残差对拟合值图 (见图 4.9.4 中右图).

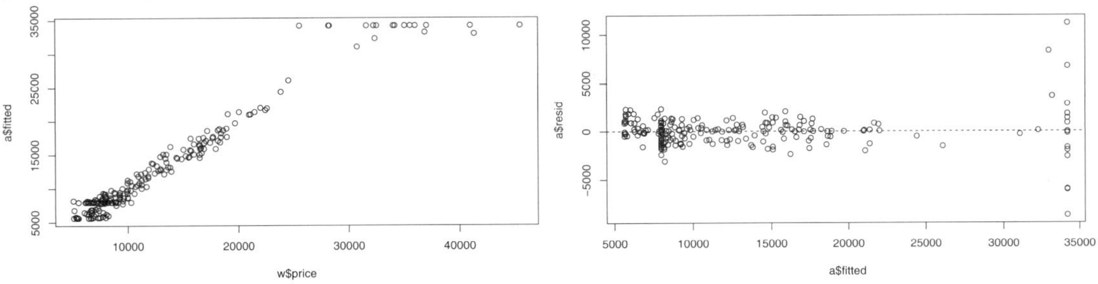

图 4.9.4 神经网络拟合例 4.6 进口汽车数据的拟合值和真实值的散点图 (左) 及残差对拟合值图 (右)

图 4.9.4 是用下面的 R 代码生成的:

---
① Beck, M. W. (2018). NeuralNetTools: visualization and analysis tools for neural networks. *Journal of Statistical Software*, 85 (11): 1-20. `https://doi.org/10.18637/jss.v085.i11`.

```
par(mfrow=c(1,2))
plot(a$fitted~w$price)
plot(a$fitted,a$resid)
abline(h=0,lty=2)
```

选择神经网络的参数

神经网络隐藏层节点个数等参数的选择与预测精度有很大的关系, 而选择的方法就是交叉验证. 就例 4.6 进口汽车数据而言, 下面是选择参数的 R 程序 (这里使用了 R 程序包 caret[①]中的 train 函数):

```
w=read.csv("imports85.csv",stringsAsFactors = TRUE)
library(nnet);library(caret)
grid=expand.grid(.decay=c(0.5, 0.1, 0.05, 0.01),
    .size=c(9,10,11))
fit=train(price ~ ., data=w, method="nnet", linout=TRUE,
    maxit=1000, tuneGrid=grid, trace=F)
print(fit)
```

这种格子点式的试验比较费时间, 最好少用几个参数点, 然后往最优方向继续试验. 上面的 R 代码产生的结果如下:

```
  decay  size  RMSE      Rsquared   MAE
  0.01    9    6992.502  0.4176956  5063.624
  0.01   10    7277.422  0.4325894  5331.368
  0.01   11    7761.484  0.4409781  5446.892
  0.05    9    6742.973  0.5653917  4843.693
  0.05   10    6732.810  0.4590778  4796.355
  0.05   11    6030.476  0.5981490  4153.792
  0.10    9    6933.330  0.5399921  4866.794
  0.10   10    6098.576  0.5563834  4270.205
  0.10   11    5832.354  0.6568791  4288.243
  0.50    9    5216.490  0.6156867  3606.122
  0.50   10    5352.978  0.5782760  3810.350
  0.50   11    5606.185  0.5827615  3837.970

RMSE was used to select the optimal model using the smallest value.
The final values used for the model were size = 9 and decay = 0.5.
```

根据 RMSE, 建议使用 size = 9 和 decay = 0.5. 注意, 对于这个数据的试验, 这些 RMSE 很接近, 由于 train 函数内部的交叉验证控制, 即便事先使用固定的随机种子, 结果也不相同, 因此, 不一定就采用所建议的参数组合. 对于有些数据, 参数对结果影响很大, 就

[①]Kuhn, M. Contributions from Jed Wing, Steve Weston, Andre Williams, Chris Keefer, Allan Engelhardt, Tony Cooper, Zachary Mayer, Brenton Kenkel, R Core Team, Michael Benesty, Reynald Lescarbeau, Andrew Ziem and Luca Scrucca (2015). caret: classification and regression training. R package version 6.0-41. http://CRAN.R-project.org/package=caret.

需要认真应对了.

对例 4.6 进口汽车数据做神经网络的 10 折交叉验证

这里对例 4.6 进口汽车数据做神经网络的 10 折交叉验证. R 代码如下:

```
D=26;Z=10;n=nrow(w);set.seed(1010)
I=sample(rep(1:Z,ceiling(n/Z)))[1:n]
M=mean((w[,D]-mean(w[,D]))^2)
pred=rep(999,n)
for(i in 1:Z){
  m=(I==i);
  pred[m]=nnet(price ~ ., data=w[!m,], maxit=1000, linout=TRUE,
    size = 9, decay = 0.5, trace=F)%>%
    predict(w[m,])
}
(nmse=mean((pred-w[,D])^2)/M)
```

得到的 10 折交叉验证的 NMSE 为 0.2730728, 不如前面用相同训练集和测试集得到的随机森林、mboost 及 bagging 的交叉验证结果. 当然, 我们的神经网络的各种选项并不一定合适, 使得比较不公平. 一般来说, 如果自变量大都是数量变量, 神经网络的表现比有很多定性变量时要好.

评论: 类似于经典线性回归, 神经网络回归的一个弱点是, 当数据的自变量中有太多的定性变量或定性变量水平太多时, 往往无法运作, 这和神经网络的数学原理有关. 对于这类数据, 使用基于决策树的各种方法会好一些.

神经网络的另一个特点是对其诸如隐藏层数目、隐藏层节点个数、调节步长、如何修正权重等选项的不同配置会使得结果有很大区别, 这使得不易 "傻瓜式地" 轻易得到好的结果, 但也可以经过努力得到非常好的结果. 神经网络是深度学习方法中最重要的算法.

4.9.4 神经网络分类实例

神经网络的分类与多因变量回归的概念完全一样, 所有基本程序也完全一样. 在实施中, 需要把因变量按照各个水平哑元化, 有几个水平就形成几个哑元化因变量, 有如多因变量回归.

例 4.3 慢性肾病全部数据的拟合

下面利用 R 程序包 nnet 中的函数 nnet 对例 4.3 慢性肾病全部数据做神经网络分类, 并画出图 (见图 4.9.5). 读入数据、做神经网络分类及画图 4.9.5 的 R 代码为:

```
w=read.csv("kidney02.csv",stringsAsFactors = TRUE)
library(nnet)
set.seed(9999)
a=nnet(class~.,w, size=20,rang=0.01,decay=5e-4, maxit=300)
library(NeuralNetTools)
plotnet(a,pad_x=.7,cex=.7)
```

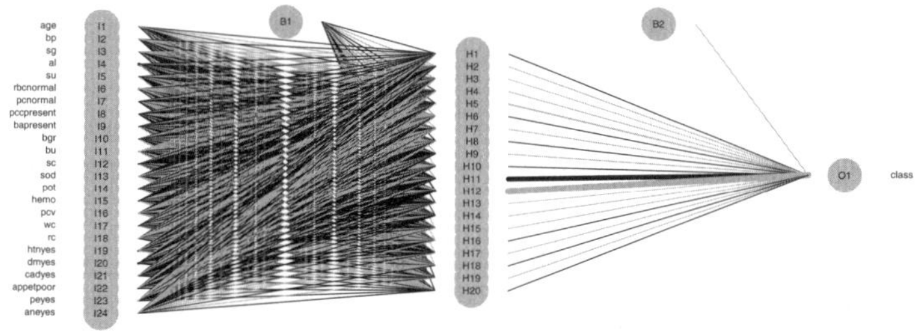

图 4.9.5 例 4.3 慢性肾病数据的有 20 个隐藏层节点、24 个自变量及 1 个因变量的神经网络图

由于例 4.3 慢性肾病数据的因变量为二分变量, nnet 函数把它变成取值 $\{0, 1\}$ 的变量来拟合, 神经网络图 4.9.5 说明了这一点. 最终的输出还有残差 (a$residuals)、拟合值 (a$fitted)、权重 (a$wts) 等.

对训练集本身做预测, 结果似乎很好:

```
> ap=predict(a,w,type="class");table(ap,w$class)

ap        ckd notckd
  ckd     250      0
  notckd    0    150
```

误判率为 0, 但是读者可以试试, 如果把隐藏层节点数目改成 size=15, 就会有 5 个观测值被误判, 如果再减少到 10, 就全部分成 ckd 了 (属于 notckd 类的全部观测值都被分到 ckd 类). 改变随机种子也会大大改变分类结果, 因此, 神经网络至少不适合这个数据的分类.

4.10 支持向量机

支持向量机 (support vector machine, SVM) 是非常特别的算法, 比如, 它使用**核函数** (kernel function) 及依赖于边缘的**支持向量** (support vector) 等. 支持向量机最初是针对分类问题产生的, 在回归中仍然保持着其在分类问题上的主要特点: 它处理非线性问题时是通过**核** (kernel) 把低维变量映射到高维变量空间. 该系统的能力是由不依赖于变量空间维数的参数控制的.

4.10.1 支持向量机分类的基本概念: 线性可分问题

线性可分问题和超平面

考虑训练数据样本 $D = \{(\boldsymbol{x}_1, y_1), (\boldsymbol{x}_2, y_2), \ldots, (\boldsymbol{x}_m, y_m)\}$. 由于支持向量机的分类 (无论有多少类) 都是基于二分类的方法, 因此我们仅考虑二分类问题, 假定 $y_j \in \{-1, 1\}$, 而自变量 $\boldsymbol{x}_j \in \mathbb{R}^n$.

图 4.10.1 为在二维空间中线性可分问题的示意图. 图中有两类点, 两类点之间可以用一条直线 (比如 $a + bx = 0$) 分开, 这属于线性可分问题. 在一维空间中, 线性可分意味着可以用一个点 (比如 $a = a_0$) 把两类点分开; 在三维空间中, 线性可分意味着可以用平面把两类点分开; 在多维空间中, 线性可分则意味着可以用超平面把两类点分开. 用

$$\langle \boldsymbol{w}, \boldsymbol{x} \rangle + b = 0$$

表示这样的超平面.[①] 这里 $\boldsymbol{w}$ 称为**权向量** (weight vector).

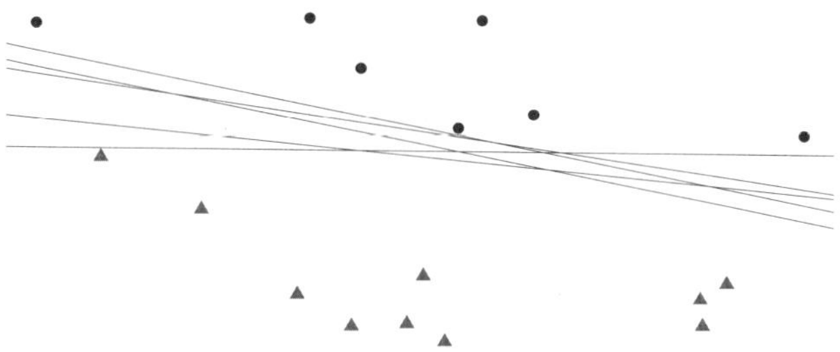

图 4.10.1 线性可分问题的二维示意图

从图 4.10.1 可以看出, 可以分开这两类点的直线并不唯一. 因此, 问题就归结于选择哪一条直线了. 代表超平面的函数

$$F(\boldsymbol{x}, \boldsymbol{w}, b) = \langle \boldsymbol{w}, \boldsymbol{x} \rangle + b$$

称为**支持向量机分类函数** (SVM classification function). 式中, b 称为**偏差** (bias). 显然, 只要 $w_i \neq 0$, 该超平面就和第 i 个坐标轴交于 $(0, 0, \ldots, -b/w_i, \ldots, 0)$, 即在第 i 个坐标轴的截距为 $-b/w_i$. 显然, 向量 $\boldsymbol{w}$ 为该超平面的法线方向, 正交于该超平面.

对于任意一个点 $\boldsymbol{x}$, 如果其在超平面 $F(\boldsymbol{x}, \boldsymbol{w}, b) = 0$ 上的投影点为 $\boldsymbol{x}_p$, 且 $\boldsymbol{x}$ 与 $\boldsymbol{x}_p$ 的**有向距离** (directed distance) 为 r, 那么可以表示为:

$$\boldsymbol{x} = \boldsymbol{x}_p + r\frac{\boldsymbol{w}}{\|\boldsymbol{w}\|},$$

这里的 $\|\boldsymbol{w}\| = \sqrt{\langle \boldsymbol{w}, \boldsymbol{w} \rangle}$, $\boldsymbol{w}/\|\boldsymbol{w}\|$ 是单位权向量. 因此有

$$\begin{aligned} F(\boldsymbol{x}, \boldsymbol{w}, b) =& \langle \boldsymbol{w}, \boldsymbol{x}_p + r\frac{\boldsymbol{w}}{\|\boldsymbol{w}\|} \rangle + b = \langle \boldsymbol{w}, \boldsymbol{x}_p \rangle + b + \langle \boldsymbol{w}, r\frac{\boldsymbol{w}}{\|\boldsymbol{w}\|} \rangle \\ =& 0 + r\frac{\langle \boldsymbol{w}, \boldsymbol{w} \rangle}{\|\boldsymbol{w}\|} = r\|\boldsymbol{w}\|, \end{aligned}$$

也就是说, 点 $\boldsymbol{x}$ 到超平面 $F(\boldsymbol{x}, \boldsymbol{w}, b) = 0$ 的距离为:

$$r = \frac{F(\boldsymbol{x}, \boldsymbol{w}, b)}{\|\boldsymbol{w}\|}.$$

显然, 对于上面说的线性可分问题能够给出如下定义: 如果函数 $F(\boldsymbol{x}, \boldsymbol{w}, b)$ 满足

$$F(\boldsymbol{x}, \boldsymbol{w}, b) > 0,\ y_i = 1,$$

$$F(\boldsymbol{x}, \boldsymbol{w}, b) < 0,\ y_i = -1,$$

或等价地

$$y_i(\langle \boldsymbol{w}, \boldsymbol{x}_i \rangle + b) > 0,\ \forall (\boldsymbol{x}_i, y_i) \in D, \tag{4.10.1}$$

则称 D 是**线性可分的** (linearly separable). 而点 $\boldsymbol{x}$ 到超平面的绝对距离为:

$$\delta = yr = \frac{yF(\boldsymbol{x}, \boldsymbol{w}, b)}{\|\boldsymbol{w}\|}.$$

[①] 这里的符号 $\langle \boldsymbol{w}, \boldsymbol{x} \rangle$ 是向量 $\boldsymbol{w}$ 和 $\boldsymbol{x}$ 的内积或点积, 也可以写成 $\boldsymbol{w}'\boldsymbol{x}$、$\boldsymbol{w} \cdot \boldsymbol{x}$ 或者 $\boldsymbol{w}^\top \boldsymbol{x}$.

记点 $\boldsymbol{x}_i$ 到超平面的绝对距离为 δ_i, 则

$$\delta_i = \frac{yF(\boldsymbol{x}, \boldsymbol{w}, b)}{\|\boldsymbol{w}\|} = \frac{y(\langle \boldsymbol{w}, \boldsymbol{x}_i \rangle + b)}{\|\boldsymbol{w}\|}.$$

称点到超平面的距离的最小值为线性分类器的**边距** (margin), 即边距

$$\delta^* = \min_{\boldsymbol{x}_i}\{\delta_i\} = \min_{\boldsymbol{x}_i}\left[\frac{y(\langle \boldsymbol{w}, \boldsymbol{x}_i \rangle + b)}{\|\boldsymbol{w}\|}\right].$$

所有满足上面最小值的点 $\boldsymbol{x}^*$(记相应的 y 为 y^*), 即

$$\boldsymbol{x}^* = \arg\min_{\boldsymbol{x}_i}\left[\frac{y(\langle \boldsymbol{w}, \boldsymbol{x}_i \rangle + b)}{\|\boldsymbol{w}\|}\right]$$

或

$$\delta^* = \frac{y^*(\langle \boldsymbol{w}, \boldsymbol{x}^* \rangle + b)}{\|\boldsymbol{w}\|}$$

都称为支持向量.

典则超平面

我们选择一个因子 s 使得

$$sy^*(\langle \boldsymbol{w}, \boldsymbol{x}^* \rangle + b) = sy^*(F(\boldsymbol{x}^*, \boldsymbol{w}, b)) = 1$$

或

$$s = \frac{1}{y^*(\langle \boldsymbol{w}, \boldsymbol{x}^* \rangle + b)} = \frac{1}{y^*(F(\boldsymbol{x}^*, \boldsymbol{w}, b))}.$$

于是支持向量 $\boldsymbol{x}^*$ 到超平面 $sF(\boldsymbol{x}^*, \boldsymbol{w}, b) = 0$ (乘一个因子不会改变超平面) 的距离 (即边距) 为:

$$\delta^* = \frac{1}{\|\boldsymbol{w}\|}.$$

这样的超平面 $sF(\boldsymbol{x}^*, \boldsymbol{w}, b) = 0$ 称为**典则超平面** (canonical hyperplane). 对于典则超平面,

$$y_i(\langle \boldsymbol{w}, \boldsymbol{x}_i \rangle + b) \geqslant 1,\ \forall(\boldsymbol{x}_i, y_i) \in D. \tag{4.10.2}$$

我们以后讨论的超平面都是指典则超平面.

边距最大的典则超平面

在图 4.10.1 中, 可以用很多超平面来分割两类点, 直观上容易接受的超平面是选择使得邻域最宽的直线作为最优分割直线.

最优的典则超平面 $F^*(\boldsymbol{x}^*, \boldsymbol{w}, b) = 0$ 应该使得边距最大, 即

$$F^* = \arg\max_F\{\delta^*\} = \arg\max_{\boldsymbol{w},b}\left\{\frac{1}{\|\boldsymbol{w}\|}\right\}.$$

使边距最大化等价于最小化 $\|\boldsymbol{w}\|$, 这时的问题就成为:

$$\text{最小化: } Q(\boldsymbol{w}) = \frac{1}{2}\|\boldsymbol{w}\|^2, \tag{4.10.3}$$

$$\text{约束为: } y_i(\langle \boldsymbol{w}, \boldsymbol{x}_i \rangle + b) \geqslant 1,\ \forall(\boldsymbol{x}_i, y_i) \in D. \tag{4.10.4}$$

式 (4.10.3) 中 $\|\boldsymbol{w}\|$ 前面的因子 $\frac{1}{2}$ 是为了数学上的方便. 这是个有约束的优化问题.

式 (4.10.3) 和式 (4.10.4) 的带约束的优化问题可用 Lagrange 乘数法来求解, 即对每个约

束引进 Lagrange 乘数 α_i, 并基于 KKT (Karush-Kuhn-Tucker) 条件

$$\alpha_i\{y_i(\langle \boldsymbol{w}, \boldsymbol{x}_i\rangle + b) - 1\} = 0,\ \alpha_i \geqslant 0,$$

构造 Lagrange 函数

$$\mathcal{L}(\boldsymbol{w}, b, \boldsymbol{\alpha}) = \frac{1}{2}\|w\|^2 - \sum_{i=1}^{m} \alpha_i\{y_i(\langle \boldsymbol{w}, \boldsymbol{x}_i\rangle + b) - 1\}. \tag{4.10.5}$$

需要寻求使得 $\mathcal{L}$ 最小的 $\boldsymbol{w}, b$ 和 α_i, 以得到最优典则超平面.

图 4.10.2 就是这样一个最优典则超平面 (这里是直线), 表示其邻域的两条直线刚好接触到两类中的三个称为**支持向量**的点, 它们决定 (" 支持 ") 了这条直线.

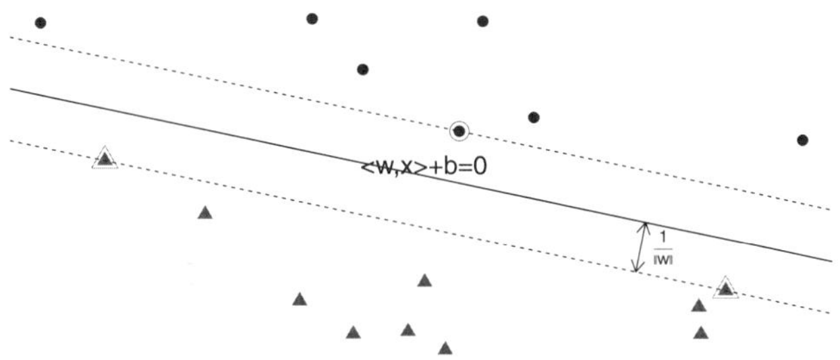

图 4.10.2 线性可分问题的最优分割直线

对偶 Lagrange 问题

为了解上面的 Lagrange 问题, 需要求 $\mathcal{L}$ 关于 $\boldsymbol{w}, b$ 的偏导数, 并使它们等于 0:

$$\frac{\partial}{\partial \boldsymbol{w}}\mathcal{L} = \boldsymbol{w} - \sum_{i=1}^{m} \alpha_i y_i \boldsymbol{x}_i = 0 \text{ 或者 } \boldsymbol{w} = \sum_{i=1}^{m} \alpha_i y_i \boldsymbol{x}_i;\quad \frac{\partial}{\partial b}\mathcal{L} = \sum_{i=1}^{m} \alpha_i y_i = 0.$$

把这些代入式 (4.10.5) 得到**对偶 Lagrange 目标函数** (dual Lagrangian objective function):

$$\begin{aligned}\mathcal{L}_{\text{dual}} =& \frac{1}{2}\langle \boldsymbol{w}, \boldsymbol{w}\rangle - \langle \boldsymbol{w}, \sum_{i=1}^{m} \alpha_i y_i \boldsymbol{x}_i\rangle - b\sum_{i=1}^{m} \alpha_i y_i + \sum_{i=1}^{m} \alpha_i \\ =& -\frac{1}{2}\langle \boldsymbol{w}, \boldsymbol{w}\rangle + \sum_{i=1}^{m} \alpha_i \\ =& \sum_{i=1}^{m} \alpha_i - \frac{1}{2}\sum_{i=1}^{m}\sum_{j=1}^{m} \alpha_i \alpha_j y_i y_j \langle \boldsymbol{x}_i, \boldsymbol{x}_j\rangle.\end{aligned}$$

这时的对偶目标问题就成为:

$$\text{目标: } \max_{\boldsymbol{\alpha}} \mathcal{L}_{\text{dual}} = \sum_{i=1}^{m} \alpha_i - \frac{1}{2}\sum_{i=1}^{m}\sum_{j=1}^{m} \alpha_i \alpha_j y_i y_j \langle \boldsymbol{x}_i, \boldsymbol{x}_j\rangle. \tag{4.10.6}$$

$$\text{约束: } \alpha_i \geqslant 0,\ \forall i \in D,\ \sum_{i=1}^{m} \alpha_i y_i = 0.$$

按照 KKT 条件

$$\alpha_i\{y_i(\langle \boldsymbol{w}, \boldsymbol{x}_i\rangle + b) - 1\} = 0,\ \alpha_i \geqslant 0,$$

或者 $\alpha_i = 0$, 或者 $y_i(\langle \boldsymbol{w}, \boldsymbol{x}_i\rangle + b) = 1$. 如果 $\alpha_i > 0$, 则 $y_i(\langle \boldsymbol{w}, \boldsymbol{x}_i\rangle + b) = 1$, 那么 $\boldsymbol{x}_i$ 一定是支持向量. 反之, 如果 $y_i(\langle \boldsymbol{w}, \boldsymbol{x}_i\rangle + b) > 1$, 则 $\boldsymbol{x}_i$ 一定不是支持向量, 那么 $\alpha_i = 0$. 因此, 只用

支持向量可计算 $\boldsymbol{w}$:

$$\boldsymbol{w}=\sum_{i,\alpha_i>0}\alpha_i y_i \boldsymbol{x}_i.$$

也就是说, 那些非支持向量与确定 $\boldsymbol{w}$ 毫无关系.

根据 $\alpha_i\{y_i(\langle \boldsymbol{w},\boldsymbol{x}_i\rangle+b)-1\}=0$ 和 $y_i(\langle \boldsymbol{w},\boldsymbol{x}_i\rangle+b)=1$,

$$b_i=\frac{1}{y_i}-\langle \boldsymbol{w},\boldsymbol{x}_i\rangle=y_i-\langle \boldsymbol{w},\boldsymbol{x}_i\rangle.$$

取 b 为 b_i 的均值: $b=\text{avg}_{\alpha_i>0}\{b_i\}$.

因此, 按照 SVM 分类器, 对于一个新的点 $\boldsymbol{z}$, 预测的 y 值为:

$$\hat{y}=\text{sign}(\langle \boldsymbol{w},\boldsymbol{z}\rangle+b),$$

这里 $\text{sign}(\cdot)$ 为符号函数.

近似线性可分问题

我们可以放松条件, 以使得在允许一些错分类的情况下把某些线性不可分问题仍然按照线性可分情况处理. 这时, 我们在式 (4.10.2) 中引入**松弛变量** (slack variable) $\xi_i(\geqslant 0)$, 得到

$$y_i(\langle \boldsymbol{w},\boldsymbol{x}_i\rangle+b)>1-\xi_i,\ \forall(\boldsymbol{x}_i,y_i)\in D. \tag{4.10.7}$$

当 $0<\xi_i<1$ 时, 使用式 (4.10.7) 分类还和原先一样不会分错, 但当 $\xi_i\geqslant 1$ 时, 就会分错. 在式 (4.10.7) 的设定下, 问题成为所谓的**软边距** (soft margin) 问题:

$$\text{目标:}\ \min_{\boldsymbol{w},b,\xi_i}\left\{\frac{\|\boldsymbol{w}\|}{2}+C\sum_{i=1}^m(\xi_i)^k\right\}. \tag{4.10.8}$$

$$\text{约束:}\ y_i(\langle \boldsymbol{w},\boldsymbol{x}_i\rangle+b)>1-\xi_i,\ \xi_i\geqslant 0,\ \forall(\boldsymbol{x}_i,y_i)\in D.$$

式 (4.10.8) 中的 C 和 k 为与误分类损失有关的常数. $\sum_{i=1}^m(\xi_i)^k$ 为损失, 是相对于可分问题的对偏离的度量. 和回归时一样, C 称为正则常数, 控制着最大化边距 $2/\|\boldsymbol{w}\|$ 和最小化损失 $\sum_{i=1}^m(\xi_i)^k$ 之间的平衡. k 一般取 1, 称为**转轴损失** (hinge loss), 或者取 2, 称为**二次损失** (quadratic loss).

转轴损失情况

这时, KKT 条件为:

$$\begin{aligned}\alpha_i\{y_i(\langle \boldsymbol{w},\boldsymbol{x}_i\rangle+b)-1+\xi_i\}=&0,\ \alpha_i\geqslant 0,\\ \beta_i(\xi_i-0)=&0,\ \beta_i\geqslant 0.\end{aligned}$$

Lagrange 函数 $\mathcal{L}(\boldsymbol{w},b,\boldsymbol{\xi},\boldsymbol{\alpha},\boldsymbol{\beta},C)$ 为:

$$\mathcal{L}=\frac{1}{2}\|\boldsymbol{w}\|^2+C\sum_{i=1}^m\xi_i-\sum_{i=1}^m\alpha_i\{y_i(\langle \boldsymbol{w},\boldsymbol{x}_i\rangle+b)-1+\xi_i\}-\sum_{i=1}^m\beta_i\xi_i. \tag{4.10.9}$$

对 $\mathcal{L}$ 关于 $\boldsymbol{w},b,\boldsymbol{\xi}$ 求偏导数并设为 0, 得到

$$\boldsymbol{w}=\sum_{i=1}^m\alpha_i y_i\boldsymbol{x}_i,\ \sum_{i=1}^m\alpha_i y_i=0,\ \beta_i=C-\alpha_i.$$

把这些代入式 (4.10.5) 得到对偶 Lagrange 目标函数:

$$
\begin{aligned}
\mathcal{L}_{\text{dual}} =& \frac{1}{2}\langle \boldsymbol{w}, \boldsymbol{w}\rangle - \langle \boldsymbol{w}, \sum_{i=1}^{m}\alpha_i y_i \boldsymbol{x}_i\rangle - b\sum_{i=1}^{m}\alpha_i y_i + \sum_{i=1}^{m}\alpha_i + C\sum_{i=1}^{m}\xi_i - \sum_{i=1}^{m}(\alpha_i+\beta_i)\xi_i \\
=& -\frac{1}{2}\langle \boldsymbol{w}, \boldsymbol{w}\rangle + \sum_{i=1}^{m}\alpha_i + C\sum_{i=1}^{m}\xi_i - \sum_{i=1}^{m}(\alpha_i + C - \alpha_i) \\
=& \sum_{i=1}^{m}\alpha_i - \frac{1}{2}\sum_{i=1}^{m}\sum_{j=1}^{m}\alpha_i\alpha_j y_i y_j \langle \boldsymbol{x}_i, \boldsymbol{x}_j\rangle.
\end{aligned}
$$

对偶目标问题为:

$$
\text{目标: } \max_{\boldsymbol{\alpha}} \mathcal{L}_{\text{dual}} = \sum_{i=1}^{m}\alpha_i - \frac{1}{2}\sum_{i=1}^{m}\sum_{j=1}^{m}\alpha_i\alpha_j y_i y_j \langle \boldsymbol{x}_i, \boldsymbol{x}_j\rangle. \tag{4.10.10}
$$

$$
\text{约束: } 0 \leqslant \alpha_i \leqslant C,\ \ \forall i \in D,\ \sum_{i=1}^{m}\alpha_i y_i = 0.
$$

类似于前面, 如果 $\alpha_i > 0$, 则 $\boldsymbol{x}_i$ 一定是支持向量. 反之, 如果 $\alpha_i = 0$, 则 $\boldsymbol{x}_i$ 一定不是支持向量. 但是这里的支持向量包括所有满足

$$
y_i(\langle \boldsymbol{w}, \boldsymbol{x}_i\rangle + b) = 1 - \xi_i
$$

的点, 也就是说, 既包括在边距上的点 ($\xi_i = 0$ 的点), 也包括那些 $\xi_i > 0$ 的点. 只用支持向量可计算 $\boldsymbol{w}$:

$$
\boldsymbol{w} = \sum_{i,\alpha_i>0}\alpha_i y_i \boldsymbol{x}_i.
$$

由于 $\beta_i = C - \alpha_i$ 以及 KKT 条件 $\beta_i(\xi_i - 0) = 0$, $(C-\alpha_i)\xi_i = 0$, 因此对于 $\alpha_i > 0$ 的情况, 只有两种可能: $\alpha_i = C$ 或者 $\alpha_i < C$ (这里 $\alpha_i < C$ 意味着 $\xi_i = 0$, 即没有软边距的情况). 这时可以解出

$$
b_i = y_i - \langle \boldsymbol{w}, \boldsymbol{x}_i\rangle,
$$

b 可用 b_i 的均值得到. 对于一个新的点 $\boldsymbol{z}$, 预测的 y 值为:

$$
\hat{y} = \text{sign}(\langle \boldsymbol{w}, \boldsymbol{z}\rangle + b).
$$

二次损失情况

在二次损失情况下, Lagrange 函数 $\mathcal{L}(\boldsymbol{w}, b, \boldsymbol{\xi}, \boldsymbol{\alpha}, C)$ 为:

$$
\mathcal{L} = \frac{1}{2}\|\boldsymbol{w}\|^2 + C\sum_{i=1}^{m}\xi_i^2 - \sum_{i=1}^{m}\alpha_i\{y_i(\langle \boldsymbol{w}, \boldsymbol{x}_i\rangle + b) - 1 + \xi_i\}. \tag{4.10.11}
$$

对 $\mathcal{L}$ 关于 $\boldsymbol{w}, b, \boldsymbol{\xi}$ 求偏导数并设为 0, 得到

$$
\boldsymbol{w} = \sum_{i=1}^{m}\alpha_i y_i \boldsymbol{x}_i,\ \sum_{i=1}^{m}\alpha_i y_i = 0,\ \xi_i = \frac{1}{2C}\alpha_i.
$$

从而得到对偶 Lagrange 目标函数:

$$
\mathcal{L}_{\text{dual}} = \sum_{i=1}^{m}\alpha_i - \frac{1}{2}\sum_{i=1}^{m}\sum_{j=1}^{m}\alpha_i\alpha_j y_i y_j \langle \boldsymbol{x}_i, \boldsymbol{x}_j\rangle - \frac{1}{4C}\sum_{i=1}^{m}\alpha_i^2
$$

$$=\sum_{i=1}^{m}\alpha_i-\frac{1}{2}\sum_{i=1}^{m}\sum_{j=1}^{m}\alpha_i\alpha_j y_i y_j\left(\langle\boldsymbol{x}_i,\boldsymbol{x}_j\rangle+\frac{1}{2C}\delta_{ij}\right),$$

这里, 当 $i\neq j$ 时, $\delta_{ij}=0$; 而当 $i=j$ 时, $\delta_{ij}=1$. 对偶目标问题为:

$$\text{目标: }\max_{\boldsymbol{\alpha}}\mathcal{L}_{\text{dual}}=\sum_{i=1}^{m}\alpha_i-\frac{1}{2}\sum_{i=1}^{m}\sum_{j=1}^{m}\alpha_i\alpha_j y_i y_j\left(\langle\boldsymbol{x}_i,\boldsymbol{x}_j\rangle+\frac{1}{2C}\delta_{ij}\right). \tag{4.10.12}$$

$$\text{约束: }\alpha_i\geqslant 0,\ \forall i\in D,\ \sum_{i=1}^{m}\alpha_i y_i=0.$$

类似于前面, 有

$$\boldsymbol{w}=\sum_{i,\alpha_i>0}\alpha_i y_i\boldsymbol{x}_i\ \text{ 以及 }\ b=\operatorname*{avg}_{i,\alpha_i>0}\{y_i-\langle\boldsymbol{w},\boldsymbol{x}_i\rangle\}.$$

4.10.2 支持向量机分类的基本概念: 非线性可分问题

投影及核函数

图 4.10.3 显示了一维空间中的非线性可分问题 (左图), 但是做一个非线性变换 ($x=x^2$) 之后, 成为二维的线性可分问题 (右图). 其直观意义为: 把一个缠绕不清的低维问题转换成一个相对稀松的高维问题, 使得分类问题变得更加容易. 因此, 通常对于非线性可分问题, 利用变换 $\boldsymbol{x}\mapsto\Phi(\boldsymbol{x})$ 把数据从空间 $D=\{(\boldsymbol{x}_i,y_i)\}_{i=1}^m$ 投影到 $D_\Phi=\{(\Phi(\boldsymbol{x}_i),y_i)\}_{i=1}^m$ 中, 形成新的数据集.

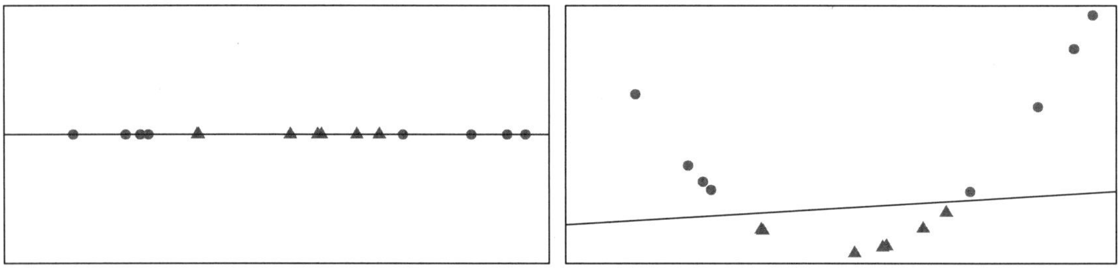

图 4.10.3 非线性可分问题 (左) 及投影到高维空间后成为线性可分问题 (右)

通常很难找到适合变换 $\Phi(\boldsymbol{x})$ 的具体形式, 但由于目标问题的对偶性, 即运算是通过内积实现的, 可以仅仅通过形为 $K(\boldsymbol{x}_i,\boldsymbol{x}_j)=\langle\Phi(\boldsymbol{x}_i),\Phi(\boldsymbol{x}_j)\rangle$ 的核函数来实现. 这时, 问题 (4.10.8) 就成为:

$$\text{目标: }\min_{\boldsymbol{w},b,\xi_i}\left\{\frac{\|\boldsymbol{w}\|}{2}+C\sum_{i=1}^{m}(\xi_i)^k\right\}. \tag{4.10.13}$$

$$\text{约束: }y_i(\langle\boldsymbol{w},\Phi(\boldsymbol{x}_i)\rangle+b)>1-\xi_i,\ \xi_i\geqslant 0,\ \forall(\boldsymbol{x}_i,y_i)\in D.$$

对偶目标问题

对于转轴损失, 对偶目标问题 (4.10.10) 为:

$$\begin{aligned}\text{目标: }\max_{\boldsymbol{\alpha}}\mathcal{L}_{\text{dual}}&=\sum_{i=1}^{m}\alpha_i-\frac{1}{2}\sum_{i=1}^{m}\sum_{j=1}^{m}\alpha_i\alpha_j y_i y_j\langle\Phi(\boldsymbol{x}_i),\Phi(\boldsymbol{x}_j)\rangle\\&=\sum_{i=1}^{m}\alpha_i-\frac{1}{2}\sum_{i=1}^{m}\sum_{j=1}^{m}\alpha_i\alpha_j y_i y_j K(\boldsymbol{x}_i,\boldsymbol{x}_j).\end{aligned} \tag{4.10.14}$$

约束: $0 \leqslant \alpha_i \leqslant C,\ \forall i \in D,\ \sum_{i=1}^{m}\alpha_i y_i = 0.$

对于二次损失, 取核函数为:

$$K^{(2)}(\boldsymbol{x}_i, \boldsymbol{x}_j) = \langle \Phi(\boldsymbol{x}_i), \Phi(\boldsymbol{x}_j)\rangle + \frac{1}{2C}\delta_{ij}.$$

对偶目标问题 (4.10.12) 为:

$$\text{目标: } \max_{\boldsymbol{\alpha}} \mathcal{L}_{\text{dual}} = \sum_{i=1}^{m}\alpha_i - \frac{1}{2}\sum_{i=1}^{m}\sum_{j=1}^{m}\alpha_i\alpha_j y_i y_j K^{(2)}(\boldsymbol{x}_i, \boldsymbol{x}_j). \tag{4.10.15}$$

约束: $\alpha_i \geqslant 0,\ \forall i \in D,\ \sum_{i=1}^{m}\alpha_i y_i = 0.$

核函数、偏差和预测

显然, 核函数为:

$$\boldsymbol{w} = \sum_{\alpha_i > 0}\alpha_i y_i \Phi(\boldsymbol{x}_i).$$

但是, 我们没有必要去显式地计算 $\boldsymbol{w}$. 记 n^* 为支持向量的数目, 则偏差为:

$$\begin{aligned} b =& \frac{1}{n^*}\left(\sum_{\alpha_i>0}\alpha_i - \sum_{\alpha_i>0}\langle \boldsymbol{w}, \Phi(\boldsymbol{x}_i)\rangle\right) = \frac{1}{n^*}\left(\sum_{\alpha_i>0} y_i - \sum_{\alpha_i>0}\sum_{\alpha_j>0}\alpha_i y_i \langle \Phi(\boldsymbol{x}_i), \Phi(\boldsymbol{x}_j)\rangle\right) \\ =& \frac{1}{n^*}\left(\sum_{\alpha_i>0} y_i - \sum_{\alpha_i>0}\sum_{\alpha_j>0}\alpha_i y_i K(\boldsymbol{x}_i, \boldsymbol{x}_j)\right). \end{aligned}$$

对于一个新数据 $\boldsymbol{z}$, 预测值为:

$$\begin{aligned} \hat{y} =& \text{sign}(\langle \boldsymbol{w}, \Phi(\boldsymbol{z})\rangle + b) = \text{sign}\left(\sum_{\alpha_i>0}\alpha_i y_i \langle \Phi(\boldsymbol{x}_i), \Phi(\boldsymbol{z})\rangle + b\right) \\ =& \text{sign}\left(\sum_{\alpha_i>0}\alpha_i y_i K(\boldsymbol{x}_i, \boldsymbol{z}) + b\right). \end{aligned}$$

显然, 我们不用计算 $\boldsymbol{w}$, 也不用费心选择某单独的 $\Phi(\cdot)$ 函数, 计算仅仅基于支持向量全部通过非线性核函数进行, 这也称为**核技巧** (kernel trick). 常用的核函数在支持向量机回归一节已经介绍, 这里不再重复.

4.10.3 多于两类的支持向量机分类

前面的讨论都假定因变量只有两个水平 ($y_i \in \{-1, 1\}$). 但是, 有多个因子的分类不能直接推广两类的方法, 不过可以利用二分类的结果. 目前有两种常用做法: **一对一** (one-versus-one) 方法和**一对多** (one-versus-all) 方法.

一对一方法分类

如果对 $K > 2$ 类的情况做 SVM 分类, 要对训练集轮流做每两类的 SVM 二分类, 一共有 $\binom{K}{2}$ 个 SVM 分类要做. 然后记录每个观测值分到各个类的次数, 最后, 一个观测值在 $\binom{K}{2}$ 次分类中被划分到哪一类的次数最多就分到哪一类.

一对多方法分类

一对多方法对 $K>2$ 类的情况做 SVM 分类是轮流把某一类表示为 +1, 而其余的 $K-1$ 类的组合表示为 −1, 然后做 SVM 二分类 (一共 K 次). 这样, 对于一个新观测值 $\boldsymbol{z}$, 每个分类 (假定第 k 类为 +1) 都产生了判别函数

$$\hat{y}_{\boldsymbol{z}}^{(k)}=\sum_{\alpha_{ik}>0}\alpha_{ik}K(\boldsymbol{x}_{ik},\boldsymbol{z})+b_k,\ k=1,2,\ldots,K.$$

式中, $\boldsymbol{x}_{ik}$ 表示第 k 类为 +1 类时的支持向量. 对 $\boldsymbol{z}$ 的最终判别结果为:

$$\hat{y}_{\boldsymbol{z}}=\arg\max_k \hat{y}_{\boldsymbol{z}}^{(k)}.$$

4.10.4 对例 4.3 慢性肾病全部数据的拟合

这里用 R 程序包 kernlab 的支持向量机函数 ksvm 对例 4.3 慢性肾病全部数据做拟合, 这里默认使用的核函数是**径向基** (radial basis) 核函数. R 代码为:

```
w=read.csv("kidney02.csv",stringsAsFactors = TRUE)
library(kernlab);set.seed(1010)
a=ksvm(class~.,w,cross=10)
```

由此可以输出很多结果, 比如, 可以得到训练集的混淆矩阵 (行是预测值, 列是真值):

```
> table(predict(a,w),w$class)
          ckd notckd
  ckd     249      0
  notckd    1    150
```

只有一个分错, 误判率为 $1/400=0.0025$.

注意, 由于程序包 kernlab 是按照面向对象的 S4[①] (而不是通常的 S3) 的语言规则编写的, 因此如果要查看对象 a 中有什么内容, 使用 slotNames(a) (而不是 names(a)), 得到:

```
 [1] "param"       "scaling"     "coef"        "alphaindex"
 [5] "b"           "obj"         "SVindex"     "nSV"
 [9] "prior"       "prob.model"  "alpha"       "type"
[13] "kernelf"     "kpar"        "xmatrix"     "ymatrix"
[17] "fitted"      "lev"         "nclass"      "error"
[21] "cross"       "n.action"    "terms"       "kcall"
```

举例来说, 要得到训练集的误判率 error, 可以用 a@error (而不是 a$error) 来得到 (当然也是 0.0025); 而 10 折交叉验证的误判率用 a@cross 得到 (由于在选项中设了 cross=10), 也是 0.0025; 而用 a@alpha 可得到所有大于 0 的 α_i (这里有 45 个); 用 a@b 可得到 $-b$ 的值 (为 0.9914861); 用 a@nSV 可得到支持向量的个数 (为 45); 用 a@fitted 可得到拟合值 (即 400 个由 ckd 和 notckd 组成的数组); 用 a@obj 可得到目标函数的值

①http://adv-r.had.co.nz/S4.html.

(−13.5407); 用 `a@kernelf` 可得到核函数的信息 (种类和参数); 而用 `a@alphaindex` 可得到所有 54 个支持向量的下标 (这里不显示).

4.10.5 支持向量机回归的基本概念: 线性问题

支持向量机回归和支持向量机分类很类似, 但看上去有些 " 相反 ", 这是因为分类的目标是尽可能地把两类分开, 而回归是尽可能地把残差控制在小范围之内.

考虑训练数据 $\{(\boldsymbol{x}_1, y_1), (\boldsymbol{x}_2, y_2), \ldots, (\boldsymbol{x}_\ell, y_\ell)\} \subset \mathcal{X} \times \mathbb{R}$, 这里自变量空间 $\mathcal{X}$ 常常为 $\mathbb{R}^p$. 按照 Vapnik (1995), 在 ε 支持向量机回归中, 目的是寻找一个函数 $f(x)$, 该函数必须尽可能地 "扁平" (也就是尽可能地简单), 而且要使得对于距离训练集的所有因变量值 y_i 最多偏离 ε, 也就是说, 我们不关心少于 ε 的误差, 但不能接受大于它的误差.

首先考虑线性函数

$$f(\boldsymbol{x}) = \langle \boldsymbol{w}, \boldsymbol{x} \rangle + b, \quad \boldsymbol{x}, \boldsymbol{w} \in \mathcal{X}, \tag{4.10.16}$$

式中, 符号 $\langle \cdot, \cdot \rangle$ 表示在 $\mathcal{X}$ 中的内积. 扁平性在这里意味着寻找很小的 $\boldsymbol{w}$, 一种方法为使得欧氏范数平方 $\|\boldsymbol{w}\|^2 = \langle \boldsymbol{w}, \boldsymbol{w} \rangle$ 最小. 形式上, 这个问题可以写成下面的凸函数最优问题:

$$\min_{\boldsymbol{w}} \frac{1}{2}\|\boldsymbol{w}\|^2, \text{ 约束为: } \begin{cases} y_i - \langle \boldsymbol{w}, \boldsymbol{x}_i \rangle - b \leqslant \varepsilon, \forall i, \\ \langle \boldsymbol{w}, \boldsymbol{x}_i \rangle + b - y_i \leqslant \varepsilon, \forall i. \end{cases} \tag{4.10.17}$$

该式的假定为, 对于几乎所有的 $(\boldsymbol{x}_i, y_i)$, 这样的 ε 精确度问题的解存在, 但是, 式 (4.10.17) 的条件似乎过于苛刻, 所以, 人们引入松弛变量 ξ, ξ^* 来放宽条件, 以允许一些误差的存在. 这样, 就有下面放宽条件的最优问题:

$$\min_{\boldsymbol{w}} \frac{1}{2}\|\boldsymbol{w}\|^2 + C\sum_{i=1}^{\ell}(\xi_i + \xi_i^*), \text{ 约束为: } \begin{cases} y_i - \langle \boldsymbol{w}, \boldsymbol{x}_i \rangle - b \leqslant \varepsilon + \xi_i, \forall i, \\ \langle \boldsymbol{w}, \boldsymbol{x}_i \rangle + b - y_i \leqslant \varepsilon + \xi_i^*, \forall i, \\ \xi_i \geqslant 0, \xi_i^* \geqslant 0, \forall i. \end{cases} \tag{4.10.18}$$

这里的 $C\,(> 0)$ 称为正则化参数或**正则常数** (regularization constant), 它控制着扁平性与对 ε 偏离的容忍度之间的平衡. 式 (4.10.18) 的约束相应于 **ε 不敏感损失函数** (ε-insensitive loss function):

$$\rho_\varepsilon(z) = \begin{cases} 0, & |z| \leqslant \varepsilon, \\ |z| - \varepsilon, & |z| > \varepsilon. \end{cases} \tag{4.10.19}$$

式 (4.10.19) 的损失函数使距离目标在 ε 之内的所有点对损失不起作用, 只有在此距离之外的点 (支持向量) 才会对推导有意义. 回归问题损失函数的变元 z 为 $f(\boldsymbol{x}_i) - y_i$. 图 4.10.4 为相应的描述, 左图为关于数据、函数 $f(x)$、ε、ξ 的描述; 右图为损失函数 $\rho_\varepsilon(\cdot)$.

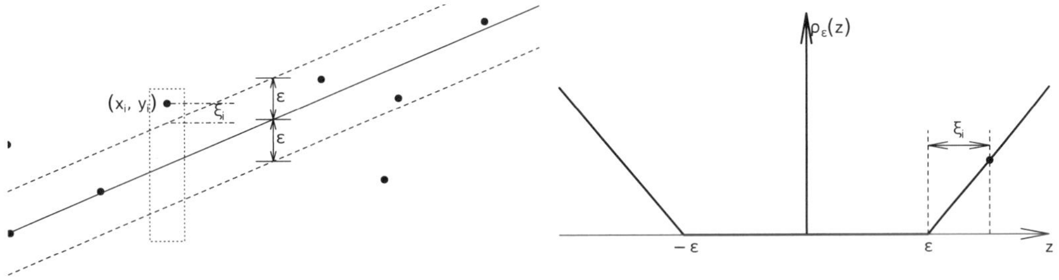

图 4.10.4 松弛边缘损失设置 (左) 和 ε 不敏感损失函数 (右)

线性问题的最优化解

根据 Mangasarian (1969)、McCormick (1983)、Vanderbei (1997) 及 Smola and Schölkopf (2004), 这里考虑用下面的 Lagrange 函数来解问题式 (4.10.18):

$$\begin{aligned} L =&\frac{1}{2}\|\boldsymbol{w}\|^2 + C\sum_{i=1}^{\ell}(\xi_i+\xi_i^*) - \sum_{i=1}^{\ell}(\eta_i\xi_i+\eta_i^*\xi_i^*) - \sum_{i=1}^{\ell}\alpha_i(\varepsilon+\xi_i-y_i+\langle\boldsymbol{w},\boldsymbol{x}_i\rangle+b) \\ &-\sum_{i=1}^{\ell}\alpha_i^*(\varepsilon+\xi_i^*-y_i-\langle\boldsymbol{w},\boldsymbol{x}_i\rangle-b), \end{aligned} \tag{4.10.20}$$

式中, $\eta_i, \eta_i^*, \alpha_i, \alpha_i^*$ 为 Lagrange 乘数, 它们均必须为非负的. 这个 Lagrange 函数由目标函数 (称为**原始** (primal) 目标函数) 及引入成对变量的约束组成. 能够证明, 这个函数对于原始目标变量和成对变量有一个鞍点.

对函数 L 关于原始变量 $\boldsymbol{w}, b, \xi_i, \xi_i^*$ 取偏导数并设为 0:

$$\frac{\partial}{\partial b}L = \sum_{i=1}^{\ell}(\alpha_i^*-\alpha_i) = 0, \tag{4.10.21}$$

$$\frac{\partial}{\partial \boldsymbol{w}}L = \boldsymbol{w} - \sum_{i=1}^{\ell}(\alpha_i-\alpha_i^*)\boldsymbol{x}_i = 0, \tag{4.10.22}$$

$$\frac{\partial}{\partial \xi_i}L = C-\alpha_i-\eta_i = 0, \tag{4.10.23}$$

$$\frac{\partial}{\partial \xi_i^*}L = C-\alpha_i^*-\eta_i^* = 0. \tag{4.10.24}$$

把这些结果代入式 (4.10.20) 得到成对最优问题:

$$\text{最小化: } \frac{1}{2}\sum_{i,j=1}^{\ell}(\alpha_i-\alpha_i^*)(\alpha_j-\alpha_j^*)\langle\boldsymbol{x}_i,\boldsymbol{x}_j\rangle + \varepsilon\sum_{i=1}^{\ell}(\alpha_i+\alpha_i^*) - \sum_{i=1}^{\ell}y_i(\alpha_i-\alpha_i^*), \tag{4.10.25}$$

$$\text{约束为: } \sum_{i=1}^{\ell}(\alpha_i-\alpha_i^*) = 0,\ \alpha_i,\alpha_i^*\in[0,C].$$

在推导式 (4.10.25) 时, 已经通过式 (4.10.23) 和式 (4.10.24) 把 η_i, η_i^* 消去了. 记最优问题关于 $\alpha, \alpha^*, \boldsymbol{w}, b$ 的解分别为 $\bar{\alpha}, \bar{\alpha}^*, \bar{\boldsymbol{w}}, \bar{b}$. 由式 (4.10.22), 有

$$\bar{\boldsymbol{w}} = \sum_{i=1}^{\ell}(\bar{\alpha}_i-\bar{\alpha}_i^*)\boldsymbol{x}_i,$$

即得到

$$f(x) = \sum_{i=1}^{\ell}(\bar{\alpha}_i-\bar{\alpha}_i^*)\langle\boldsymbol{x}_i,\boldsymbol{x}\rangle + \bar{b}. \tag{4.10.26}$$

式 (4.10.26) 为**支持向量展开** (support vector expansion).

注意, 这里的函数是由训练集的支持向量表示的, 独立于空间 $\mathcal{X}$ 的维数. 这里的方法完全依赖于数据的内积; 根据式 (4.10.26), 计算函数 $f(x)$ 也不用得到 $\boldsymbol{w}$ 的显式, 只需要通过训练集的线性组合就行了. 这有助于把支持向量机回归方法推广到非线性的情况.

根据优化问题的 KKT 条件 (Karush, 1939; Kuhn and Tucker, 1951), 可以得到下面乘积为

零的关系:

$$\begin{aligned}&\bar{\alpha}_i(\varepsilon+\xi_i-y_i+\langle\bar{\boldsymbol{w}},\boldsymbol{x}_i\rangle+\bar{b})=0,\\&\bar{\alpha}_i^*(\varepsilon+\xi_i^*+y_i-\langle\bar{\boldsymbol{w}},\boldsymbol{x}_i\rangle-\bar{b})=0;\end{aligned}\tag{4.10.27}$$

$$\begin{aligned}&(C-\bar{\alpha}_i)\xi_i=0,\\&(C-\bar{\alpha}_i^*)\xi_i^*=0.\end{aligned}\tag{4.10.28}$$

由式 (4.10.28) 可知, 只有相应于 $\bar{\alpha}_i^*=C,\bar{\alpha}_i=C$ 的样本 $(\boldsymbol{x}_i,y_i)$ 位于 f 周围的 ε 不敏感区域之外. 而且由式 (4.10.27) 可知, $\bar{\alpha}_i\bar{\alpha}_i^*=0$, 即一组成对变量 $\bar{\alpha}_i,\bar{\alpha}_i^*$ 不可能同时都不等于零. 如果 $\bar{\alpha}_i\in(0,C)$, 则 $\xi_i=0$; 而如果 $\bar{\alpha}_i^*\in(0,C)$, 则 $\xi_i^*=0$. 因此, 我们有

$$\bar{b}=\begin{cases}y_i-\langle\bar{\boldsymbol{w}},\boldsymbol{x}_i\rangle-\varepsilon, & \bar{\alpha}_i\in(0,C),\\ y_i-\langle\bar{\boldsymbol{w}},\boldsymbol{x}_i\rangle+\varepsilon, & \bar{\alpha}_i^*\in(0,C).\end{cases}\tag{4.10.29}$$

支持向量展开式 (4.10.26) 仅仅是满足 $|f(\boldsymbol{x}_i)-y_i|\geqslant\varepsilon$ 的样本点. 只有对于这些数据, Lagrange 乘数可能非零. 对于在 ε 范围内的样本点, 即满足 $|f(\boldsymbol{x}_i)-y_i|<\varepsilon$ 的点, 式 (4.10.27) 的第二个因子不等于零, 因此 $\bar{\alpha}_i,\bar{\alpha}_i^*$ 必须为零以满足 KKT 条件. 这就是说, $\bar{\boldsymbol{w}}$ 关于 $\boldsymbol{x}_i$ 的展开式不需要所有的样本点, 这称为**稀疏性** (sparsity). 这些样本点就称为支持向量.

按照稀疏性, 式 (4.10.29) 可以写成:

$$\bar{b}=-\frac{1}{2}\langle\bar{\boldsymbol{w}},(\bar{\boldsymbol{x}}_r+\bar{\boldsymbol{x}}_s)\rangle,\tag{4.10.30}$$

式中 $\bar{\boldsymbol{x}}_r$ 和 $\bar{\boldsymbol{x}}_s$ 分别是相应于 α 或 α^* 不为零的支持向量.

4.10.6 支持向量机回归的基本概念: 非线性问题

对于非线性问题, 可以把自变量映射 $(\boldsymbol{x}\mapsto\Phi(\boldsymbol{x}))$ 到更高维数的新自变量空间, 把非线性问题转换成线性问题. 然而, 这类映射的方式太多, 即使限于多项式投影也是天文数字. 但是由于我们的问题是对偶的内积形式, 可以通过核来解决:

$$k(\boldsymbol{x},\boldsymbol{x}')=\langle\Phi(\boldsymbol{x}),\Phi(\boldsymbol{x}')\rangle.\tag{4.10.31}$$

通过核就避免了寻找 $\Phi(\cdot)$ 显式表达式的麻烦. 这时问题 (4.10.25) 变为下面的优化问题:

$$\text{最小化: }\frac{1}{2}\sum_{i,j=1}^{\ell}(\alpha_i-\alpha_i^*)(\alpha_j-\alpha_j^*)k(\boldsymbol{x},\boldsymbol{x}')+\varepsilon\sum_{i=1}^{\ell}(\alpha_i+\alpha_i^*)-\sum_{i=1}^{\ell}y_i(\alpha_i-\alpha_i^*),\tag{4.10.32}$$

$$\text{约束为: }\sum_{i=1}^{\ell}(\alpha_i-\alpha_i^*)=0,\ \alpha_i,\alpha_i^*\in[0,C].$$

类似地, 有

$$\bar{\boldsymbol{w}}=\sum_{i=1}^{\ell}(\bar{\alpha}_i-\bar{\alpha}_i^*)\Phi(\boldsymbol{x}_i),$$

即得支持向量展开

$$f(x)=\sum_{i=1}^{\ell}(\bar{\alpha}_i-\bar{\alpha}_i^*)k(\boldsymbol{x}_i,\boldsymbol{x})+\bar{b}.\tag{4.10.33}$$

至于什么样的核可以作为映射函数的内积等问题, 我们不在这里讨论, 那是属于数学家的课题. 我们只要使用大家经常用的一些核就行了. 在软件中, 可能会有如下一些核函数:

- 线性核: $\langle \boldsymbol{u}, \boldsymbol{v} \rangle$;
- 多项式核: $(\gamma\langle \boldsymbol{u}, \boldsymbol{v} \rangle + c)^p$;
- S 形核: $\tanh(\gamma\langle \boldsymbol{u}, \boldsymbol{v} \rangle + c)$;
- 径向基函数核: $\exp(-\gamma\|u - v'\|^2)$;
- Laplace 核: $\exp(-\gamma\|u - v'\|)$;
- Bessel 核: $(-\text{Bessel}_{(\nu+1)}^n \gamma\|u - v'\|^2)$.

4.10.7 用支持向量机拟合例 4.4 翼型数据

用支持向量机拟合例 4.4 全部翼型数据

考虑用支持向量机拟合例 4.4 全部翼型数据. 这里使用 R 程序包 `e1071` 中的函数 `svm`. 拟合的具体 R 代码为:

```
library(e1071)
w=read.csv("airfoil.csv")
set.seed(1010)
a=svm(Pressure ~ .,w,cross=10)
summary(a)
```

上面的选项 `cross=10` 是让程序自动执行 10 折交叉验证. 得到的汇总输出为:

```
Call:
svm(formula = Pressure ~ ., data = w)

Parameters:
   SVM-Type:  eps-regression
 SVM-Kernel:  radial
       cost:  1
      gamma:  0.2
    epsilon:  0.1

Number of Support Vectors:  1155
10-fold cross-validation on training data:

Total Mean Squared Error: 10.49872
Squared Correlation Coefficient: 0.7803243
Mean Squared Errors:
 11.35589 7.494447 9.048922 10.05086 10.27973
 9.922631 9.312262 13.08572 9.326642 15.09037
```

上面的输出表明, 默认的核为径向基函数核, 核参数中的 $\gamma = 0.2$, ε 不敏感损失函数的默认 $\varepsilon = 0.1$, 支持向量的数目为 1155 个. 交叉验证的总均方误差为 10.49872. 输出中还有 10 折交叉验证中每一次的均方误差. 把总均方误差换算成标准化均方误差为 0.2189723 (当然这有随机性).

实际上, 输出中还有所有的标准化的支持向量、拟合值、残差等, 以供进一步分析.

评论: 类似于经典线性回归和神经网络, 支持向量机回归的一个弱点是当数据的自变量有太多的定性变量或定性变量水平太多时往往无法运作, 这和其数学结构有关. 对于这类数据, 就应该考虑其他机器学习方法了.

4.11 k 最近邻方法

最简单的分类和回归方法可能是 **k 最近邻** (k-nearest neighbors) 方法了. 无论是回归还是分类, 它都是根据测试集自变量观测值与训练集自变量观测值距离最近的 k 个点对测试集的因变量做加权平均来进行预测. 由于 k 最近邻方法是根据已有数据直接得出结论, 因此它不用训练模型, 其数据加上近邻数量 k、距离定义和权重 (核函数) 等设定就能够预测了.

4.11.1 距离的定义

使用 " 近邻 " 术语意味着必须定义距离. 对于训练集 $\{(y_i, \boldsymbol{x}_i), i = 1, 2, \dots, L\}$, 这里 $\boldsymbol{x}_i = (x_{i1}, x_{i2}, \dots, x_{ip})^\top$ 代表自变量的值. 而确定最近邻是基于所选择的距离函数 $d(\cdot, \cdot)$.

对于距离, 我们考虑比较一般的 Minkowski 距离:

$$d(\boldsymbol{x}_i, \boldsymbol{x}_j) = \left(\sum_{s=1}^{p} |x_{is} - x_{js}|^q\right)^{1/q}.$$

当 $q = 2$ 时, 为欧氏距离; 当 $q = 1$ 时, 为绝对距离.

对于所定义的距离 d, 下面列举一些常用的用于加权的核函数 $K(d)$:

- 矩形核: $\frac{1}{2}\boldsymbol{I}(|d| \leqslant 1)$, 这实际上没有加权.
- 三角核: $(1 - |d|)\boldsymbol{I}(|d| \leqslant 1)$.
- Epanechnikov 核: $\frac{3}{4}(1 - d^2)\boldsymbol{I}(|d| \leqslant 1)$.
- 四次或双权核: $\frac{14}{15}(1 - d^2)^2\boldsymbol{I}(|d| \leqslant 1)$.
- 三权核: $\frac{35}{32}(1 - d^2)^3\boldsymbol{I}(|d| \leqslant 1)$.
- 余弦核: $\frac{\pi}{4}\cos\left(\frac{\pi}{2}d\right)\boldsymbol{I}(|d| \leqslant 1)$.
- 高斯核: $\frac{1}{\sqrt{2\pi}}\exp\left(-\frac{d^2}{2}\right)$.
- 倒数核: $\frac{1}{|d|}$.

根据经验, 除了矩形核之外的权重类型选择对于预测并不是很重要. 记 $\boldsymbol{x}_{(\ell)}$ 为一个新数据点的第 ℓ 近邻点. 由于这些核函数需要一个窗宽或者散布参数, 通常用标准化距离来解决这个问题. 标准化距离为:

$$D(\boldsymbol{x}, \boldsymbol{x}_{(i)}) = \frac{d(\boldsymbol{x}, \boldsymbol{x}_{(i)})}{d(\boldsymbol{x}, \boldsymbol{x}_{(k+1)})}, \quad i = 1, 2, \dots, k.$$

显然, $D(\boldsymbol{x}, \boldsymbol{x}_{(i)}) \in [0, 1]$. 在实践中, 将 $d(\boldsymbol{x}, \boldsymbol{x}_{(k+1)})$ 往往加上一个小的正值, 以避免分母为 0.

4.11.2 k 最近邻方法分类

考虑用 k 最近邻方法做分类. 首先看图 4.11.1, 图中的训练集有两类点, 一类用三角形表示, 一类用圆圈表示. 对于点 z_1 (左图和中图) 和点 z_2 (右图), 我们的问题是应该把它们分到哪一类.

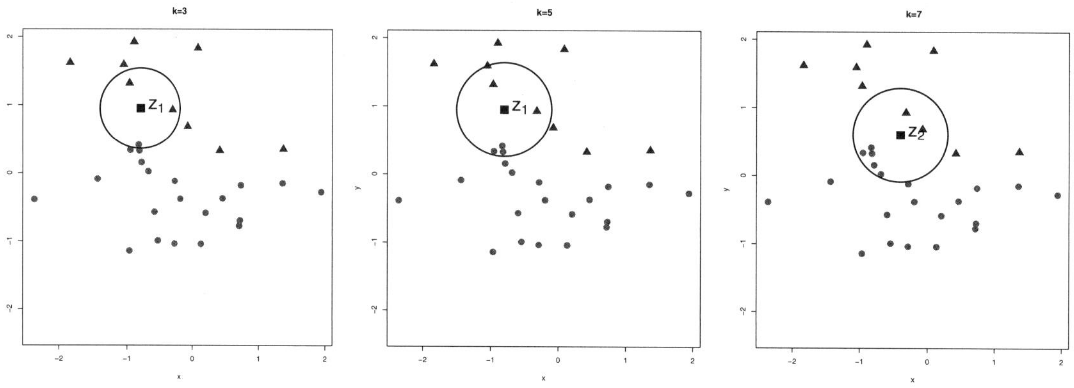

图 4.11.1 k 最近邻方法做分类的几种情况

一般来说, 用最近邻的 k 个点来决定新点的类别. 在图 4.11.1 的左图, 选择 $k=3$, 这时 z_1 应该分到上面 (三角形表示的) 一类, 因为在 3 个最近邻点中上面一类的点有 2 个, 而下面的只有 1 个, 上面以 2:1 胜出; 但在图 4.11.1 的中图, 选择 $k=5$, 这时 z_1 应该分到下面 (圆圈表示的) 一类, 因为下面一类有 3 个点, 下面以 3:2 胜出; 在图 4.11.1 的右图, 对于点 z_2, $k=7$, 似乎下面会以 5:2 胜出, 但 z_2 离上面一类的两点更近些, z_2 应该属于哪一类呢? 这时加权投票似乎就有必要了. 此外, 在图 4.11.1 中, " 近邻 " 是以欧氏距离定义的, 其实还有其他的距离可以用, 比如 Minkowski 距离、Mahalanobis 距离等. 总而言之, k 的大小、距离的定义以及权重 (核函数) 的选择都对 k 最近邻方法的分类结果有影响.

我们使用 R 程序包 `kknn`[①] 中的 `kknn` 函数来对例 4.3 慢性肾病全部数据做分类. R 程序代码中选项的默认值为: 近邻数目 `k=7`, 距离种类 `distance=2` (Minkowski 距离), 核函数 `kernel="optimal"` 等. R 程序代码为:

```
library(kknn)
w=read.csv("kidney02.csv",stringsAsFactors = TRUE)
a=kknn(class~., train= w,test=w)
table(a$fit,w$class)
```

得到混淆矩阵、行为拟合 (对训练集 " 预测 ") 值, 列为真实值:

```
         ckd notckd
  ckd     250      0
  notckd    0    150
```

这里显示误判率为 0. 后面我们还会做交叉验证.

从输出中可以得到 k 个最近邻点对测试集点的投票 (`a$CL`)、权重 (`a$W`)、距离 (`a$D`) 和最近邻点的下标 (`a$C`).

[①] Schliep, K. and Hechenbichler, K. (2014). kknn: weighted k-nearest neighbors. R package version 1.2-5. `http://CRAN.R-project.org/package=kknn`.

4.11.3 k 最近邻回归

和 k 最近邻分类相似, k 最近邻回归也是根据测试集自变量观测值与训练集自变量观测值距离最近的 k 个点对测试集的因变量做加权平均来进行预测. 图 4.11.2 描述了对于简单一元回归使用两种核函数加权以及不同的 k 值的效果. 显然 k 越大, 预测的图形越平滑.

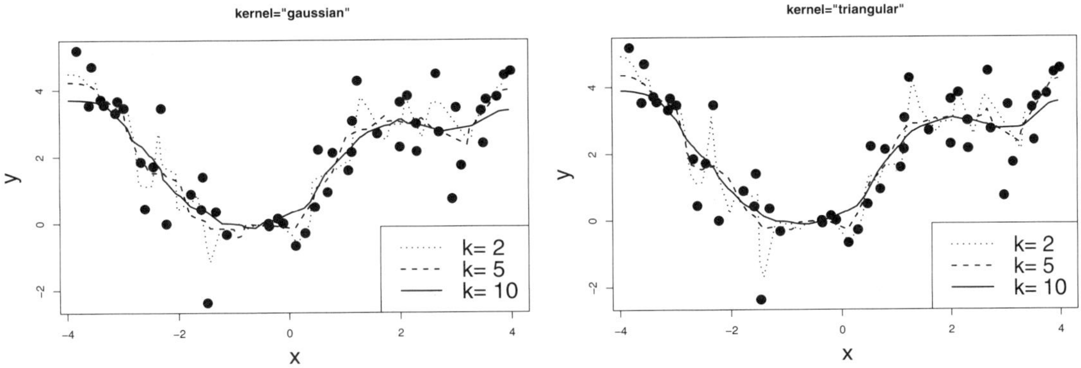

图 4.11.2 k 最近邻方法对于不同核函数和不同 k 值的示意图

这里使用 R 程序包 `kknn` 中的函数 `kknn` 做 k 最近邻拟合, 该函数默认的 $k = 7$, 默认的距离为欧氏距离, 而默认的核函数为 `"optional"`, 即 $[(2(d+4)/(d+2))(d/(d+4))k]$.

下面对例 4.4 翼型数据做 k 最近邻回归的 10 折交叉验证:

```
w=read.csv("airfoil.csv")

D=6;Z=10;n=nrow(w);set.seed(1010)
I=sample(rep(1:Z,ceiling(n/Z)))[1:n]
gg=formula(Pressure~.)
M=mean((w[,D]-mean(w[,D]))^2)

library(kknn)
pred=rep(999,n)
for(i in 1:Z){
  m=(I==i)
  pred[m]=kknn(gg,w[!m,],w[m,])%>%
    .$fitted
}
mean((pred-w[,D])^2)/M
```

结果的 NMSE 为 0.1466366.

评论

很多人认为, k 最近邻方法的一个缺陷是它对于训练集之外的点的预测不会很好. 的确有这个问题. 此外, 如果数据有很多定性自变量, 那么对各个变量之间距离的不同定义也会产生不同的结果.

虽然 k 最近邻方法没有训练模型这一步, 但代价是必须有原始数据在场才能实施预测.

4.12 朴素贝叶斯分类

4.12.1 朴素贝叶斯原理

朴素贝叶斯 (naive Bayes) 是一种非常简单而又有效的分类方法. 假定因变量有 k 类, 记为 $c_1, c_2, \ldots, c_k$, 朴素贝叶斯做了下面两个假定:

1. 在给定 c_k 的条件下, 自变量 $\boldsymbol{x} = (x_1, x_2, \ldots, x_n)$ 都是独立的, 因此
$$p(x_1, x_2, \ldots, x_n|c_k) = p(c_k)p(x_1|c_k)p(x_2|c_k)\cdots p(x_n|c_k);$$
2. 给定类别 (比如 c_k) 之后, 假定它们的条件分布 $p(x_i|c_k)$ 的类型, 比如正态分布、多项分布或 Bernoulli 分布, 等等.

根据上述假定, 我们可以算出 $p(x_1, x_2, \ldots, x_n|c_k)$ 的值. 虽然实际的数据不会完全满足这些假定, 但朴素贝叶斯的分类精度往往很高.

我们的目的就是要计算在给定数据 $\boldsymbol{x}$ 的条件下属于类 c_k 的概率, 即后验概率 $p(c_k|\boldsymbol{x})$, 并且求使后验概率最大的类 c_k.

根据贝叶斯定理, 后验分布 (给定数据 $\boldsymbol{x}$ 的条件下属于类 c_k 的概率)

$$p(c_k|\boldsymbol{x}) = \frac{p(c_k)p(\boldsymbol{x}|c_k)}{p(\boldsymbol{x})} \tag{4.12.1}$$

$$\propto p(c_k)p(\boldsymbol{x}|c_k) = p(c_k)p(x_1, x_2, \ldots, x_n|c_k) \tag{4.12.2}$$

$$= p(c_k)p(x_1|c_k)p(x_2|c_k)\cdots p(x_n|c_k) = p(c_k)\prod_{i=1}^{n} p(x_i|c_k). \tag{4.12.3}$$

其中, 式 (4.12.1) 是贝叶斯定理, 式 (4.12.2) 是因为分母的概率 $p(\boldsymbol{x})$ 与我们关心的类没有关系 (这里符号 $\propto$ 是 “ 成比例 ” 的意思), 而式 (4.12.3) 是因为我们假定观测值 $x_1, x_2, \ldots, x_n$ 在给定了 c_k 时的条件独立性.

有了上式及假定的 $p(x_i|c_k)$ 的条件分布, 给定数据 $x_1, x_2, \ldots, x_n$ 之后, 我们就可以寻求使得 $p(c_k)\prod_{i=1}^{n} p(x_i|c_k)$ 最大的类 c_k.

4.12.2 用朴素贝叶斯方法对例 4.7 皮肤病数据做分类

我们用 R 程序包 `e1071` 中的函数 `naiveBayes` 对例 4.7 皮肤病数据做分类, 注意: 这个函数假定自变量的条件分布是正态分布. 下面同时对随机森林和朴素贝叶斯分类做 10 折交叉验证. 我们还使用 1.6.2 节引入的 `Fold` 函数来创造交叉验证的下标集.

```
w=read.csv("derm.csv")
for (i in (1:ncol(w))[-34])w[,i]=factor(w[,i])
library(e1071);library(randomForest)


Z=10;D=35
mm=Fold(w,Z,D,1010)
Pr=data.frame(rf=w$V35,NB=w$V35)
for(i in 1:Z){
  Pr$rf[mm[[i]]]=
```

```
    randomForest(V35~.,w[-mm[[i]],])%>%
    predict(w[mm[[i]],])
  Pr$NB[mm[[i]]]=
    a=naiveBayes(V35~.,w[-mm[[i]],])%>%
    predict(w[mm[[i]],])
}

table(w$V35,Pr$rf);mean(w$V35!=Pr$rf)
table(w$V35,Pr$NB);mean(w$V35!=Pr$NB)
```

输出的结果为:

```
> table(w$V35,Pr$rf);mean(w$V35!=Pr$rf)

      1   2   3   4   5   6
  1 112   0   0   0   0   0
  2   1  57   0   3   0   0
  3   0   0  72   0   0   0
  4   0   4   0  45   0   0
  5   0   0   0   0  52   0
  6   0   0   0   0   0  20
[1] 0.02185792
> table(w$V35,Pr$NB);mean(w$V35!=Pr$NB)

      1   2   3   4   5   6
  1 112   0   0   0   0   0
  2   0  56   0   5   0   0
  3   0   0  72   0   0   0
  4   0   1   0  48   0   0
  5   0   0   0   0  52   0
  6   0   0   0   0   0  20
[1] 0.01639344
```

结果表明, 对于这个数据, 朴素贝叶斯分类比随机森林的误判率要低 0.5 个百分点, 所以它是一种很好的分类方法.

4.13 案例分析: 例 4.8 服装业生产率数据

4.13.1 探索数据

简单的探索性分析

用下面的 R 代码读取例 4.8 服装业生产率数据 (舍弃第一个和建模关系不大的日期变量 date), 并且把实际上是分类变量 (因子型变量) 的 team 标成因子型, 而其余因子型变量则因为是用字符串表示的, 自动转换为因子型 (factor):

```
w=read.csv('garmentsF.csv',stringsAsFactors = TRUE)[,-1]
w$team=factor(w$team)
```

例 4.8 服装业生产率数据的具体情况如何? 通常要看以下几个方面:

1. 维数: 通过 R 代码 `dim(w)` 得知有 1197 个观测值 (样本量) 和 14 个变量.
2. 变量名字: 通过 R 代码 `names(w)` 得到下面的变量名称, 其中第 14 个 `act_prod` 是因变量.

```
 [1] "quarter"   "depart"    "day"       "team"      "aim_prod"
 [6] "smv"       "wip"       "over_time" "incentive" "idle_time"
[11] "idle_men"  "no_style"  "no_men"    "act_prod"
```

3. 缺失值情况: 用 R 代码 `sapply(w,function(x) sum(is.na(x)))` 得到各个变量的缺失值数目 (这里皆为 0, 不显示).
4. 变量中各种变量的情况: 分类变量各类 (水平) 有多少及数量变量的均值和主要分位点 (包括极大值和极小值), 使用 R 代码 `summary(w)` (这里不显示结果).
5. R 代码 `library(ggplot2);library(GGally);ggpairs(w)` 生成两两变量成对图 (见图 4.13.1). 在图 4.13.1 中, 每个变量都既作为横坐标又作为纵坐标出现. 这里分几种情况 (由于图形太小, 请自行生成并放大查看)[①]:
   (1) 当横坐标和纵坐标都是非整数数量变量时, 是散点图, 由于对称性从而只展示一种图形 (在下三角图形矩阵中), 而在上三角区域显示线性相关系数.
   (2) 当横、纵坐标至少有一个是整数变量时, 显示的都是散点图.
   (3) 当横坐标为数量变量而纵坐标为分类变量时, 生成和分类变量类别数目相同的水平盒形图 (如右上角小图).
   (4) 当横坐标为分类变量而纵坐标为数量变量时, 生成数量变量的水平条形图 (如左下角小图).

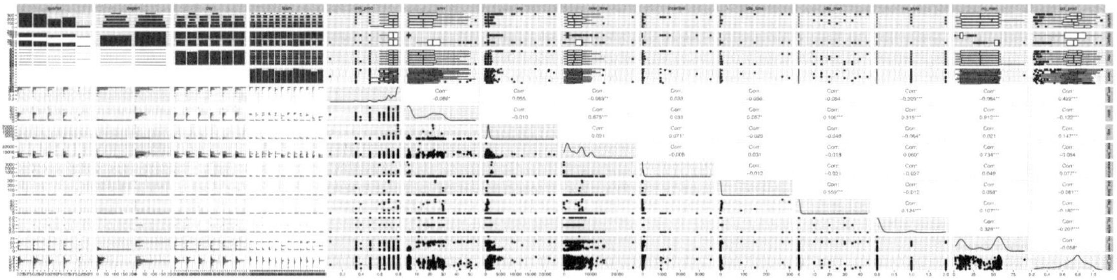

图 4.13.1 例 4.8 服装业生产率数据的成对图

6. 对角线的每个图形只针对一个变量. 对于分类变量, 它是条形图; 而对于数量变量 (无论是否为整数), 它是估计的密度曲线.

由于图 4.13.1 太密集, 我们把因变量 act_prod 和除了 idle_men (随机舍去) 之外的其余 12 个自变量的盒形图及散点图重新生成于图 4.13.2 中, R 代码为:

①这里只是 R 的 `ggplot` 包的成对点图, 不同软件、不同函数和不同选项的点图都不同, 请自行理解.

```
w=read.csv('garmentsF.csv',stringsAsFactors = TRUE)[,-1]
w$team=factor(w$team)
nm=names(w)[-11]
par(mfrow=c(2,6))
for (i in 1:(length(nm)-1)) {
 f= paste(nm[13],'~',nm[i])
 plot(formula(f),w,main=f,xaxt = "n")
}
```

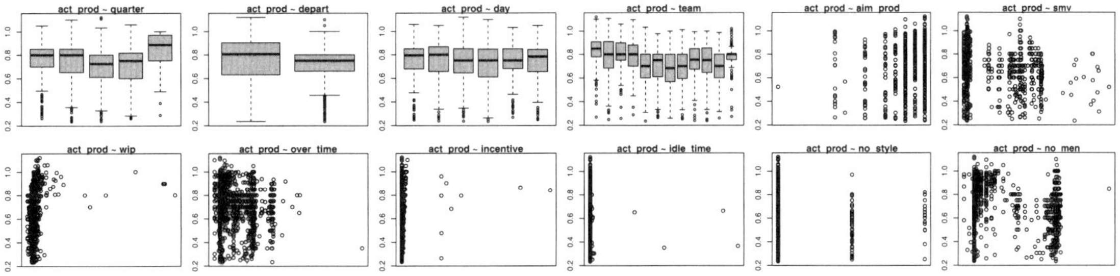

图 4.13.2　例 4.8 服装业生产率数据因变量和 12 个自变量的成对点图

从图 4.13.2 基本上看不出什么显著的模式, 即使是和因变量 act_prod 线性相关系数最大的 (也只有 0.42) aim_prod 的散点图也看不出什么模式.

初等统计学教材中的探索性数据分析通常包括计算一些统计量及绘制成对点图等来给出对数据的一个初步印象, 比如单独变量的分布、数据之间的一些简单关系. 但这些关于数据的信息通常比较肤浅, 不可能涉及变量之间更深的关系. 对于诸如例 4.8 这种多变量且线性关系不明显的复杂数据或许就不会给出多少有用的信息. 但一些机器学习模型可能会给出一些对预测目标有意义的信息.

通过决策树模型来认识数据

对例 4.8 服装业生产率数据建立一棵回归决策树 (见图 4.13.3) 来看是否可以得到更多的信息.

```
library(rpart.plot);library(tidyr)
rpart(act_prod~.,w) %>% rpart.plot(type=2,extra=1)
```

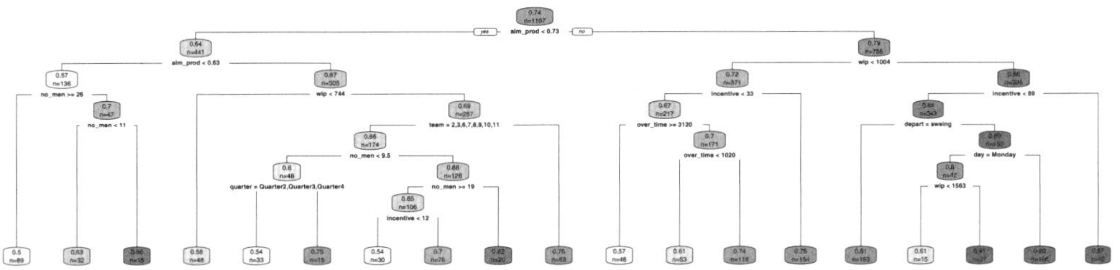

图 4.13.3　例 4.8 服装业生产率数据的回归决策树

从图 4.13.3 中可以看出, aim_prod 的确是最重要的一个变量, 但 aim_prod 在 0.63 和

0.73 两处把数据分成三份之后就完成使命而让位给了其他变量来继续构造决策树. 在那之后的三个数据子集 (子节点) 中, 变量 wip 和 no_men 就变得重要了. 这些信息在简单的探索性数据分析中是不可能得到的, 但在决策树中可以轻易得到. 实际上, 还可以通过变量重要性图 (见图 4.13.4) 来得到重要性排序.

```
barplot(rpart(act_prod~.,w)$var,col=4,horiz = TRUE,las=1)
```

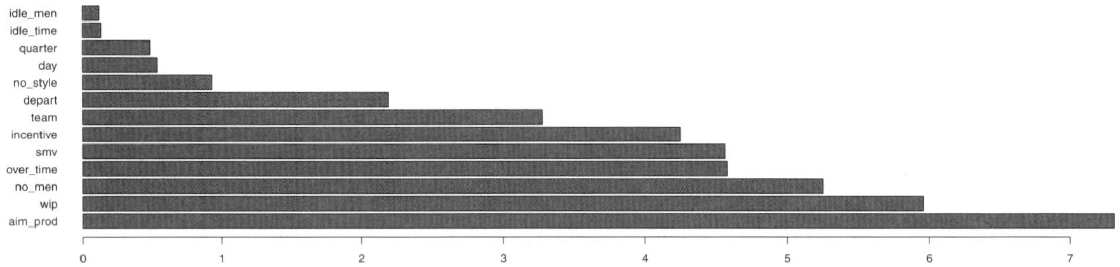

图 4.13.4　例 4.8 服装业生产率数据回归决策树的变量重要性图

图 4.13.4 给出了基于决策树预测的变量重要性排名, 这也是简单探索性数据分析所无法得到的信息. 对于实际工作者来说, 可以根据决策树的变量重要性以及决策树的结构来指导如何在生产中调整各种因素, 得到最好的变量组合去达到预期的结果.

问题与思考

我们从决策树中得到了更多探索性数据分析所得不到的信息. 但是, 从一个模型获取的信息仅仅是从该模型建模角度得到的, 这些信息的可靠性和这些模型的预测精度密切相关. **必须通过交叉验证来得到预测精度最好的模型, 并从优秀模型中得到更多的有用信息.** 当然, 有些模型虽然预测精度很高, 但不一定能够有很好的可解释性, 因此**必须寻找预测精度高且可解释性好的模型.** 幸运的是, 这样的模型存在于集成模型之中. 一个最合适的模型是基于决策树的随机森林方法, 它是公认的信息量最大、透明度最高、预测精度最好的模型之一.

4.13.2 例 4.8 服装业生产率数据: 通过回归交叉验证选择模型

寻求预测精度最高的模型

为了寻找预测精度最高的回归模型, 我们通过 1.6.1 节的函数 `RegCV` 得到例 4.8 的 7 种方法回归的交叉验证 NMSE 及通过函数 `Gbarplot` (1.6.1 节的函数) 生成图 4.13.5, 具体的 R 代码如下:

```
w=read.csv('garmentsF.csv',stringsAsFactors = TRUE)[,-1]
w$team=factor(w$team)
library(ipred);library(rpart);library(randomForest)
library(xgboost);library(kernlab);library(mboost)
model=list(lm=lm,randomForest=randomForest,bagging=ipred::bagging,
           tree=rpart,xgboost=Xgboost,svm=ksvm,mboost=mboost)
(CVRes=RegCV(w,14,model))
NMSE=data.frame(Method=names(model),NMSE=(CVRes))
```

```
Gbarplot(NMSE)
```

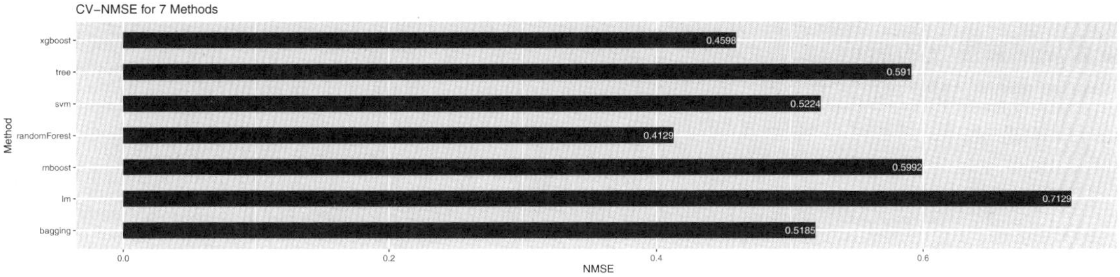

图 4.13.5 例 4.8 服装业生产率数据的 7 种方法回归的交叉验证 NMSE

从图 4.13.5 中可以看出随机森林的 NMSE 最小, 我们就用随机森林来拟合例 4.8 服装业生产率数据, 揭示更多的信息.

用随机森林拟合例 4.8 服装业生产率数据得到变量重要性

拟合例 4.8 服装业生产率数据并得到变量重要性 (见图 4.13.6).

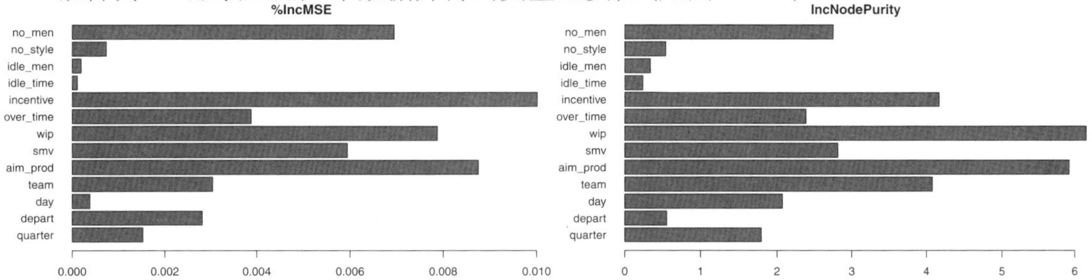

图 4.13.6 例 4.8 服装业生产率数据随机森林回归的变量重要性图

图 4.13.6 从两个不同角度衡量了自变量在模型中的重要性. 图 4.13.6 的左图是用置换后某自变量数据 (使其和因变量无关后) 与置换前比较所得到的预测误差 (MSE) 增加百分比来衡量变量重要性, 显然, 变量越重要, 置换前后的预测误差增加就越多. 图 4.13.6 的右图是在随机森林众多的决策树中, 每个变量使得节点变纯的能力. 这也是前面单独决策树变量重要性的度量, 但这里由于随机森林对竞争变量数目的限制及众多棵决策树的综合信息, 这个度量更加全面.

图 4.13.6 的两个变量重要性的排序并不一致, 和决策树变量重要性 (见图 4.13.4) 的排序也不同, 这实际上是从各个角度提供了该数据变量之间关系的信息, 给决策者以丰富的资源来做出决策. **注意: 不是统计学家用这些重要性指标来告诉实际工作者去做什么, 而是实际工作者以这些指标作为他们工作的一个参考, 按照他们对问题各方面的理解来做出决策.**

生成图 4.13.6 的 R 代码为:

```
library(randomForest)
a=randomForest(act_prod~.,w, importance=TRUE,localImp=TRUE,proximity=TRUE)
layout(t(1:2))
for (i in 1:2) {
  barplot(a$importance[,i],horiz=TRUE,las=1,
```

```
        col=4,main=colnames(a$importance)[i])
}
```

变量局部重要性的启示

利用前面拟合的结果 (拟合随机森林得到的对象 a) 可以得到随机森林的变量局部重要性 (见图 4.13.7).

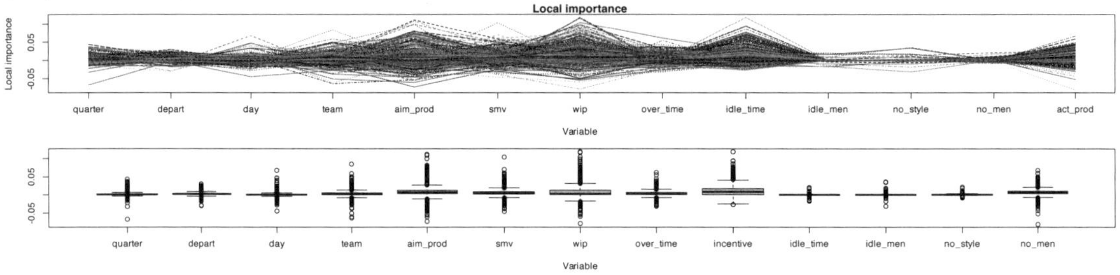

图 4.13.7　例 4.8 服装业生产率数据随机森林回归的变量局部重要性图

图 4.13.7 的上图的每一条线代表一个观测值, 这里共有 1197 条线, 每条线在 13 个变量横坐标上的值为这些变量对相应的观测值的重要性 (每条折线代表并识别一个观测值, 只有在 13 个变量的点处才有意义). 图 4.13.7 的下图是图 4.13.7 上图的盒形图简化版. 从图 4.13.7 可以看出, 那些全局重要的变量对于某些观测值可能并不重要, 这对于审查具体某个观测值表现 (优劣) 的具体原因可能会提供一些有用信息. 当然, 这个图有太多条线, 在实际应用中, 可以对我们关心的观测值专门找出其相应重要的变量.

生成图 4.13.7 的 R 代码为:

```
LOC=data.frame(t(a$localImportance))
layout(1:2)
matplot(1:13,a$local,type="l",xlab="Variable",axes=F,
    ylab="Local importance",main="Local importance")
axis(2);axis(1, at=1:(ncol(w)-1),labels=names(w)[-9], las=0);box()
boxplot(LOC,xlab="Variable")
```

部分依赖性图

R 程序包 randomForest 还可以给出部分依赖性图 (见图 4.13.8), 它以图形方式描述变量对因变量的类概率 (分类) 或因变量值 (回归) 的边际效应. 我们选了除 idle_time 之外的所有自变量. 图中纵坐标的含义为:

$$\tilde{f} = \frac{1}{n}\sum_{i=1}^{n} f(x, x_{iC}),$$

式中, x 是寻求的部分依赖变量, 而 x_{iC} 是数据中的其他变量. 对于回归, 被求和数是回归的预测 $f(x)$; 对于分类, 被求和数是各类的比例的 logit 函数 (投票比例的对数):

$$f(x) = \log p_k(x) - \frac{1}{K}\sum_{j=1}^{K} \log p_j(x),$$

式中, K 是水平 (类) 数, p_j 为模型对第 j 类投票的比率.

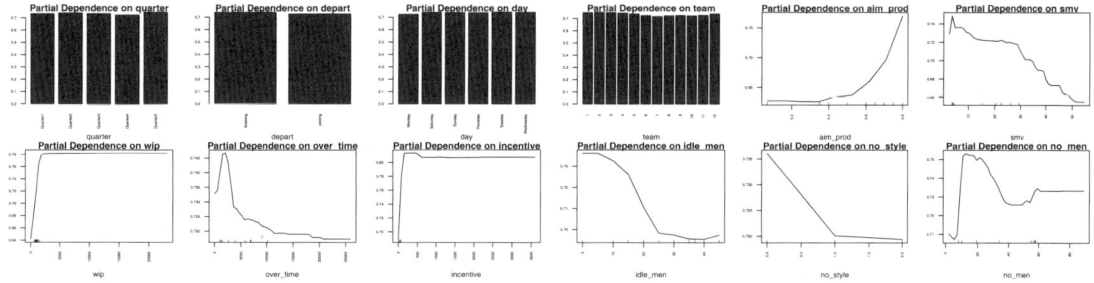

图 4.13.8 例 4.8 服装业生产率数据随机森林回归部分依赖性图

相信读者根据图 4.13.8 的构造已经大致知道如何观察部分依赖性图了. 比如, 图 4.13.8 上图中左起第 5 图涉及最大影响的自变量 aim_prod, 该变量导致的因变量变化范围大约为 0.62～0.77, 跨度 0.15; 而图 4.13.8 下图中左起第 4 图涉及影响较小的自变量 idle_men, 它导致的变化范围只有大约 0.04. 虽然自变量和因变量的曲线都比较明显, 但影响范围的大小说明了这些曲线是否有显著意义. 图 4.13.8 上图中左起前 4 个图表明, 这 4 个分类变量的影响都不大. 生成图 4.13.8 的 R 代码为:

```
nm=names(w)[-c(10,14)]
par(mfrow=c(2,6))
for(i in 1:12){
  partialPlot(a,pred.data=w,nm[i],xlab=nm[i],cex.names=0.5,las=2,
              main=paste("Partial Dependence on",nm[i]),cex.axis=0.5)
  }
```

4.14 案例分析: 例 4.9 信用卡批准数据

例 4.9 信用卡批准数据 (crx.csv, crxF.csv). 该数据涉及信用卡申请批准情况.[1] 一共有 690 个申请记录 (观测值)、15 个自变量 (A1 ～A15), 其中有些是字符型分类变量, 有些是数量变量, 有一个因变量 (A16), 水平 (类) 为 “+” 和 “−”, 意味着是否批准. 由于该文件涉及信用卡申请, 所有属性名称和值均已更改为无意义的符号, 以保护数据的机密性. 原始数据 crx.csv 包括缺失值, 而 crxF.csv 是用 R 程序包 `missForest` 的同名函数填补缺失值之后的数据.

4.14.1 探索数据和弥补缺失值

初步探索

和 4.13.1 节关于例 4.8 服装业生产率数据的分析类似, 我们首先查看例 4.9 信用卡批准数据的一般情况. 首先输入原始 (未填补的) 数据 crx.csv:

```
w=read.csv('crx.csv',stringsAsFactors = T)
```

1. 维数: 通过 R 代码 `dim(w)` 得知有 690 个观测值 (样本量) 和 16 个变量.
2. 变量名称: 通过 R 代码 `names(w)` 得到变量名称 A1 ～A16, 其中第 16 个变量 A16 是作为分类目标的因变量.

[1] Quinlan, J. R. Credit Approval. UCI Machine Learning Repository. https://doi.org/10.24432/C5FS30.

3. 缺失值情况: 用 R 代码 `sapply(w,function(x) sum(is.na(x)))` 得到各个变量的缺失值数目:

```
A1  A2  A3  A4  A5  A6  A7  A8  A9 A10 A11 A12 A13 A14 A15 A16
12  12   0   6   6   9   9   0   0   0   0   0   0  13   0   0
```

由此知道有 7 个变量有缺失值, 缺失值数目为 6～13 个不等.

4. 变量中各种变量的情况: 分类变量各类 (水平) 有多少及数量变量的均值和主要分位点 (包括极大值和极小值), 可使用 `summary(w)`. 我们使用下面的 R 代码来看有哪些变量是分类变量:

```
> (Factor=sapply(w,function(x) is.factor(x)))
   A1    A2    A3    A4    A5    A6    A7    A8    A9   A10   A11   A12
 TRUE FALSE FALSE  TRUE  TRUE  TRUE  TRUE FALSE  TRUE  TRUE FALSE  TRUE
  A13   A14   A15   A16
 TRUE FALSE FALSE  TRUE
```

5. 使用 R 代码 `sapply(w[,Factor],function(x) levels(x))` 来看那些分类变量各有什么水平 (类) (这里不显示).

用 MissForest 方法填补缺失值

由于例 4.9 信用卡批准数据有缺失值, 因此需要进行填补. 有多种填补缺失值的方法. 这里介绍的使用 R 程序包 `missForest` 的同名函数填补是迄今最优秀的方法. 我们忽略那些只有历史意义的方法 (如 "懒惰" 的均值/中位数插值及 KNN 插值等), 直接介绍 MissForest 方法. 原始论文 Stekhoven and Buhlmann (2011) 完美地展示了 10 个公开数据集中缺失数据率分别为 10%、20% 和 30% 的情况, 将插补的准确性与某些著名且使用最广泛的插补算法 (例如 KNNimputer、MICE 等) 做了比较, 几乎在缺失数据集的每个阶段, MissForest 的表现都优于其他方法, 甚至在某些情况下将插补误差减少了 50% 以上. 该技术最好的部分是它不需要调整 (因为随机森林在默认参数下非常有效).

MissForest 首先把具有缺失值的变量按照升序排列 (比如 $1, 2, \ldots, K$), 然后把缺失值最低的变量作为因变量, 而其他变量在用其均值 (对于数量变量) 或众数 (对于分类变量) 填补后作为自变量用随机森林预测, 并以预测值代替缺失值; 再把缺失值第二低的变量作为因变量, 其他变量作为自变量继续用随机森林填补, 一轮迭代后, 原先用均值/众数填补的缺失值都被随机森林的预测值代替, 但还要继续迭代, 如此下去不断迭代填补 (每次迭代包括 K 步预测), 每次填补后的值和填补前的值做比较. 如果收敛 (填补前后一致或小于某阈值, 或者达到其他规定), 则停止迭代.

对于例 4.9 信用卡批准数据, 填补缺失值的 R 代码为:

```
library(missForest)
w=read.csv("crx.csv",stringsAsFactors = TRUE)
x=missForest(w)
u=x$ximp
```

输出的数据框 `u` 就是填补过的数据集 (等于 crxF.csv).

变量的成对图

我们不画全部成对图, 仅仅生成和因变量有关的 15 个自变量对因变量的成对图 (见图 4.14.1), 这里因变量 V16 在横坐标, 自变量在纵坐标. 由于因变量为二分变量, 因此当自变量为分类变量时, 生成柱状图, 反映自变量各水平在因变量每个水平中的比例; 当自变量为数量变量时, 生成盒形图, 反映自变量在因变量各水平中的分布. 这里使用填补缺失值后的数据 crxF.csv.

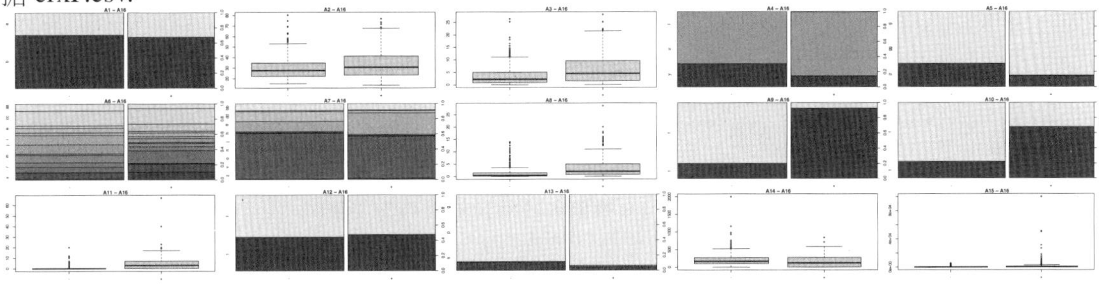

图 4.14.1 例 4.9 信用卡批准数据各自变量与因变量的成对图

生成图 4.14.1 的 R 代码为:

```
u=read.csv("crxF.csv",stringsAsFactors = TRUE)
nm=names(u)
par(mfrow=c(3,5))
for (i in 1:15) {
  f=paste(nm[i],'~',nm[16])
  plot(formula(f),u,main=f)
}
```

从图 4.14.1 可以看出, 相对于其他二水平分类自变量 (比较显著的如 A1、A12 等, 因为它们的两个水平在因变量两个水平中比较平衡), A9、A10 的不同水平与因变量不同水平的计数有些关联, 这一点从下面的 R 代码输出的 A9、A10 与 A16 组成的列联表结果也可以看出 (对角线元素相对较多). 对于多水平自变量和 A16 的关系就不那么容易看出来. 而对于数量自变量就更难从图 4.14.1 中看出重要性了, 一般来说, 两个盒形图类似 (如图 4.14.1 第 1 行第 2 图: `A2~A16` 图) 的就似乎不重要了. 但是, 必须注意, 这些观察是基于全部数据集的肤浅观察, 而再深度的关系就必须通过模型了.

```
> table(u[,c(9,16)])
   A16
A9    -   +
  f 306  23
  t  77 284
> table(u[,c(10,16)])
   A16
A10   -   +
  f 297  98
  t  86 209
```

通过决策树模型来认识数据

最简单的使用模型来认识数据的直观方法是决策树, 对例 4.9 信用卡批准数据建立分类决策树 (见图 4.14.2).

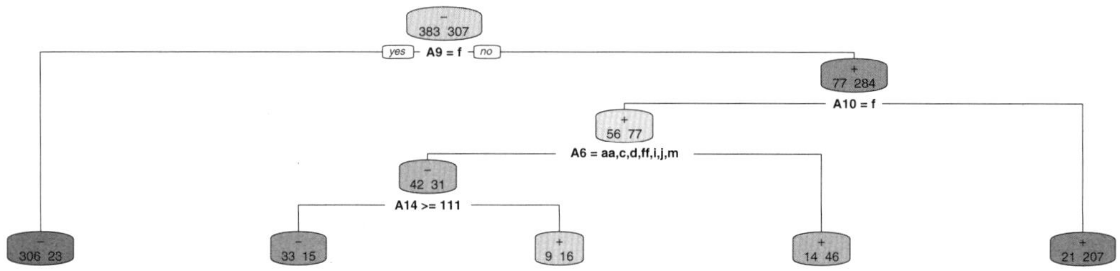

图 4.14.2　例 4.9 信用卡批准数据的分类决策树

生成图 4.14.2 并得到决策树变量重要性 (及变量重要性图 4.14.3) 的 R 代码为:

```
u=read.csv("crxF.csv",stringsAsFactors = TRUE)
a=rpart(A16~.,u)
rpart.plot(a,type=2,extra=1)
print(a$var)
barplot(a$var,horiz = TRUE,col=4,las=1)
```

输出的决策树分类的变量重要性 (降序排列) 为:

```
         A9         A10         A11          A8          A6         A15
176.8779437  87.5320282  87.5320282  68.8508053  50.0801501  47.9544649
        A14         A13          A3          A7          A2
  3.5262329   2.5969529   2.1176843   1.7071822   0.6673089
```

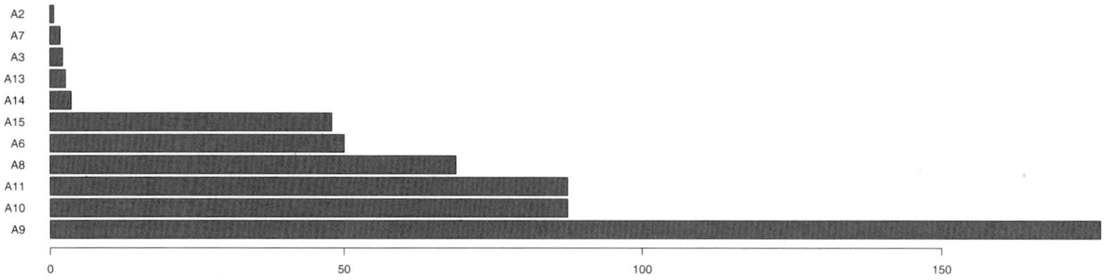

图 4.14.3　例 4.9 信用卡批准数据的分类决策树的变量重要性图

从得到的变量重要性可知, 前面根据图 4.14.1 猜到的变量 A9 和 A10 的确重要, 但变量 A11、A8、A6、A15 的重要性就很难从图 4.14.1 中猜到了. 这 6 个变量之外的其他变量的重要性在决策树模型上相对较小. 下面我们用交叉验证选择对例 4.9 信用卡批准数据分类预测精度较好的模型.

4.14.2 例 4.9 信用卡批准数据: 通过回归交叉验证选择模型

寻求预测精度最高的模型

类似于 4.13 节例 4.8 服装业生产率数据, 我们也对例 4.9 信用卡批准数据做和 4.13.2 节类似的交叉验证, 以比较各种模型. 得到的交叉验证的误判率如图 4.14.4所示. 由于有很多分类变量, 一些如 lda 等的经典方法不好用.

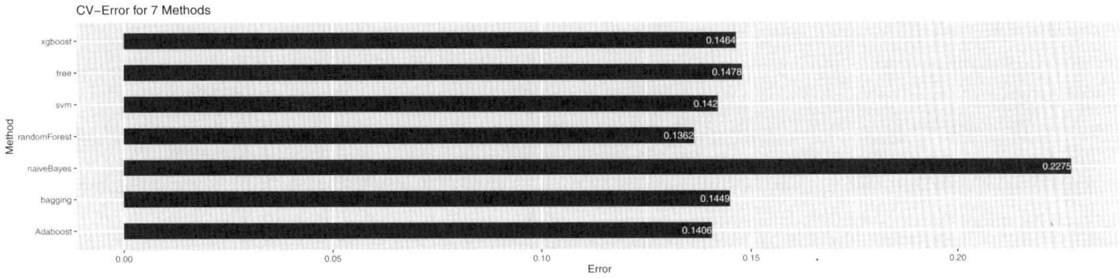

图 4.14.4　例 4.9 信用卡批准数据 7 种方法分类的交叉验证误判率

从图 4.14.4 可以看出, 除了朴素贝叶斯之外, 其他方法的误判率都差不多, 随机森林在其中最好. 当然, 对于不同的随机种子和选项, 结果可能会有所不同. 下面是交叉验证并生成图 4.14.4 的 R 代码. 其中需要的自编函数 `ClaMCV` 在 1.6.3 节, 函数 `Gbarplot` 和 `Xgboost` 在 1.6.1 节, 函数 `Adaboost` 和 `Fold` 在 1.6.2 节.

```
library(tidyr);library(ipred);library(xgboost)
library(MASS);library(adabag);library(randomForest)
library(kernlab);library(mda);library(e1071)
library(rpart)
u=read.csv("crxF.csv",stringsAsFactors = TRUE)
summary(u)
L=list(tree=rpart,bagging=ipred::bagging,xgboost=Xgboost,
      randomForest=randomForest,Adaboost=Adaboost,
      svm=ksvm,naiveBayes=naiveBayes)

(Res=ClaMCV(u,16,L))
Error=data.frame(Method=names(L),Error=(Res))
Gbarplot(Error)
```

用随机森林来拟合例 4.9 信用卡批准数据并得到变量重要性

下面对例 4.9 信用卡批准数据做随机森林分类拟合并得到 OOB 交叉验证误判率.

```
u=read.csv("crxF.csv",stringsAsFactors = TRUE)
(a=randomForest(A16~.,u,importance=TRUE,localImp=TRUE,proximity=TRUE))
```

输出的 OOB 误判率 (13.48%, 和前面 10 折交叉验证差不多) 和混淆矩阵为:

```
        OOB estimate of  error rate: 13.48%
Confusion matrix:
    -   + class.error
- 334  49   0.1279373
+  44 263   0.1433225
```

得到的变量重要性 (代码 a$importance) 包括对因变量的每个水平各个变量的重要性及两个不同角度的总体重要性 (见图 4.14.5).

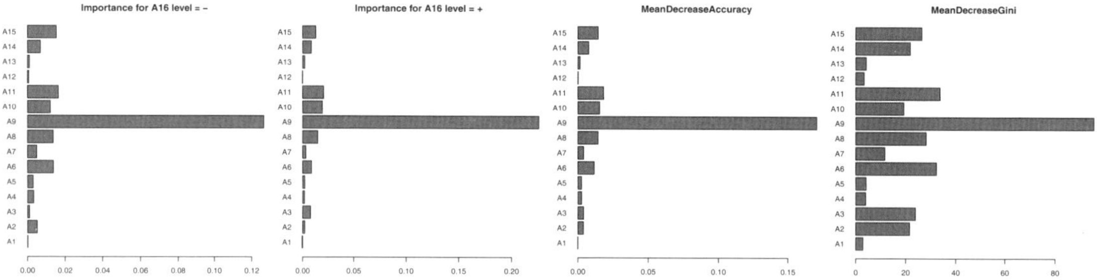

图 4.14.5　例 4.9 信用卡批准数据随机森林分类的变量重要性图

图 4.14.5 的左边两图分别是关于预测因变量水平 "−" 和 "+" 的变量重要性, 而图 4.14.5 的右边两图类似于 4.13.2 节的图 4.13.6, 图 4.14.5 左起第 3 图是用置换某变量数据 (以消除该变量和因变量的关系) 后预测精度减少的均值来衡量的重要性, 显然, 变量越重要, 置换前后预测精度减少得就越多. 图 4.14.5 最右图是在随机森林众多的决策树中, 每个变量使得节点变纯的能力 (这里是 Gini 不纯度减少的均值). 生成图 4.14.5 的 R 代码为:

```
cn=colnames(a$importance)
Main=c(paste('Importance for A16 level =',cn[1:2]),cn[3:4])
layout(t(1:4))
for (i in 1:4) {
  barplot(a$importance[,i],horiz=T,col=4,main=Main[i],las=1)
}
```

变量局部重要性

利用前面拟合的结果 (随机森林拟合得到的对象 a) 可以得到随机森林分类的变量局部重要性 (见图 4.14.6).

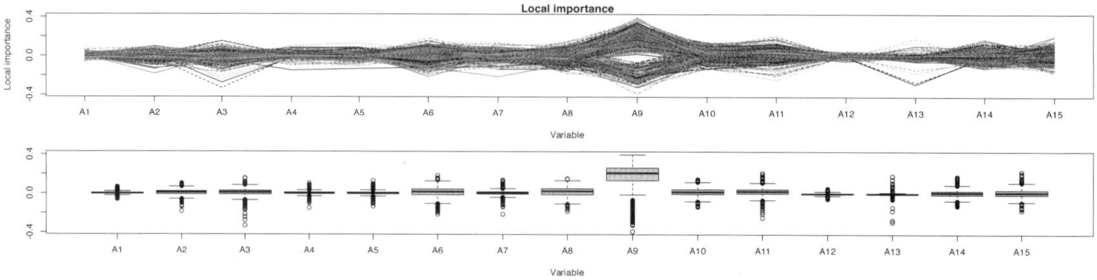

图 4.14.6　例 4.9 信用卡批准数据随机森林分类的变量局部重要性图

完全类似于对例 4.8 回归的图 4.13.7, 这里图 4.14.6 的上图以折线在 15 个变量横坐标上的值为这些变量对相应的观测值的重要性. 图 4.14.6 的下图是图 4.14.6 上图的强调自变量 (但看不出观测值个体) 的盒形图简化版. 生成图 4.14.6 的 R 代码为:

```
LOC=data.frame(t(a$localImportance))
layout(1:2)
matplot(1:15,a$local,type="l",xlab="Variable",axes=F,
        ylab="Local importance",main="Local importance")
axis(2);axis(1, at=1:(ncol(u)-1),labels=names(u)[-16], las=0);box()
boxplot(LOC,xlab="Variable")
```

接近度和离群点

如前所述, 我们通过随机森林分类画出离群点图和接近度的 MDS 图 (见图 4.14.7).

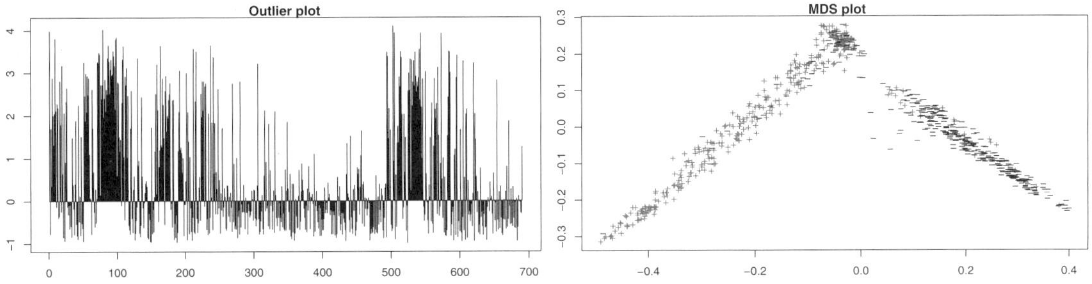

图 4.14.7 随机森林对例 4.9 信用卡批准数据拟合的离群点图 (左) 和接近度的 MDS 图 (右)

```
u=read.csv("crxF.csv",stringsAsFactors = TRUE)
a=randomForest(A16~.,u,importance=TRUE,localImp=TRUE,proximity=TRUE)
layout(t(1:2))
d=outlier(a$proximity)
plot(d, type="h",main='Outlier plot',ylab="")
pc=as.numeric(u$A16)
cm=cmdscale(1-a$proximity)
plot(cm,pch=as.character(u$A16),col=pc,main='MDS plot')
```

4.15 习 题

1. 决策树用于回归和分类的仅有的区别是什么?
2. 决策树的不纯度涉及因变量数据还是自变量数据?
3. 为什么基于决策树的集成方法产生的许多决策树不同? 这些不同会对预测产生什么影响? 请举例说明.
4. 决策树有没有可能使得所有终节点完全都是纯的? 如果有, 条件是什么? 有没有什么实际意义?
5. 为什么诸如线性回归和 logistic 回归等方法的自变量不能太多? 这是数据的问题还是模型的问题?

6. 用 R 代码 `w=read.csv("auto.mpg.csv")` 读入汽车耗油数据.[①] 该数据的变量为 mpg (耗油量, 单位: 每加仑英里数), cylinders (气缸数), displacement (排量), horsepower (马力), weight (重量), acceleration (加速), model.year (型号年), origin (来源, 三个之一), car.name (牌子).
   (1) 用 R 代码 `w[,8]=factor(w[,8])` 把哑元表示的定性变量 origin (第 8 个变量) 因子化.
   (2) 用 R 代码 `library(missForest);w=missForest(w[,-9])$ximp` 对去除最后一个变量 (第 9 个变量) car.name 之后的数据填补缺失值. (为什么去除最后一个变量?)
   (3) 请用各种回归方法, 以 mpg 为因变量做回归, 并用交叉验证来比较各种方法的预测标准化均方误差, 可以用 1.6.2 节提供的 `Fold` 函数来产生交叉验证集, 比如做 10 折交叉验证, 并且平衡第 8 个变量 origin 的各个水平, 代码 `mm=Fold(w,10,8,8888)` 可把 10 个下标集存储在对象 `mm` 中.
7. 用 R 代码 `w=read.csv("CommViolPredUnnormalizedData.csv")` 读入社区和犯罪数据.[②] 该数据中美国社会经济数据来源于美国普查局 1990 年的普查, 执法数据来自 1990 年 US LEMAS 的调查, 犯罪数据来自 1995 年 FBI UCR. 一共有 2215 个观测值和 147 个变量, 而且有缺失值.
   (1) 理解数据中各个变量的意义.
   (2) 可以用 R 代码:

```
library(missForest)
v=missForest(w[,-c(1:5)])$ximp
```

   填补缺失值, 并去掉前 5 个变量 (为什么). 新数据集为 `v`.
   (3) 可以对所有比例变量做对数变换 (也可不做).
   (4) 自己选择因变量, 比如, 选择 ViolentCrimesPerPop (每 10 万人中暴力犯罪人数) 作为因变量, 然后用各种方法做回归.
   (5) 用交叉验证来比较各种方法的预测标准化均方误差. 可用第 5 个变量提供的 10 个下标集 (通过 `Fold(v,10,5)`) 来做 10 折交叉验证. 这时第 i $(i = 1, 2, \ldots, 10)$ 个测试集和训练集的 R 代码为 `v[w[,5]==i,]` 及 `v[w[,5]!=i,]`.
8. 用 R 代码 `w=read.csv("column.2C.csv")` 输入脊柱数据. 该数据在第 3 章习题中曾经出现过. 请用 logistic 回归及这两章介绍的所有方法对此数据做分类预测精度的交叉验证.
9. 使用下面的方法对蘑菇可食性数据 (mushroom.csv) (以变量 type 作为因变量) 进行分类.[③] 虽然不能使用全部自变量, 但可以使用部分自变量来尝试, 可以从多到少尝试, 也可以从

[①] Lichman, M. (2013). UCI Machine Learning Repository. Irvine, CA: University of California, School of Information and Computer Science. `https://archive.ics.uci.edu/dataset/9/auto+mpg`.

[②] Creator: Michael Redmond (redmond lasalle.edu); Computer Science; La Salle University; Philadelphia, PA, 19141, USA. 有关网址为 `https://archive.ics.uci.edu/dataset/211/communities+and+crime+unnormalized`.

[③] Lichman, M. (2013). UCI Machine Learning Repository. Irvine, CA: University of California, School of Information and Computer Science. 原始数据名称为 agaricus-lepiota.data, 网址为 `https://archive.ics.uci.edu/dataset/73/mushroom`.

少到多尝试, 先尝试水平少的, 再加水平多的, 看看结果如何. 对过程及结果进行讨论.

(1) 线性判别分析.

(2) 混合判别分析.

(3) logistic 回归.

(4) 支持向量机.

(5) k 最近邻方法.

(6) 神经网络.

10. 用 R 代码 `w=read.csv("yeast1.csv")` 下载酵母数据.[①] 该数据原本有 10 个变量, 但第一个对分类不起作用. 该数据的目的是预测蛋白质的细胞定位. 这里的 9 个变量为 mcg (McGeoch, 方法信号序列的识别), gvh (von Heijne, 方法信号序列的识别), alm (ALOM, 薄膜扩张检测识别), mit (关于线粒体的检测), erl (关于内质网的检测), pox (关于过氧化酶的检测), vac (关于细胞液的检测), nuc (关于细胞核的检测), loc (蛋白质的细胞定位). 最后一个为因变量, 有 10 个水平.

(1) 用各种可能的方法以 loc 为因变量做分类.

(2) 使用类似于本章所用的代码, 对各种方法做交叉验证 (只能 5 折, 为什么), 并对过程和结果做出评论.

4.16 本章的 R 和 Python 代码

4.16.1 4.2 节的代码

4.2.1 节的 Python 代码

4.2.1 节生成图 4.2.1 的 Python 代码:

```
from sklearn.tree import DecisionTreeClassifier
from sklearn import tree
import graphviz
u=pd.read_csv("sat.csv")
y2=u['V37']
X2=pd.get_dummies(u.iloc[:,:-1],drop_first=True)
cla = DecisionTreeClassifier(random_state=0,max_depth=2)
cla=cla.fit(X2,y2)
dot_data2=tree.export_graphviz(cla,out_file=None,
            feature_names = X2.columns,rounded=True, filled=True)
graph2 = graphviz.Source(dot_data2)
graph2.render("satTree") # 把图存成文件
graph2
```

4.2.2 节的 R 代码

用于例 4.1 人造数据的分类及回归的选择决策树拆分属性的函数:

[①] Kenta Nakai, Institute of Molecular and Cellular Biology, Osaka University. http://www.imcb.osaka-u.ac.jp/nakai/psort.html. 数据网址为: https://archive.ics.uci.edu/dataset/110/yeast.

```
Split=function(w=w,ID='retired'){
  vid=which(names(w)==ID)
  y=w[,vid];X=w[,-vid]
  u=sapply(X,function(x)length(unique(x)))
  X=X[,u!=0]
  Gini=function(y){
    p=prop.table(table(y))
    return(1-sum(p^2))
  }
  DG=function(y,atr){
    n=length(y);p1=sum(atr)/n;p2=1-p1
    dg=Gini(y[atr])*p1+Gini(y[!atr])*p2
    return(dg)
  }
  sse=function(y){
    return(sum((y-mean(y))^2))
  }
  dsse=function(y,atr){
    return(dsse=sse(y[atr])+sse(y[!atr]))
  }
  CLA=(class(y)=='factor')
  n=length(y)
  G=list()
  D=list()
  G0=ifelse(CLA,Gini(y),sse(y))
  IPU=ifelse(CLA,DG,dsse)
  for(j in 1:ncol(X)){ #j=2
    if(class(X[,j])=="factor"){
      if (CLA){
        G[[j]]=G0-DG(y,X[,j]==levels(X[,j])[1])}else{
          G[[j]]=G0-dsse(y,X[,j]==levels(X[,j])[1])
        }
      D[[j]]=paste0(names(X)[j],'=',levels(X[,j])[1])
    } else{
      x1=sort(unique(X[,j]))
      d=x1[-length(x1)]+diff(x1)/2
      g=vector()
      for(k in 1:length(d)){
        if(CLA){
          g[k]=DG(y, X[,j]<d[k])}else{
            g[k]=dsse(y,X[,j]<d[k])
          }
      }
      G[[j]]=G0-g
```

```
      I=which.min(g)
      D[[j]]=paste0(names(X)[j],'<',d[I])
    }
  }
  rows = names(X)
  columns=c('split','max_DIP')
  df = data.frame(matrix(nrow = length(rows), ncol = length(columns)))
  colnames(df)=columns
  rownames(df) = rows
  for(i in 1:length(G)){
    df[i,1]=D[[i]]
    df[i,2]=max(G[[i]])
  }
  res=df[which.max(df[,2]),1]
  return(list(D=D,G=G,df=df,res=res))
}
```

4.2.3 **节的 Python 代码**

考虑例 4.2 伺服系统数据的决策树回归与线性回归的交叉验证. 首先输入必要的模块及数据, 并把自变量哑元化:

```
from sklearn.tree import DecisionTreeRegressor
from sklearn.linear_model import LinearRegression
w=pd.read_csv('servo.csv')
y=w['class']
X=pd.get_dummies(w.iloc[:,:-1])
```

利用1.6.1节的函数 `RegCV` (利用 `Fold` 函数根据变量 screw 把数据分成 7 折) 做回归的交叉验证, 同时利用 1.6.1 节的函数 `BarPlot` 画出 NMSE 条形图 (见图 4.16.1).

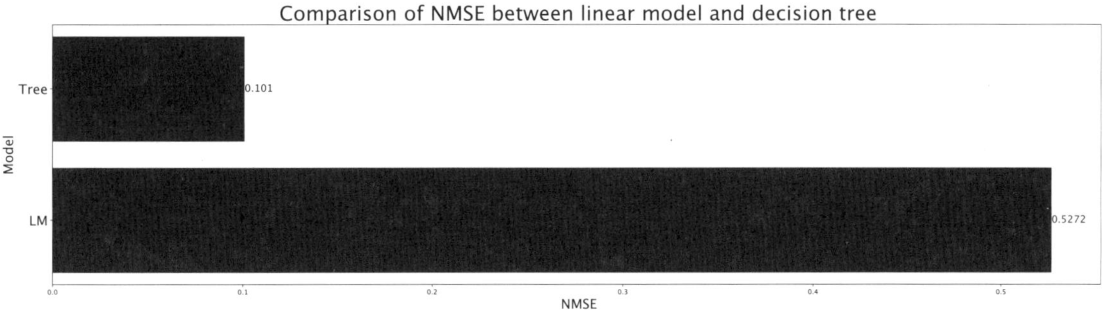

图 4.16.1　例 4.2 伺服系统数据的决策树回归及线性回归的交叉验证 NMSE

```
names=['LM','Tree']
reg = [LinearRegression(),DecisionTreeRegressor(max_depth=None)]
REG=dict(zip(names,reg))
R,A=RegCV(X,y,REG,Z=7,u=w['screw'],seed=1010)
```

```
BarPlot(A,'NMSE','Model',
      'Comparison of NMSE between linear model and decision tree')
print(A)
```

输出的 NMSE 为:

```
{'LM': 0.527173027167367, 'Tree': 0.100958832861303}
```

4.2.5 **节的** Python **代码**

例 4.3 慢性肾病数据决策树分类及画图 (见图 4.16.2).

```
from sklearn.metrics import confusion_matrix
from sklearn.ensemble import RandomForestClassifier
from sklearn.tree import DecisionTreeClassifier
from sklearn import tree
import graphviz
w=pd.read_csv('kidney02.csv')
y=pd.get_dummies(w['class']).dot(np.arange(2))
X=pd.get_dummies(w.iloc[:,:-1],drop_first=False)
clf=DecisionTreeClassifier(random_state=0,max_depth=2)
clf=clf.fit(X,y)
dot_data=tree.export_graphviz(clf,out_file=None,feature_names=X.columns,
rounded=True, filled=True)
graph = graphviz.Source(dot_data)
graph.render('kidneytree3') #存图到文件
graph #显示图
```

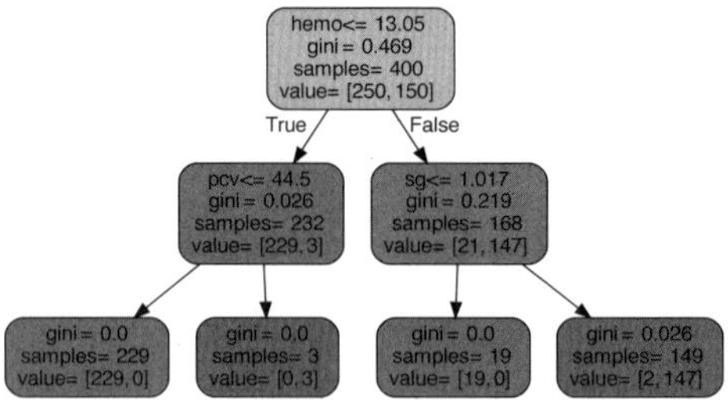

图 4.16.2　例 4.3 慢性肾病数据的分类决策树

4.16.2 4.3 节的 R 代码

生成图 4.3.1 的 R 代码为:

```
layout(t(1:3))
n=c(11,1001,10001); p=seq(0,1,.01)
for (i in n){
 plot(p,pbinom(floor(i/2),i,p,low=F),type="l",
```

```
    xlab = "Supporting rate",ylab = "Probability of being elected")
  title(paste('n =',i))
  abline(v=0.5,lty=2)
}
```

4.16.3 4.4 节的代码

4.4.2 节的 Python 代码

我们对例 4.4 翼型数据做 bagging、决策树与线性回归的交叉验证. 首先输入必要的模块及数据:

```
from sklearn.tree import DecisionTreeRegressor
from sklearn.linear_model import LinearRegression
from sklearn.ensemble import BaggingRegressor
w=pd.read_csv('airfoil.csv')
y=w['Pressure']
X=w.iloc[:,:-1]
```

利用1.6.1节的函数 `RegCV` (利用 `Rfold`) 把数据分成 10 折做交叉验证, 同时利用1.6.1节的函数 `BarPlot` 画出 NMSE 条形图 (见图 4.16.3).

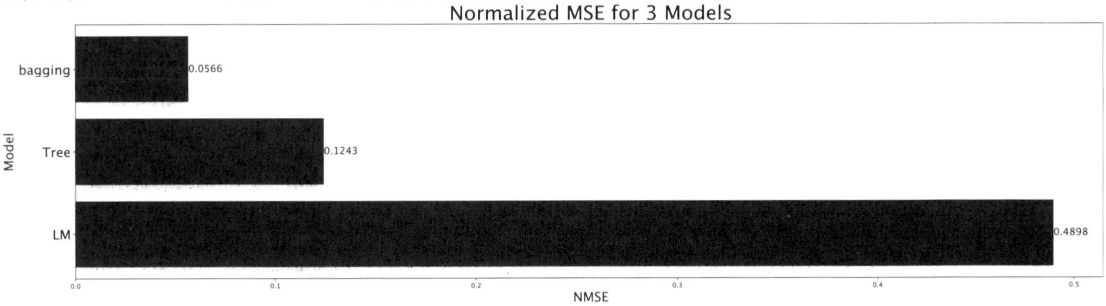

图 4.16.3 例 4.4 翼型数据的线性回归、决策树及 bagging 的交叉验证 NMSE

```
names=['LM','Tree','bagging']
reg = [LinearRegression(),DecisionTreeRegressor(max_depth=None),
      BaggingRegressor(n_estimators=100)]
REG = dict(zip(names,reg))
R,A=RegCV(X,y,REG)
print(A)
BarPlot(A,'NMSE','Model','Normalized MSE for 3 Models')
```

输出的 NMSE 为:

```
{'LM': 0.48979, 'Tree': 0.12427, 'bagging': 0.05663}
```

4.4.3 节的 Python 代码

例 4.3 慢性肾病数据的 bagging 分类:

```
from sklearn.metrics import confusion_matrix
from sklearn.ensemble import BaggingClassifier

w=pd.read_csv('kidney02.csv')
y=pd.get_dummies(w['class']).dot(np.arange(2))
X=pd.get_dummies(w.iloc[:,:-1],drop_first=False)
cla=BaggingClassifier(n_estimators=100,random_state=1010,oob_score=True)
cla.fit(X,y)
print(f'OOB误判率: {(1 - cla.oob_score_) * 100}%')
oob_preds = np.argmax(cla.oob_decision_function_, axis=1)
print('OOB 混 淆 矩 阵 :\n', confusion_matrix(y, oob_preds))
```

输出的误判率和混淆矩阵为:

```
OOB误判率: 0.50%
OOB 混 淆 矩 阵 :
 [[248   2]
 [  0 150]]
```

4.16.4 4.5 节的代码

4.5.2 节的 Python 代码

下面对例 4.5 能源效率数据做随机森林回归并得到变量重要性 (见图 4.16.4).

```
from sklearn.ensemble import RandomForestRegressor
w=pd.read_csv('energy.csv')
w.X6=w.X6.astype('category')
y=w['Y1']
X = pd.get_dummies(w.iloc[:,[0,2,3,4,5,6,7]], drop_first = False)
random_forest = RandomForestRegressor(n_estimators=500,random_state=0,
                                      oob_score=True)
random_forest.fit(X, y)
print(f'OOb-NMSE={1-random_forest.oob_score_}')
A=dict(zip(X.columns, random_forest.feature_importances_))
BarPlot(A,'Importance','Variables','Variable importances',
        File="regRFenergy.pdf")
print(A)
```

打印出 OOB 交叉验证 NMSE 及变量重要性指标并生成变量重要性图 (见图 4.16.4):

```
OOb-NMSE=0.0019808945938434297
{'X1': 0.1559, 'X3': 0.0565, 'X4': 0.5444, 'X5': 0.1524,
 'X7': 0.0774, 'X8': 0.0127, 'X6_2': 0.0002,
 'X6_3': 0.0002, 'X6_4': 0.0002, 'X6_5': 0.0003}
```

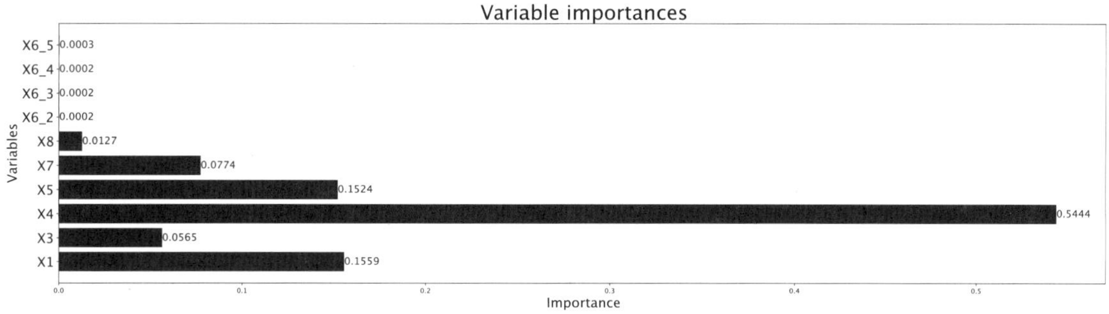

图 4.16.4 例 4.5 能源效率数据随机森林回归的变量重要性图

下面做例 4.5 能源效率数据的 bagging、随机森林与线性回归的交叉验证. 利用 1.6.1 节的函数 `RegCV` (利用 `Rfold`) 把数据分成 10 折做交叉验证, 同时利用 1.6.1 节的函数 `BarPlot` 画出 NMSE 条形图 (见图 4.16.5).

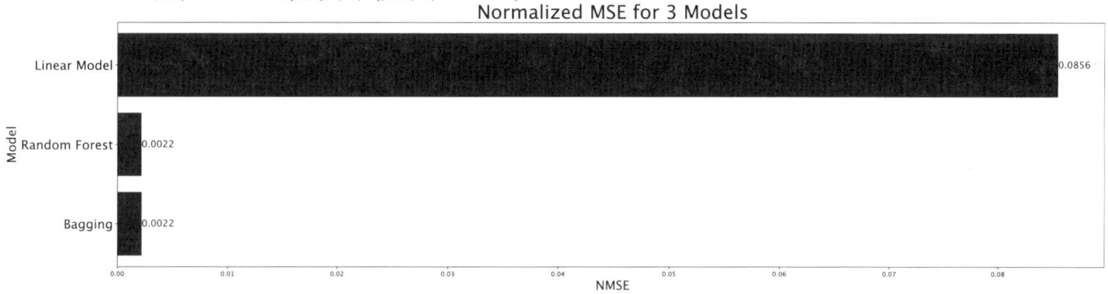

图 4.16.5 例 4.5 能源效率数据的线性回归、随机森林及 bagging 的交叉验证 NMSE

```
from sklearn.linear_model import LinearRegression
from sklearn.ensemble import BaggingRegressor,RandomForestRegressor

w=pd.read_csv('energy.csv')
w.X6=w.X6.astype('category')
y=w['Y1']
X = pd.get_dummies(w.iloc[:,[0,2,3,4,5,6,7]], drop_first = False)
names = ["Bagging", "Random Forest","Linear Model"]
regressors = [BaggingRegressor(n_estimators=100),
              RandomForestRegressor(n_estimators=500,random_state=0),
              LinearRegression()]
REG=dict(zip(names,regressors))
R,A=RegCV(X,y,REG)
print(A)
BarPlot(A,'NMSE','Model','Normalized MSE for 3 Models',File="blr3.pdf")
```

输出的 NMSE 为:

```
{'Bagging': 0.002202455370049866, 'Random Forest': 0.0021822363850823503,
 'Linear Model': 0.08557854190097335}
```

4.5.3 节的 Python 代码

对例 4.3 慢性肾病数据做随机森林分类, 并评估变量重要性. 首先输入数据, 把分类变量哑元化, 输入需要的模块及方法:

```
from sklearn.metrics import confusion_matrix
from sklearn.ensemble import RandomForestClassifier

w=pd.read_csv('kidney02.csv')
y=pd.get_dummies(w['class']).dot(np.arange(2))
X=pd.get_dummies(w.iloc[:,:-1],drop_first=False)
```

进行随机森林拟合并输出变量重要性图 (见图 4.16.6) 及 OOB 混淆矩阵 (不显示).

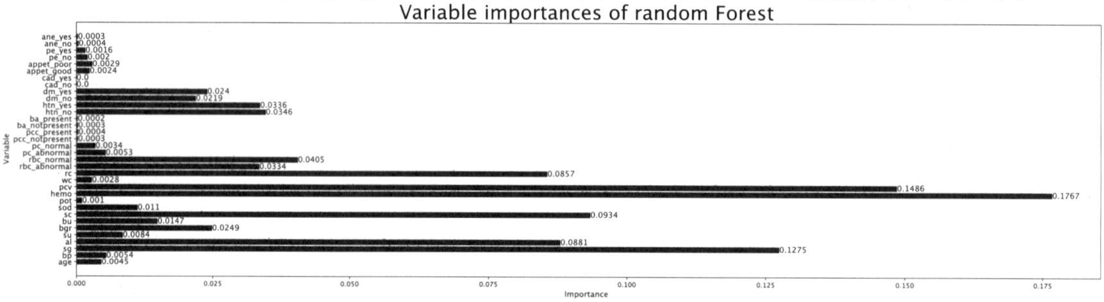

图 4.16.6　例 4.3 慢性肾病数据随机森林分类的变量重要性图

```
from sklearn.metrics import confusion_matrix
from sklearn.ensemble import RandomForestClassifier

w=pd.read_csv('kidney02.csv')
y=pd.get_dummies(w['class']).dot(np.arange(2))
X=pd.get_dummies(w.iloc[:,:-1],drop_first=False)

random_forest = RandomForestClassifier(n_estimators=500, random_state=0,
                                      oob_score=True)
random_forest.fit(X, y)

print(f'OOB误判率：{(1 - random_forest.oob_score_) * 100}%')
oob_preds = np.argmax(random_forest.oob_decision_function_, axis=1)
print('OOB 混淆矩阵：\n', confusion_matrix(y, oob_preds))
A=dict(zip(X.columns, random_forest.feature_importances_))

BarPlot(A,'Importance','Variable',
     'Variable importances of random Forest', size=[12,12,30,12,12])
```

得到 OOB 误判率为 0, 具体打印输出略去.

4.16.5 4.6 节的代码

4.6.2 节的 Python 代码

对例 4.3 慢性肾病全部数据做 Adaboost 分类、找到变量重要性并画出重要性图 (见图 4.16.7):

```
from sklearn.ensemble import AdaBoostClassifier
w=pd.read_csv('kidney02.csv')
y=pd.get_dummies(w['class']).dot(np.arange(2))
X=pd.get_dummies(w.iloc[:,:-1],drop_first=True)
cla=AdaBoostClassifier(n_estimators=100,random_state=0)
cla.fit(X,y)
A=dict(zip(X.columns, cla.feature_importances_))
BarPlot(A,'Importance','Variable',
    'Variable importances of Adaboost', size=[12,12,30,12,12])
```

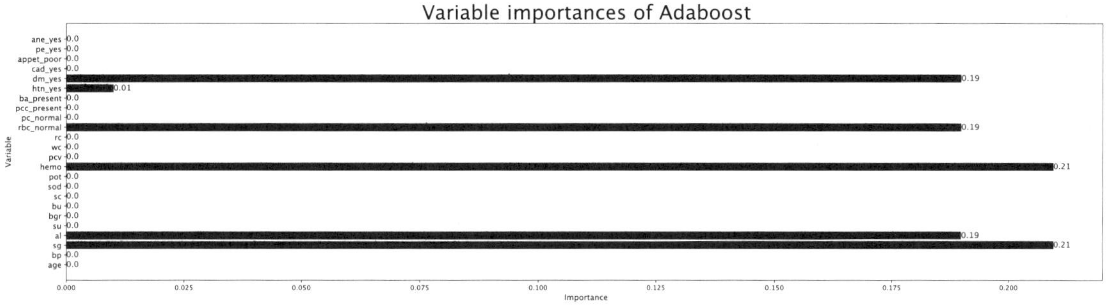

图 4.16.7 例 4.3 慢性肾病全部数据的 Adaboost 分类的变量重要性图

还做了 10 折交叉验证:

```
n=w.shape[0]
Zid=Fold(y,10,seed=1010)
Y_pred=np.zeros(n)
for j in range(10):
    clf=AdaBoostClassifier(n_estimators=100,random_state=0)
    clf.fit(X[Zid!=j],y[Zid!=j])
    Y_pred[Zid==j]=clf.predict(X[Zid==j])
from sklearn.metrics import confusion_matrix
print('confusion_matrix:\n',confusion_matrix(y, Y_pred))
print('error rate =',np.mean(y!=Y_pred))
```

得到交叉验证误判率为 0.

4.16.6 4.7 节的代码

对例 4.6 进口汽车数据使用 mboost、bagging 和随机森林做 10 折交叉验证并生成图 4.7.3 的 R 代码 (使用了 1.6.1 节的函数 `Gbarplot`) 为:

```
w=read.csv("imports85.csv",stringsAsFactors = TRUE)
library(mboost);library(ipred);library(randomForest)
library(tidyverse);D=26;Z=10
n=nrow(w); set.seed(1010)
I=sample(rep(1:Z,ceiling(n/Z)))[1:n]
g=formula(price~.)
M=mean((w[,D]-mean(w[,D]))^2)
pred=matrix(99,n,3)
set.seed(1010)
for(i in 1:Z){
  m=(I==i)
  pred[m,1]=mboost(gg,w[!m,])%>% predict(w[m,])
  pred[m,2]=ipred::bagging(g,nbagg=100,w[!m,])%>% predict(w[m,])
  pred[m,3]=randomForest(g,w[!m,])%>% predict(w[m,])
}
pred%>%dim()
nmse=apply((sweep(pred,1,w[,D],'-'))^2,2,mean)/M
NMSE=data.frame(Method=c('mboost', 'Bagging','RF'),NMSE=nmse)
Gbarplot(NMSE)
```

4.16.7 4.8 节的代码

4.8.2 节的 Python 代码

对例 4.7 皮肤病数据做 Xgboost 分类的 Python 代码为:

```
w=pd.read_csv('derm.csv')
y=pd.get_dummies(w['V35'].astype('category'))@range(6)
X=pd.get_dummies(w.iloc[:,:-2].astype('category'))
X['V34']=w['V34']
n=w.shape[0]
Zid=Fold(y,10,seed=1010)
from xgboost import XGBClassifier
Y_pred=np.zeros(n)
for j in range(10):
    clf=XGBClassifier()
    clf.fit(X[Zid!=j],y[Zid!=j])
    Y_pred[Zid==j]=clf.predict(X[Zid==j])
from sklearn.metrics import confusion_matrix
print('confusion_matrix:\n',confusion_matrix(y, Y_pred))
print('error rate =',np.mean(y!=Y_pred))
```

输出 10 折交叉验证的混淆矩阵及误判率:

```
confusion_matrix:
 [[112   0   0   0   0   0]
 [  1  55   0   5   0   0]
 [  0   0  71   0   1   0]
 [  0   4   0  45   0   0]
 [  0   0   0   0  52   0]
 [  0   0   0   0   0  20]]
error rate = 0.030054644808743168
```

4.8.3 节的 Python 代码

对例 4.8 服装业生产率数据做 Xgboost 回归并做 10 折交叉验证:

```
v=pd.read_csv('garmentsF.csv')
v['team']=v['team'].astype('object')
X=pd.get_dummies(v[v.columns[1:-1]])
y=v['act_prod']
from xgboost import XGBRegressor

Z=10;n=w.shape[0]
zid=Rfold(n,Z,1010)
Y_pred=np.zeros(n)
for j in range(Z):
    reg=XGBRegressor()
    reg.fit(X[zid!=j],y[zid!=j])
    Y_pred[zid==j]=reg.predict(X[zid==j])
NMSE=np.sum((y-Y_pred)**2)/np.sum((y-np.mean(y))**2)
print(f'CV-NMSE={NMSE}')
```

输出为:

```
CV-NMSE=0.07144660424155003
```

4.16.8 4.9 节的代码

4.9.3 节的 Python 代码

对例 4.6 进口汽车数据做人工神经网络回归及交叉验证:

```
w=pd.read_csv('imports85.csv')
y=w['price']
X=pd.get_dummies(w.iloc[:,:-1])

from sklearn.neural_network import MLPRegressor
# REG=MLPRegressor(max_iter=50000)
```

```
Z=10;n=w.shape[0]
zid=Rfold(n,Z,1010)
Y_pred=np.zeros(n)
for j in range(Z):
    reg=MLPRegressor(max_iter=50000)
    reg.fit(X[zid!=j],y[zid!=j])
    Y_pred[zid==j]=reg.predict(X[zid==j])
NMSE=np.sum((y-Y_pred)**2)/np.sum((y-np.mean(y))**2)
print(f'CV-NMSE={NMSE}')
```

如果迭代次数 (max_iter) 太少, 这个程序不收敛, 当然 50000 可能稍微多了一点, 但却收敛了, 输出的 NMSE 为:

```
CV-NMSE=0.09823321802732146
```

4.9.4 节的 Python 代码

对例 4.3 慢性肾病数据做神经网络分类及 10 折交叉验证:

```
w=pd.read_csv('kidney02.csv')
y=pd.get_dummies(w['class']).dot(np.arange(2))
X=pd.get_dummies(w.iloc[:,:-1],drop_first=True)
from sklearn.neural_network import MLPClassifier
Z=10; n=len(y)
Zid=Fold(y,Z,1010)
Y_pred=np.copy(y)
for j in range(Z):
    clf = MLPClassifier(hidden_layer_sizes=(70),random_state=0)
    clf.fit(X[Zid!=j],y[Zid!=j])
    Y_pred[Zid==j]=clf.predict(X[Zid==j])
from sklearn.metrics import confusion_matrix
print(f'CV Error = {np.mean(Y_pred!=y)}')
print(f'CV confusion_matrix:\n{confusion_matrix(y,Y_pred)}')
```

输出的误判率及混淆矩阵为:

```
CV Error = 0.115
CV confusion_matrix:
[[218  32]
 [ 14 136]]
```

4.16.9　4.10 节的代码

4.10.4 节的 Python 代码

对例 4.3 慢性肾病数据做支持向量机拟合及交叉验证:

```
w=pd.read_csv('kidney02.csv')
y=pd.get_dummies(w['class']).dot(np.arange(2))
X=pd.get_dummies(w.iloc[:,:-1],drop_first=True)
from sklearn.pipeline import make_pipeline
from sklearn.svm import SVC
from sklearn.preprocessing import StandardScaler
Z=10; n=len(y)
Zid=Fold(y,Z,1010)
Y_pred=np.copy(y)
for j in range(Z):
    clf = make_pipeline(StandardScaler(), SVC(gamma='auto'))
    clf.fit(X[Zid!=j],y[Zid!=j])
    Y_pred[Zid==j]=clf.predict(X[Zid==j])
from sklearn.metrics import confusion_matrix
print(f'CV Error = {np.mean(Y_pred!=y)}')
print(f'CV confusion_matrix:\n{confusion_matrix(y,Y_pred)}')
```

输出的误判率和混淆矩阵为:

```
CV Error = 0.0025
CV confusion_matrix:
[[250   0]
 [  1 149]]
```

4.10.7 节的 Python 代码

用支持向量机对例 4.4 翼型数据做回归及交叉验证:

```
w=pd.read_csv('airfoil.csv')
y=w['Pressure']
X=w.iloc[:,:-1]
from sklearn.pipeline import make_pipeline
from sklearn.svm import SVR
from sklearn.preprocessing import StandardScaler
Z=10; n=len(y)
Zid=Rfold(n,Z,1010)
Y_pred=np.copy(y)
for j in range(Z):
    reg = make_pipeline(StandardScaler(), SVR(C=1.0, epsilon=0.2))
    reg.fit(X[Zid!=j],y[Zid!=j])
    Y_pred[Zid==j]=reg.predict(X[Zid==j])
NMSE=np.sum((y-Y_pred)**2)/np.sum((y-np.mean(y))**2)
print(f'CV-NMSE={NMSE}')
```

输出为:

```
CV-NMSE=0.29635663997912454
```

4.16.10 4.11 节的代码

4.11.2 节的 Python 代码

用 k 最近邻方法对例 4.3 慢性肾病数据做分类及交叉验证:

```
w=pd.read_csv('kidney02.csv')
y=pd.get_dummies(w['class']).dot(np.arange(2))
X=pd.get_dummies(w.iloc[:,:-1],drop_first=True)
from sklearn.neighbors import KNeighborsClassifier
X=np.array(X)
y=np.array(y)
Z=10; n=len(y)
Zid=Fold(y,Z,1010)
Y_pred=np.copy(y)
for j in range(Z):
    clf = KNeighborsClassifier(n_neighbors=3)
    clf.fit(X[Zid!=j,],y[Zid!=j])
    Y_pred[Zid==j]=clf.predict(X[Zid==j,])
from sklearn.metrics import confusion_matrix
print(f'CV Error = {np.mean(Y_pred!=y)}')
print(f'CV confusion_matrix:\n{confusion_matrix(y,Y_pred)}')
```

输出的误判率及混淆矩阵为:

```
CV Error = 0.2825
CV confusion_matrix:
[[169  81]
 [ 32 118]]
```

4.11.3 节的 Python 代码

对例 4.4 翼型数据做 k 最近邻方法回归及 10 折交叉验证:

```
w=pd.read_csv('airfoil.csv')
y=w['Pressure']
X=w.iloc[:,:-1]
from sklearn.neighbors import KNeighborsRegressor
Z=10;n=w.shape[0]
zid=Rfold(n,Z,1010)
Y_pred=np.zeros(n)
for j in range(Z):
    reg=KNeighborsRegressor(n_neighbors=20)
    reg.fit(X[zid!=j],y[zid!=j])
```

```
    Y_pred[zid==j]=reg.predict(X[zid==j])
NMSE=np.sum((y-Y_pred)**2)/np.sum((y-np.mean(y))**2)
print(f'CV-NMSE={NMSE}')
```

输出为:

```
CV-NMSE=0.710862947889083
```

4.16.11 4.12 节的代码

4.12.2 节的 Python 代码

用朴素贝叶斯方法对例 4.7 皮肤病数据做分类及交叉验证:

```
w=pd.read_csv('derm.csv')
y=w['V35']
X=pd.get_dummies(w.iloc[:,:-2].astype('category'))
X['V34']=w['V34']
from sklearn.naive_bayes import GaussianNB
Z=10; n=len(y)
Zid=Fold(y,Z,1010)
Y_pred=np.copy(y)
for j in range(Z):
    clf = GaussianNB()
    clf.fit(X[Zid!=j],y[Zid!=j])
    Y_pred[Zid==j]=clf.predict(X[Zid==j])
from sklearn.metrics import confusion_matrix
print(f'CV Error = {np.mean(Y_pred!=y)}')
print(f'CV confusion_matrix:\n{confusion_matrix(y,Y_pred)}')
```

输出为:

```
CV Error = 0.07650273224043716
CV confusion_matrix:
[[112   0   0   0   0   0]
 [  1  36   1  22   0   1]
 [  0   0  72   0   0   0]
 [  1   1   0  47   0   0]
 [  0   0   0   0  52   0]
 [  0   1   0   0   0  19]]
```

4.16.12 4.13 节的代码

4.13.1 节的 Python 代码

选择若干自变量和因变量绘制成对图 (见图 4.16.8):

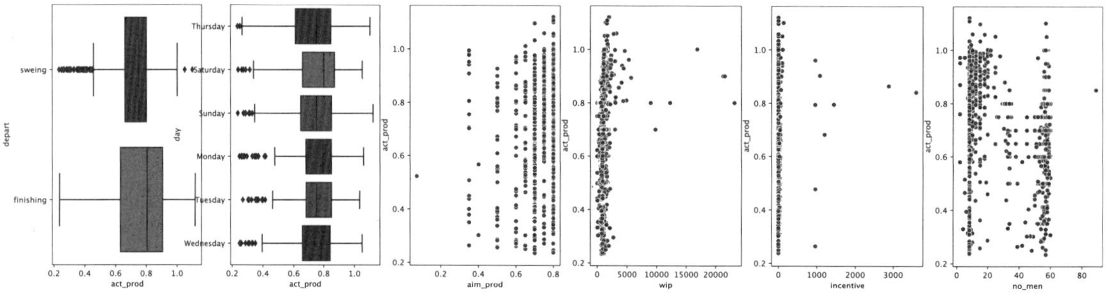

图 4.16.8　例 4.8 服装业生产率数据若干自变量与因变量的成对图

```
w=pd.read_csv("garmentsF.csv")
w=w.drop(['date'],axis=1)
w['team']=w['team'].astype('O')
nm=w.columns[[1,2,4,6,8,12]]
plt.figure(figsize=(24,6))
for k ,j in enumerate(nm[:2]):
    plt.subplot(1,6,k+1)
    sns.boxplot(y=j, x="act_prod", data=w, dodge=True,orient='h')
for k ,j in enumerate(nm[2:]):
    plt.subplot(1,6,k+3)
    sns.scatterplot(y='act_prod',x=j,data=w)
```

构造例 4.8 服装业生产率数据的回归决策树 (见图 4.16.9):

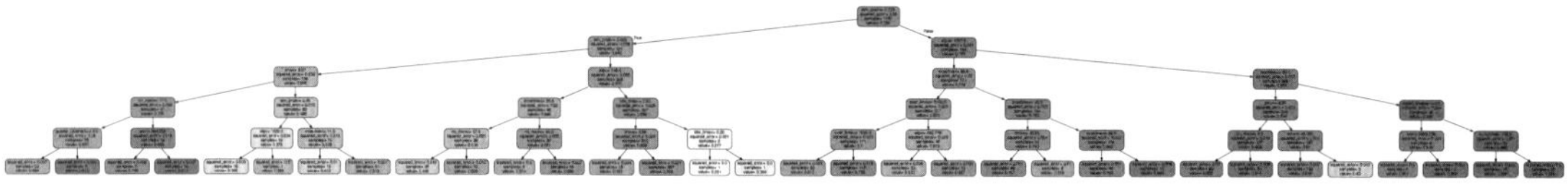

图 4.16.9　例 4.8 服装业生产率数据的回归决策树

```
w=pd.read_csv("garmentsF.csv")
w=w.drop(['date'],axis=1)
w['team']=w['team'].astype('O')

y=w['act_prod']
X=pd.get_dummies(w.iloc[:,:-1],drop_first=True)
from sklearn import tree
from sklearn.tree import DecisionTreeRegressor
import graphviz

reg = DecisionTreeRegressor(random_state=0,max_depth=5)
reg=reg.fit(X,y)
dot_data=tree.export_graphviz(reg,out_file=None,
                feature_names = X.columns,rounded=True, filled=True)
graph = graphviz.Source(dot_data)
```

```
graph.render("garmTREEpy")
graph
```

4.13.2 节的 Python 代码

对例 4.8 服装业生产率数据的各方法回归的交叉验证并生成图 4.16.10.

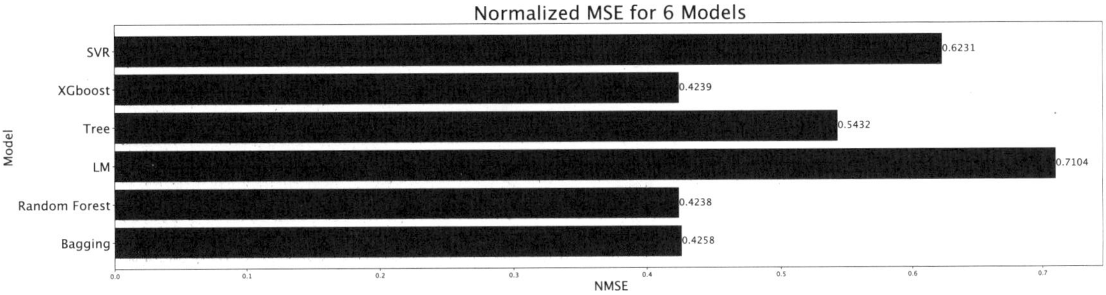

图 4.16.10 例 4.8 服装业生产率数据的各方法回归的交叉验证 NMSE

```
w=pd.read_csv("garmentsF.csv")
w=w.drop(['date'],axis=1)
w['team']=w['team'].astype('O')

y=w['act_prod']
X=pd.get_dummies(w.iloc[:,:-1],drop_first=True)

from sklearn.linear_model import LinearRegression
from sklearn.ensemble import RandomForestRegressor,BaggingRegressor
from sklearn.pipeline import make_pipeline
from sklearn.preprocessing import StandardScaler
from sklearn.svm import SVR
from xgboost import XGBRegressor
from sklearn.tree import DecisionTreeRegressor
names = ["Bagging","Random Forest","LM",'Tree','XGboost']
regressors = [BaggingRegressor(n_estimators=100),
              RandomForestRegressor(n_estimators=500,random_state=1010),
              LinearRegression(),DecisionTreeRegressor(max_depth=5),
              XGBRegressor()]
REG=dict(zip(names,regressors))
R,A = RegCV(X,y,REG,seed=1010)

NMSE, pred=SRCVSTD(X,y,SVR(gamma='auto'),seed=1010)
A['SVR']=NMSE
BarPlot(A,'NMSE','Model','Normalized MSE for 6 Models')
print(A)
```

输出为:

```
{'Bagging': 0.4258, 'Random Forest': 0.4238, 'LM': 0.7104,
 'Tree': 0.5432, 'XGboost': 0.4239, 'SVR': 0.6231}
```

例 4.8 服装业生产率数据的随机森林回归并生成变量重要性图 (见图 4.16.11) 的 Python 代码如下:

```
from sklearn.ensemble import RandomForestRegressor
rf = RandomForestRegressor(n_estimators=500,random_state=0,
                           oob_score=True)
rf.fit(X, y)
print(f'OOb-NMSE={1-rf.oob_score_}')
A=dict(zip(X.columns, rf.feature_importances_))
BarPlot(A,'Importance','Variables','Variable importances')
print(A)
```

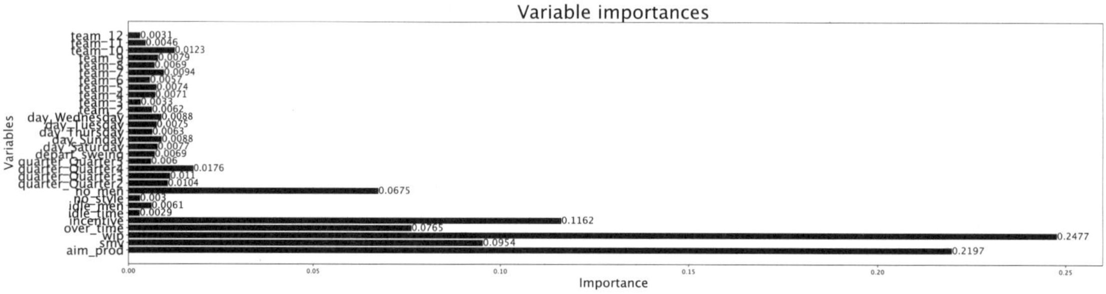

图 4.16.11　例 4.8 服装业生产率数据随机森林回归的变量重要性图

4.16.13 4.14 节的代码

4.14.1 节的 Python 代码

例 4.9 信用卡批准数据描述因变量 A16 和自变量 A9、A10 关系的条形图 (见图 4.16.12):

```
u=pd.read_csv('crxF.csv')
g = sns.catplot(x="A9", col="A16", row='A10',data=u, kind="count",
            height=2.5, aspect=4)
```

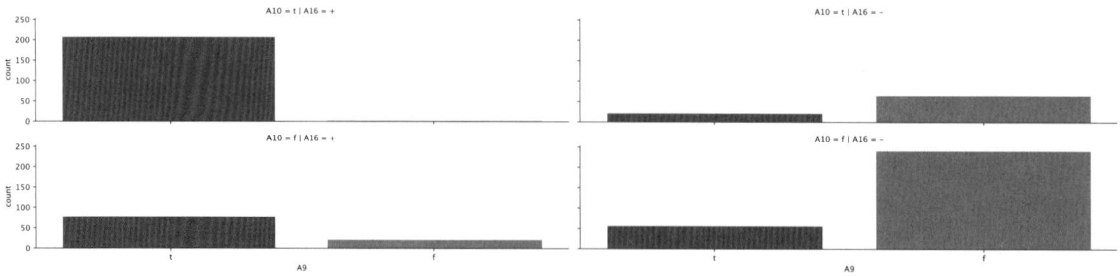

图 4.16.12　例 4.9 信用卡批准数据因变量 A16 和自变量 A9、A10 的条形图

例 4.9 信用卡批准数据描述因变量 A16 和自变量 A2、A3、A14、A15 关系的盒形图 (见

图 4.16.13).

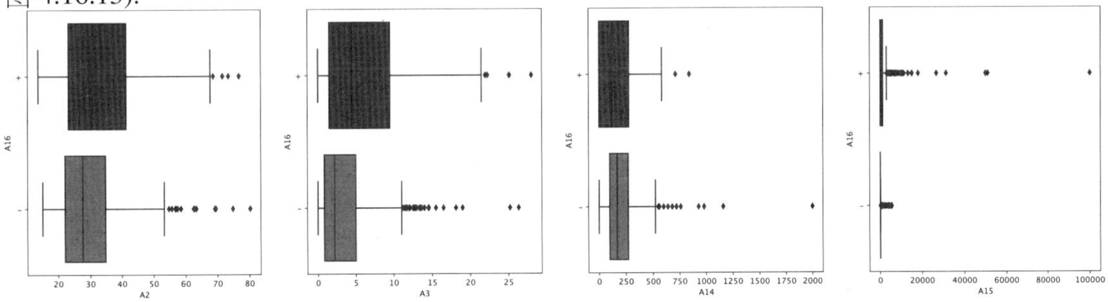

图 4.16.13 例 4.9 信用卡批准数据因变量 A16 和自变量 A2、A3、A14、A15 的盒形图

```
u=pd.read_csv('crxF.csv')
nm=w.columns[[1,2,13,14]]
plt.figure(figsize=(24,6))
for k ,j in enumerate(nm):
    plt.subplot(1,4,k+1)
    sns.boxplot(y='A16',x=j,data=u, dodge=True,orient='h')
```

对例 4.9 信用卡批准数据建立分类决策树 (见图 4.16.14):

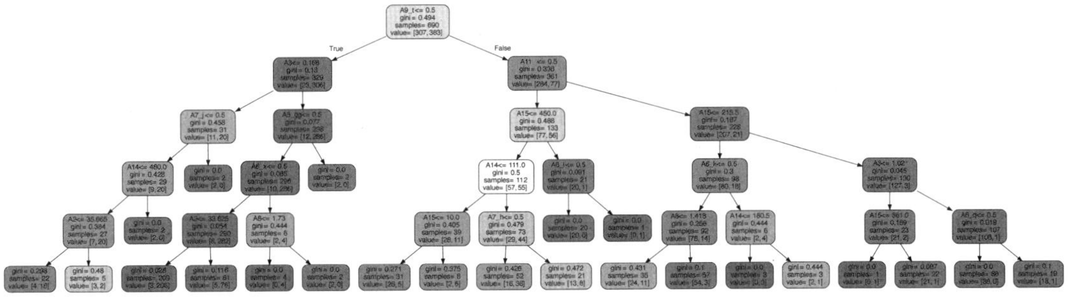

图 4.16.14 例 4.9 信用卡批准数据的分类决策树

```
u=pd.read_csv('crxF.csv')
y=pd.get_dummies(w['A16']).dot(np.arange(2))
X=pd.get_dummies(w.iloc[:,:-1],drop_first=True)

from sklearn.tree import DecisionTreeClassifier
from sklearn import tree
import graphviz
cla = DecisionTreeClassifier(random_state=0,max_depth=5)
cla=cla.fit(X,y)
dot_data=tree.export_graphviz(cla,out_file=None,
                feature_names = X.columns,rounded=True, filled=True)
graph = graphviz.Source(dot_data)
graph.render("crxTreepy")
graph
```

4.14.2 节的 Python 代码

例 4.9 信用卡批准数据的各种方法分类的交叉验证并生成误判率图 (见图 4.16.15):

```
u=pd.read_csv("crxF.csv")
y=pd.get_dummies(u['A16']).dot(np.arange(2))
X=pd.get_dummies(u.iloc[:,:-1],drop_first=True)

from sklearn.tree import DecisionTreeClassifier
from sklearn.ensemble import RandomForestClassifier, AdaBoostClassifier,\
BaggingClassifier
from sklearn.discriminant_analysis import LinearDiscriminantAnalysis
from sklearn.svm import SVC
from sklearn.pipeline import make_pipeline
from sklearn.naive_bayes import GaussianNB
names = ["Bagging", "SVC", "Decision Tree",
    "Random Forest", "AdaBoost", "Naive Bayes",'Bayes Lda']
classifiers = [
    BaggingClassifier(n_estimators=100,random_state=1010),
    make_pipeline(StandardScaler(), SVC(gamma='auto')),
    DecisionTreeClassifier(max_depth=5,random_state=0),
    RandomForestClassifier(n_estimators=500,random_state=0),
    AdaBoostClassifier(n_estimators=100,random_state=0,
                        algorithm='SAMME.R'),
    GaussianNB(),
    LinearDiscriminantAnalysis()]
CLS=dict(zip(names,classifiers))
R,A=ClaCV(X,y,CLS)
BarPlot(A,'Error Rate','Model','Error Rate for Classification')
print(A)
```

输出为:

```
{'Bagging': 0.1333, 'SVC': 0.1565, 'Decision Tree': 0.1551,
 'Random Forest': 0.1246, 'AdaBoost': 0.1652, 'Naive Bayes': 0.1855,
 'Bayes Lda': 0.1435}
```

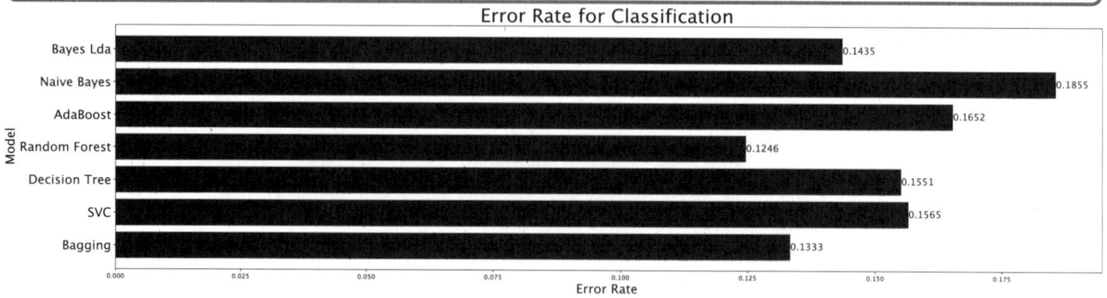

图 4.16.15　例 4.9 信用卡批准数据的各种方法分类的交叉验证误判率

例 4.9 信用卡批准数据随机森林分类的变量重要性图见图 4.16.16.

```
u=pd.read_csv("crxF.csv")
y=pd.get_dummies(u['A16']).dot(np.arange(2))
X=pd.get_dummies(u.iloc[:,:-1],drop_first=True)
from sklearn.ensemble import RandomForestClassifier
cla=RandomForestClassifier(n_estimators=500,random_state=0)
cla.fit(X,y)
Imp=dict(zip(X.columns,cla.feature_importances_))
BarPlot(Imp,'Importance','Variable',
        'Variable importance for RF Classification',
        size=[20,20,20,8,10], File="crximppy.pdf")
```

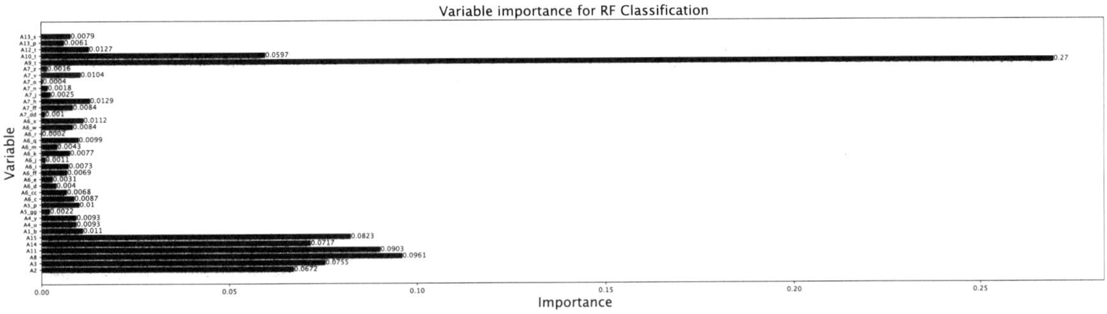

图 4.16.16　例 4.9 信用卡批准数据随机森林分类的变量重要性图

第 5 章　判别分析 *

回归问题是经典统计中最详尽研究的课题, 但同样重要的分类问题在经典统计中却相对被冷落. 其主要原因不是分类不重要, 而是现有的数学工具对于分类问题力不从心. 因此, 在模型驱动的思维模式下, 经典统计中对分类问题的研究基本上还停留在 70 多年前的水平. 目前, 虽然计算机时代发展的机器学习方法从数量上及预测精度上都超过了经典的统计方法, 但是, 对于某些数据, 特别是在自变量基本是数量变量的情况下, 经典的**判别分析** (discriminant analysis) 方法及 logistic 回归在分类问题上仍然是重要方法.

前面在3.5.1节讨论广义线性模型的 logistic 回归时讨论了二分变量的分类, 并且与线性判别分析做了比较, 现在我们来介绍线性判别分析.

5.1　线性判别分析

在分类问题中, 假定分类因变量一共有 K 类, 即 k 个水平, 则可以假定, 一个对象属于第 k 类的 (先验) 概率为 π_k, 而 $\sum_{k=1}^{K}\pi_k = 1$. 通常 π_k 由频率

$$\hat{\pi}_k = \frac{\text{第 } k \text{ 类的样本个数}}{\text{总样本个数}}$$

来估计. 假设观测值中的自变量有 p 个, 一共有 N 个观测值, 其中对于第 k 类有 N_k 个观测值. 用 X_{ki} 表示属于第 k 类的第 i 个观测值, 用 $f_k(x)$ 表示属于第 k 类的观测值向量 $\boldsymbol{X}_k = (X_{k1}, X_{k2}, \ldots, X_{kN_k})^\top$ 的分布密度. 相应于自变量 $\boldsymbol{x}$ 的因变量 Y 属于第 k 类 (用 $G(\boldsymbol{x})$ 或 G 表示自变量 $\boldsymbol{x}$ 相应的因变量的类别) 的后验概率为:

$$P(G = k|\boldsymbol{x}) = \frac{f_k(\boldsymbol{x})\pi_k}{\sum_{\ell=1}^{K} f_\ell(\boldsymbol{x})\pi_\ell}.$$

根据贝叶斯**最大后验分布估计** (maximum a posteriori estimation, MAP), 有

$$\hat{G}(\boldsymbol{x}) = \arg\max_k P(G = k|\boldsymbol{x}) = \arg\max_k \left[f_k(\boldsymbol{x})\pi_k\right].$$

通常经典判别分析假定多元正态分布密度为:

$$f_k(\boldsymbol{x}) = \frac{1}{(2\pi)^{p/2}|\boldsymbol{\Sigma}_k|^{1/2}} \exp\left\{-\frac{1}{2}(\boldsymbol{x}-\boldsymbol{\mu}_k)^\top \boldsymbol{\Sigma}_k^{-1}(\boldsymbol{x}-\boldsymbol{\mu}_k)\right\}.$$

对于**线性判别分析** (linear discriminant analysis, lda), 还假定 $\boldsymbol{\Sigma}_k = \boldsymbol{\Sigma}$, $\forall k$. 在这个假定下, 不同类的分布仅仅按照正态分布的位置 (参数) 来区别. 这时, 最优的分类为:

$$\begin{aligned}\hat{G}(\boldsymbol{x}) &= \arg\max_k \left[f_k(\boldsymbol{x})\pi_k\right] = \arg\max_k \left[\log\left(f_k(\boldsymbol{x})\pi_k\right)\right] \\ &= \arg\max_k \left\{-\log\left[(2\pi)^{p/2}|\boldsymbol{\Sigma}|^{1/2}\right] - \frac{1}{2}(\boldsymbol{x}-\boldsymbol{\mu}_k)^\top \boldsymbol{\Sigma}^{-1}(\boldsymbol{x}-\boldsymbol{\mu}_k) + \log(\pi_k)\right\}.\end{aligned}$$

由此得到

$$\hat{G}(\boldsymbol{x}) = \arg\max_k \left[\boldsymbol{x}^\top \boldsymbol{\Sigma}^{-1}\boldsymbol{\mu}_k - \frac{1}{2}\boldsymbol{\mu}_k^\top \boldsymbol{\Sigma}^{-1}\boldsymbol{\mu}_k + \log(\pi_k)\right].$$

定义**线性判别函数** (linear discriminant function) 为:

$$\delta_k(\boldsymbol{x}) = \boldsymbol{x}^\top \boldsymbol{\Sigma}^{-1}\boldsymbol{\mu}_k - \frac{1}{2}\boldsymbol{\mu}_k^\top \boldsymbol{\Sigma}^{-1}\boldsymbol{\mu}_k + \log(\pi_k),$$

则

$$\hat{G}(\boldsymbol{x}) = \arg\max_k \delta_k(\boldsymbol{x}).$$

显然, 第 k 类和第 ℓ 类之间的决策边界为点集:

$$\{\boldsymbol{x} : \delta_k(\boldsymbol{x}) = \delta_\ell(\boldsymbol{x})\}$$

或者

$$\left\{\boldsymbol{x} :\ \boldsymbol{x}^\top \boldsymbol{\Sigma}^{-1}(\boldsymbol{\mu}_k - \boldsymbol{\mu}_\ell) - \frac{1}{2}(\boldsymbol{\mu}_k + \boldsymbol{\mu}_\ell)^\top \boldsymbol{\Sigma}^{-1}(\boldsymbol{\mu}_k - \boldsymbol{\mu}_\ell) + \log\left(\frac{\pi_k}{\pi_\ell}\right) = 0\right\}. \tag{5.1.1}$$

在实践中, 上面的参数 $\boldsymbol{\mu}_k, \pi_k, \boldsymbol{\Sigma}$ 都未知, 我们有的是数据 (样本量为 n) 中的因变量向量 $\boldsymbol{y} = (y_1, y_2, \dots, y_n)$ (为了使符号方便起见, 取值 $1, 2, \dots, K$ 代表 k 个类) 和自变量矩阵 $\boldsymbol{X}^\top = (\boldsymbol{x}_1, \boldsymbol{x}_2, \dots, \boldsymbol{x}_n)$, 必须根据数据对那些参数做出估计:

$$\begin{aligned}
\hat{\pi}_k &= \frac{\#\{i :\ y_i = k\}}{n};\\
\hat{\boldsymbol{\mu}}_k &= \frac{1}{\#\{i :\ y_i = k\}} \sum_{i:\, y_i = k} \boldsymbol{x}_i;\\
\hat{\boldsymbol{\Sigma}} &= \frac{1}{n-k} \sum_{k=1}^{K} \sum_{i:\, y_i = k} (\boldsymbol{x}_i - \hat{\boldsymbol{\mu}}_k)(\boldsymbol{x}_i - \hat{\boldsymbol{\mu}}_k)^\top.
\end{aligned}$$

如果对于不同的 k, $\boldsymbol{\Sigma}_k$ 不相等, 则必须分别估计它们. 而判别函数

$$\delta_k(\boldsymbol{x}) = -\frac{1}{2}\log|\boldsymbol{\Sigma}_k| - \frac{1}{2}(\boldsymbol{x} - \boldsymbol{\mu}_k)^\top \boldsymbol{\Sigma}_k^{-1}(\boldsymbol{x} - \boldsymbol{\mu}_k) + \log(\pi_k)$$

称为**二次判别函数** (quadratic discriminant function), 相应的 $\boldsymbol{\Sigma}_k$ 必须分别估计. 因而

$$\hat{G}(\boldsymbol{x}) = \arg\max_k \delta_k(\boldsymbol{x}).$$

注意, 当维数大于 2 时, 特别是当总体偏离正态分布时, 二次判别的结果往往不理想, 可能会产生一些奇怪的结果.

注: 我们前面用的最大后验分布估计 (MAP) 方法是诸多方法中的一种. 更一般地, 如果记 $c(\ell|k)$ 为第 k 类被判为第 ℓ 类的损失; R_k 为 $\boldsymbol{x}$ 被判为第 k 类的区域 ($R_i \cap R_j = \emptyset$, $\forall \ell \neq k$ 以及 $\cup_i R_i = \Omega$); $P(\ell|k)$ 为本来属于第 k 类的个体分到第 ℓ 类的概率, 即 $P(\ell|k) = \int_{R_\ell} f_k(\boldsymbol{x})\mathrm{d}\boldsymbol{x}$. 则来自第 k 类的个体 $\boldsymbol{x}$ 的**期望误判损失** (expected cost of misclassification, ECM) 为:

$$\mathrm{ECM}(k) = \sum_{j=1}^{K} P(j|k)c(j|k),$$

这里 $c(k|k) = 0$ 且 $P(k|k) = 1 - \sum_{j\neq k} P(j|k)$. 于是总的损失为:

$$\mathrm{ECM} = \sum_{j=1}^{K} \pi_k \left\{ \sum_{j=1, j\neq k}^{K} P(j|k)c(j|k) \right\}.$$

因此, 把 $\boldsymbol{x}$ 判为第 k 类的使期望误判损失最小的判别区域为使得下式最小的区域:

$$\sum_{j=1, j\neq k}^{K} \pi_k f_k(\boldsymbol{x}) c(j|k).$$

对于 $K = 2$ 的正态分布情况, 上式导致决策边界点为:

$$\left\{ \boldsymbol{x} : \boldsymbol{x}^\top \boldsymbol{\Sigma}^{-1}(\boldsymbol{\mu}_1 - \boldsymbol{\mu}_2) - \frac{1}{2}(\boldsymbol{\mu}_1 + \boldsymbol{\mu}_2)^\top \boldsymbol{\Sigma}^{-1}(\boldsymbol{\mu}_1 - \boldsymbol{\mu}_2) + \log\left(\frac{c(2|1)\pi_1}{c(1|2)\pi_2}\right) = 0 \right\}. \tag{5.1.2}$$

显然, 式 (5.1.1) 适用于误判损失函数相等的特殊情况, 也就是说, MAP 是在损失函数都相等时的判别方法.

5.2 Fisher 判别分析

Fisher 判别法是把 (有 K 个总体的) 观测值做出诸如 $\boldsymbol{a}_1^\top \boldsymbol{X}, \boldsymbol{a}_2^\top \boldsymbol{X}, \ldots, \boldsymbol{a}_m^\top \boldsymbol{X}$ 的少数线性组合, 也就是把观测值投影到较低维的空间, 从而形成维数较小 (比如两三维) 的总体, 这时可用目视或图形表示来做进一步分析. Fisher 判别法不用假定正态分布, 但假定 K 个总体协方差矩阵满秩并且相同: $\boldsymbol{\Sigma}_i = \boldsymbol{\Sigma}, \forall i$.

令 $\boldsymbol{\mu} = \frac{1}{K}\sum_{k=1}^{K} \boldsymbol{\mu}_k$, 并记

$$\boldsymbol{B}_{\boldsymbol{\mu}} = \sum_{k=1}^{K} (\boldsymbol{\mu}_k - \boldsymbol{\mu})(\boldsymbol{\mu}_k - \boldsymbol{\mu})^\top.$$

令线性组合 $\boldsymbol{Y} = \boldsymbol{a}^\top \boldsymbol{X}$ 对总体 k 的期望为 $\boldsymbol{a}^\top \boldsymbol{\mu}_k$, 对所有总体的方差为 $\mathrm{Var}(\boldsymbol{Y}) = \boldsymbol{a}^\top \boldsymbol{\Sigma} \boldsymbol{a}$, 总均值 $\mu_{\boldsymbol{Y}} = \frac{1}{K}\sum_{k=1}^{K} \boldsymbol{a}^\top \boldsymbol{\mu}_k = \boldsymbol{a}^\top \boldsymbol{\mu}$. 我们希望投影使得各个类的均值到总均值的距离最大, 这等价于使得下式最大:

$$\sum_{k=1}^{K} (\boldsymbol{a}^\top \boldsymbol{\mu}_k - \boldsymbol{a}^\top \boldsymbol{\mu})^2 = \boldsymbol{a}^\top \left(\sum_{k=1}^{K} (\boldsymbol{\mu}_k - \boldsymbol{\mu})(\boldsymbol{\mu}_k - \boldsymbol{\mu})^\top \right) \boldsymbol{a} = \boldsymbol{a}^\top \boldsymbol{B}_{\boldsymbol{\mu}} \boldsymbol{a}.$$

同时我们希望总方差 $\boldsymbol{a}^\top \boldsymbol{\Sigma} \boldsymbol{a}$ 尽可能小, 这就归结到使得

$$\frac{\boldsymbol{a}^\top \boldsymbol{B}_{\boldsymbol{\mu}} \boldsymbol{a}}{\boldsymbol{a}^\top \boldsymbol{\Sigma} \boldsymbol{a}}$$

最大化的问题. 由于矩阵 $\boldsymbol{B}_{\boldsymbol{\mu}}$ 和 $\boldsymbol{\Sigma}$ 未知, 我们用训练样本来估计, 记

$$\bar{\boldsymbol{x}}_k = \frac{1}{N_k}\sum_{j=1}^{N_k} \boldsymbol{x}_{kj},\ \bar{\boldsymbol{x}} = \frac{\sum_{k=1}^{K}\sum_{j=1}^{N_k} \boldsymbol{x}_{kj}}{\sum_{k=1}^{K} N_i},$$

则有

$$\boldsymbol{B} = \hat{\boldsymbol{B}}_{\mu} = \sum_{k=1}^{K} N_k (\bar{\boldsymbol{x}}_k - \bar{\boldsymbol{x}})(\bar{\boldsymbol{x}}_k - \bar{\boldsymbol{x}})^\top,$$

$$\boldsymbol{W} = (N - K)\hat{\boldsymbol{\Sigma}} = \sum_{k=1}^{K}\sum_{j=1}^{N_k} (\bar{\boldsymbol{x}}_{kj} - \bar{\boldsymbol{x}}_k)(\bar{\boldsymbol{x}}_{kj} - \bar{\boldsymbol{x}}_k)^\top.$$

于是我们的问题变为广义特征值问题, 即求使得下式, 即**类间平方和** (between-group-sum of squares) $\boldsymbol{a}^\top \boldsymbol{B}\boldsymbol{a}$ 与**类内平方和** (within-group-sum of squares) $\boldsymbol{a}^\top \boldsymbol{W}\boldsymbol{a}$ 之比最大的 $\boldsymbol{a}$:

$$\frac{\boldsymbol{a}^\top \boldsymbol{B}\boldsymbol{a}}{\boldsymbol{a}^\top \boldsymbol{W}\boldsymbol{a}},$$

这就归于特征值问题

$$\boldsymbol{B}\boldsymbol{a} = \lambda \boldsymbol{W}\boldsymbol{a}.$$

其解为 $\boldsymbol{W}^{-1}\boldsymbol{B}$ 的非零特征向量 $\lambda_1 > \lambda_2 > \cdots > \lambda_s (s \leqslant \min(K-1, p), p$ 为自变量个数), 而相应的特征向量为 $\boldsymbol{a}_1, \boldsymbol{a}_2, \ldots, \boldsymbol{a}_s$. 通常把特征向量单位化, 使得 $\boldsymbol{a}_i = \boldsymbol{e}_i$, 即 $\boldsymbol{e}_i^\top \hat{\boldsymbol{\Sigma}} \boldsymbol{e}_i = 1$. 根据这些特征向量的投影, $\boldsymbol{a}_1^\top \boldsymbol{x}$ 称为第 1 判别量, $\boldsymbol{a}_2^\top \boldsymbol{x}$ 称为第 2 判别量, 等等. 一般选择前 $r(\leqslant s)$ 个判别量. 这时, Fisher 判别法为:

$$\text{如果 } \forall i \neq k, \ \sum_{j=1}^{r} [\boldsymbol{a}_j^\top (\boldsymbol{x} - \hat{\boldsymbol{x}}_k)]^2 \leqslant \sum_{j=1}^{r} [\boldsymbol{a}_j^\top (\boldsymbol{x} - \hat{\boldsymbol{x}}_i)]^2, \text{ 则判 } \boldsymbol{x} \text{ 为第 } k \text{ 类}.$$

5.3 混合线性判别分析

混合线性判别分析是基于**高斯混合模型** (Gaussian mixture model, GMM) 的线性判别分析的延伸 (Hastie and Tibshirani, 1996). 假定第 k 类的分布为混合的正态 (高斯) 分布 (用 $\phi(\cdot)$ 表示其密度函数):

$$f_k(\boldsymbol{x}) = \sum_{c=1}^{C_k} w_{kc} \phi(\boldsymbol{x}|\boldsymbol{\mu}_{kc}, \boldsymbol{\Sigma}),$$

式中, C_k 为混合高斯分布的个体高斯成分数目. 这时后验分布为:

$$P(\boldsymbol{X} = \boldsymbol{x}, G = k) = f_k(\boldsymbol{x})\pi_k = \pi_k \sum_{c=1}^{C_k} w_{kc} \phi(\boldsymbol{x}|\boldsymbol{\mu}_k, \boldsymbol{\Sigma}).$$

参数 π_k 的估计如以前一样 ($\hat{\pi}_k = N_k/N$), 但 $w_{kc}, \boldsymbol{\mu}_k, \boldsymbol{\Sigma}$ 的估计需要用 EM 算法.

- E 步骤: 对于第 k 类, 对所有 C_k 成分计算后验分布. 对于观测值 i:

$$p_{ic} = \frac{w_{kc}\phi(\boldsymbol{x}_i|\boldsymbol{\mu}_{kc}, \boldsymbol{\Sigma})}{\sum_{j=1}^{C_k} w_{kj}\phi(\boldsymbol{x}_i|\boldsymbol{\mu}_{kj}, \boldsymbol{\Sigma})}, \quad c = 1, 2, \ldots, C_k.$$

- M 步骤: 计算关于所有参数的加权最大似然估计.

$$w_{kc} = \frac{\sum_{i=1}^N I(Y_i = k)p_{ic}}{\sum_{i=1}^N I(Y_i = k)},$$

$$\mu_{kc} = \frac{\sum_{i=1}^N \boldsymbol{x}_i I(Y_i = k)p_{ic}}{\sum_{i=1}^N I(Y_i = k)p_{ic}},$$

$$\boldsymbol{\Sigma} = \frac{\sum_{i=1}^N \sum_{c=1}^{C_k} p_{ic}(\boldsymbol{x}_i - \boldsymbol{\mu}_{Y_i,c})(\boldsymbol{x}_i - \boldsymbol{\mu}_{Y_i,c})^\top}{N}.$$

有了这些估计之后, 就可以像前面一样用最大后验分布估计法来做判别分析了.

5.4 习 题

本章的习题可选用第 4 章关于分类的习题.

第 6 章　混合效应模型 *

6.1　概　念

混合效应模型 (mixed effect model) 是主观选取的**数学模型**, 是在一般的固定效应模型的基础上扩展出来的, 这些固定效应模型主要包括线性模型、广义线性模型, 当然也会有某些非线性模型. 这里的 " 固定效应 " 是相应于后来在模型中增加的 " 随机效应 " 而产生的.

问题与思考

注意: 在统计学界, " 效应 " 这一术语的定义从来都没有过统一的认识. 其通常是指自变量的变化对因变量的影响. 所谓 " 固定效应 " 和 " 随机效应 " 的概念则完全依赖于人们主观选取的很难验证其合理性的数学模型. 在很大范围的文献中, 效应被认为是一些用数学公式表示模型中某定量变量的系数或被某 (定性) 变量影响的截距. 这些模型大多是线性模型.

如果根据预测精度来衡量模型的优劣, 这些混合效应模型的表现并不如想象的那么优秀. 即使是按照一些研究者充满主观假定的模型精心模拟出来的数据, 也不一定能很好地被他们自己的模型描述, 更不要说真实数据了. 但相对于这些模型, 往往没有任何主观假定的机器学习模型的表现更加出色.

很多混合模型都源于多层模型或可以分解成多层模型, 此外也有很多混合模型描述观测值有多次观测的情况, 这被称为纵向数据模型. 在计量经济学中, 人们特别关注混合模型的某些特例, 并称之为面板数据模型.

由于贝叶斯学派认为所有变量和参数都是随机的, 因此根本不存在 " 固定效应 " 和 " 随机效应 " 之分, **对于贝叶斯学派来说, 本章的问题不值得大动干戈, 处理本章所面对的问题是他们的常规, 他们的模型都是多层模型, 在理论上和应用上都相对简单, 没有什么困难.**

混合模型的概念

由于混合模型依赖于主观假定的数学公式, 我们通过一个简单的线性混合模型来描述有关的概念.

假定在一个试验中, 对每个儿童 (比如第 i 个) 在两种环境 ($I_i = 1$ 或 $I_i = 0$) 下的认知能力进行考察. 假定我们有一个数据, 有个体、时间、条件及认知能力 4 个变量. 令 y_{ij} 代表第 i 个儿童在其发展的第 j 个时间 t_{ij} 测量的认知能力. 按照下面的思维路线思考:

1. 如果先不考虑两种环境的影响, 则可能有人会考虑下面的 **(第一层) 线性回归模型**:

$$y_{ij} = \pi_{0i} + \pi_{1i}t_{ij} + \varepsilon_{ij},\ \ i = 1, 2, \ldots, n;\ j = 1, 2, \ldots, T_i, \tag{6.1.1}$$

这显然是最简单的固定效应线性回归模型, 该模型隐含的假定是各个儿童独立. 通过拟合数据, 该模型对于第 i 个儿童得到一条以 π_{0i} 为截距、以 π_{1i} 为斜率的直线 (一共可以是 n 条).

但是, 这些儿童有共性, 并不是独立的, 而是相关的. 这种相关性可用多种方式来表示, 最简单的是假定最后的误差项 ε_{ij} 不独立, 方法通常是假定误差分布的相关阵或协方差矩阵为非对角型的. 但这有时仍然被认为是固定效应模型, 因为 "效应" 往往意味着截距和斜率, 而不是误差项. 不同儿童模型的截距和斜率可能有共性, 而且应该受到两种环境的影响, 因此, 截距和斜率各自都可以考虑为依赖于两种环境的带有相关误差的线性模型.

2. **模型式 (6.1.1) 的截距和斜率的 (第二层) 线性模型**:

$$\pi_{0i} = \gamma_{00} + \gamma_{01} I_i + \zeta_{0i}, \tag{6.1.2}$$

$$\pi_{1i} = \gamma_{10} + \gamma_{11} I_i + \zeta_{1i}, \tag{6.1.3}$$

这里的 ζ_{0i} 和 ζ_{1i} $(i = 1, 2, \ldots, n)$ 都是随机的, 而 I_i 的系数被认为是固定的参数. 把第一层和第二层模型结合起来, 就有了下面的混合模型.

3. **线性混合模型**:

$$y_{ij} = [\gamma_{00} + \gamma_{10} t_{ij} + \gamma_{01} I_i + \gamma_{11}(I_i \times t_{ij})] + [\zeta_{0i} + \zeta_{1i} t_{ij} + \varepsilon_{ij}], \tag{6.1.4}$$

式中, 第一个方括号中的内容表示非随机部分, 而第二个方括号中的内容表示包含不可观测的随机效应的随机部分. 这种回归在没有一些数学假定的情况下不容易求解. 人们可以做下面的假定 (当然也可以更复杂):

$$\begin{bmatrix} \zeta_{0j} \\ \zeta_{1j} \end{bmatrix} \sim N\left(\begin{bmatrix} 0 \\ 0 \end{bmatrix}, \begin{bmatrix} \sigma_0^2 & \sigma_{01} \\ \sigma_{10} & \sigma_1^2 \end{bmatrix} \right), \quad \forall j; \tag{6.1.5}$$

$$\varepsilon \sim N(0, \sigma_\varepsilon^2), \quad \forall ij. \tag{6.1.6}$$

在上面的分布假定下, 通过最大似然法, 可得参数 $\gamma_{00}, \gamma_{01}, \gamma_{10}, \gamma_{11}, \sigma_0, \sigma_1, \sigma_{01}, \sigma_{10}, \sigma_\varepsilon$ 的估计, 从而得到固定效应的大小及随机效应的变化范围. **这个混合模型既是纵向数据模型, 也是多层 (两层) 模型.**

> 显然, 在上面式 (6.1.1)、式 (6.1.2)、式 (6.1.3)、式 (6.1.4)、式 (6.1.5)、式 (6.1.6) 表示的模型中, 充满了不可验证的数学假定. 除了模拟例子之外, 很难想象实际应用产生的数据在多大程度上满足这些严格的条件. 对这些模型拟合结果的解释则在很大程度上反映了人们的假定而不是真实数据本身. 文献表明, 解释而不是预测是构造这些人造模型的一个主要目的.

6.2 通过一个数值例子解释线性混合模型

6.2.1 受欢迎程度数据 (例 6.1)

例 6.1 受欢迎程度数据 (popularity.csv). 受欢迎程度数据是针对 100 个班级的 2000 名学生的模拟数据, 目的是为多水平回归分析提供典型示例, 多水平模型是混合模型中较常见的特例. 该数据来源于 Laurent Smeets and Rens van de Schoot 课程教学.[①]

我们选择了该数据的 5 个变量: class, extravsion, sex, texp, popularity, 其中:

1. class 是班级的识别号 (1～100 的整数).
2. extravsion 是学生的外向性 (10 分制).
3. sex 是性别 (其中男孩 = 0, 女孩 = 1).
4. texp 是教师教学年限 (整数, 单位: 年).

[①] 具体简介可以查阅 https://multilevel-analysis.sites.uu.nl/datasets/.

5. popularity 是主要的结果变量, 显示学生的受欢迎程度, 这是通过社会计量学程序得出的受欢迎程度等级, 取值范围为 1～10 之间的实数.

这里的因变量为 popularity (受欢迎程度), 我们对它如何受其他变量的影响感兴趣.

点评

由于这个数据是提供者为描述其线性混合模型而模拟的数据, 因此可以预期它应该能很好地适合及解释这些人造模型. 但应该注意到: 现实世界的数据可能与任何数学模型完全无关.

为了满足后面可视化和建模分析的需求, 在此一并安装多个 R 程序包, 包括读入数据的有关程序如下:

```
library(easypackages)
libraries('haven','lme4','tidyverse','patchwork',
  'RColorBrewer','lmerTest')
w = read.csv('popularity.csv')
```

6.2.2 对例 6.1 受欢迎程度数据的探索性分析

受欢迎程度与外向性的关系

首先, 我们仅仅考虑 popularity 与 extravsion 的关系, 再添加一条回归线看拟合效果 (见图 6.2.1). 从图 6.2.1 中可以看出, popularity (受欢迎程度) 大体上和 extravsion (外向性) 有某种正相关的倾向, 显然, 一个简单回归模型完全没有能力描述整个数据的规律.

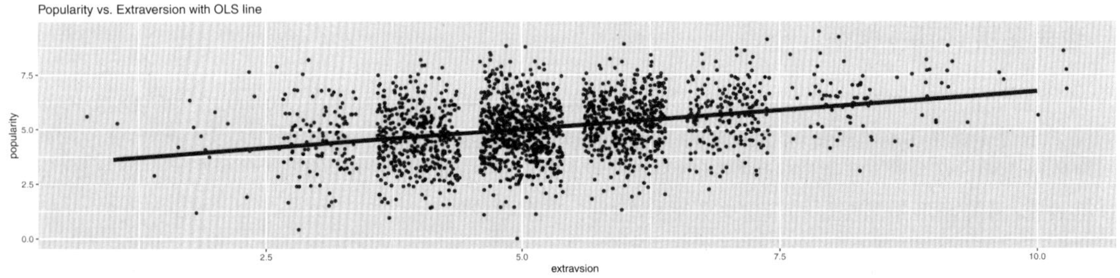

图 6.2.1　例 6.1 受欢迎程度数据变量 popularity 与 extravsion 的散点图及最小二乘回归拟合

生成图 6.2.1 的 R 代码为:

```
ggplot(data = w, aes(x = extravsion, y = popularity))  +
  geom_point(size = 1.2, alpha = .8, position = "jitter")+
  labs(title = "Popularity vs. Extraversion with OLS line")+
  geom_smooth(method = lm, se = FALSE, color = "navy",
    size =2, alpha =.8)
```

对于不同的班级: 受欢迎程度与外向性的关系

再加上 class, 考虑分别对不同班级的回归. 由下面的 R 代码生成的图 6.2.2 展示了 100 个班级的学生的受欢迎程度与外向性的关系.

```
ggplot(data= w, aes(x = extravsion, y = popularity,
    color = class, group = class))+
  geom_point(size = 1.2, alpha = .8, position = "jitter")+
  theme_minimal()+
  theme(legend.position = "none")+
  scale_color_gradientn(colours = rainbow(100))+
  geom_smooth(method = lm, se = FALSE, size = .5, alpha = .8)+
  labs(title = "Popularity vs. Extraversion with OLS lines for classes")
```

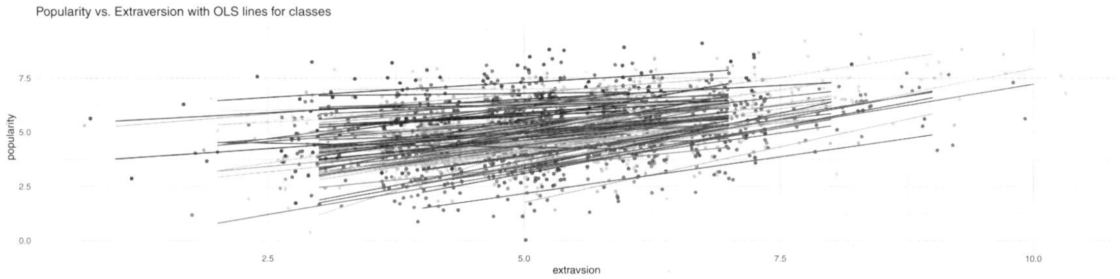

图 6.2.2 例 6.1 受欢迎程度数据不同班级学生的受欢迎程度与外向性的关系以及相应的回归拟合

从图 6.2.2 中可以看出, 对于每个班级所作的回归直线遍布整个数据空间, 这说明回归的截距和斜率依班级的不同而变化.

具体的班级变量有多大影响, 需要后面多水平建模定量化分析. 至少目前可以通过直观图找出学生的受欢迎程度与外向性影响较明显和较弱的班级, 即显示斜率最大和最小的多条回归线 (各 3 条), 见图 6.2.3.

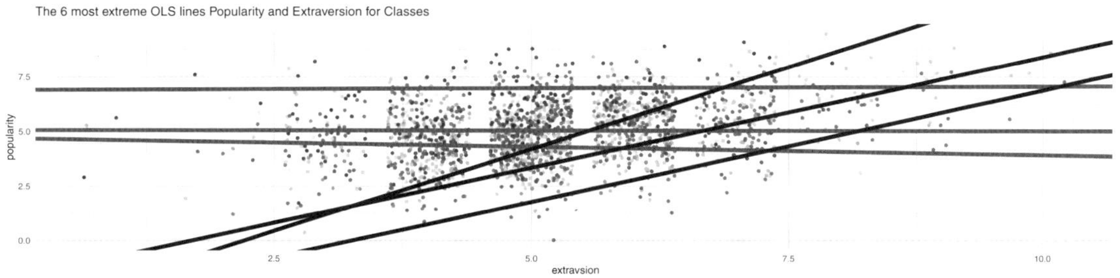

图 6.2.3 例 6.1 受欢迎程度与外向性的散点图及斜率最大和最小的各 3 条回归线

生成图 6.2.3 的具体 R 代码如下:

```
is=sapply(1:100, function(x) lm(popularity~extravsion,
                                w[w$class==x,])$coef)
ID3=order(is[2,])[c(1:3,98:100)] #80 36 35 77 14 31
ggplot(data= w, aes(x = extravsion, y = popularity, color = class,
                    group = class))+
  geom_point(size = 1.2, alpha = .8, position = "jitter")+
  theme_minimal()+
  theme(legend.position = "none")+
```

```
    scale_color_gradientn(colours = rainbow(100))+
    geom_abline(slope=is[2,ID3[1:3]], intercept=is[1,ID3[1:3]],
                color="red",size=2)+
    geom_abline(slope=is[2,ID3[4:6]], intercept=is[1,ID3[4:6]],
                color="navy",size=2)+
    labs(title=
    "The 6 most extreme OLS lines Popularity and Extraversion for Classes")
```

6.2.3 对例 6.1 受欢迎程度数据的建模探索

随机截距模型

首先不加任何带有斜率的自变量 (所谓 “ 空模型 ”), 建立由下面两层模型组成的所谓的随机截距模型, 以检验因变量差异来源是组内还是组间:

$$\text{第一层模型: } y_{ij}=\pi_0+\varepsilon_{ij},\quad \varepsilon_{ij}\sim N(0,\sigma_\varepsilon^2),\ \ i=1,2,\dots,100;\ j=1,2,\dots,n_i; \tag{6.2.1}$$

$$\text{第二层模型: } \pi_0=\beta_0+\zeta_{0i},\quad \zeta_{0i}\sim N(0,\sigma_\zeta^2),\ i=1,2,\dots,100. \tag{6.2.2}$$

第一层模型 (6.2.1) 与第二层模型 (6.2.2) 合并起来的混合模型为:

$$y_{ij}=\beta_0+(\zeta_{0i}+\varepsilon_{ij}),\ i=1,2,\dots,100;\ j=1,2,\dots,n_i. \tag{6.2.3}$$

在模型 (6.2.3) 中, y_{ij} 表示第 i 个班级第 j 个学生的受欢迎程度, β_0 表示样本的总平均, ζ_{0i} 和 ε_{ij} 都是误差项. 为了能够用最大似然法拟合, 必须假定均服从正态分布, 比如, $\zeta_{0i}\sim N(0,\sigma_\zeta^2)$, $\varepsilon_{ij}\sim N(0,\sigma_\varepsilon^2)$. 这里有 3 个可估计的参数: β_0, σ_ζ, σ_ε. 这个所谓的 “ 空模型 ” 虽然没有加入自变量的效应, 但实际上并非完全没有考虑自变量, 它包含自变量班级对误差方差的影响.

把模型 (6.2.3) 中最后两项包含在圆括号中是为了表示其为随机效应, 这种在公式中区分固定效应和随机效应的习惯可以使代码编写更方便.

> 第一层模型 (6.2.1) 是最原始的建模思想, 因此截距 π_0 并没有与班级 (以下标 i 来标识) 关联; 而第二层模型 (6.2.2) 是思维的发展, 为第一层模型进化的结果. 第一层模型 (6.2.1) 以及后来的两层模型的集合, 即 (6.2.1)+(6.2.2)=(6.2.3), 各自都是完整的独立模型. 如果一开始就能够先验地写成式 (6.2.3) 的形式, 则没有反映分层的思维过程, 很难称为两层模型或二水平模型.

使用模型 (6.2.3) 拟合数据的 R 代码如下:

```
nulltmodel = lmer(popularity~1+(1|class), w)
summary(nulltmodel)
```

主要输出为:

```
Linear mixed model fit by REML. t-tests use Satterthwaite's method [
lmerModLmerTest]
Formula: popularity ~ 1 + (1 | class)
   Data: w
```

```
Random effects:
 Groups   Name        Variance Std.Dev.
 class    (Intercept) 0.7021   0.8379
 Residual             1.2218   1.1053
Number of obs: 2000, groups:  class, 100

Fixed effects:
            Estimate Std. Error       df t value Pr(>|t|)
(Intercept)  5.07786    0.08739 98.90973    58.1   <2e-16 ***
```

根据上面模型拟合的输出结果, 得到空模型的组内相关系数 (intraclass correlation coefficient, ICC), 以此衡量组间方差与组内方差的相对程度:

$$\text{ICC} = \sigma_\zeta^2/(\sigma_\zeta^2 + \sigma_\varepsilon^2). \tag{6.2.4}$$

因此 $\text{ICC} = 0.7021/(0.7021 + 1.2218) = 0.365$, 根据假定的模型, 说明学生受欢迎程度的差异有 36.5%源于班级不同, 需要建立**多水平模型** (multilevel model) 来研究因变量受到不同层次变量的具体影响的程度.

带有固定效应的随机截距模型

现在, 在第一层加入性别变量 (sex) 和外向性变量 (extravsion), 并用 α_k 表示性别的截距效应, 用 x_{ij} 表示变量外向性, 这样, 两层模型式 (6.2.1) 和式 (6.2.2) 就增补成为下面的两层模型 (这里的下标范围为 $i = 1, 2, \ldots, 100$; $j = 1, 2, \ldots, n_i$; $k = 0, 1$):

$$\text{第一层模型: } y_{ij} = \pi_0 + \alpha_k + \beta_1 x_{ij} + \varepsilon_{ij}, \quad \varepsilon_{ij} \sim N(0, \sigma_\varepsilon^2), \tag{6.2.5}$$

$$\text{第二层模型: } \pi_0 = \beta_0 + \zeta_{0i}, \quad \zeta_{0i} \sim N(0, \sigma_\zeta^2), \tag{6.2.6}$$

或者混合模型

$$y_{ij} = (\beta_0 + \alpha_k + \beta_1 x_{ij}) + (\zeta_{0i} + \varepsilon_{ij}). \tag{6.2.7}$$

我们通过这个模型看看能否解释学生受欢迎程度差异性的来源.

首先, 画出显示不同性别学生对受欢迎程度与外向性的不同回归结果的图形 (见图 6.2.4).

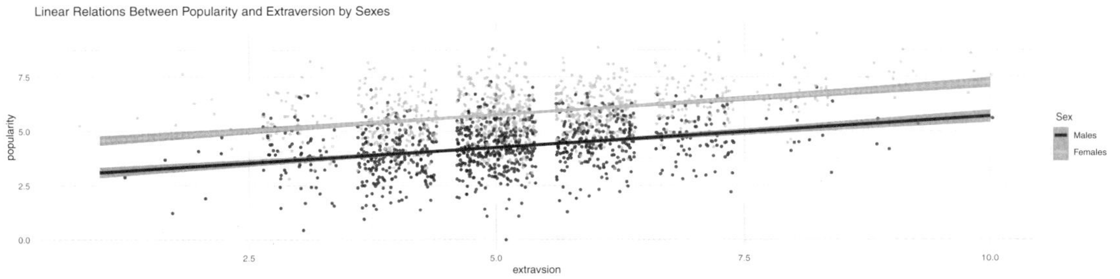

图 6.2.4 例 6.1 受欢迎程度数据按照性别、受欢迎程度与外向性的线性回归拟合

图 6.2.4 显示, 不同性别的学生对于受欢迎程度与外向性的回归线截距不同, 但斜率没有差异. 生成图 6.2.4 的代码为:

```
ggplot(data=w, aes(x=extravsion, y=popularity, col=as.factor(sex)))+
  geom_point(size = 1, alpha = .7, position = "jitter")+
  geom_smooth(method = lm, se = T, size = 1.5, linetype = 1, alpha = .7)+
  theme_minimal()+
  labs(title=
  "Linear Relations Between Popularity and Extraversion by Sexes")+
  scale_color_manual(name =" Sex",
                     labels = c("Males", "Females"),
                     values = c("navy", "pink"))
```

拟合模型 (6.2.7) 的 R 代码如下:

```
model1 = lmer(popularity~1+sex+extravsion+(1|class), w)
summary(model1)
```

主要输出为:

```
Linear mixed model fit by REML. t-tests use Satterthwaite's method [
lmerModLmerTest]
Formula: popularity ~ 1 + sex + extravsion + (1 | class)
   Data: w

Random effects:
 Groups   Name        Variance Std.Dev.
 class    (Intercept) 0.6272   0.7919
 Residual             0.5921   0.7695
Number of obs: 2000, groups:  class, 100

Fixed effects:
             Estimate Std. Error        df t value Pr(>|t|)
(Intercept) 2.141e+00  1.173e-01 3.908e+02   18.25   <2e-16 ***
sex         1.253e+00  3.743e-02 1.927e+03   33.48   <2e-16 ***
extravsion  4.416e-01  1.616e-02 1.957e+03   27.33   <2e-16 ***

Correlation of Fixed Effects:
           (Intr) sex
sex        -0.100
extravsion -0.705 -0.085
```

其次, 在第二层加入教师教学年限变量 (texp), 用 z_j 表示, 这样两层模型式 (6.2.5) 和式 (6.2.6) 就进一步增补成为下面的两层模型 (下标范围为 $i = 1, 2, \ldots, 100$; $j = 1, 2, \ldots, n_i$; $k = 0, 1$):

$$\text{第一层模型: } y_{ij} = \pi_0 + \alpha_k + \beta_1 x_{ij} + \varepsilon_{ij}, \quad \varepsilon_{ij} \sim N(0, \sigma_\varepsilon^2), \tag{6.2.8}$$

$$\text{第二层模型: } \pi_0 = \beta_0 + \gamma_0 z_i + \zeta_{0i}, \quad \zeta_{0i} \sim N(0, \sigma_\zeta^2), \tag{6.2.9}$$

或者混合模型

$$y_{ij} = (\beta_0 + \alpha_k + \beta_1 x_{ij} + \gamma_0 z_i) + (\zeta_{0i} + \varepsilon_{ij}). \tag{6.2.10}$$

下面的 R 代码生成展示受欢迎程度与外向性的散点图及基于教师教学年限的回归线 (见图 6.2.5).

```
ggplot(data=w, aes(x=extravsion, y=popularity, col=as.factor(texp)))+
  viridis::scale_color_viridis(discrete = TRUE)+
  geom_point(size= .7, alpha  = .8, position = "jitter")+
  geom_smooth(method = lm, se = FALSE, size = 1.2, alpha = .5)+
  theme_minimal()+
  labs(title=
  "Linear Relations Between Popularity and Extraversion by texp",
       col = "Years of\nTeacher\nExperience")
```

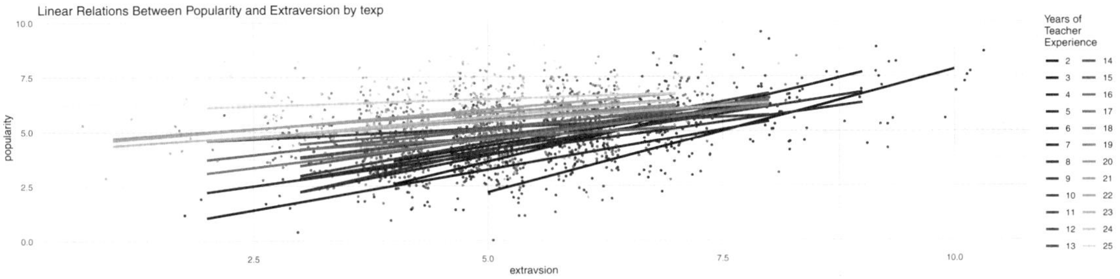

图 6.2.5 例 6.1 受欢迎程度数据按照教师教学年限对受欢迎程度与外向性的线性回归拟合

从图 6.2.5 可以看出, 教学年限较长的教师的回归线 (色调较深) 斜率也较大, 这说明教师教学年限对受欢迎程度与外向性关系的影响较大. 从该图也可看出, 教师的教学年限不仅影响截距, 而且影响斜率, 这说明该变量与外向性对因变量有交互效应.

对模型 (6.2.10) 拟合数据的 R 代码及结果为:

```
model2 = lmer(popularity~1+sex+extravsion+texp+(1|class), w)
summary(model2)
```

```
Linear mixed model fit by REML. t-tests use Satterthwaite's method [
lmerModLmerTest]
Formula: popularity ~ 1 + sex + extravsion + texp + (1 | class)
   Data: w

Random effects:
 Groups   Name        Variance Std.Dev.
 class    (Intercept) 0.2954   0.5435
 Residual             0.5920   0.7694
Number of obs: 2000, groups:  class, 100
```

```
Fixed effects:
             Estimate Std. Error        df t value Pr(>|t|)
(Intercept) 8.098e-01  1.700e-01 2.264e+02   4.764  3.4e-06 ***
sex         1.254e+00  3.729e-02 1.948e+03  33.623  < 2e-16 ***
extravsion  4.544e-01  1.616e-02 1.955e+03  28.112  < 2e-16 ***
texp        8.841e-02  8.764e-03 1.016e+02  10.087  < 2e-16 ***

Correlation of Fixed Effects:
           (Intr) sex    extrvs
sex        -0.040
extravsion -0.589 -0.090
texp       -0.802 -0.036  0.139
```

随机截距 – 斜率模型

前面的结果显示, 教师教学年限会影响外向性变量回归斜率的交叉效应, 因此前面的模型还需要进化成下面的两层模型 (下标范围为 $i = 1, 2, \dots, 100$; $j = 1, 2, \dots, n_i$; $k = 0, 1$.):

$$\text{第一层模型: } y_{ij} = \pi_0 + \alpha_k + \pi_1 x_{ij} + \varepsilon_{ij}, \tag{6.2.11}$$

$$\text{第二层模型: } \pi_0 = \beta_0 + \gamma_0 z_i + \zeta_{0i}, \quad \pi_1 = \beta_1 + \gamma_1 z_i + \zeta_{1i}, \tag{6.2.12}$$

或者混合模型

$$y_{ij} = (\beta_0 + \alpha_k + \beta_1 x_{ij} + \gamma_0 z_i + \gamma_1 z_i x_{ij}) + (\zeta_{0i} + \zeta_{1i} x_{ij} + \varepsilon_{ij}). \tag{6.2.13}$$

为了拟合, 必须做些分布假定. 这里假定随机误差项 $\varepsilon_{ij} \sim N(0, \sigma_\varepsilon^2)$, 并假定第二层的随机变量满足下面的联合正态分布条件:

$$\begin{bmatrix} \zeta_{0i} \\ \zeta_{1i} \end{bmatrix} \sim N(\mathbf{0}, \boldsymbol{\Sigma}) = N\left(\begin{bmatrix} 0 \\ 0 \end{bmatrix}, \begin{bmatrix} \sigma_0^2 & \sigma_{01} \\ \sigma_{10} & \sigma_1^2 \end{bmatrix}\right). \tag{6.2.14}$$

模型 (6.2.13) 拟合例 6.1 受欢迎程度数据的 R 代码如下:

```
model3 = lmer(formula=popularity ~ 1 + sex + extravsion*texp +
                (1 + extravsion | class), data = w)
summary(model3)
```

主要输出为:

```
Linear mixed model fit by REML. t-tests use Satterthwaite's method [
lmerModLmerTest]
Formula: popularity ~ 1 + sex + extravsion * texp + (1 + extravsion |
    class)
   Data: w

Random effects:
 Groups   Name        Variance Std.Dev. Corr
 class    (Intercept) 0.478639 0.69184
```

```
        extravsion  0.005409 0.07355  -0.64
 Residual               0.552769 0.74348
Number of obs: 2000, groups:  class, 100

Fixed effects:
                    Estimate Std. Error        df t value Pr(>|t|)
(Intercept)       -1.210e+00  2.719e-01  1.093e+02  -4.449 2.09e-05 ***
sex                1.241e+00  3.623e-02  1.941e+03  34.243  < 2e-16 ***
extravsion         8.036e-01  4.012e-02  7.207e+01  20.031  < 2e-16 ***
texp               2.262e-01  1.681e-02  9.851e+01  13.458  < 2e-16 ***
extravsion:texp -2.473e-02  2.555e-03  7.199e+01  -9.679 1.15e-14 ***

Correlation of Fixed Effects:
             (Intr) sex    extrvs texp
sex           0.002
extravsion   -0.867 -0.065
texp         -0.916 -0.047  0.801
extrvsn:txp   0.773  0.033 -0.901 -0.859
```

根据输出结果得到的固定效应和随机效应的参数估计如下:

$$\hat{\beta}_0 = -1.210,\ \hat{\alpha}_0 = 0\,(\text{默认}),\ \hat{\alpha}_1 = 1.241,$$

$$\hat{\beta}_1 = 0.8036,\ \hat{\gamma}_0 = 0.2262,\ \hat{\gamma}_1 = -0.02473,$$

$$\hat{\boldsymbol{\Sigma}} = \begin{bmatrix} \hat{\sigma}_0^2 & \hat{\sigma}_{01} \\ \hat{\sigma}_{10} & \hat{\sigma}_1^2 \end{bmatrix} = \begin{bmatrix} 0.478639 & -0.033 \\ -0.033 & 0.005409 \end{bmatrix}.$$

注意: 由于输出只有相关系数 $\widehat{\text{cor}}(\zeta_{0i}, \zeta_{1i}) = -0.64$, 于是上面矩阵中:

$$\hat{\sigma}_{01} = \hat{\sigma}_{10} = \hat{\text{cov}}(\zeta_{0i}, \zeta_{1i}) = \widehat{\text{cor}}(\zeta_{0i}, \zeta_{1i})\hat{\sigma}_0\hat{\sigma}_1 \approx -0.64 \times 0.69184 \times 0.07355 \approx -0.033.$$

6.2.4 交叉验证

下面来做比较多水平模型和一般线性模型预测精度标准化均方误差的 10 折交叉验证, 这里在建立一般的线性模型时将班级 (class) 作为定性变量加入.

```
Z=10; n=nrow(w)
set.seed(2020)
ZT=sample(rep(1:Z, ceiling(n/Z))[1:n])
M=sum((w$popularity-mean(w$popularity))^2)
pred=matrix(999,n,2)
for (i in 1:Z){
  pred[ZT==i,1] = lmer(formula=popularity ~ 1 + sex + extravsion*texp +
              (1 + extravsion | class), w[ZT!=i,]) %>% predict(w[ZT==i,])
  pred[ZT==i,2] = lm(popularity ~ 1 + sex + extravsion*texp +
    factor(class), w[ZT!=i,]) %>%
    predict(w[ZT==i,])
```

```
  }
(nmse=apply((sweep(pred,1,w$popularity,'-'))^2,2,sum)/M)
```

输出表明: 普通线性模型和精心打造的混合模型的预测精度几乎相同 (分别为 0.3104842 和 0.3119508).

问题与思考

交叉验证预测结果表明, 为线性混合模型精心准备的模拟数据在预测上并不优于一般的线性模型. 而所期待的混合模型的 "可解释性" 也仅局限于主观想象的数学模型.

6.3 线性混合模型的一般形式

6.3.1 线性混合模型的一般形式

现在可以引进线性随机效应混合模型的一般形式:

$$\boldsymbol{y}_i = \boldsymbol{X}_i\boldsymbol{\beta}_i + \boldsymbol{Z}_i\boldsymbol{b}_i + \boldsymbol{\varepsilon}_i,\quad i = 1, 2, \ldots, N, \tag{6.3.1}$$

式中, $\boldsymbol{y}_i$ 为 $n_i \times r$ 阶的, $\boldsymbol{X}_i$ 为 $n_i \times p$ 阶的, $\boldsymbol{\beta}_i$ 为 $p \times r$ 阶的, $\boldsymbol{Z}_i$ 为 $n_i \times q$ 阶的, $\boldsymbol{b}_i$ 为 $q \times r$ 阶的, $\boldsymbol{\varepsilon}_i$ 为 $n_i \times r$ 阶的. 并且假定

$$\begin{bmatrix} \boldsymbol{b}_1 \\ \boldsymbol{b}_2 \\ \vdots \\ \boldsymbol{b}_N \end{bmatrix} \sim N(\boldsymbol{0}, \boldsymbol{\Psi});$$

还假定: 对所有的 i, $\boldsymbol{\varepsilon}_i \sim N(\boldsymbol{0}, \boldsymbol{\Sigma})$, 且独立于 $\boldsymbol{b}_i$. 通常 $\boldsymbol{X}_i$ 及 $\boldsymbol{Z}_i$ 的第一列为常数, $\boldsymbol{Z}_i$ 包含的是 $\boldsymbol{X}_i$ 的子集, 要估计的是 $\boldsymbol{\beta}_i, \boldsymbol{\Sigma}, \boldsymbol{\Psi}$. 式 (6.3.1) 中的 $\boldsymbol{X}_i\boldsymbol{\beta}_i$ 为固定效应部分, 而 $\boldsymbol{Z}_i\boldsymbol{b}_i$ 为随机效应部分. 如果把数据写成下面的形式:

$$\boldsymbol{y} = \begin{bmatrix} \boldsymbol{y}_1 \\ \boldsymbol{y}_2 \\ \vdots \\ \boldsymbol{y}_N \end{bmatrix};\ \boldsymbol{X} = \begin{bmatrix} \boldsymbol{X}_1 & \boldsymbol{0} & \cdots & \boldsymbol{0} \\ \boldsymbol{0} & \boldsymbol{X}_2 & \cdots & \boldsymbol{0} \\ \vdots & \vdots & & \vdots \\ \boldsymbol{0} & \boldsymbol{0} & \cdots & \boldsymbol{X}_N \end{bmatrix};\ \boldsymbol{Z} = \begin{bmatrix} \boldsymbol{Z}_1 & \boldsymbol{0} & \cdots & \boldsymbol{0} \\ \boldsymbol{0} & \boldsymbol{Z}_2 & \cdots & \boldsymbol{0} \\ \vdots & \vdots & & \vdots \\ \boldsymbol{0} & \boldsymbol{0} & \cdots & \boldsymbol{Z}_N \end{bmatrix}$$

和

$$\boldsymbol{\beta} = \begin{bmatrix} \boldsymbol{\beta}_1 & 0 & \cdots & \boldsymbol{0} \\ \boldsymbol{0} & \boldsymbol{\beta}_2 & \cdots & \boldsymbol{0} \\ \vdots & \vdots & & \vdots \\ \boldsymbol{0} & \boldsymbol{0} & \cdots & \boldsymbol{\beta}_N \end{bmatrix};\ \boldsymbol{b} = \begin{bmatrix} \boldsymbol{b}_1 & \boldsymbol{0} & \cdots & \boldsymbol{0} \\ \boldsymbol{0} & \boldsymbol{b}_2 & \cdots & \boldsymbol{0} \\ \vdots & \vdots & & \vdots \\ \boldsymbol{0} & \boldsymbol{0} & \cdots & \boldsymbol{b}_N \end{bmatrix};\ \boldsymbol{\varepsilon} = \begin{bmatrix} \boldsymbol{\varepsilon}_1 \\ \boldsymbol{\varepsilon}_2 \\ \vdots \\ \boldsymbol{\varepsilon}_N \end{bmatrix},$$

模型 (6.3.1) 也可以写成矩阵形式 $\boldsymbol{y} = \boldsymbol{X\beta} + \boldsymbol{Zb} + \boldsymbol{\varepsilon}$. 式中, $\boldsymbol{y}_i$ 为 $n_i \times r$ 阶的, 在单因变量时, $r = 1$. 对于每个 $i \in \{1, 2, \ldots, N\}$, 有 n_i 个观测值.

6.2.1 节的多水平模型例子 (例 6.1) 是典型的随机效应混合模型, 最终的随机截距 – 斜率方程式 (6.2.13) 中 $y_{ij} = (\beta_0 + \alpha_k + \beta_1 x_{ij} + \gamma_0 z_i + \gamma_1 z_i x_{ij}) + (\zeta_{0i} + \zeta_{1i} x_{ij} + \varepsilon_{ij})$ 转化为的

混合效应模型如下 (为书写方便, 以 2 个班级为例, 其中第 1 班 3 个学生, 第 2 班 4 个学生):

$$\begin{bmatrix} \boldsymbol{y}_1 \\ \boldsymbol{y}_2 \end{bmatrix} = \begin{bmatrix} \boldsymbol{X}_1 \\ \boldsymbol{X}_2 \end{bmatrix} \boldsymbol{\beta} + \begin{bmatrix} \boldsymbol{Z}_1 & \boldsymbol{0} \\ \boldsymbol{0} & \boldsymbol{Z}_2 \end{bmatrix} \boldsymbol{b} + \begin{bmatrix} \boldsymbol{\varepsilon}_1 \\ \boldsymbol{\varepsilon}_2 \end{bmatrix}$$

或者

$$\begin{bmatrix} y_{11} \\ y_{12} \\ y_{13} \\ y_{21} \\ y_{22} \\ y_{23} \\ y_{24} \end{bmatrix} = \begin{bmatrix} 1 & 0 & x_{11} & z_1 & z_1x_{11} \\ 1 & 1 & x_{12} & z_1 & z_1x_{12} \\ 1 & 0 & x_{13} & z_1 & z_1x_{13} \\ 1 & 0 & x_{21} & z_2 & z_2x_{21} \\ 1 & 1 & x_{22} & z_2 & z_2x_{22} \\ 1 & 0 & x_{23} & z_2 & z_2x_{23} \\ 1 & 1 & x_{24} & z_2 & z_2x_{24} \end{bmatrix} \begin{bmatrix} \beta_0 \\ \alpha_k \\ \beta_1 \\ \gamma_0 \\ \gamma_1 \end{bmatrix} + \begin{bmatrix} 1 & x_{11} & 0 & 0 \\ 1 & x_{12} & 0 & 0 \\ 1 & x_{13} & 0 & 0 \\ 0 & 0 & 1 & x_{21} \\ 0 & 0 & 1 & x_{22} \\ 0 & 0 & 1 & x_{23} \\ 0 & 0 & 1 & x_{24} \end{bmatrix} \begin{bmatrix} \zeta_{01} \\ \zeta_{11} \\ \zeta_{02} \\ \zeta_{12} \end{bmatrix} + \begin{bmatrix} \varepsilon_{11} \\ \varepsilon_{12} \\ \varepsilon_{13} \\ \varepsilon_{21} \\ \varepsilon_{22} \\ \varepsilon_{23} \\ \varepsilon_{24} \end{bmatrix}.$$

问题与思考

评论: 这里的模型形式及分布的正态性的假定很强, 这种很强的人为假定使得人们可以使用最大似然法或约束的最大似然法来估计参数. 虽然有的方法不强调正态性, 而使用最小二乘法, 但基本上和最大似然法类似. 由于真实数据的正态性及模型形式的准确性完全无法验证或核查, 因此, **对于一个实际数据, 即使在诸多的假定下, 也不易确定一种最优的模型及方法.**

6.3.2 例 6.2 数学分数数据

例 6.2 数学分数数据 (Sim3level.csv). 这是关于教育背景的研究多水平模型的另一个模拟数据的例子.[①] 基于三层次嵌套结构数据 (个体不住校 – 班级 – 学校), 该数据是为了根据不同协方差结构灵活运用混合模型 R 包 (`nlme` 和 `lme4`) 而生成的. 该数据的因变量是不同学校不同班级学生个体的 Math (数学分数), 自变量包括: ActiveTime (活跃时间), ClassSize (班级规模), Classroom (教室), School (学校), StudentID (学生代码). 现在同样从可视化到建模分析研究数学分数不同层次的影响因素.

探索性数据分析

首先, 对例 6.2 数学分数数据做因变量与两个自变量 (活跃时间及班级规模) 的散点图及描述性非参数回归 (见图 6.3.1).

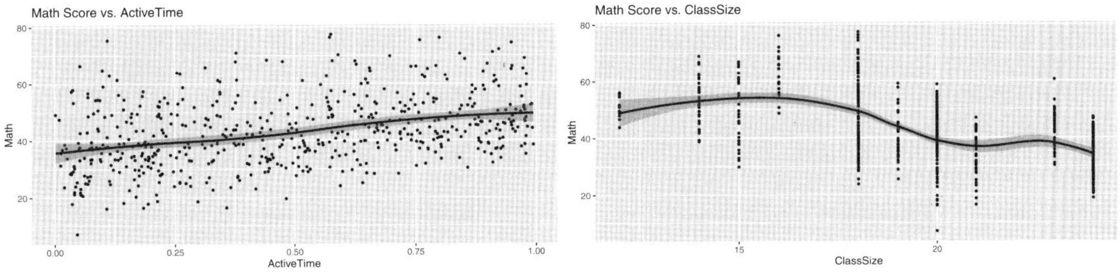

图 6.3.1 例 6.2 数学分数与活跃时间和班级规模的关系

下面的 R 代码生成了图 6.3.1:

① 下载地址: `http://www.alexanderdemos.org/Mixed5.html`.

```
library(tidyverse)
library(patchwork)
w = read.csv('Sim3level.csv')
p1 = ggplot(w, aes(x=ActiveTime, y=Math))+
  geom_point(size = 0.8, alpha=1)+
    geom_smooth(method=loess, color='navy')+
  labs(title = "Math Score vs. ActiveTime")
p2 = ggplot(w, aes(x=ClassSize, y=Math))+
  geom_point(size = 0.8, alpha=1)+
    geom_smooth(method=loess, color='navy')+
labs(title = "Math Score vs. ClassSize")
p1 + p2
```

图 6.3.1 直观展示了数学分数分别与活跃时间及班级规模的关系, 可以发现数学分数与活跃时间在平均的意义上正相关, 而班级规模和数学分数的关系就不好说了.

其次, 把班级规模、学校及教室等因素分别引入数学成绩与活跃时间的散点图 (见图 6.3.2). 图 6.3.2 展示了不同班级规模、不同学校及不同教室等因素在数学分数与活跃时间关系中的作用, 说明了这些因素所造成的差异. 虽然我们没有用线性回归, 但从非参数回归的效果来看, 这个人造数据还是很适合线性模型的.

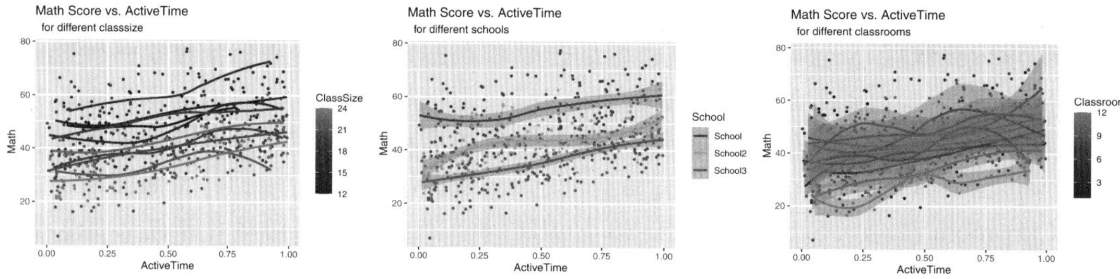

图 6.3.2 例 6.3.1 班级规模、不同学校及不同教室等因素对数学分数与活跃时间关系的影响

```
p3 = ggplot(w, aes(x=ActiveTime, y=Math, color=ClassSize,group=ClassSize))+
  geom_point(size = 0.8, alpha=1)+
  geom_smooth(method=loess, se=F)+
  labs(title = "Math Score vs. ActiveTime",
       subtitle = "  for different classsize")
p4 = ggplot(w, aes(x=ActiveTime, y=Math, color=School))+
  geom_point(size = 0.8, alpha=1)+
  geom_smooth(method=loess)+
  labs(title = "Math Score vs. ActiveTime",
       subtitle = "  for different schools")+
  scale_color_manual(name='School',
                     labels=c('School','School2','School3'),
                     values=c('#1f78b4','#a6cee3','#2b8cbe'))
p5 = ggplot(w, aes(x=ActiveTime, y=Math, color=Classroom,group=Classroom))+
```

```
  geom_point(size = 0.8, alpha=1)+
  geom_smooth(method=loess)+
  labs(title = "Math Score vs. ActiveTime",
       subtitle = "  for different classrooms")
p3+p4+p5
```

从三层模型建立混合模型

根据上面的探索性数据分析, 可以考虑三层模型:

$$\text{第一层模型: } y_{ijk}=\pi_0+\pi_1 x_{ijk}+\varepsilon_{ijk}, \tag{6.3.2}$$

$$\text{第二层模型: } \pi_0=\xi_0+\delta_0 z_{ij}+\zeta_{0ij},\ \pi_1=\xi_1+\delta_1 z_{ij}, \tag{6.3.3}$$

$$\text{第三层模型: } \xi_0=\beta_0+\eta_{0i},\ \xi_1=\beta_1+\eta_{1i},\ \delta_0=\gamma_0+\eta_{2i},\ \delta_1=\gamma_1. \tag{6.3.4}$$

根据这三层模型可以建立随机效应混合模型:

$$y_{ijk}=(\beta_0+\beta_1 x_{ijk}+\gamma_0 z_{ij}+\gamma_1 z_{ij} x_{ijk})+(\eta_{0i}+\eta_{1i} x_{ijk}+\eta_{2i} z_{ij}+\zeta_{0ij}+\varepsilon_{ijk}). \tag{6.3.5}$$

式中, $k=1,2,\ldots,n$; $j=1,2,\ldots,n_i$; $i=1,2,3$; y_{ijk} 表示第 i 个学校第 j 个班级第 k 个学生的数学分数 (Math); x_{ijk} 表示第 i 个学校第 j 个班级第 k 个学生的活跃时间 (ActiveTime); z_{ij} 表示第 i 个学校第 j 个班级的规模 (ClassSize). 随机变量均假定服从正态分布:

$$\begin{bmatrix}\eta_{0i}\\ \eta_{1i}\\ \eta_{2i}\end{bmatrix}\sim N\left(\begin{bmatrix}0\\0\\0\end{bmatrix},\begin{bmatrix}\sigma_0^2 & \sigma_{01} & \sigma_{02}\\ \sigma_{10} & \sigma_1^2 & \sigma_{12}\\ \sigma_{20} & \sigma_{21} & \sigma_2^2\end{bmatrix}\right);\ \ \zeta_{0ij}\sim N(0,\sigma_\zeta^2);\ \ \varepsilon_{ijk}\sim N(0,\sigma_\varepsilon^2).$$

表达式 (6.3.5) 的模型代码如下:

```
w = read.csv('Sim3level.csv')
library(lme4)
library(lmerTest)
a = lmer(Math~1+ActiveTime*ClassSize+(1+ActiveTime+ClassSize|School)+
         (1|School:Classroom), w)
summary(a)
```

输出结果给出了固定效应系数及随机效应分布参数的估计:

```
Linear mixed model fit by REML. t-tests use Satterthwaite's method
  ['lmerModLmerTest']
Formula: Math ~ 1 + ActiveTime * ClassSize + (1 + ActiveTime + ClassSize |
    School) + (1 | School:Classroom)
   Data: w

Random effects:
 Groups           Name        Variance Std.Dev. Corr
 School:Classroom (Intercept)  46.9845  6.8545
 School           (Intercept) 327.0652 18.0849
                  ActiveTime   31.9876  5.6558  -0.98
```

```
                ClassSize     0.1016  0.3187  -0.99  0.94
 Residual                    16.5210  4.0646
Number of obs: 570, groups:  School:Classroom, 30; School, 3
Fixed effects:
                     Estimate Std. Error      df t value Pr(>|t|)
(Intercept)           30.8568    14.6248  2.4592   2.110 0.145062
ActiveTime            28.9568     5.9080 14.8218   4.901 0.000199 ***
ClassSize              0.3263     0.5649  9.1071   0.578 0.577529
ActiveTime:ClassSize  -0.7700     0.2545 58.5737  -3.025 0.003686 **
```

我们不想过多地解释为了这个人工模型而模拟的人工数据的拟合结果. 至少, 输出结果显示, 随机效应 $(\eta_{0i},\eta_{1i},\eta_{2i})^\top$ 之间的相关系数的绝对值为 0.94～0.99.

6.3.3 牛奶蛋白质含量数据 (例6.3)

例 6.3 牛奶蛋白质含量数据 (cows.csv). 这个数据是纵向数据的一个著名例子, 曾经被 Diggle, et al. (2013) 等研究过[①], 是关于 79 头澳大利亚奶牛的牛奶蛋白质含量和 3 种饲料的关系, 对每头奶牛计划观测 19 次, 每周一次, 但有的观测了 19 周, 有的不到 19 周, 最少的只观测了 12 周. 具体变量为: id (牛的编号, 1～79), week (第几周), protein (蛋白质含量), diet (饲料种类, 有 3 种: barley (大麦), lunpins (白羽扇豆), mixed (混合饲料)). 注意, 每头牛只分配了一种饲料, 其中, barley 分给了 25 头牛, 而 lunpins 和 mixed 各自分给了 27 头牛. 不同的牛、不同的饲料、各周的牛奶蛋白质含量的数值变化点图见图 6.3.3. 同时不同的饲料、各周的平均牛奶蛋白质含量数值变化点图见图 6.3.4.

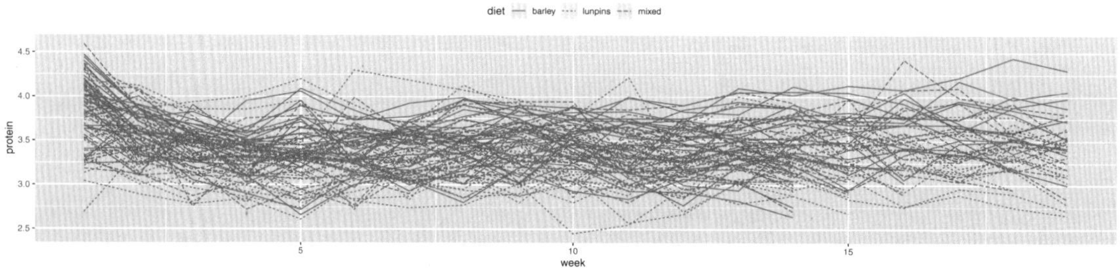

图 6.3.3　例 6.3 牛奶蛋白质含量数据中对于不同饲料, 每头牛在各周中的牛奶蛋白质含量数值的变化

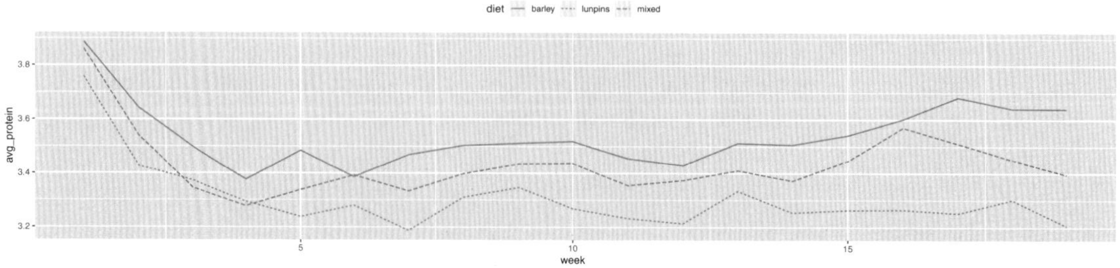

图 6.3.4　例 6.3 牛奶蛋白质含量数据中对于不同饲料, 各周的平均牛奶蛋白质含量数值的变化

[①]该数据可从网址`http://faculty.washington.edu/heagerty/Books/AnalysisLongitudinal/milk.data`下载.

生成图 6.3.3 的 R 代码为:

```
library(tidyverse)
w=read.csv("cows.csv")
ggplot(w, aes(x=week, y=protein, group=id)) +
  geom_line(aes(linetype=diet, color=diet)) +
  theme(legend.position = "top")
```

生成图 6.3.4 的 R 代码为:

```
w %>% group_by(diet, week) %>%
  summarise(avg_protein = mean(protein) )%>%
  ggplot(aes(x=week, y=avg_protein)) +
  geom_line(aes(linetype=diet, color=diet)) +
  theme(legend.position = "top")
```

从图 6.3.3 中可以看出, 用这个数据拟合一个简单的线性模型似乎不妥, 但如何把每头牛的牛奶蛋白质含量的各次并非独立的观测加入模型呢? 为此人们引入了随机效应.

如果按照图 6.3.4 的启发, 用普通的线性模型拟合我们的数据, 则模型的系统部分为有三个截距的平行线:

$$y_{ij} = \pi_{0i} + \pi_{1i}x_{ij} + \alpha_k + \varepsilon_{ij},\ i = 1, 2, \ldots, n;\ j = 1, 2, \ldots, n_i;\ k = 1, 2, 3. \tag{6.3.6}$$

在模型 (6.3.6) 中, y_{ij} 代表第 i 头牛第 j 次观测的牛奶蛋白质含量值, x_{ij} 代表第 i 头牛第 j 次观测的周数, n_i 是对第 i 头牛观测的次数, α_k 为使用第 k 种饲料的效应 (对截距的影响), 还假定误差项 $\varepsilon_{ij} \sim N(0, \sigma_\varepsilon^2)$.

但是我们的模型不仅仅是为了描述所有对象的牛奶蛋白质含量的均值, 而是试图适应所有的对象. 图 6.3.3 表明, 对于每个对象, 曲线的截距和斜率都会变化. 因此, 我们应该基于模型 (6.3.6) 尝试建立第二层模型:

$$\pi_{0i} = \beta_0 + \zeta_{0i};\ \pi_{1i} = \beta_1 + \zeta_{1i};\ \alpha_k = \lambda_k + \xi_{ki}\,(k = 1, 2, 3). \tag{6.3.7}$$

在第二层模型 (6.3.7) 中, 所有的 ζ_{0i}, ζ_{1i} 和 ξ_{ki} 都是随机变量, 它们独立于 ε_{ij}, 并且假定满足下面的正态分布条件:

$$\begin{bmatrix}\zeta_{0i}\\ \zeta_{1i}\\ \xi_{2i}\\ \xi_{3i}\end{bmatrix} \sim N(\mathbf{0}, \boldsymbol{\Sigma}) = N\left(\begin{bmatrix}0\\0\\0\\0\end{bmatrix}, \begin{bmatrix}\sigma_0^2 & \sigma_{01} & \sigma_{02} & \sigma_{03}\\ \sigma_{10} & \sigma_1^2 & \sigma_{12} & \sigma_{13}\\ \sigma_{20} & \sigma_{21} & \sigma_2^2 & \sigma_{23}\\ \sigma_{30} & \sigma_{31} & \sigma_{32} & \sigma_3^2\end{bmatrix}\right). \tag{6.3.8}$$

在这些模型中, 请注意 α_k 是不可单独估计的, 必须加上约束条件, 而这里的约束条件 (也是 R 的默认约束) 是 $\alpha_1 = 0$, 因此, 在第二层模型 (6.3.7) 中相应的 λ_1 及分布假定 (6.3.8) 中相应的 ξ_{1i} 项也就消失了.

把模型 (6.3.7) 代入模型 (6.3.6) 中, 对于 $i = 1, 2, \ldots, n;\ j = 1, 2, \ldots, n_i;\ k = 1, 2, 3$, 有

$$\begin{aligned} y_{ij} &= (\beta_0 + \zeta_{0i}) + (\beta_1 + \zeta_{1i})x_{ij} + (\lambda_k + \xi_{ki}) + \varepsilon_{ij}\\ &= (\beta_0 + \lambda_k + \beta_1 x_{ij}) + (\zeta_{0i} + \zeta_{1i}x_{ij} + \xi_{ki} + \varepsilon_{ij}). \end{aligned} \tag{6.3.9}$$

在式 (6.3.9) 中, 第二行右边第一个括号中的量代表了模型的固定效应, 这类似于通常的线性模型, 而右边第二个括号中的量代表了随机效应. 因此模型 (6.3.9) 为一个线性随机效应混合模型.

由于模型假定了随机部分的联合正态分布, 因此可以用最大似然法 (ML) 或者约束的最大似然法 (REML) 来估计模型 (6.3.9) 的固定部分的参数及随机部分显示在模型 (6.3.8) 的协方差矩阵 $\boldsymbol{\Sigma}$ 的各个元素及 σ_ε^2.

模型的拟合及输出

为了用模型 (6.3.9) 拟合例 6.3 牛奶蛋白质含量数据, 我们将使用 R 程序包 `nlme`[①]中的函数 `lme`. 包括读入数据在内的 R 代码为:

```
w=read.csv("cows.csv")
library(nlme)
a=lme(protein~week+diet,random=~week+diet|id, w, method="ML")
summary(a)
```

输出为:

```
Linear mixed-effects model fit by maximum likelihood
 Data: w
       AIC      BIC    logLik
  361.6716 439.6443 -165.8358

Random effects:
 Formula: ~week + diet | id
 Structure: General positive-definite, Log-Cholesky parametrization
            StdDev     Corr
(Intercept) 0.22234008 (Intr) week   dtlnpn
week        0.02507567 -0.623
dietlunpins 0.23552853 -0.042 -0.534
dietmixed   0.19682563 -0.340 -0.385  0.553
Residual    0.24578561

Fixed effects: protein ~ week + diet
                Value  Std.Error   DF  t-value p-value
(Intercept)  3.609153 0.04236860 1257 85.18462  0.0000
week        -0.012525 0.00315879 1257 -3.96525  0.0001
dietlunpins -0.198399 0.05360790   76 -3.70093  0.0004
dietmixed   -0.085860 0.04559913   76 -1.88293  0.0635
 Correlation:
            (Intr) week   dtlnpn
week        -0.459
dietlunpins -0.515 -0.236
```

[①]Pinheiro, J., Bates, D., R Core Team. (2023). nlme: linear and nonlinear mixed effects models. R package version 3.1-164. 网址为 https://CRAN.R-project.org/package=nlme.

```
dietmixed   -0.656 -0.167  0.619
```

注意, 输出显示的随机部分是标准差 σ_i (而不是方差 σ_i^2) 和相关系数 γ_{ij} (而不是协方差 σ_{ij}) 的估计值. 我们得到 (完全按照输出的小数点位数):

$$\hat{\sigma}_0 = 0.2223,\ \hat{\sigma}_1 = 0.0251,\ \hat{\sigma}_2 = 0.2355,\ \hat{\sigma}_3 = 0.1968,$$

$$\hat{\gamma}_{01} = -0.623,\ \hat{\gamma}_{02} = -0.042,\ \hat{\gamma}_{03} = -0.340,\ \hat{\gamma}_{12} = -0.534,\ \hat{\gamma}_{13} = -0.385,$$

$$\hat{\gamma}_{23} = 0.553,\ \hat{\sigma}_\varepsilon = 0.2458.$$

而固定部分的输出显示了各个固定参数的估计:

$$\hat{\beta}_0 = 3.6092,\ \hat{\beta}_1 = -0.0125,\ \hat{\lambda}_1 = 0\ (\text{默认}),\ \hat{\lambda}_2 = -0.1984,\ \hat{\lambda}_3 = -0.0859.$$

计算表明, 每个个体本身牛奶蛋白质含量度量在各周之间的自相关性并不比个体之间的相关性更大. 所以, 该数据虽然属于纵向数据, 但也很类似于横截面数据, 即每个对象本身的重复测量可以近似认为是独立的.

6.3.4 帕金森病远程监控数据 (例 6.4)

下面再介绍一个纵向数据的例子.

例 6.4 帕金森病远程监控数据 (parkinsons.csv). 此数据集是由对参与 6 个月实验的早期帕金森病的 42 名患者通过远程监控装置从其家中收集到的声音测量组成的. 目标变量是两个评分.

数据的变量信息如下. 基本信息 (4 个变量): subject (对象编号, 一共 42 人), age (年龄), sex (性别, 0 代表男性, 1 代表女性), test.time (每月参与研究的天数). 评分变量 (2 个): motor.UPDRS (临床电机 UPDRS 评分), total.UPDRS (临床总 UPDRS 评分). 下面 5 个变量是基本频率变化的几个度量: Jitter (抖动百分比), Jitter.abs, Jitter.RAP, Jitter.PPQ5, Jitter.DDP. 下面 6 个变量是关于闪烁幅度变化的度量: Shimmer, Shimmer.dB, Shimmer.APQ3, Shimmer.APQ5, Shimmer.APQ11, Shimmer.DDA. 噪声占语音音调成分的比例的 2 个度量: NHR, HNR. RPDE (非线性动力学复杂性度量), DFA (信号分形标度指数), PPE (基本频率变化的非线性度量). 一共有 22 个变量和 5875 个观测值. 各个对象有 101～168 个观测值不等; 每个对象每个月从头开始, 即每个对象记录的天数从 0 开始 6 次.

该数据是由牛津大学的 Athanasios Tsanas 和 Max Little 创建的[①], 并且联合了美国 10 个医疗中心及发明了记录语音信号的远程监控装置的英特尔公司.

由于作为目标变量的 motor.UPDRS 和 total.UPDRS 的相关系数很高 (0.95), 没有必要把两个都作为因变量, 因此, 我们选择 total.UPDRS 作为因变量, 而把 motor.UPDRS 删除.

我们将利用 R 程序包 `lme4`[②]中的函数 `lmer` 来拟合例 6.4 帕金森病远程监控数据.

[①] Tsanas, A., Little, M. A., McSharry, P. E., Ramig. L. O. (2009). Accurate telemonitoring of Parkinson's disease progression by non-invasive speech tests. *IEEE Transactions on Biomedical Engineering*. 数据网址为 `https://archive.ics.uci.edu/dataset/189/parkinsons+telemonitoring`.

[②] Pinheiro, J., Bates, D., R Core Team. (2023). nlme: linear and nonlinear mixed effects models. R package version 3.1-164. `https://CRAN.R-project.org/package=nlme`. Pinheiro, J. C., Bates, D. M. (2000). *Mixed-Effects Models in S and S-PLUS*. Springer, New York. `https://doi.org/10.1007/b98882`.

由于有关软件无法拟合有太多变量的数据, 我们用各种方法把公式各个部分的变量数目限制到软件能够管理的程度. 如此, 拟合全部数据的 R 代码为:

```
library(lme4)
w=read.csv("parkinsons.csv");n=nrow(w)
w[,-c(1,3,5)]=scale(w[,-c(1,3,5)])
ff=total.UPDRS~age+DFA+HNR+sex+Jitter+PPE+test.time+
  Shimmer.APQ3+Jitter.abs+RPDE+NHR+Shimmer.APQ11+(age+DFA|subject)
a=lmer(ff,data=w)
summary(a)
```

输出为:

```
Linear mixed model fit by REML ['lmerMod']
Formula: total.UPDRS~age+DFA+HNR+sex+Jitter+PPE+
    test.time+ Shimmer.APQ3+Jitter.abs+RPDE+NHR+
    Shimmer.APQ11+(age+DFA|subject)
   Data: w

REML criterion at convergence: 110.7

Scaled residuals:
    Min      1Q  Median      3Q     Max
-4.2863 -0.4988  0.0179  0.5488  3.8784

Random effects:
 Groups   Name        Variance Std.Dev. Corr
 subject  (Intercept) 0.85773  0.9261
          age         0.03403  0.1845    0.27
          DFA         0.01708  0.1307    0.22 -0.88
 Residual             0.05489  0.2343
Number of obs: 5875, groups:  subject, 42

Fixed effects:
                Estimate Std. Error        df t value Pr(>|t|)
(Intercept)   -4.096e-03  1.737e-01  3.985e+01  -0.024   0.9813
age            2.819e-01  1.282e-01  1.167e+01   2.199   0.0489 *
DFA            2.150e-02  2.163e-02  4.111e+01   0.994   0.3260
HNR            1.453e-02  9.430e-03  5.819e+03   1.541   0.1234
sex            5.552e-02  2.924e-01  3.472e+01   0.190   0.8505
Jitter         9.472e-03  9.706e-03  5.444e+03   0.976   0.3292
PPE           -6.471e-03  7.181e-03  5.821e+03  -0.901   0.3676
test.time      8.963e-02  3.198e-03  5.825e+03  28.023   <2e-16 ***
Shimmer.APQ3  -9.661e-03  8.544e-03  5.825e+03  -1.131   0.2582
Jitter.abs     6.346e-03  9.759e-03  5.676e+03   0.650   0.5156
```

```
RPDE          -1.372e-03  5.500e-03  5.828e+03  -0.249   0.8031
NHR           -1.251e-02  9.326e-03  5.804e+03  -1.342   0.1797
Shimmer.APQ11  1.445e-02  8.365e-03  5.821e+03   1.727   0.0842 .
```

这个输出和用 R 程序包 `nlme` 的函数 `lme` 的输出几乎一样, 而且这里的变量都是数量变量, 并且标准化了. 这里就不再解释了.

6.4 广义线性混合模型

6.4.1 例子

对于因变量是计数变量或者二分变量等情况的纵向数据, 可以用广义线性混合模型来拟合. 概念上就是广义线性模型和线性随机效应混合模型的组合. 下面通过三个例子来描述, 其中一个例子是截面数据, 另外两个是纵向数据.

例 6.5 恶性黑色素瘤死亡率数据 (mmmec.csv). 该数据涉及关于紫外线辐射对恶性黑色素瘤死亡率影响的相关研究, 这里包括的 6 个变量为 Nation (欧洲共同体 9 国, 1= 比利时, 2= 联邦德国, 3= 丹麦, 4= 法国, 5= 英国, 6= 意大利, 7= 爱尔兰, 8= 卢森堡, 9= 荷兰), RegionID (各国自己排列的地区代码, 整数), CountyID (354 个县代码, 整数, 对建模没有用), MMdeath (恶性黑色素瘤死亡人数), expdeaths (预期死亡人数), UVBdose (UVB 剂量).[①]

例 6.6 癫痫数据 (seizure.csv). 此数据集来自 Thall and Vail (1990)[②], 由 6 个变量、236 个观测值组成. 数据中有 59 名患者, 每个患者被记录 4 次. 变量有 id (个体识别号), time (记录时间, 1, 2, 3, 4 周), counts (癫痫发作次数), treat (治疗, 0: 安慰剂, 1: 处理组[③]), bcounts (为期 8 周的基线癫痫发作次数), age(年龄). 因变量是 counts (发作次数).

例 6.7 马德拉斯精神分裂症数据 (madras.csv). 此数据集[④]由 5 个变量、922 个观测值组成. 有 90 名患者, 各患者住院时间从 1 个月到 12 个月不等, 每个月被记录 1 次. 变量有 id (个体识别号), y (症状指标, 0, 1 哑变量), month (住院月数), age (年龄), gender (性别). 因变量是二分变量 y.

6.4.2 恶性黑色素瘤死亡率数据 (例 6.5)

首先, 直观展示整体紫外线辐射与恶性黑色素瘤死亡数的关系 (见图 6.4.1 (左)), 以及考虑不同国家对该关系的影响 (见图 6.4.1 (右)). 图 6.4.1 说明紫外线辐射与恶性黑色素瘤死亡数的关系是非线性的, 此外, 不同国家对此关系的影响有差异. 该图是用下面的 R 代码生成:

```
w=read.csv('mmmec.csv')
library(tidyverse); library(patchwork)
w$Nation=factor(w$Nation)
```

[①] 原数据有更多变量, 可从网址http://www.bristol.ac.uk/cmm/learning/mmsoftware/data-rev.html#mmmec 下载.

[②] 可从网址http://www.maths.lancs.ac.uk/~diggle/lda/Datasets/seizures下载.

[③] 使用药物 progabide ($C_{17}H_{16}ClFN_2O_2$).

[④] 可从网址http://faculty.washington.edu/heagerty/Books/AnalysisLongitudinal/madras.data 下载.

```
p1=ggplot(w, aes(x=UVBdose, y=MMdeath))+
  geom_point(size = 0.8, alpha=1)+
  geom_smooth()
p2=ggplot(w, aes(x=UVBdose, y=MMdeath, color=Nation ))+
  geom_point(size = 0.8, alpha=1)+
  geom_smooth(method = 'loess',se=F)
p1+p2
```

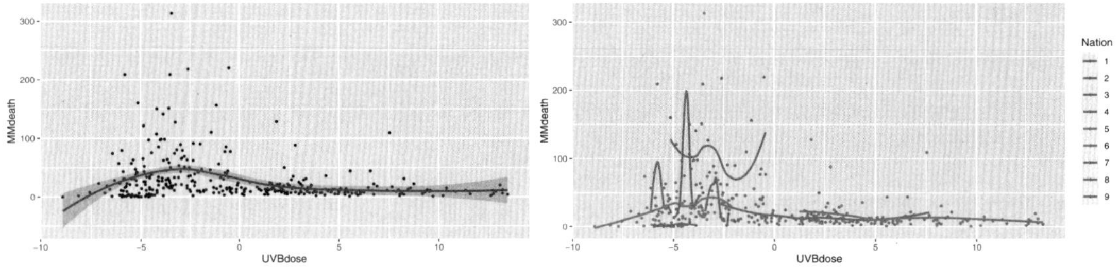

图 6.4.1　例 6.5 紫外线辐射与恶性黑色素瘤死亡数的关系 (左) 及国家对此关系的影响 (右)

其次, 可以建立国家 – 地区的 Poisson 广义线性混合模型:

$$\log(\lambda) = \beta_0 + \beta_1 x_{ij} + (\eta_{0ij} + \zeta_{0ij}), \tag{6.4.1}$$

式中, x_{ij} 表示第 i 个国家第 j 个地区的紫外线辐射量 (UVBdose). 假定 $\eta_{0ij} \sim N(0,\sigma_\eta^2)$, $\zeta_{0ij} \sim N(0,\sigma_\zeta^2)$.

根据模型 (6.4.1), R 代码及其输出结果如下:

```
library(lme4)
a = glmer(MMdeath~1+UVBdose+(1|Nation/RegionID), w, family='poisson')
summary(a)
```

```
Generalized linear mixed model fit by maximum likelihood (Laplace Approximation)
  ['glmerMod']
 Family: poisson  ( log )
Formula: MMdeath ~ 1 + UVBdose + (1 | Nation/RegionID)
   Data: w
     AIC      BIC   logLik deviance df.resid
  5651.6   5667.1  -2821.8   5643.6      350
Random effects:
 Groups          Name        Variance Std.Dev.
 RegionID:Nation (Intercept) 0.3381   0.5814
 Nation          (Intercept) 1.1671   1.0803
Number of obs: 354, groups:  RegionID:Nation, 78; Nation, 9
Fixed effects:
            Estimate Std. Error z value Pr(>|z|)
(Intercept)  3.14769    0.37643   8.362  < 2e-16 ***
UVBdose      0.05281    0.01852   2.852  0.00435 **
```

输出结果表明, 随机效应部分中相应于国家 (Nation) 的方差比相应于地区 (RegionID) 的方差要大: $\hat{\sigma}_\eta^2 = 1.1671, \hat{\sigma}_\zeta^2 = 0.3381$.

当然也可以将国家 (Nation) 作为一个变量建立 Poisson 广义线性混合模型:

$$\log(\lambda) = \beta_0 + \beta_1 x_{ij} + \beta_1 z_i + (\eta_{0i} + \zeta_{0ij}), \tag{6.4.2}$$

式中, z_i 代表变量 Nation, 假定 $\zeta_{0ij} \sim N(0, \sigma_\zeta^2)$.

下面是模型拟合的 R 代码及其结果.

```
w$Nation=factor(w$Nation)
b = glmer(MMdeath~1+UVBdose+Nation+(1|RegionID), w, family='poisson')
summary(b)
```

```
Generalized linear mixed model fit by maximum likelihood (Laplace Approximation)
  ['glmerMod']
 Family: poisson  ( log )
Formula: MMdeath ~ 1 + UVBdose + Nation + (1 | RegionID)
   Data: w
     AIC      BIC   logLik deviance df.resid
  5629.0   5671.5  -2803.5   5607.0      343
Random effects:
 Groups   Name        Variance Std.Dev.
 RegionID (Intercept) 0.295    0.5431
Number of obs: 354, groups:  RegionID, 78
Fixed effects:
            Estimate Std. Error z value Pr(>|z|)
(Intercept)  3.89852    0.32280  12.077  < 2e-16 ***
UVBdose      0.05065    0.01845   2.745 0.006045 **
Nation2      0.78190    0.35906   2.178 0.029435 *
Nation3      0.24605    0.45169   0.545 0.585937
Nation4     -1.28854    0.34896  -3.693 0.000222 ***
Nation5     -0.41867    0.36059  -1.161 0.245612
Nation6     -1.70807    0.38006  -4.494 6.98e-06 ***
Nation7     -2.85820    0.44611  -6.407 1.48e-10 ***
Nation8     -1.76284    0.66328  -2.658 0.007866 **
Nation9      0.04044    0.42222   0.096 0.923692
```

6.4.3 癫痫数据 (例 6.6)

对于例 6.6, 我们分别用 x_1, x_2, x_3, x_4 代表变量 time, treat, bcounts, age. 虽然 treat 是分类变量, 但由于是 0-1 型, 我们不必把它因子化. 考虑 Poisson 广义线性混合模型:

$$\log(\lambda) = \beta_0 + \beta_1 x_1 + \beta_2 x_2 + \beta_3 x_3 + \beta_4 x_4 + (\zeta_0 + \zeta_1 x_{4ij}). \tag{6.4.3}$$

这里假定 ζ_0 和 ζ_1 满足

$$\begin{bmatrix} \zeta_0 \\ \zeta_1 \end{bmatrix} \sim N\left(\begin{bmatrix} 0 \\ 0 \end{bmatrix}, \begin{bmatrix} \sigma_0^2 & \sigma_{01} \\ \sigma_{10} & \sigma_1^2 \end{bmatrix} \right).$$

显然, 模型 (6.4.3) 可以来源于两层模型:

$$\log(\lambda) = \pi_0 + \beta_1 x_{1ij} + \beta_2 x_{2ij} + \beta_3 x_{3ij} + \pi_1 x_{4ij},$$

$$\pi_0 = \beta_0 + \zeta_{0i},\ \pi_1 = \beta_4 + \zeta_{1i}.$$

根据模型 (6.4.3), 我们可以很容易地写出拟合代码:

```
w=read.csv("seizure.csv")
library(lme4)
g=glmer(counts~time+treat+bcounts+age+(age|id),w,family=poisson)
summary(g)
```

并得到输出:

```
Generalized linear mixed model fit by maximum likelihood
    (Laplace Approximation) [glmerMod]
 Family: poisson  ( log )
Formula: counts ~ time + treat + bcounts + age + (age | id)
   Data: w
     AIC      BIC   logLik deviance df.resid
  1353.7   1381.4   -668.9   1337.7      228
Random effects:
 Groups Name        Variance  Std.Dev. Corr
 id     (Intercept) 6.740e-02 0.259609
        age         9.238e-05 0.009612 1.00
Number of obs: 236, groups:  id, 59
Fixed effects:
             Estimate Std. Error z value Pr(>|z|)
(Intercept)  0.791657   0.364454   2.172   0.0298 *
time        -0.057432   0.020167  -2.848   0.0044 **
treat       -0.268241   0.152130  -1.763   0.0779 .
bcounts      0.026226   0.002808   9.341   <2e-16 ***
age          0.010860   0.011265   0.964   0.3350
```

这个输出给出了各种参数估计: $\hat{\sigma}_0 = 0.259609$, $\hat{\sigma}_1 = 0.009612$, $\hat{\gamma}_{01} = 1$, $\hat{\beta}_0 = 0.791657$, $\hat{\beta}_1 = -0.057432$, $\hat{\beta}_2 = -0.268241$, $\hat{\beta}_3 = 0.026226$, $\hat{\beta}_4 = 0.010860$.

6.4.4 马德拉斯精神分裂症数据 (例 6.7)

对于例 6.7, 我们分别用 x_1, x_2, x_3 代表变量 month, age, gender. 虽然 gender 是分类变量, 但由于是 0-1 型, 我们不必把它因子化. 考虑 logistic 广义线性混合模型:

$$\log\left(\frac{p}{1-p}\right) = \beta_0 + \beta_1 x_{1ij} + \beta_2 x_{2ij} + \beta_3 x_{3ij} + \zeta_{0i}. \tag{6.4.4}$$

这里假定 $\zeta_{0i} \sim N(0, \sigma_\zeta^2)$. 显然, 模型 (6.4.4) 可以来源于两层模型:

$$\log\left(\frac{p}{1-p}\right) = \pi_0 + \beta_1 x_{1ij} + \beta_2 x_{2ij} + \beta_3 x_{3ij},$$

$$\pi_0 = \beta_0 + \zeta_{0i}.$$

根据模型 (6.4.4) 我们可以很容易地写出拟合代码:

```
w=read.csv("madras.csv")
library(lme4)
a=glmer(y~month*age+gender+(1|id),w,family=binomial)
summary(a)
```

并得到输出:

```
Generalized linear mixed model fit by maximum likelihood
    (Laplace Approximation) [glmerMod]
 Family: binomial  ( logit )
Formula: y ~ month * age + gender + (1 | id)
   Data: w

     AIC      BIC   logLik deviance df.resid
   755.4    784.4   -371.7    743.4      916

Random effects:
 Groups Name        Variance Std.Dev.
 id     (Intercept) 4.781    2.187
Number of obs: 922, groups:  id, 86

Fixed effects:
            Estimate Std. Error z value Pr(>|z|)
(Intercept)  1.19842    0.43972   2.725  0.00642 **
month       -0.46153    0.04896  -9.426  < 2e-16 ***
age          1.50338    0.67106   2.240  0.02507 *
gender      -1.22821    0.54969  -2.234  0.02546 *
month:age   -0.27153    0.09656  -2.812  0.00492 **
```

对于结果的解释和 Poisson 情况类似, 这里就不再赘述了.

6.5 决策树关联的混合模型

6.5.1 决策树关联的混合模型 REEM tree 和 GLMM tree 简介

关于具有随机效应的决策树常见的两个 R 程序包, 一个为 REEMtree[①], 主要针对线性随机效应混合模型推广到包含决策树的模型 (random effects/expectation maximization tree, REEM tree), 使用 REEMtree 函数且衔接了 nlme 程序包中函数的写法特点, 由随机效应和决策树取代固定效应两部分组成; 另一个为 glmertree[②], 该程序包固定效应部分同样利用决策树来解释, 但随机效应部分适用范围相对更加广泛, 包括线性和广义线性混合模型的决策树 (generalized linear mixed effects model tree, GLMM tree), 在应用中分别调用该程序包

[①] Sela, R. J. and Simonoff, J. S. (2023). REEMtree: regression trees with random effects. R package version 0.90.5.

[②] Fokkema, M., Smits, N., Zeileis, A., Hothorn, T., Kelderman, H. (2018). Detecting treatment-subgroup interactions in clustered data with generalized linear mixed-effects model yrees. *Behavior Research Methods*, 50: 2016-2034. https://doi.org/10.3758/s13428-017-0971-x.

中的 `lmertree` 和 `glmertree` 函数. 现在具体讲解带有随机效应决策树的两个程序包的基本原理.

在 6.3 节给出了线性随机效应混合模型的一般形式:

$$\boldsymbol{y}_i = \boldsymbol{X}_i\boldsymbol{\beta}_i + \boldsymbol{Z}_i\boldsymbol{b}_i + \boldsymbol{\varepsilon}_i,\ \ i = 1, 2, \ldots, N.$$

这里, 固定效应和随机效应部分都是线性的. 但是, 如果固定效应不一定是线性的, 而又无法写出非线性关系的分析表达式, 则可以用决策树 (在 4.2 节已介绍) 来取代固定效应部分. 该方法是 Sela and Simonoff (2012) 给出的. 其公式为:

$$\boldsymbol{y}_i = f(\boldsymbol{X}_1, \boldsymbol{X}_2, \ldots, \boldsymbol{X}_p) + \boldsymbol{Z}_i\boldsymbol{b}_i + \boldsymbol{\varepsilon}_i,\ \ i = 1, 2, \ldots, N, \tag{6.5.1}$$

式中, $\boldsymbol{y}_i$ 为 $n_i \times r$ 阶的, $\boldsymbol{X}_i$ 为 $n_i \times p$ 阶的, $\boldsymbol{Z}_i$ 为 $n_i \times q$ 阶的, $\boldsymbol{b}_i$ 为 $q \times r$ 阶的, ε_i 为 $n_i \times r$ 阶的.

$$\begin{bmatrix} \boldsymbol{b}_1 \\ \boldsymbol{b}_2 \\ \vdots \\ \boldsymbol{b}_q \end{bmatrix} \sim N(\boldsymbol{0}, \boldsymbol{\Psi});$$

而且, 对于所有的 i, 假定 $\boldsymbol{\varepsilon}_i \sim N(\boldsymbol{0}, \boldsymbol{\Sigma})$ 且独立于 $\boldsymbol{b}_i$. 式 (6.5.1) 中的 $f(\boldsymbol{X}_1, \boldsymbol{X}_2, \ldots, \boldsymbol{X}_p)$ 为用决策树来解释的固定效应部分, 而 $\boldsymbol{Z}_i\boldsymbol{b}_i$ 为随机效应部分, 这种建模方式旨在提高模型的适应性及灵活性.

另一种研究方法 GLMM tree 来源于 Fokkema et al. (2018), 其表达式为:

$$\begin{aligned} \boldsymbol{\mu}_i &= E[\boldsymbol{y}_i|\boldsymbol{x}_i] \\ g(\boldsymbol{\mu}_i) &= \boldsymbol{x}_i^\top\boldsymbol{\beta}_j + \boldsymbol{z}_i^\top\boldsymbol{b}_m,\ i = 1, 2, \ldots, N, \end{aligned} \tag{6.5.2}$$

式中, $\boldsymbol{y}_i$ 表示第 i 个观测值的因变量; $g()$ 为广义线性模型的连接函数; $\boldsymbol{x}_i^\top\boldsymbol{\beta}_j$ 为决策树部分, $\boldsymbol{\beta}_j$ 为局部参数 (local parameters), 它的估计值依赖于终节点 j; z_i 表示第 i 个观测值的随机效应量; 随机效应参数 b_m 是全局的 (global). 式 (6.5.2) 和式 (6.5.1) 的基本含义类似, 两者充分利用决策树来解释固定效应部分, 不假定因变量和自变量之间的线性和非线性关系. 两者的区别在于 REEM tree 随机效应部分假定为线性且服从正态分布, 而 GLMM tree 随机效应部分可以将其拓展为广义线性模型的范畴. **混合效应回归树** (mixed-effects regression tree, MERT) 的参数估计方法可以参考 Hajjem et al. (2011) 和 Sela and Simonoff (2012) 基于 EM 算法的考虑.

6.5.2 GLMM tree 拟合癫痫数据 (例 6.6)

这里用 GLMM tree 拟合例 6.6 癫痫数据, 该数据是因变量为计数变量的纵向数据, 因此试着考虑 Poisson 对数线性模型, 而式 (6.5.2) 中的 $g()$ 应该是 Poisson 分布 (既是均值的又是方差的) 参数 λ 的对数函数 $g(\lambda) = \log(\lambda)$. 我们将使用 `glmertree` 函数并在拟合中选择 `family=poisson`.

模型 1

这里, 考虑决策树的每个终节点的预测值都是对这个节点观测值的自变量为 time 的简单线性回归, 即有形式

$$g(\lambda_i^{(k)}) = a^{(k)} + b^{(k)}x_i^{(k)},\ \forall \text{ 观测值 } i \in \text{ 节点 } k,$$

这里的上标 (k) 表示终节点中标号为 k 的节点, x 代表自变量 (这里是 time). 我们还考虑式 (6.5.2) 中的随机部分为 (这里 x 也代表 time):

$$\beta_0 + \beta_1 x,\ \begin{bmatrix}\beta_0\\ \beta_1\end{bmatrix} \sim N\left(\begin{bmatrix}0\\ 0\end{bmatrix}, \begin{bmatrix}\sigma_0^2 & \sigma_{01}\\ \sigma_{10} & \sigma_1^2\end{bmatrix}\right),$$

而参与构建决策树的自变量为 time, treat, bcounts, age.

与上面模型关联的拟合癫痫数据的 R 代码如下 (包括输出决策树):

```
library(glmertree)
w=read.csv('seizure.csv')
a=glmertree(counts~time|((1+time)|id)|time+treat+bcounts+age,w,
  family=poisson)
plot(a, which = "tree")
```

图 6.5.1 为输出的决策树, 使用代码 `a$tree` 可输出相应于图 6.5.1 的决策树细节, 包括每个终节点回归模型的系数.

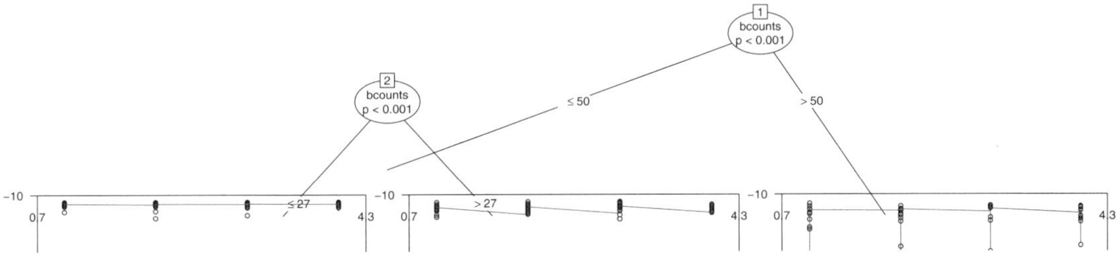

图 6.5.1 例 6.6 癫痫数据的模型 GLMM tree (模型 1) 拟合的决策树

```
Generalized linear mixed model tree
Model formula:

counts ~ time | time + treat + bcounts + age
Fitted party:

[1] root
|   [2] bcounts <= 50
|   |   [3] bcounts <= 27: n = 140
|   |       (Intercept)        time
|   |         1.1510719  -0.0332456
|   |   [4] bcounts > 27: n = 56
|   |       (Intercept)        time
```

```
|   |         2.2548632  -0.0732482
|   [5] bcounts > 50: n = 40
|       (Intercept)        time
|        3.08792016 -0.05176215

Number of inner nodes:    2
Number of terminal nodes: 3
Number of parameters per node: 2
Objective function (negative log-likelihood): 550.5227
```

可以通过 fixef(a)(或 coef(a)) 得到该模型每个终节点的参数估计 $\hat{a}^{(k)}, \hat{b}^{(k)}$ $(k = 3, 4, 5)$:

```
> coef(a)
  (Intercept)        time
3    1.143398 -0.03351964
4    2.253725 -0.07355516
5    3.087737 -0.05184701
```

通过 VarCorr(a) 获取模型总体的随机效应量, 其输出结果为:

```
> VarCorr(a)
 Groups Name        Std.Dev. Corr
 id     (Intercept) 0.64521
        time        0.14552  -0.558
```

也就是说, $\hat{\sigma}_1 = 0.64521, \hat{\sigma}_2 = 0.14552, \widehat{\text{cor}}(\beta_0, \beta_1) = -0.558$. 使用代码 renef(a) 还可以输出对于 59 个 id 的关于斜率及截距的随机效应预测值 (注意: 不是估计值, 只有固定效应的参数才能估计, 随机效应只能预测).

模型 2

这里, 仍然和模型 1 一样考虑决策树的每个终节点的预测值都是对这个节点观测值的自变量为 time 的简单线性回归, 即有形式

$$g(\lambda_i^{(k)}) = a^{(k)} + b^{(k)} x_i^{(k)}, \ \forall \text{ 观测值 } i \in \text{ 节点 } k,$$

这里的上标 (k) 表示终节点中标号为 k 的节点, x 代表自变量 (这里是 time). 然而, 和前一个模型比较, 我们把随机部分减少为只有截距, 也就是不把 time 考虑进随机效应:

$$\beta_0 \sim N\left(0, \sigma_0^2\right),$$

而参与构建决策树的自变量仍然为 time, treat, bcounts, age.

与上面模型关联的拟合癫痫数据的代码如下 (包括输出决策树图 6.5.2):

```
b=glmertree(counts~time|id|time+treat+bcounts+age,w, family=poisson)
plot(b,which="tree")
```

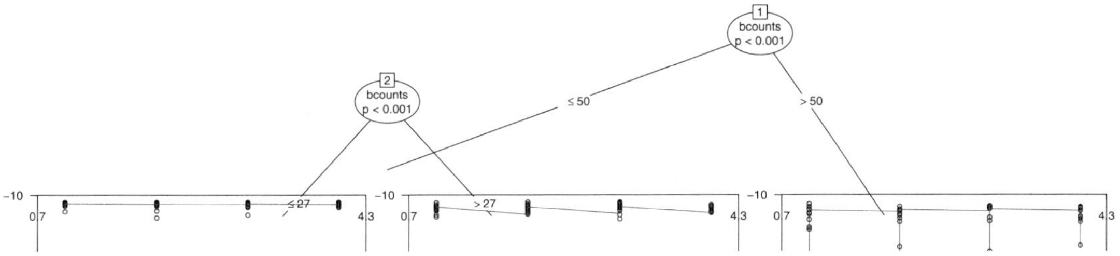

图 6.5.2 例 6.6 癫痫数据的模型 GLMM tree (模型 2) 拟合的决策树

使用代码 `a$tree` 可得到相应于图 6.5.2 的决策树细节:

```
Generalized linear mixed model tree
Model formula:

counts ~ time | time + treat + bcounts + age
Fitted party:

[1] root
|   [2] bcounts <= 50
|   |   [3] bcounts <= 27: n = 140
|   |        (Intercept)        time
|   |         1.15992285 -0.03221286
|   |   [4] bcounts > 27: n = 56
|   |        (Intercept)        time
|   |         2.24136891 -0.06314508
|   [5] bcounts > 50: n = 40
|        (Intercept)        time
|         3.13779116 -0.06668244

Number of inner nodes:    2
Number of terminal nodes: 3
Number of parameters per node: 2
Objective function (negative log-likelihood): 586.3156
```

可以通过 `fixef(b)` (或 `coef(b)`) 得到该模型每个终节点的参数估计 $\hat{a}^{(k)}, \hat{b}^{(k)}$ $(k = 3, 4, 5)$:

```
  (Intercept)        time
3     1.15353 -0.03221372
4     2.24010 -0.06314294
5     3.13755 -0.06668015
```

利用代码 `VarCorr(b)` 可输出估计 $\hat{\sigma}_0 = 0.53687$:

```
> VarCorr(b)
 Groups Name        Std.Dev.
 id     (Intercept) 0.53687
```

6.5.3 用 REEM tree 和 GLMM tree 拟合数学分数数据 (例 6.2)

下面用 REEM tree 和 GLMM tree 拟合例 6.2 数学分数数据. 该数据的因变量为连续型变量的截面数据, 可以使用 `REEMtree` 函数和 `lmertree` 函数拟合带有线性随机效应混合模型的决策树.

REEM tree 模型

关于式 (6.5.1), 我们最初考虑其随机效应为:

$$\beta_{0i}+\beta_{1i}x_{ij},\ i=1,2,3;\ \ j=1,2,\ldots,12,$$

式中, x_{ij} 代表第 i 个学校的第 j 个教室. 但发现这样做的预测效果不如简单地只有随机截距部分:

$$\beta_{0i}\sim N(0,\sigma_\beta^2),\ \ i=1,2,3.$$

当然, 对于误差项, 假定 $\varepsilon_{ij}\sim N(0,\sigma_\varepsilon^2)$.

读者可能会觉得, 这些随机效应的设定有一定随意性. 这种感觉是对的! 除了为自己的模型精心打造的模拟数据之外, 对数据和模型的各种假定都是主观想象的, 怎么使得这些主观的模型和实际数据看上去漂亮和容易解释往往是一些人努力的方向, 这可能对发表文章有好处, 但他们 (有意或无意地) 忘记了预测才是建立模型的主要目的, 也忘记了预测精度高的模型才能算是好模型.

除了表面的 “可解释性” 之外, 可计算性也是考虑模型设定的一个因素, 很多看上去漂亮的模型根本无法计算. 读者可以试试在混合模型中随意增加随机效应项, 会发现无法计算或者结果不收敛.

有随机截距的 REEM tree 模型的 R 代码及其结果如下:

```
library(easypackages)
libraries('tidyverse','lme4','rpart.plot','glmertree',
    'randomForest','REEMtree')
w=read.csv('Sim3level.csv')
a=REEMtree(Math~ActiveTime+ClassSize, w, random=~1|School)
print(a)
```

```
[1] "*** RE-EM Tree ***"
n= 570


node), split, n, deviance, yval
      * denotes terminal node


 1) root 570 44083.65000 44.43654
```

```
   2) ActiveTime< 0.6228921 357 23683.64000 41.36204
     4) ActiveTime< 0.312825 198 11436.64000 39.11886
       8) ClassSize>=19.5 104  4873.42600 36.74562
        16) ClassSize< 22 51  2164.78600 34.12466 *
        17) ClassSize>=22 53  2020.75300 39.26846
          34) ClassSize>=23.5 40  1020.09500 37.24208 *
          35) ClassSize< 23.5 13   146.12010 46.57466 *
       9) ClassSize< 19.5 94  5329.39700 41.74457
        18) ClassSize< 15.5 30   688.57760 37.58141 *
        19) ClassSize>=15.5 64  3926.52300 43.58234 *
     5) ActiveTime>=0.312825 159 10009.99000 44.15544
      10) ClassSize>=19.5 94  4326.67300 42.10166
        20) ClassSize< 22 57  2230.75200 40.64556 *
        21) ClassSize>=22 37  1764.64700 44.43171
          42) ClassSize>=23.5 23   539.67360 41.00389 *
          43) ClassSize< 23.5 14   397.05470 50.75753 *
      11) ClassSize< 19.5 65  4713.43200 47.12554
        22) ClassSize< 15.5 22   684.91870 41.39549 *
        23) ClassSize>=15.5 43  2988.54500 49.95846 *
   3) ActiveTime>=0.6228921 213 11369.53000 49.58956
     6) ActiveTime< 0.8836178 143  6784.30100 48.45875
      12) ClassSize>=19.5 87  3737.78800 47.43603
        24) ClassSize< 22 53  1804.54100 45.55649 *
        25) ClassSize>=22 34  1428.92800 50.44205
          50) ClassSize>=23.5 22   716.98390 47.49588 *
          51) ClassSize< 23.5 12    70.08857 56.58781 *
      13) ClassSize< 19.5 56  2814.14700 50.04760
        26) ClassSize< 14.5 16   417.93640 44.83560 *
        27) ClassSize>=14.5 40  1820.34700 52.01153 *
     7) ActiveTime>=0.8836178 70  4028.81600 51.98223 *
[1] "Estimated covariance matrix of random effects:"
            (Intercept)
(Intercept)    104.3955
[1] "Estimated variance of errors: 42.8080657843617"
[1] "Log likelihood:  -1859.77683438595"
```

上面显示 $\hat{\sigma}_\beta^2 = 104.3955, \hat{\sigma}_\varepsilon^2 = 42.8081$. 通过代码 `plot(a)` 可以得到和上面输出相对应的决策树图, 但图形不那么完全, 这里就不展示了.

GLMM tree 模型

这里考虑决策树的每个终节点的预测值都是对这个节点观测值的自变量为 Classroom 的简单线性回归, 即有形式

$$E(y_i) = a^{(k)} + b^{(k)} x_i^{(k)}, \ \forall \text{ 观测值 } i \in \text{ 节点 } k,$$

这里的上标 (k) 表示终节点中标号为 k 的节点, x 代表自变量 Classroom. 这里对随机效应项的假定和 REEM tree 模型相同, 即只有随机截距部分:

$$\beta_{0j} \sim N(0, \sigma_\beta^2), \;\; j = 1, 2, 3.$$

当然, 对于误差项, 假定 $\varepsilon_{ij} \sim N(0, \sigma_\varepsilon^2)$.

相应的输出决策树细节及相应图 (见图 6.5.3) 的 R 代码为:

```
b=lmertree(Math~Classroom|School|ActiveTime+ClassSize,w)
b$tree
plot(b,which="tree")
```

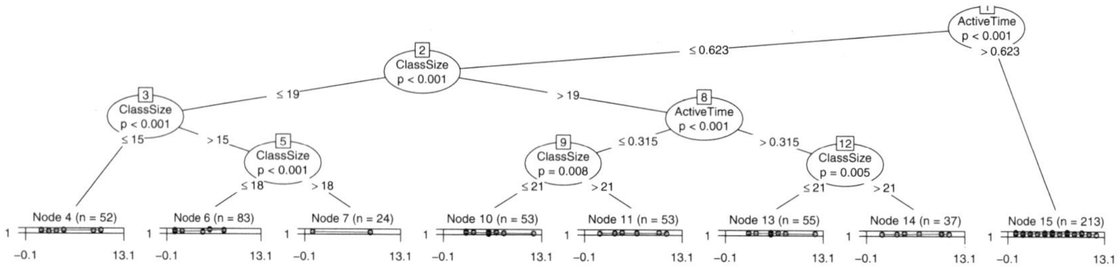

图 6.5.3　例 6.2 数学分数数据拟合带有线性随机效应混合模型的决策树

决策树的打印输出为:

```
Linear mixed model tree
Model formula:
Math ~ Classroom | ActiveTime + ClassSize
Fitted party:
[1] root
|   [2] ActiveTime <= 0.62283
|   |   [3] ClassSize <= 19
|   |   |   [4] ClassSize <= 15: n = 52
|   |   |       (Intercept)   Classroom
|   |   |        36.4504579   0.5863717
|   |   |   [5] ClassSize > 15
|   |   |   |   [6] ClassSize <= 18: n = 83
|   |   |   |       (Intercept)   Classroom
|   |   |   |         39.157050    1.591563
|   |   |   |   [7] ClassSize > 18: n = 24
|   |   |   |       (Intercept)   Classroom
|   |   |   |        48.9986875  -0.7547169
|   |   [8] ClassSize > 19
|   |   |   [9] ActiveTime <= 0.31506
|   |   |   |   [10] ClassSize <= 21: n = 53
|   |   |   |       (Intercept)   Classroom
```

```
|   |   |   |         38.4234350  -0.6907357
|   |   |   |     [11] ClassSize > 21: n = 53
|   |   |   |         (Intercept)   Classroom
|   |   |   |         37.3454134   0.2644736
|   |   |   [12] ActiveTime > 0.31506
|   |   |   |     [13] ClassSize <= 21: n = 55
|   |   |   |         (Intercept)   Classroom
|   |   |   |         42.0004277  -0.1959763
|   |   |   |     [14] ClassSize > 21: n = 37
|   |   |   |         (Intercept)   Classroom
|   |   |   |          37.595846    1.049568
|   [15] ActiveTime > 0.62283: n = 213
|       (Intercept)   Classroom
|       49.62200506 -0.01008102

Number of inner nodes:    7
Number of terminal nodes: 8
Number of parameters per node: 2
Objective function (residual sum of squares): 26311.77
```

利用代码 VarCorr(b) 可得到:

```
> VarCorr(b)
 Groups   Name        Std.Dev.
 School   (Intercept) 9.5321
 Residual             6.9020
```

这意味着 $\hat{\sigma}_\beta = 9.5321, \hat{\sigma}_\varepsilon = 6.9020$. 用代码 coef(b) 可集中得到上面决策树已经显示过的 (终节点的回归线的) 截距 $a^{(k)}$ 和斜率 $b^{(k)}$ $(k = 4, 6, 7, 10, 11, 13, 14, 15)$:

```
>  coef(b)
   (Intercept)   Classroom
4     36.60370  0.56902879
6     39.35121  1.58704929
7     48.72225 -0.75471687
10    38.58707 -0.71631828
11    37.06898  0.26447358
13    42.23227 -0.23616746
14    37.31941  1.04956843
15    49.65602 -0.02907664
```

作为对比的普通决策树模型

若把嵌套结构数据层次变量 (即分组变量) 作为决策树拆分变量处理, 可生成如图 6.5.4 所示的决策树, 这里 School 作为根节点, 几个拆分变量得到 10 个终节点 (叶节点), 得到各类的相应数学分数.

```
library(rpart.plot)
c=rpart(Math~Classroom+School+ActiveTime+ClassSize,w)
rpart.plot(c,type=2,extra=1,digits=4)
```

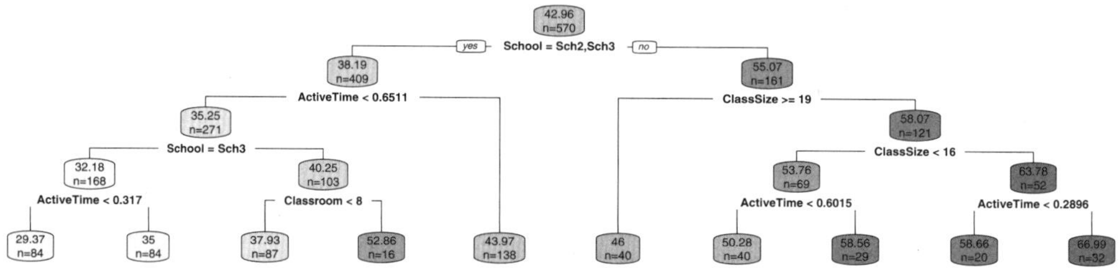

图 6.5.4　例 6.2 数学分数数据拟合机器学习回归方法的决策树

6.6　对例 6.2 数学分数数据做第 6 章方法与其他模型的比较

例 6.2 数学分数数据是一个为线性混合模型精心打造的模拟数据, 但是, 使用各种混合模型方法是不是比通常的模型有更高的预测精度? 可以预料, 这些混合模型应该比简单的线性模型更精确, 但线性模型仅仅是回归中最初等的模型. 下面我们把这些混合模型与机器学习中最简单的决策树和组合模型中的随机森林做比较, 进行 10 次 10 折交叉验证.

相应的 10 次 10 折交叉验证 NMSE 见图 6.6.1.

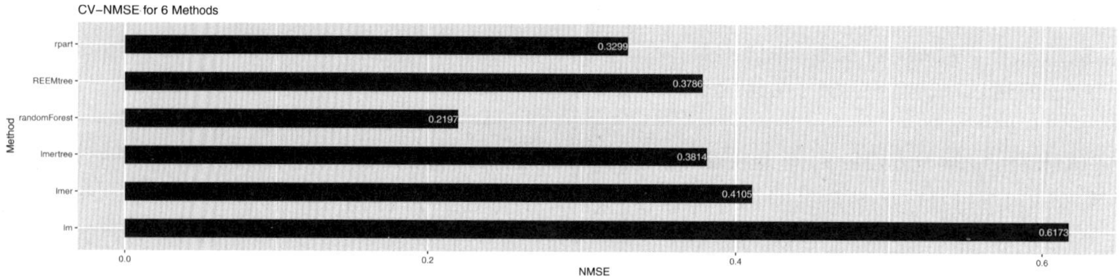

图 6.6.1　例 6.2 数学分数数据的 6 种方法的 10 次 10 折交叉验证 NMSE

生成图 6.6.1 的 R 代码为:

```
w = read.csv('Sim3level.csv',stringsAsFactors = TRUE)
Z=10; n=nrow(w); N=10; WW=NULL
M=sum((w$Math-mean(w$Math))^2)
pred=matrix(999,n,6)
nmse=matrix(999,N,6)
set.seed(1010)
Seed=sample(1:1000, N)
for (j in 1:N){
  mm=Fold(w, D=5,Z=Z,seed = Seed[j])
  for (i in 1:Z){
```

```
    m=mm[[i]]
    pred[m,1] = lm(Math~ActiveTime+ClassSize,w[-m,]) %>%
      predict(w[m,])
    pred[m,2] = lmer(Math~ActiveTime+ClassSize+(1|School),w[-m,]) %>%
      predict(w[m,])
    pred[m,3] = REEMtree(Math~ActiveTime+ClassSize,w[-m,],
                         random=~1|School) %>%
      predict(w[m,], id=w$School[m])
    pred[m,4] = lmertree(Math~Classroom|School|ActiveTime+ClassSize,
                         w[-m,]) %>%
      predict(w[m,])
    pred[m,5] = rpart(Math~ActiveTime+ClassSize+Classroom+School,
                      w[-m,]) %>%
      predict(w[m,])
    pred[m,6]=randomForest(Math~ActiveTime+ClassSize+Classroom+School,
                           w[-m,])%>%
      predict(w[m,])
  }
  nmse[j,]=apply((sweep(pred,1,w$Math,'-'))^2,2,sum)/M
}
WW=rbind(WW,nmse)
NMSE=apply(WW,2,mean)
NMSE=data.frame(Method=c('lm','lmer','REEMtree','lmertree','rpart',
                         'randomForest'),
                NMSE=NMSE)
print(NMSE)
Gbarplot(NMSE)
```

下面是输出:

```
        Method      NMSE
1           lm 0.6173103
2         lmer 0.4105264
3     REEMtree 0.3785565
4     lmertree 0.3814481
5        rpart 0.3299402
6 randomForest 0.2197176
```

对于专门为混合模型打造的数学分数数据 (例6.2) 来说, 10 次 10 折交叉验证结果表明, 和随机效应完全不沾边的随机森林 (`randomForest`) 的误差显著小于其他模型, 同样和随机效应无关的单纯决策树 (`rpart`) 的误差第二小, 其他两个加入了决策树的混合模型方法 (`REEMtree`, `lmertree`) 排在第 3、4 位, 排在第 5 位的是没有结合决策树的线性混合模型 (`lmer`), 最大的是线性回归.

就这个例子来说, 诸如决策树、随机森林这样不考虑随机效应的机器学习方法的预测精度最高,而考虑了随机效应的决策树则会降低预测精度,但比单纯的线性混合模型要好.

显然, **对数据的主观假定越多、越复杂的模型, 距离现实世界越远.**

6.7 Python 对例 6.2 数学分数数据的 MERF 模型及其他模型比较

Python 中对于**多层线性回归模型** (hierarchical linear regression model) 普遍运用 PyMC 模块来进行贝叶斯分析.[①] `hierreg` 是 Python 中处理多水平、随机效应和多水平贝叶斯模型少有的一个程序包, 需要安装 (在终端用语句 `pip install hierreg` 安装). [②] 此外, 该包默认项强调交叉验证的预测效果, 这符合评价一个模型优劣的标准. 但遗憾的是, 目前 Python 中的 `hierreg` 能处理的随机效应部分只有截距项, 不含系数项, 且广义线性混合模型只能处理因变量是二分变量的情况. 所以, 本节针对线性混合模型和广义线性混合模型分别选取了一个例子运行 Python 代码. 需要强调的是, 模型构造不一定越复杂越好, 用模型驱动的复杂人为假定并不意味着有任何实际意义, 我们需要从问题背景和数据自身出发对其进行探索分析.

Python 中**混合效应随机森林** (mixed effects random forest, MERF)[③] 和 R 语言中随机效应决策树的设想差不多, 为了让混合模型的固定效应部分不局限于线性, 使用随机森林代替; 但是, 目前随机效应部分只能是线性假定, 同时分组变量只能选定一个作为随机效应 (该包函数定义为 cluster), 不能解决两层及以上的嵌套结构. 在此使用预测精度来评价模型的优劣. 此外, 随机效应随机森林需要在终端安装 (使用 `pip install merf` 安装).

该模型的表达式和前面的类似:

$$\boldsymbol{y}_i = f(\boldsymbol{X}_i) + \boldsymbol{Z}_i b_i + \boldsymbol{e}_i,\ \boldsymbol{b}_i \sim N(\boldsymbol{0}, \boldsymbol{D}),\ \boldsymbol{e}_i \sim N(\boldsymbol{0}, \boldsymbol{R}_i),\ \ i = 1, 2, \ldots, n_i;\ \sum_i n_i = n. \tag{6.7.1}$$

式中, i 是群指标; $\boldsymbol{y}_i$ 为第 i 个群的因变量, 是 $n_i \times 1$ 阶向量; $\boldsymbol{X}_i$ 为 $n_i \times p$ 阶协变量矩阵; $\boldsymbol{Z}_i$ 为 $n_i \times q$ 阶随机效应变量矩阵; $\boldsymbol{e}_i$ 为第 i 个群的 $n_i \times 1$ 阶的随机误差; $f()$ 是随机森林模型; $\boldsymbol{D}$ 是随机效应 b_i 服从正态分布的 $q \times q$ 阶协方差矩阵; $\boldsymbol{R}_i$ 是随机误差项协方差矩阵; 该模型算法请参考 Hajjem et al. (2012).

针对例 6.2 数学分数数据, 将 MERF 与 `hierreg` 模型、线性模型、随机森林、HGboost 进行交叉验证, 并基于 NMSE 做对比. 首先, 导入需要的模块[④]:

```
from hierreg import HierarchicalRegression
from sklearn.linear_model import LinearRegression
from merf import MERF
from sklearn.ensemble import HistGradientBoostingRegressor
from sklearn.ensemble import RandomForestRegressor
```

然后, 读取数据并将字符型变量转化为数字型, 同时, 定义各个函数需要使用的变量, 再

---

① 参见吴喜之的《贝叶斯数据分析——基于 R 与 Python 的实现》.

② https://github.com/david-cortes/hierreg.

③ https://github.com/manifoldai/merf.

④ 注意, `HierarchicalRegression` 函数可能使用老版本的 pandas 程序的 `DataFrame`, 除非该函数进行更新, 否则导致后面代码会给出 `'DataFrame' object has no attribute 'as_matrix'` 的警告而不能使用. 这时只能删除有关的代码 (所有以 `hr.` 开头的代码行), 舍弃该模型.

导入交叉验证函数, 对数据进行分析:

```
w=pd.read_csv('Sim3level.csv')
from sklearn import preprocessing
le = preprocessing.LabelEncoder() #将字符型变量转化成数字型
le.fit(w['School'])
le.classes_
w=w.assign(School1=le.transform(w.School))

y = w['Math']
X = w[['ActiveTime']]
H = w[['ClassSize']]
clusters = w['School']
X1 = w[['ActiveTime','ClassSize']]
groups = w[['School','Classroom']]
X2 = w[['ActiveTime','ClassSize','School1','Classroom']]
```

下面划分交叉验证子集的 Python 代码使用了1.6.1节引入的 `Rfold` 函数:

```
n = len(y); Z = 10
zid = Rfold(n,Z,1010)
```

最后, 对各个模型进行交叉验证:

```
Y_pred = np.zeros((n,5))
M = np.sum((y-np.mean(y))**2)
for j in range(Z):
    reg = LinearRegression()
    reg.fit(X1[zid!=j], y[zid!=j])
    hr=HierarchicalRegression(solver_interface='casadi')
    hr.fit(X1[zid!=j], y[zid!=j], groups[zid!=j])
    mrf = MERF(n_estimators=300, max_iterations=100)
    mrf.fit(X[zid!=j], H[zid!=j], clusters[zid!=j], y[zid!=j])
    RF=RandomForestRegressor(n_estimators=500,random_state=1010)
    RF.fit(X2[zid!=j],y[zid!=j])
    HG=HistGradientBoostingRegressor(random_state=1010)
    HG.fit(X2[zid!=j],y[zid!=j])
    Y_pred[zid==j,0]=reg.predict(X1[zid==j])
    Y_pred[zid==j,1]=hr.predict(X1[zid==j],groups[zid==j])
    Y_pred[zid==j,2]=mrf.predict(X[zid==j],H[zid==j],clusters[zid==j])
    Y_pred[zid==j,3]=RF.predict(X2[zid==j])
    Y_pred[zid==j,4]=HG.predict(X2[zid==j])
NMSE=dict();name=['lm','hr','mrf','RF','HG']
for i in range(len(name)):
    NMSE[name[i]]=np.sum((y-Y_pred[:,i])**2)/M
```

代码 NMSE 给出下面的输出:

```
{'lm': 0.6183403, 'hr': 0.3042895, 'mrf': 0.59933801,
 'RF': 0.16884417, 'HG': 0.1561527}
```

使用1.6.1节的画图函数 BarPlot 得到图 6.7.1:

```
BarPlot(NMSE,'NMSE','Model','Comparison of NMSE among various models')
```

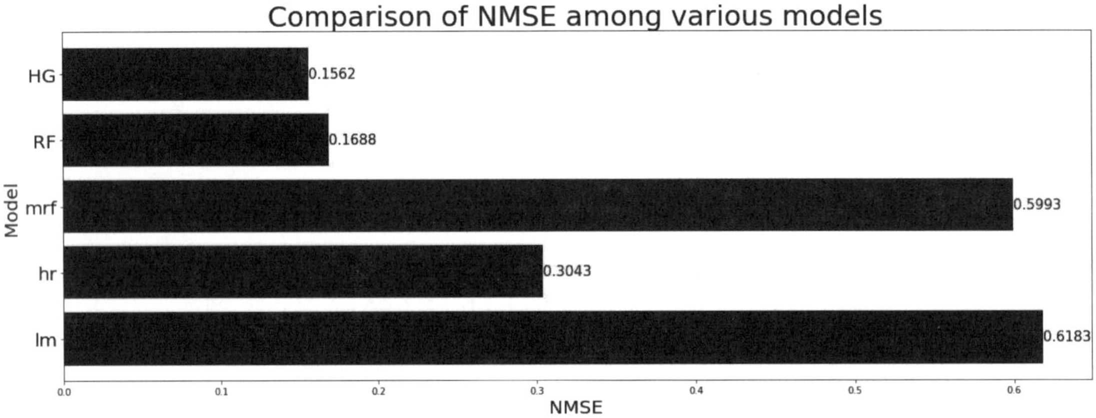

图 6.7.1 几种方法拟合例 6.2 数学分数数据的交叉验证 NMSE

从输出结果可以看出, HGboost 和随机森林的效果比较好, 而线性模型及其他考虑随机效应的模型均较差.

6.8 习 题

1. 利用代码 `w=read.table("sitka.data.txt",header=T)` 下载 Sitka 云杉树数据.[1] 该数据有 6 个变量: logsize (Sitka 云杉树的对数度量), days (1988 年 1 月起的天气), chamber (4 个范围之一, 哑元定性变量), ozone (臭氧, 哑元定性变量), year (年, 88 和 89 两个数字), tree (79 棵树的标识). 请用本章的方法, 以 logsize 为因变量做纵向数据分析.
2. 利用代码 `w=read.csv("dental.csv")` 下载儿童牙科数据.[2] 该数据有 4 个变量: id (儿童标识), age (年龄), response (牙齿距离), gender (性别, 哑元变量: 0 为女, 1 为男). 请用本章的方法, 以 response 为因变量做纵向数据分析.
3. 利用代码 `w=read.csv("hivstudy.csv")` 下载 HIV 研究数据.[3] 该数据有 4 个变量: id (个体标识), month (月份), CD4 (CD4 细胞计数), group (组, 哑元: 1= 控制组, 2 = 单独药物, 3= 药物混合). 请用本章的方法, 以 CD4 为因变量做纵向数据分析.

---

[1] 数据来源和说明见网址: http://www.biostat.jhsph.edu/~fdominic/teaching/LDA/lda.html#data. 数据下载网址为http://www.biostat.jhsph.edu/~fdominic/teaching/LDA/sitka.data.

[2] 数据来源和说明见网址: http://www.biostat.jhsph.edu/~fdominic/teaching/LDA/lda.html#data. 数据下载网址为http://www.biostat.jhsph.edu/~fdominic/teaching/LDA/dental.dat.

[3] 数据来源和说明见网址: http://www.biostat.jhsph.edu/~fdominic/teaching/LDA/lda.html#data. 数据下载网址为http://www.biostat.jhsph.edu/~fdominic/teaching/LDA/hivstudy.raw.

第 7 章　生存分析及 Cox 模型 *

7.1　基本概念

生存分析方法研究一个感兴趣的事件发生的时间. 事件可以是死亡、受伤、疾病、康复、结婚、离婚, 等等. 这些事件可以是二分变量, 即发生或不发生, 也可以是连续型变量的一个有意义的阈值, 比如临床上的 CD4 细胞计数. 发生事件的时间或者没有事件发生的持续时间可以是小时数、天数、周数、年数, 等等.

生存分析的对象通常被观察一段时间直到某种事件发生. 这能不能用线性回归模型把时间当作因变量, 把其他变量作为自变量来研究呢? 这就必须做变换, 把正实轴上的时间变换到整个实轴, 此外, 线性回归很难应付**删失** (censored) 的观测值. 所谓删失, 就是一直被注视的对象消失了, 不知事件是否及何时发生. 比如病人退出了治疗, 没有后续了, 这称为右删失, 也是最被重视的删失. 但右删失不是信息全部失去, 至少人们知道该病人活过了那个退出治疗的时间.

在生存分析中时间通常是两个变量的结果: 一个是事件发生前所经历的时间, 也就是发生事件的时间, 比如对象 i 的死亡或删失的时间 t_i; 另一个是删失状况, 比如用 $c_i = 0$ 记第 i 个对象的时间 t_i 是删失的, 而 $c_i = 1$ 是没有删失.

假定 T 为代表生存时间的随机变量, 那么其密度函数 $f(t)$ 定义为:

$$f(t) = \lim_{\Delta t \to 0} \frac{P(t \leqslant T \leqslant t + \Delta t)}{\Delta t}.$$

记其累积分布函数为 $F(t) = P(T \leqslant t)$. 而 (累积) **生存函数** (survival function) $S(t)$ 定义为:

$$S(t) = P(T > t) = 1 - F(t).$$

此外, 还有代表即时事件发生率的**危险函数** (hazard function) $h(t)$, 定义为:

$$\begin{aligned} h(t) &= \lim_{\Delta t \to 0} \frac{P(t \leqslant T \leqslant t + \Delta t | T \geqslant t)}{\Delta t} \\ &= \lim_{\Delta t \to 0} \frac{F(t + \Delta t) - F(t)}{[1 - F(t)]\Delta t} = \frac{f(t)}{S(t)} = \frac{\mathrm{d}}{\mathrm{d}t}[-\ln S(t)]. \end{aligned}$$

累积危险函数为 $H(t) = \int_0^t h(u)\mathrm{d}u$. 生存函数、危险函数、累积危险函数在数学上是等价的, 知道其中之一, 就可以推导出其他函数.

下面通过一个例子来描述生存分析所用的各种方法.

例 7.1　艾滋病数据 (uissurv1.csv). 该数据有 628 个观测值和 11 个变量 (原数据还包括序号, 所以有 12 个变量, 这里删去了序号). 数据来自马萨诸塞大学 AIDS 的 UIS 研究组.[1] 参见

---

[1] University of Massachusetts AIDS Research Unit (UMARU) IMPACT Study (UIS). Provided by Drs. Jane McCusker, Carol Bigelow and Anne Stoddard. 该数据可从网址`https://www.umass.edu/statdata/statdata/data/uissurv.txt`下载.

Hosmer, et al. (2008). 各变量情况为: age ——参加研究时患者的年龄 (单位: 岁), beck ——贝克抑郁评分 (0～54), hercoc ——参加研究前 3 个月的海洛因或可卡因的使用 (1= 海洛因和可卡因, 2= 仅海洛因, 3= 仅可卡因, 4= 都没有), ivhx ——参加时用药历史 (1= 从未有, 2= 曾经有过, 3= 最近有过), ndrugtx ——过去药物治疗次数 (0～40 次), race ——对象种族 (0= 白人, 1= 非白人), treat ——随机确定的治疗 (0= 短期, 1= 长期), site ——治疗地点 (0=A, 1=B), los ——治疗期长 (从参加到退出) (单位: 日), time ——从参加到复发的时间 (单位: 日), censor ——删失 (1= 没删失, 0= 删失). [①]

7.2 生存函数的 Kaplan-Meier 估计

根据数据估计生存函数最常用的方法是 Kaplan-Meier 估计. 在介绍 Kaplan-Meier 估计之前, 先看这种估计的结果. 在本章, 我们使用了 R 程序包 `survival`.[②] 图 7.2.1 是例 7.1 艾滋病数据的一些生存函数图, 这里除了最左边包括 95%逐点置信区间的图是针对所有情况之外, 其余的图是关于第 3, 4, 6, 7, 8 个变量 (均为定性变量) 不同水平的生存函数图. 这些生存函数是用 Kaplan-Meier 处理删失值的方法根据数据估计的.

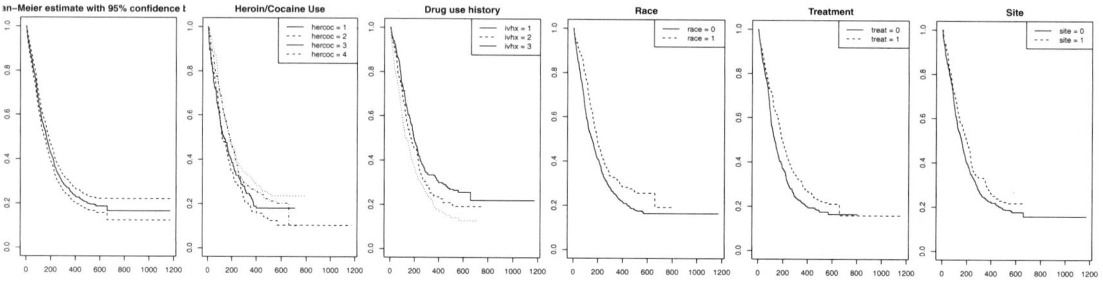

图 7.2.1　例 7.1 艾滋病数据关于各定性变量诸水平的生存函数图

从图 7.2.1 中可以看出, 正如定义的那样, 生存函数是随着时间推移下降的函数, 所有用十字标出来的位置是删失出现的地方. 图 7.2.1 还直观地显示出对于不同变量的不同水平, 生存函数有什么差别以及差别的大小. 图 7.2.1 是用下面的 R 代码实现的:

```
w=read.csv("uissurv1.csv");nn=c(3:4,6:8)
for(i in nn)w[,i]=factor(w[,i])
ln=sapply(nn,function(x)length(levels(w[,x])))
library(survival);a=Surv(w$time, w$censor)

Tit=list("Heroin/Cocaine Use"=formula('a~hercoc'),
     "Drug use history"=formula('a~ivhx'),
    "Race"=formula('a~race'),
    "Treatment"=formula('a~treat'),
    "Site"=formula('a~site')
```

[①] 第 3, 4, 6, 7, 8 个变量都是用哑元表示的定性变量. 因此需要在 R 程序中因子化, 而第 11 个 (删失信息) 虽然也是哑元表示的定性变量, 而在生存分析软件中, 还可以保持 0-1 的数字, 但在回归中可以因子化. 实际上, 对于 0-1 两个水平的定性变量, 可以不转换成因子, 结果是一样的, 但软件输出形式不同.

[②] Therneau, T. (2024). A package for survival analysis in R. R package version 3.6-4. `https://CRAN.R-project.org/package=survival`.

```
)
par(mfrow=c(2,3))
plot(survfit(a~1,conf.int=0.95, conf.type="log"),
  main="Kaplan-Meier estimate with 95% confidence bounds")
for(i in 1:length(Tit)) {
   plot(survfit(Tit[[i]],w),main=attributes(Tit)$names[i],lty=1:ln[i])
  legend("topright",paste(names(w)[nn[i]],"=",levels(w[,nn[i]])),lty=1:2)
}
```

Kaplan-Meier 估计是生存函数 $S(t)$ 的一种非参数估计. 结果为一个在每个时间点 ($0 < t_1 < t_2 < \cdots$) 的阶梯函数. 如果在时间 t_i 有 d_i 个事件发生, 而 Y_i 代表在时刻 t_i 处于风险的对象数目, 也就是说, 在时间 t_i 之前事件还未发生在 Y_i 个对象上. 生存函数的 Kaplan-Meier 估计及其方差为:

$$\hat{S}(t) = \begin{cases} 1, & t < t_1, \\ \prod_{t_i \leqslant t} \left[1 - \frac{d_i}{Y_i}\right], & t_1 \leqslant t, \end{cases}$$

$$\hat{V}[\hat{S}(t)] = [\hat{S}(t)]^2 \hat{\sigma}_S^2(t) = [\hat{S}(t)]^2 \sum_{t_i \leqslant t} \frac{d_i}{Y_i(Y_i - d_i)}.$$

生存函数有两种置信区间. 一种是利用上面估计的方差, 像正态分布变量的置信区间一样; 另一种称为 log-log 置信区间. 这两种区间的定义分别如下:

$$\left(\hat{S}(t) - Z_{1-\alpha/2}\hat{\sigma}_S^2(t)\hat{S}(t), \hat{S}(t) + Z_{1-\alpha/2}\hat{\sigma}_S^2(t)\hat{S}(t)\right);$$

$$\left(\hat{S}^{1/\theta}(t), \hat{S}^{\theta}(t)\right), \ \theta = \exp\left\{\frac{Z_{1-\alpha/2}\hat{\sigma}_S^2(t)}{\log \hat{S}(t)}\right\}.$$

图 7.2.1 最左边的图中的逐点置信区间就是用的 log-log 置信区间. 除了逐点置信区间之外, 还有**即时置信带** (simultaneous confidence bands), 而且还有几种, 这里不介绍细节, 只介绍如何实现. 图 7.2.2 为例 7.1 艾滋病数据的所有数据的包括逐点置信区间和即时置信带的生存函数的估计图.

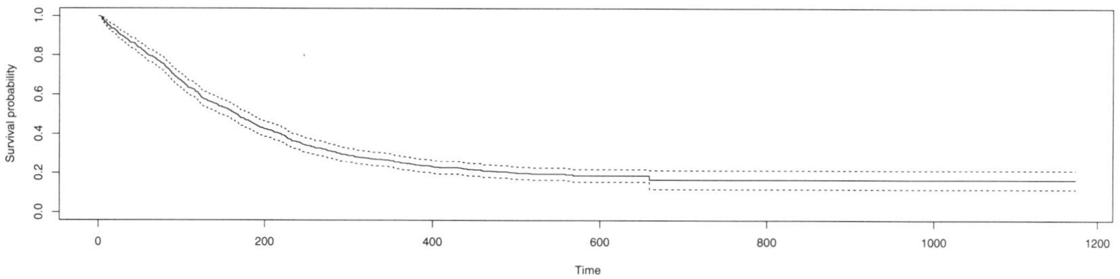

图 7.2.2　例 7.1 艾滋病数据生存函数图, 包括 95%逐点置信区间及即时置信带

图 7.2.2 是用下面的 R 代码生成的:

```
library(survival)
fit = survfit(Surv(time,censor)~1, data=w, conf.type="plain",conf.int=0.95)
plot(fit, conf.int=TRUE, xlab = "Time", ylab = "Survival probability")
```

7.3 累积危险函数

根据危险函数和生存函数之间的关系, 可知 $S(t) = \exp\{-H(t)\}$, 因此可根据 Kaplan-Meier 估计 $\hat{S}(t)$, 得到 $H(t)$ 的估计 $\hat{H}(t) = -\log \hat{S}(t)$. 还有一种 Nelson-Aalen 估计为:

$$\tilde{H}(t) = \sum_{t_i \leqslant t} \frac{d_i}{Y_i}, \ \ \hat{\sigma}_H(t) = \sum_{t_i \leqslant t} \frac{d_i}{Y_i^2}.$$

对于例 7.1 艾滋病数据, 可以用下面的语句画出两种累积危险函数图 (见图 7.3.1):

```
w=read.csv("uissurv1.csv")
nn=c(3:4,6:8);for(i in nn)w[,i]=factor(w[,i])
a=Surv(w$time, w$censor);fit=summary(survfit(a~1))
Hh=-log(fit$surv);Hh=c(Hh, tail(Hh, 1))
hs=fit$n.event/fit$n.risk;Hna=cumsum(hs)
Hna=c(Hna,tail(Hna, 1))
plot(c(fit$time, 800),Hh,type="s",xlab="Time",
  ylab="Cumulative hazard")
  title("Cumulative hazards")
  points(c(fit$time, 800), Hna, lty=2, type="s")
  legend("topleft",c("H-Kaplan-Meier","H-Nelson-Aalen"),lty=1:2)
```

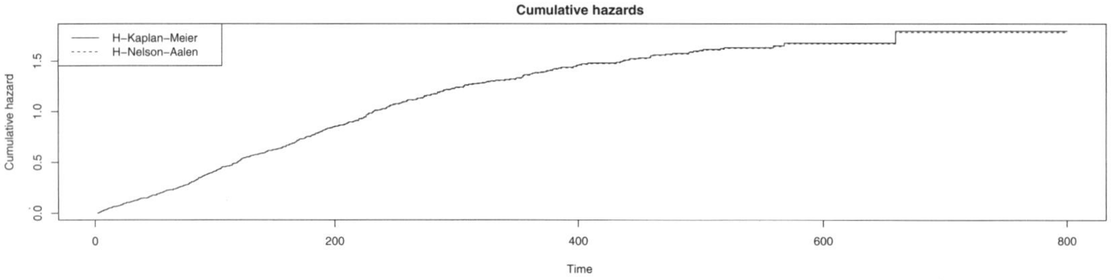

图 7.3.1 例 7.1 艾滋病数据两种累积危险函数图

7.4 估计和检验 *

前面多次提到, 区间估计和与其等价的显著性检验在逻辑上有着无法纠正的谬误, 这里提及仅仅反映统计发展的历史. 更具体地说, 任何零假设, 不应该仅仅限定于文献中的叙述, 而应该包括所有前面的模型数学假定. 因此, 在发生矛盾时 (比如 p 值小), 对所有的模型假定以及叙述的零假设都应该怀疑, 而不是仅仅拒绝所限定的零假设.

7.4.1 生存时间的中位数和均值估计

生存时间的中位数 $t_{0.5}$ 满足 $S(t_{0.5}) = 0.5$. 其估计值 $\hat{t}_{0.5}$ 为 $\hat{S}(t) = 0.5$ 时的 t 值. 在生存分析图中, $\hat{t}_{0.5}$ 即 $\hat{S}(t)$ 曲线和 0.5 水平线的交点处的 t 值. 其两个置信限为 0.5 水平线和上下逐点置信区间线的两个交点的 t 值.

生存时间的均值及其估计应该是 $\mu = \int_0^\infty S(t)\mathrm{d}t$ 和 $\hat{\mu} = \int_0^\infty \hat{S}(t)\mathrm{d}t$. 但由于积分可能发散 (由于生存函数不趋于 0), 需要将积分限制于有穷的数 (记为 τ), 即得到 $\mu_\tau = \int_0^\tau S(t)\mathrm{d}t$.

有一些选择 τ 的建议, 比如最大的事件或删失发生的时间. 而 $\hat{\mu}_\tau$ 的方差的估计为:

$$\hat{V}(\hat{\mu}_\tau) = \sum_{i=1}^{D}\left[\int_{t_i}^{\tau}\hat{S}(t)\right]^2\frac{d_i}{Y_i(Y_i-d_i)}.$$

对于例 7.1 艾滋病数据, 估计的生存时间中位数及均值和各自的置信区间可用下面的 R 代码计算:

```
w=read.csv("uissurv1.csv")
nn=c(3:4,6:8);for(i in nn)w[,i]=factor(w[,i])
a=Surv(w$time,w$censor)
print(survfit(a~1), print.rmean=TRUE)#均值
```

得到:

```
Call: survfit(formula = a ~ 1)

records      n.max    n.start     events     *rmean *se(rmean)
  628.0      628.0      628.0      508.0      335.3       18.7
median    0.95LCL    0.95UCL
 166.0      148.0      184.0
* restricted mean with upper limit =  1172
```

可以看出, 这里自动选择 $\tau = 1172$.

7.4.2 几个样本的危险函数检验

假定有 n 个样本, 这里考虑检验:

$$H_0: h_1(t) = h_2(t) = \cdots = h_n(t),\ \ \forall t$$

$$H_1: \text{至少存在一对 } i, j \text{ 和时间 } t_0, \text{使得 } h_i(t_0) \neq h_j(t_0).$$

检验统计量为 $\boldsymbol{\chi}^2 = \boldsymbol{Z}^\top\hat{\boldsymbol{\Sigma}}^{-1}\boldsymbol{Z}$, 这里协方差矩阵 $\hat{\boldsymbol{\Sigma}}$ 由数据算出, 而 $\boldsymbol{Z} = (Z_1, Z_2, \ldots, Z_n)^\top$ 的元素

$$Z_i = \sum_{i=1}^{D} W(t_i)\left[d_{ik} - Y_{ik}\frac{d_i}{Y_i}\right],$$

式中, $d_i = \sum_{j=1}^n d_{ij}$, $Y_i = \sum_{j=1}^n Y_{ij}$, 而 d_{ij} 为在时间 t_i 的第 j 个样本中观测的事件数目, Y_{ij} 为在时间 t_i 的第 j 个样本中处于风险的对象数目. 检验统计量 $\boldsymbol{\chi}^2$ 在零假设下有近似的自由度为 $n-1$ 的 χ^2 分布. $W(t_i)$ 为在时间 t_i 的权重. 不同的权重分配得到不同的检验结果. 在 R 程序包 `survival` 的 `survdiff` 函数中有关于权重的选项 `rho` (ρ), 它相应于权重 $\hat{S}(t)^\rho$, `rho` 可取任意数. 当 $\rho = 0$ 时, 相当于 log-rank 检验或 Mantel-Haenszel 检验; 而当 $\rho = 1$ 时, 相当于 Gehan-Wilcoxon 检验的 Peto & Peto 改进. 一般来说, 当 $\rho > 0$ 时, 对较早的生存函数加权; 而当 $\rho < 0$ 时, 对较晚的生存函数加权.

对于例 7.1 艾滋病数据, 我们对 5 个定性变量 hercoc, ivhx, race, treat, site 各个水平划分数据的子样本做上述检验, 而 `rho` (ρ) 分别取 $-2, -1.6, \ldots, 1.6, 2$. 对于不同的 ρ 和变量, p 值展示在图 7.4.1 中, 数值在表 7.4.1 及图 7.4.1 中.

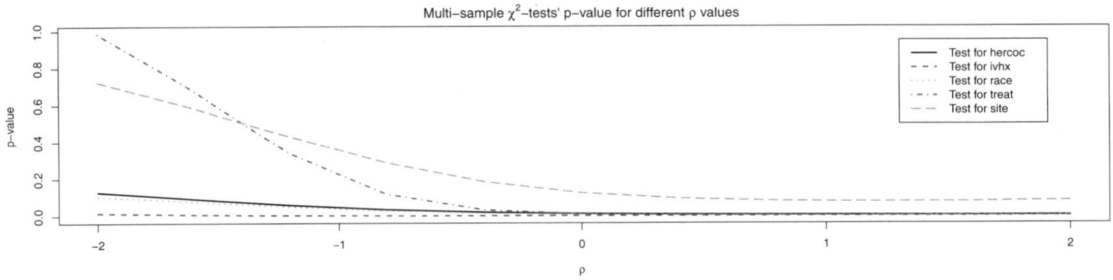

图 7.4.1 例 7.1 艾滋病数据对于不同变量及权重参数 ρ 的检验的 p 值

表 7.4.1 例 7.1 艾滋病数据的多样本 χ^2 检验的 p 值

权重参数	分割子样本的定性变量				
ρ	hercoc	ivhx	race	treat	site
−2.0	0.128234	0.015330	0.104703	0.985014	0.723952
−1.6	0.091525	0.007460	0.076715	0.673848	0.582839
−1.2	0.058496	0.003105	0.049953	0.335197	0.427995
−0.8	0.034023	0.001185	0.028784	0.117125	0.287290
−0.4	0.019034	0.000481	0.015338	0.031912	0.184821
0.0	0.010984	0.000240	0.008214	0.009126	0.124019
0.4	0.006818	0.000154	0.004760	0.003686	0.093150
0.8	0.004563	0.000119	0.003082	0.002341	0.079707
1.2	0.003237	0.000104	0.002230	0.002191	0.075835
1.6	0.002395	0.000096	0.001782	0.002664	0.077343
2.0	0.001827	0.000092	0.001552	0.003754	0.081969

从图 7.4.1 或表 7.4.1 中可以看出, 随着权重的不同, 检验的 p 值也在变化, 这使得这类检验有很强的主观性. 选取迎合自己标准的权重来展示检验结果是完全不可取的.

计算和生成图 7.4.1 与表 7.4.1 所使用的 R 代码为:

```
w=read.csv("uissurv1.csv")
nn=c(3:4,6:8);for(i in nn)w[,i]=factor(w[,i])
library(survival);a=Surv(w$time, w$censor)
L=11;J=seq(-2,2,length=L);P=matrix(0,L,5)
for(k in 1:5)
  for(j in 1:L){
    f=formula(paste("a~",names(w)[nn[k]]))
    x2=survdiff(f,w,rho=J[j])$chi
    P[j,k]=1-pchisq(x2,length(levels(w[,nn[k]]))-1)
  }
P=data.frame(P)
names(P)=paste('Test for',c('hercoc', 'ivhx', 'race', 'treat', 'site'))
x=seq(-2.0,2.0,.4)
matplot(x,P,type='l',lwd=2,xlab = expression(rho),ylab = 'p-value')
title(expression(paste("Multi-sample ",chi^2 ,
    "-tests' p-value for different ",
  rho, " values" )))
legend(1.2,0.95,names(P),lty=1:5,col=1:5,lwd=2)
```

7.5 Cox 比例危险模型

Cox 比例危险模型把生存函数的某种变换形式描述成自变量的线性函数. 如果用 $\boldsymbol{X}$ 代表自变量向量, 而用危险函数或其对数作为响应变量, 则 Cox 比例危险模型可写成

$$\ln h(t) = \ln h_0(t) + \boldsymbol{X}^\top \boldsymbol{\beta}$$

或者

$$h(t) = h_0(t)\exp(\boldsymbol{X}^\top \boldsymbol{\beta}),$$

式中, $h_0(t)$ 表示待估计的基本危险函数, 它与自变量 $\boldsymbol{X}$ 无关. 这个模型也可以表示成

$$S(t) = [S_0(t)]^{\exp(\boldsymbol{X}^\top \boldsymbol{\beta})}$$

或者

$$\log[-\log(S(t))] = \boldsymbol{X}^\top \boldsymbol{\beta} + \log H_0(t).$$

这里的 $S_0(t), H_0(t)$ 是和 $h_0(t)$ 互相可以导出的度量.

可用下面的部分似然函数来估计参数 $\boldsymbol{\beta}$:

$$L(\boldsymbol{\beta}) = \prod_{i=1}^{D} \frac{\exp\{\boldsymbol{x}_i \boldsymbol{\beta}\}}{\exp\{\sum_{j\in R(t_i)} \boldsymbol{x}_j \boldsymbol{\beta}\}},$$

式中, $R(t_i)$ 为在时间 t_i 处于危险的对象集合. 最大似然估计 $\hat{\boldsymbol{\beta}}$ 为渐近正态的, 均值为 $\boldsymbol{\beta}$, 协方差矩阵为 Fisher 信息阵的逆. 这个渐近分布可导出一些检验, 这里不去深究.

现在用 Cox 比例危险模型来拟合例 7.1 艾滋病数据. 得到的图形见图 7.5.1.

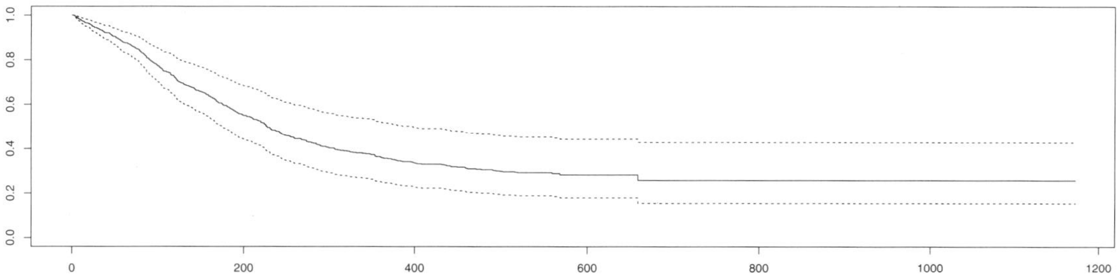

图 7.5.1 拟合 Cox 比例危险模型于例 7.1 艾滋病数据估计的生存函数

生成图 7.5.1 的 R 代码如下:

```
library(survival)
w=read.csv("uissurv1.csv")
nn=c(3:4,6:8);for(i in nn)w[,i]=factor(w[,i])
a=Surv(w$time, w$censor)
#Cox回归模型:
fit=coxph(a~age+ndrugtx+los+ivhx+hercoc+race+treat+site,w)
summary(fit)#回归结果
plot(survfit(fit)) #拟合的生存函数
```

上面代码的 (部分) 输出为:

```
Call:
coxph(formula=a~age+ndrugtx+los + ivhx + hercoc + race +
    treat + site, data = w)

  n= 628, number of events= 508

               coef  exp(coef)   se(coef)        z Pr(>|z|)
age      -0.0208428  0.9793729  0.0078231   -2.664 0.007715
ndrugtx   0.0287838  1.0292020  0.0082193    3.502 0.000462
los      -0.0092691  0.9907737  0.0007853  -11.804  < 2e-16
ivhx2     0.2184815  1.2441860  0.1349987    1.618 0.105577
ivhx3     0.3535779  1.4241539  0.1417526    2.494 0.012620
hercoc2   0.3159733  1.3715937  0.1425600    2.216 0.026663
hercoc3   0.0955745  1.1002908  0.1638163    0.583 0.559607
hercoc4   0.1205001  1.1280609  0.1569918    0.768 0.442750
race1    -0.2705777  0.7629386  0.1107466   -2.443 0.014557
treat1    0.1510674  1.1630751  0.0929554    1.625 0.104128
site1     0.3234417  1.3818755  0.1065578    3.035 0.002402

Concordance= 0.745  (se = 0.014 )
Rsquare= 0.281   (max possible= 1 )
Likelihood ratio test= 207.2  on 11 df,   p=0
Wald test            = 179.9  on 11 df,   p=0
Score (logrank) test = 186.8  on 11 df,   p=0
```

输出结果表明, R^2 为 0.281, 模型的似然比检验、Wald 检验及 Score 检验的 p 值均为 0. 除了 R^2 稍小之外, 似乎拟合得还可以. 通常, 生存数据分析的主要目的是比较不同的处理方法以及各种因素 (变量) 对生存函数的影响, 而不是单纯寻找拟合模型.

下面我们用 R 程序包 mfp[①] 来尝试关于 Cox 比例危险模型的**多重分数多项式模型** (multiple fractional polynomial model). 这种方法类似于多项式回归, 但更加灵活, 而且自动进行逐步回归及变量选择. 参见 Ambler and Royston (2001). R 代码为:

```
library(mfp)
f=mfp(formula = a ~ fp(age, df = 4, select = 0.05) + fp(ndrugtx,
    df = 4, select = 0.05) + fp(los, df = 4, select = 0.05) +
    ivhx + hercoc + race + treat + site, data = w, family = cox)
print(f)#输出结果
```

输出的结果为:

①Ambler, G., Benner, A. (2024). mfp: multivariable fractional polynomials. R package version 1.5.4.1. https://CRAN.R-project.org/package=mfp.

```
Deviance table:
                 Resid. Dev
Null model       5919.13
Linear model     5711.945
Final model      5679.02

Fractional polynomials:
        df.initial select alpha df.final power1 power2
los              4   0.05  0.05        2      0      .
ndrugtx          4   0.05  0.05        4     -2    0.5
site1            1   1.00  0.05        1      1      .
age              4   0.05  0.05        1      1      .
race1            1   1.00  0.05        1      1      .
ivhx2            1   1.00  0.05        1      1      .
ivhx3            1   1.00  0.05        1      1      .
treat1           1   1.00  0.05        1      1      .
hercoc2          1   1.00  0.05        1      1      .
hercoc3          1   1.00  0.05        1      1      .
hercoc4          1   1.00  0.05        1      1      .


Transformations of covariates:
                                                 formula
age                                      I((age/100)^1)
ndrugtx I(((ndrugtx+0.1)/10)^-2)+I(((ndrugtx+0.1)/10)^0.5)
los                                      log((los/100))
ivhx                                               ivhx
hercoc                                           hercoc
race                                               race
treat                                             treat
site                                               site

Re-Scaling:
Non-positive values in some of the covariates.
No re-scaling was performed.

                coef exp(coef)  se(coef)        z        p
los.1     -0.6407871   0.52688 4.255e-02 -15.0611 0.00e+00
ndrugtx.1  0.0000637   1.00006 1.688e-05   3.7730 1.61e-04
ndrugtx.2  0.7504158   2.11788 1.626e-01   4.6163 3.91e-06
site1.1    0.1100300   1.11631 1.065e-01   1.0331 3.02e-01
age.1     -2.7197444   0.06589 7.940e-01  -3.4253 6.14e-04
race1.1   -0.2386760   0.78767 1.111e-01  -2.1480 3.17e-02
ivhx2.1    0.2200296   1.24611 1.381e-01   1.5928 1.11e-01
```

```
ivhx3.1     0.2672822   1.30641 1.462e-01   1.8287 6.74e-02
treat1.1    0.0127045   1.01279 9.173e-02   0.1385 8.90e-01
hercoc2.1   0.3878396   1.47379 1.433e-01   2.7072 6.79e-03
hercoc3.1   0.1198767   1.12736 1.667e-01   0.7191 4.72e-01
hercoc4.1   0.1094416   1.11565 1.571e-01   0.6966 4.86e-01

Likelihood ratio test=240.1  on 12 df, p=0 n= 628
```

7.6 习 题

利用代码 `w=read.csv("veteran.csv")` 下载美国复员军人肺癌数据, 该数据来自 Kalbfleisch and Prentice (1980).[①] 该数据有 137 个观测值和 8 个变量. 变量有 Treatment (处理, 1= 标准的, 2= 试验), Celltype (细胞类型, 1= 鳞状细胞, 2= 小细胞, 3= 腺癌细胞, 4= 大细胞), Survival (生存, 单位: 天数), Status (状态, 1= 死亡, 0= 删失), Karnofsky (Karnofsky 积分), Months (距诊断月数), Age (年龄, 单位: 岁), Prior.therapy (以前治疗, 0= 否, 1= 是). (注意对于哑元定性变量的因子化.)

(1) 对各个定性自变量画出生存函数图.

(2) 做关于各个变量各个水平划分数据的子样本的各种 χ^2 检验.

(3) 用 Cox 比例危险模型来拟合数据, 并讨论结果.

7.7 本章的 Python 代码

7.7.1 7.2 节例 7.1 艾滋病数据的 Kaplan-Meier 估计

输入数据及 `lifelines` 模块的 `KaplanMeierFitter` 函数, 然后画出各种情况的 Kaplan-Meier 估计图 (见图 7.7.1).

```
w=pd.read_csv("uissurv1.csv")
from lifelines import KaplanMeierFitter

nn=[2,3,5,6,7]
kmf = KaplanMeierFitter()
plt.figure(figsize=(24,6))
T=w['time'];E=w['censor']
kmf.fit(T,E ,label='Kaplan Meier Estimate')
c=161
plt.subplot(c)
kmf.plot(ci_show=True)
for k in w.columns[nn]:
    v=np.unique(w[k])
    c=c+1
```

[①] 数据可从网址 `http://lib.stat.cmu.edu/datasets/veteran` 下载.

```
    plt.subplot(c)
    for i in set(v):
        kmf.fit(T[~(w[k]==i)], E[~(w[k]==i)],
                label=k+'='+str(i)).plot(ci_show=False)
```

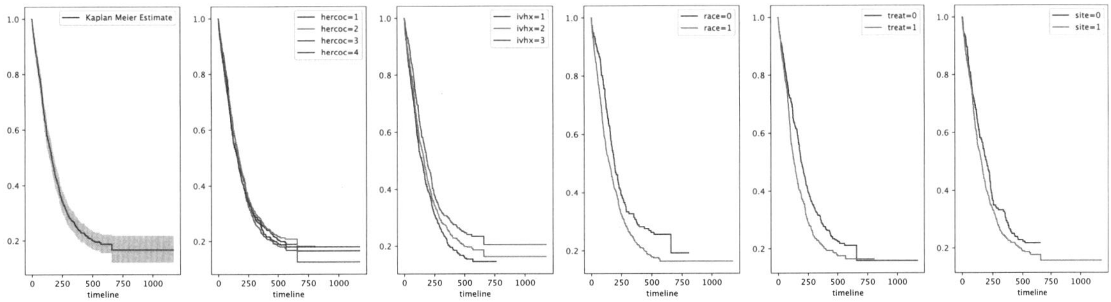

图 7.7.1 例 7.1 艾滋病数据的生存函数图, 包括 95%逐点置信区间及即时置信带

7.7.2 7.3 节例 7.1 艾滋病数据的 Nelson-Aalen 累积危险函数

使用下面的代码可以得到 Nelson-Aalen 累积危险函数的估计 (不显示) 并画出图 7.7.2:

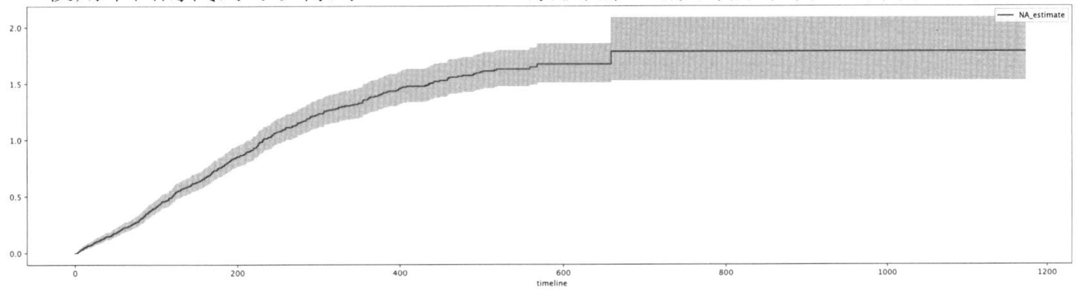

图 7.7.2 例 7.1 艾滋病数据的 Nelson-Aalen 累积危险函数图

```
w=pd.read_csv("uissurv1.csv")
T = w["time"]
E = w["censor"]

plt.figure(figsize=(24,6))
from lifelines import NelsonAalenFitter
naf = NelsonAalenFitter()
naf.fit(T,event_observed=E)
print(naf.cumulative_hazard_.head())
naf.plot()
```

7.7.3 7.5 节例 7.1 艾滋病数据的 Cox 比例危险模型

由于有一些变量是定性变量, 需要哑元化, 并对每个定性变量舍弃第一个哑元水平, 最终产生新数据集 (w_d).

```
w1=w
cat_cols=[2,3,5,6,7] #分类变量
for i in cat_cols:
        w1.iloc[:,i] = w1.iloc[:,i].astype('category')
w_d=pd.get_dummies(w1,drop_first=True)
```

载入模块 lifelines, 并用函数 CoxPHFitter 拟合 Cox 比例危险模型, 输出参数估计及它们的置信区间, 生成相应的图 7.7.3:

```
from lifelines import CoxPHFitter
cph = CoxPHFitter()
cph.fit(w_d, 'time', event_col='censor')
cph.print_summary()
plt.figure(figsize=(24,6))
cph.plot()
```

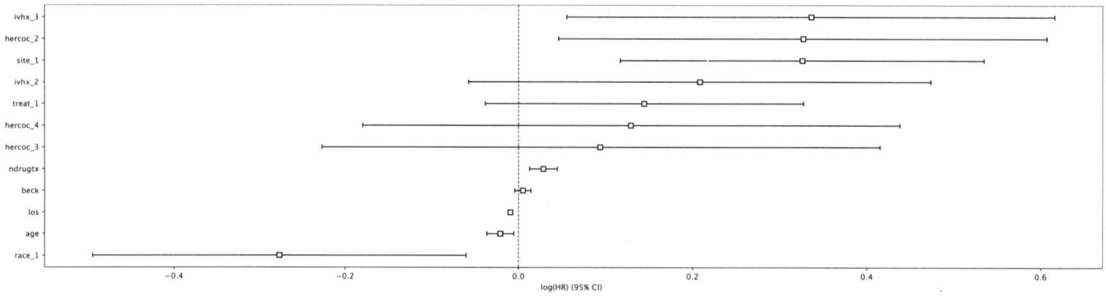

图 7.7.3　例 7.1 艾滋病数据 Cox 比例危险模型参数的置信区间

上面代码的输出如下 (这里没有包括对数似然比检验及简单的数据汇总):

	coef	exp(coef)	se(coef)	coef lower 95%	coef upper 95%	exp(coef) lower 95%	exp(coef) upper 95%	z	p	-log2(p)
age	-0.02	0.98	0.01	-0.04	-0.01	0.96	0.99	-2.63	0.01	6.88
beck	0.01	1.01	0.00	-0.00	0.01	1.00	1.01	1.07	0.28	1.82
ndrugtx	0.03	1.03	0.01	0.01	0.05	1.01	1.05	3.51	<0.005	11.13
los	-0.01	0.99	0.00	-0.01	-0.01	0.99	0.99	-11.71	<0.005	102.86
hercoc_2	0.33	1.39	0.14	0.05	0.61	1.05	1.83	2.28	0.02	5.49
hercoc_3	0.09	1.10	0.16	-0.23	0.42	0.80	1.51	0.57	0.57	0.82
hercoc_4	0.13	1.14	0.16	-0.18	0.44	0.84	1.55	0.82	0.41	1.28
ivhx_2	0.21	1.23	0.14	-0.06	0.47	0.94	1.61	1.54	0.12	3.02
ivhx_3	0.34	1.40	0.14	0.06	0.62	1.06	1.85	2.35	0.02	5.74
race_1	-0.28	0.76	0.11	-0.49	-0.06	0.61	0.94	-2.50	0.01	6.32
treat_1	0.14	1.16	0.09	-0.04	0.33	0.96	1.39	1.55	0.12	3.05
site_1	0.33	1.38	0.11	0.12	0.53	1.12	1.71	3.06	<0.005	8.80

参考文献

[1] Ambler, G. and Royston, P. (2001). Fractional polynomial model selection procedures: investigation of Type I error rate. *Journal of Statistical Simulation and Computation*, 69: 89–108.

[2] Bates, D. M. and Watts, D. G. (1988). *Nonlinear Regression Analysis and Its Applications*. John Wiley and Sons Inc., Appendix A1.3.

[3] Box, G. E. P. (1976). Science and statistics. *Journal of the American Statistical Association*, 71 (356): 791–799. doi:10.1080/01621459.1976.10480949.

[4] Box, G. E. P. and Cox, D. R. (1964). An analysis of transformations. *Journal of the Royal Statistical Society,* Series B, 26: 211-252.

[5] Breiman, L. (1996). Bagging predictors. *Machine Learning*, 24: 123–140.

[6] Breiman, L. (2001). Random forests. *Machine Learning*, 45: 5–32.

[7] Breslow, N. E. (1984). Extra-Poisson variation in log-linear models. *Applied Statistics,* 33: 38–44.

[8] Bühlmann, P. and Hothorn, T. (2007). Boosting algorithms: regularization, prediction and model fitting (with discussion). *Statistical Science*, 22(4): 477–505.

[9] Burges, C. J. C. (1998). A tutorial on support vector machines for pattern recognition. *Data Mining and Knowledge Discovery*, 2: 121–167.

[10] Cule, E. and De Iorio, M. (2012). A semi-automatic method to guide the choice of ridge parameter in ridge regression. arXiv:1205.0686v1 [stat.AP].

[11] Diggle, P., Heagerty, P., Liang, K., Zeger, S. (2013). *Analysis of Longitudinal Data*. 2nd ed. Oxford University Press.

[12] Dobson, A. J. (1983). *An Introduction to Statistical Modelling.* London: Chapman and Hall.

[13] Donoho, D. (2024). Data Science at the Singularity. `DOI:10.1162/99608f92.b91339ef`. ISSN: 2644-2353, Accepted January 2024, *Harvard Data Science Review*.

[14] Efron, B. (1998). R. A. Fisher in the 21st century. *Statistical Science*, 13 (2): 95 – 122. doi:10.1214/ss/1028905930.

[15] Efron, B., Hastie, T., Johnstone, I. and Tibshirani, R. (2004). Least angle regression (with discussion). *Annals of Statistics,* 32 (2): 407–499.

[16] Ezekiel, M. (1930). *Methods of Correlation Analysis*. John Wiley and Sons Inc., New York.

[17] Fokkema, M., Smits, N., Zeileis, A., Hothorn, T., Kelderman, H. (2018). Detecting treatment-subgroup interactions in clustered data with generalized linear mixed-effects model trees. *Behavior Research Methods*, 50 (5): 2016-2034. `https://doi.org/10.3758/s13428-017-0971-x`.

[18] Friedman, J. (2001). Greedy function approximation: a gradient boosting machine. *Ann. Statist*, 29: 1189–1232.

[19] Friedman, J. (2008). Fast sparse regression and classification. *Technical Report*. Standford University.

[20] Garthwaite, P. H. (1994). An interpretation of partial least squares. *J. Amer. Statist. Assoc.*, 89: 122-127.

[21] Genuer, R., Poggi, J., Tuleau-Malot, C. (2010). Variable selection using random forests. *Pattern Recognition Letters*, 31 (14): 2225-2236.

[22] Harari, Y. N. (2014). *Sapiens: A Brief History of Humankind*. Harvill Secker, London. ISBN 978-006-231-609-7.

[23] Hastie, T. and Tibshirani, R. (1996). Discriminant analysis by Gaussian mixtures. *Journal of the Royal Statistical Society*, series B, 58: 158-176.

[24] Hastie, T., Tibshirani, R. and Buja, A. (1994). Flexible discriminant analysis by optimal scoring. *JASA*, 89 (428): 1255-1270.

[25] Hegel, G. W. F. (1821). *Rechtsphilosophie (Philosophy of Right)*.

[26] Hosmer, D.W. and Lemeshow, S. and May, S. (2008). *Applied Survival Analysis: Regression Modeling of Time to Event Data*, Second Edition. John Wiley and Sons Inc., New York.

[27] Hothorn, T., Buehlmann, P., Kneib, T., Schmid, M. and Hofner, B. (2010). Model-based boosting 2.0. *Journal of Machine Learning Research*, 11: 2109-2113.

[28] Hajjem, A., Bellavance, F. and Larocque, D. (2011). Mixed effects regression trees for clustered data. *Statistics & Probability Letters*, 81 (4): 451–459.

[29] Hajjem, A., Bellavance, F. & Larocque, D. (2012). Mixed-effects random forest for clustered data. *Journal of Statistical Computation and Simulation* , Volume 84, 2014 - Issue 6: Includes the Special Issue: Advances in System Simulation and Scientific Computing - Selected papers from the AsiaSim & ICSC 2012.

[30] Kalbfleisch, J. D. and Prentice, R. L. (1980). *The Statistical Analysis of Failure Time Data.* John Wiley and Sons Inc., New York.

[31] Karush, W. (1939). Minima of functions of several variables with inequalities as side constraints. Master's thesis, Dept. of Mathematics, Univ. of Chicago.

[32] Koenker, R. and Bassett, G. (1982). Robust tests for heteroscedasticity based on regression quantiles. *Econometrica*, 50: 43–61.

[33] Kuhn, H. W. and Tucker, A. W. (1951). Nonlinear programming. In *Proc. 2nd Berkeley Symposium on Mathematical Statistics and Probabilistics.* 481 – 492, Berkeley. University of California Press.

[34] Lambert, D. (1992). Zero-inflated Poisson regression, with an application to defects in manufacturing. *Technometrics*, 34: 1-14.

[35] Legendre, A. M. (1805). *Nouvelles méthodes pour la détermination des orbites des comètes* [New methods for the determination of the orbits of comets] (in French). Paris: F. Didot.

[36] Mangasarian, O. L. (1969). *Nonlinear Programming.* McGraw-Hill, New York.

[37] McCormick, G. P. (1983). *Nonlinear Programming: Theory, Algorithms, and Applications.* John Wiley and Sons Inc., New York.

[38] McCullagh, P. and Nelder, J. A. (1989). *Generalized Linear Models*, 2nd ed. Chapman & Hall/CRC, Boca Raton, Florida. ISBN 0-412-31760-5.

[39] McNeil, D. R. (1977). *Interactive Data Analysis.* John Wiley and Sons Inc., New York.

[40] Mullahy, J. (1986). Specification and testing of some modified count data models. *Journal of Econometrics*, 33: 341-365.

[41] Nelder, J. A. and Wedderburn, R. W. M. (1972). Generalized linear models. *J. R. Statist. Soc.* A, 135: 370–384.

[42] Sela, R. J. and Simonoff, J. S. (2012). RE-EM trees: A data mining approach for longitudinal and clustered data. *Machine Learning*, 86: 169–207.

[43] Smyth, G. K. (1989). Generalized linear models with varying dispersion. *J. R. Statist. Soc.* B, 51: 47–60.

[44] Smola, A. J. and Schölkopf, B. (2004). A tutorial on support vector regression. *Statistics and Computing*, 14 (3): 199-222.

[45] Stekhoven D. J. and Buehlmann, P. (2012). MissForest — non-parametric missing value imputation for mixed-type data. *Bioinformatics*, 28 (1), 112-118.

[46] Thall, P. F. and Vail, S. C. (1990). Some covariance models for longitudinal count data with overdispersion. *Biometrics*, 46: 657–671.

[47] Treloar, M. A. (1974). Effects of puromycin on galactosyltransferase in golgi membranes. M.Sc. Thesis, U. of Toronto.

[48] Tukey, J. (1962). The future of data analysis. *Annals of Mathematical Statistics*, 33 (1): 13.

[49] Vanderbei, R. J. (1997). LOQO user's manual—version 3.10. Technical Report SOR-97-08, Princeton University, Statistics and Operations Research. Code at `http://www.princeton.edu/?rvdb/`.

[50] Vapnik, V. (1995). *The Nature of Statistical Learning Theory*. Springer, New York.

[51] Wallis, W. A. (1980). The statistical research group, *JASA*, 75 (370): 320-330.

[52] Wold, S., Ruhe, A., Wold, H. and Dunn, W. J. (1984). The collinearity problem in linear regression. The Partial least squares (PLS) approach to generalized inverses. *SIAM J. Sci. Stat. Comput.*, 5: 735-743.

[53] Wold, S., Sjöström, M., Eriksson, L. (2001). PLS-regression: a basic tool of chemometrics. *Chemometrics and Intelligent Laboratory Systems*, 58 (2): 109 – 130. doi:10.1016/S0169-7439(01)00155-1.

[54] Yeh, I-Cheng. (1998). Modeling of strength of high-performance concrete using artificial neural networks. *Cement and Concrete Research,* 28 (12): 1797-1808.

[55] Yu, B. and Kumbier, K. (2020). Veridical data science. *Proceedings of the National Academy of Sciences of the United States of America*, 117 (6), Feb 13, 2020. `https://www.pnas.org/content/early/2020/02/11/2001302117`.

[56] 吴建福. (2011). 统计学者的工作及风范: 灵感、抱负、雄心. 应用概率统计, 27 (2): 113-123.

图书在版编目 (CIP) 数据

应用回归及分类：基于 R 与 Python 的实现 / 吴喜之，张敏编著. -- 3 版. -- 北京：中国人民大学出版社，2025. 5. -- (基于 R 应用的统计学丛书). -- ISBN 978-7-300-33775-3

I. O212. 1

中国国家版本馆 CIP 数据核字第 2025WJ9696 号

基于 R 应用的统计学丛书

应用回归及分类——基于 R 与 Python 的实现 (第 3 版)

吴喜之　张　敏　编著

Yingyong Huigui ji Fenlei ——Jiyu R yu Python de Shixian

出版发行	中国人民大学出版社		
社　　址	北京中关村大街 31 号	**邮政编码**	100080
电　　话	010-62511242 (总编室)		010-62511770 (质管部)
	010-82501766 (邮购部)		010-62514148 (门市部)
	010-62511173 (发行公司)		010-62515275 (盗版举报)
网　　址	http://www.crup.com.cn		
经　　销	新华书店		
印　　刷	北京市鑫霸印务有限公司	**版　　次**	2016 年 1 月第 1 版
开　　本	787mm× 1092mm　1/16		2025 年 5 月第 3 版
印　　张	17.5 插页	**印　　次**	2025 年 5 月第 1 次印刷
字　　数	416 000	**定　　价**	56.00 元

中国人民大学出版社　理工出版分社

教师教学服务说明

中国人民大学出版社理工出版分社以出版经典、高品质的统计学、数学、心理学、物理学、化学、计算机、电子信息、人工智能、环境科学与工程、生物工程、智能制造等领域的各层次教材为宗旨。

为了更好地为一线教师服务，理工出版分社着力建设了一批数字化、立体化的网络教学资源。教师可以通过以下方式获得免费下载教学资源的权限：

- 在中国人民大学出版社网站 www.crup.com.cn 进行注册，注册后进入“会员中心”，在左侧点击“我的教师认证”，填写相关信息，提交后等待审核。我们将在一个工作日内为您开通相关资源的下载权限。

- 如您急需教学资源或需要其他帮助，请加入教师 QQ 群或在工作时间与我们联络。

中国人民大学出版社　理工出版分社

教师 QQ 群：229223561(统计2组) 982483700(数据科学) 361267775(统计1组)
教师群仅限教师加入，入群请备注（学校＋姓名）

联系电话：010-62511967，62511076

电子邮箱：lgcbfs@crup.com.cn

通讯地址：北京市海淀区中关村大街 31 号中国人民大学出版社 802 室（100080）